普通高等教育土建学科专业"十二五"规划教材
全国高职高专教育土建类专业教学指导委员会规划推荐教材

建筑施工技术管理实训（第二版）

（土建类专业适用）

本教材编审委员会组织编写

姚谨英　主编

U0198571

中国建筑工业出版社

图书在版编目(CIP)数据

建筑施工技术管理实训/姚谨英主编. —2版. —北京：
中国建筑工业出版社，2016.6（2021.2重印）
普通高等教育土建学科专业"十二五"规划教材.
全国高职高专教育土建类专业教学指导委员会规划推荐
教材
ISBN 978-7-112-19237-3

Ⅰ.①建…　Ⅱ.①姚…　Ⅲ.①建筑工程—工程施
工—技术管理—高等职业教育—教材　Ⅳ.①TU74

中国版本图书馆CIP数据核字(2016)第055029号

　　本教材是与中国建筑工业出版社出版的《建筑施工技术》配套使用的教材，编著中突出了实践课程教学的工程性、应用性和时效性。教材的内容紧密围绕学生在毕业实践期间可能从事的技术及管理岗位的工作展开，把解决实际的具体问题作为本教材内容的核心。

　　本教材根据实践岗位要求，共划分了10个项目，包括图纸会审和工地例会、现场材料管理及试验实训、测量放线实训、土方及基础工程施工实训、砌体结构施工实训、模板工程施工实训、钢筋工程施工实训、混凝土工程施工实训、防水工程施工实训、装饰工程施工技术交底实训，并着重于对26个训练内容进行了指导。

　　本教材是高职高专土建类专业教学指导委员会土建施工类专业技能培训教材之一；主要用于高职高专建筑工程技术专业技能训练，它以建筑施工企业项目技术员、施工员为培训目标，指导学生进行实践训练。同时，也可作为建筑施工企业在职技术员、施工员的参考书，指导其工作。

　　责任编辑：朱首明　李　明
　　责任校对：陈晶晶　赵　颖

普通高等教育土建学科专业"十二五"规划教材
全国高职高专教育土建类专业教学指导委员会规划推荐教材
建筑施工技术管理实训
（土建类专业适用）
（第二版）
本教材编审委员会组织编写
姚谨英　主编
*
中国建筑工业出版社出版、发行(北京西郊百万庄)
各地新华书店、建筑书店经销
北京天成排版公司制版
北京建筑工业印刷厂印刷
*
开本：787×1092毫米　1/16　印张：19¼　字数：430千字
2016年3月第二版　2021年2月第十三次印刷
定价：**38.00**元
ISBN 978-7-112-19237-3
(28322)

第二版教材编审委员会名单

主　任：赵　研

副主任：危道军　胡兴福　王　强

委　员：（按姓氏笔画排序）

第一版教材编审委员会名单

主　任：杜国城

副主任：杨力彬　赵　研

委　员：（按姓氏笔画排序）

王春宁　白　峰　危道军　李　光　张若美　张瑞生

季　翔　赵兴仁　姚谨英

序

2004 年 12 月，在"原高等学校土建学科教学指导委员会高等职业教育专业委员会"（以下简称"原土建学科高职委"）的基础上重新组建了全国统一名称的"高职高专教育土建类专业教学指导委员会"（以下简称"土建类专业教指委"），继续承担在教育部、建设部的领导下对全国土建类高等职业教育进行"研究、咨询、指导、服务"的责任。组织全国的优秀编者编写土建类高职高专教材推荐给全国各院校使用是教学指导委员会的一项重要工作。2003 年"原土建学科高职委"精心组织编写的"建筑工程技术"专业 12 门主干课程教材《建筑识图与构造》、《建筑力学》、《建筑结构》（第二版）、《地基与基础》、《建筑材料》、《建筑施工技术》（第二版）、《建筑施工组织》、《建筑工程计量与计价》、《建筑工程测量》、《高层建筑施工》、《工程项目招投标与合同管理》、《建筑法规概论》，较好地体现了土建类高等职业教育的特色，以其权威性、先进性、实用性受到全国同行的普遍赞誉，于 2006 年全部被教育部和建设部评为国家级和部级"十一五"规划教材。总结这套教材使用中发现的一些不尽如人意的地方，考虑近年来出现的新材料、新设备、新工艺、新技术、新规范急需编入教材，土建类专业教指委土建施工类专业指导分委员会于 2006 年 5 月在南昌召开专门会议，对这套教材的修订进行了认真充分的研讨，形成了共识后才正式着手教材的修订。修订版教材将于 2007 年由中国建筑工业出版社陆续出版、发行。

现行的"建筑工程技术"专业的指导性培养方案是由"原土建学科高职委"于 2002 年组织编制的，该方案贯彻了培养"施工型"、"能力型"、"成品型"人才的指导思想，实践教学明显加强，实践时数占总教学时数的 50%，但大量实践教学的内容还停留在由实践教学大纲和实习指导书来规定的水平，由实践教学承担的培养岗位职业能力的内容、方法、手段缺乏科学性和系统性，这种粗放、单薄的关于实践教学内容的规定，与以能力为本位的培养目标存在很大的差距。土建类专业教指委的专家们敏感地意识到了这个差距，于 2004 年开始在西宁召开会议正式启动了实践教学内容体系建设工作，通过全国各院校专家的共同努力，很快取得了共识，以毕业生必备的岗位职业能力为总目标，以培养目标能力分解的各项综合能力为子目标，把相近的子目标整合为一门门实训课程，以这一门门实训课程为主，以理论教学中的一项项实践性环节为辅，构建一个与理论教学内容体系相对独立、相互渗透、互相支撑的实践教学内容新体系。为了编好实训教材，2005 年间土建类专业教指委土建施工类专业指导分委员会多次召开会议，研讨有关问题，最终确定编写《建筑工程识图实训》、《建筑施工技术管理实训》、《建筑施工组织与造价管理实训》、《建筑工程质量与安全管理实训》、《建筑工程资料管理实训》5 本实训教材，并聘请工程经历丰富的 10 位专家担任主编和主审，对各位主编提出的编写大纲也进行了认真研讨，随后编写工作才正式展开。实训教材计划 2007 年由中国建筑工业出版社陆续出版、发行，届时土建类专业就会有 12 门主干课程教材和 5 本与其配套的实训教材供各院校使用。编写实训教材是一项原创性的工作，困难多，难度大，在此向参与 5 门实训教材编审工作的专家们表示深深的谢意。

　　教学改革是一项在艰苦探索中不断深化的过程，我们又向前艰难地迈出了一大步，我们坚信方向是正确的，我们还要一如既往地走下去。相信这 5 本实训教材的面世和使用，一定会使土建类高等职业教育走进"以就业为导向、以能力为本位"的新境界。

高职高专教育土建类专业教学指导委员会
2006 年 11 月

第 二 版 前 言

本教材是高职高专土建类专业教学指导委员会土建施工类专业指导分委员会组织编写的实践技能培训教材之一。教材的编著是为了构建与理论教学体系相适应的具有明确目的性和可操作性的实践教学体系，改变目前理论课程体系"强"、实践课程体系"弱"的局面。本次修订按《高等职业教育建筑工程技术专业教学基本要求》、《高职高专建筑工程技术专业校内实训及校内实训基地建设导则》和《建筑与市政工程施工现场专业人员职业标准》的要求进行。

本教材主要用于高职高专建筑工程技术专业学生在完成校内教学学习，进入工程实践阶段用以指导实践操作，它以建筑施工企业项目建造师助理、技术员、实验员、测量放线工为培训目标，指导学生进行实践训练。同时，也可作为建筑施工企业施工现场技术员、试验工、测量放线工的参考用书。教材的内容紧密围绕学生在毕业顶岗实习期间可能从事的技术及管理岗位的工作展开，在教材内容的安排上注意对应岗位的职业要求，满足建筑施工企业的用人需求。

本实践教材是整个专业教学的重要组成部分，编著中注重与理论课程教材的衔接和连通。本教材是《建筑施工技术》的补充。《建筑施工技术管理实训》（第二版）教材在第一版的基础上广泛征求意见后，删除了与《建筑施工技术》重复部分，增加了主要工种施工技术交底内容，教材案例引进了大量实际工程案例，在每个任务后面都安排有实践活动和考评，突出了实践课程教材的工程性、应用性和实效性。

本教材编著中采用了现行新标准、新规范，侧重新技术、新材料、新构造的介绍。

本教材由姚谨英主编，姚晓霞、池斌、李君宏任副主编。项目1、7、8由成都建工集团成都市第六建筑公司池斌编写，项目2由四川建筑职业技术学院胡若霄编写。项目4、6由甘肃建筑职业技术学院李君宏编写，项目5、9、10由四川绵阳职业技术学院姚晓霞编写，项目3、编写大纲由绵阳职业技术学院姚谨英编写并负责全书统稿和修改工作。

四川绵阳职业技术学院肖伦斌教授任本书的主审，她对本书作了认真细致的审阅，对保证本书编写质量提出了不少建设性意见，在此，编者表示衷心感谢。

由于编者水平有限，书中难免尚有不足之处，恳切希望读者批评指正。

前　言

　　《建筑施工技术管理实训》教材是高职高专土建类专业教学指导委员会土建施工类专业指导分委员会组织编著的5门实训教材之一；教材的编写是为了适应构建与理论教学体系相适应的，具有明确目的性和可操作性的实践教学体系，改变目前理论课程体系"强"、实践课程体系"弱"的局面。本教材主要用于高职高专建筑工程技术专业学生在完成校内学习，进入工程实践阶段用以指导实践操作，它以建筑施工企业项目建造师助理、技术员、实验员、测量放线工为培训目标，指导学生进行实践训练。同时，也可作为建筑施工企业在职建造师助理、技术员、试验员、测量放线工的参考用书，指导其工作。在编写内容的安排上注意对应岗位的职业要求，满足建筑施工企业的用人需求。

　　本实训教材是整个专业教学文件的重要组成部分，编写中充分体现与理论课程教材的衔接和连通。《建筑施工技术管理实训》教材是《建筑施工技术》的补充，并与前套（11本）教材有联系但又不重复。编写中突出了实践课程教材的工程性、应用性和实效性。教材的内容符合现行标准和规范，侧重新技术、新材料、新构造的介绍，紧密围绕学生在毕业实践期间可能从事的技术及管理岗位的工作展开，把解决工程中的具体问题作为教材内容的核心。

　　本教材由姚谨英主编，冯光灿任副主编。项目1由四川建筑职业技术学院骆忠伟编写，项目2由四川成都航空职业技术学院冯光灿编写，项目3、4、5、8由姚谨英编写，项目6由杜雪春、姚谨英编写，项目7、9由深圳职业技术学院张伟、徐淳编写，项目10由泰州职业技术学院刘如兵编写，项目11由黑龙江建筑职业技术学院杨庆丰编写。

　　南京工业大学赵兴仁教授担任本书的主审，他对本书作了认真细致的审阅，沈阳建筑大学杨丽君教授也参加了审稿工作，并提出了一些建设性意见，在此，表示衷心的感谢。

　　四川绵阳水利电力学校姚晓霞在本书的编著中负责录入、整理、校对等工作，在此一并表示感谢。

　　由于编者水平有限，书中难免尚有不足之处，恳切希望读者批评指正。

目　　录

项目 1 图纸会审和工地例会

【实训目标】 通过实训,掌握图纸会审的目的、内容和程序,掌握工地例会的任务、内容和程序。能整理图纸会审纪要和工地例会纪要。

任务 1 图 纸 会 审

【实训目的】 通过实训,掌握图纸会审的目的、内容和程序,能整理图纸会审纪要。

实训内容与指导

1.1.1 图纸会审参加人员

参加图纸会审人员有:建设单位的现场代表;设计单位各工种设计人员;监理单位的总监理工程师、监理工程师和监理员;施工单位项目经理、项目技术负责人、专业技术人员、内业技术人员、质检员及其他相关人员。

1.1.2 图纸会审时间

图纸会审的时间一般应在工程项目开工前,特殊情况时也可边开工边组织会审(如图纸不能及时供应时)。

1.1.3 图纸会审内容

图纸会审的主要内容有:

(1)审查施工图设计是否符合国家有关技术、经济政策和有关规定。

(2)审查施工图的基础工程设计与地基处理有无问题,是否符合现场实际地质情况。

(3)审查建设项目坐标、标高与总平面图中标注是否一致,与相关建设项目之间的几何尺寸关系、轴线关系和方向等有无矛盾和差错。

(4)审查图纸及说明是否齐全和清楚明确,核对建筑、结构、给水排水、暖通、电气、设备安装等图纸是否相符,相互间的关系尺寸、标高是否一致。

(5)审查建筑平、立、剖面图之间的关系是否矛盾或标注是否遗漏,建筑图平面尺寸是否有差错,各种标高是否符合要求,与结构图的平面尺寸及标高是否一致。

(6)审查建设项目与地下构筑物、管线等之间有无矛盾。

(7)审查结构图本身是否有差错及矛盾,结构图中是否有钢筋明细表,若无钢筋明细表,钢筋构造方面的要求在图中是否说明清楚,如钢筋锚固长度与抗震要求等。

（8）审查施工图中有哪些施工特别困难的部位，采用哪些特殊材料、构件与配件，确定货源如何组织。

（9）对设计采用的新技术、新结构、新材料、新工艺和新设备的可行性及应采取的必要措施进行商讨。

（10）设计中采用的新技术、新结构限于施工条件和施工机械设备能力以及安全施工等因素不能实现，要求设计单位予以变更的，审查时必须提出，共同研讨、确定合理的解决方案。

1.1.4 图纸会审程序

图纸会审由建设单位组织，并由建设单位分别通知设计、监理、分包协作施工单位（施工单位分包的由施工单位通知）参加。按图纸自审——图纸会审——图纸会签程序进行。

1. 图纸自审

图纸自审工作主要在施工现场的工程项目经理部内部进行，由项目技术负责人统筹安排。工程项目技术负责人应组织有关技术人员对图纸进行分工审阅和消化。

从总体来说，施工单位应着重于图纸自身的问题并结合实际需要进行审阅，建设单位则应对使用功能提出合理的要求。从施工单位内部来说，检查图纸与设计和施工规范等规定是否相符，研究图纸与施工质量、安全、工期、工艺、材料供应、效益等之间的关系以及地质与环境对施工的影响。自审由技术负责人统一负责（必要时由公司总工程师负责），施工图纸自身的问题应按其工种和工作职责进行划分。一般情况下，土建技术人员负责建筑施工图和结构施工图部分，安装技术人员负责水、电、空调、暖通、电梯等部分图纸。土建部分由主工长负责建筑施工图和结构施工图部分的模板图，钢筋部分由钢筋工长负责，内业技术员重点应对建筑施工图和总平面图的尺寸和标高进行检查，质量员则应对结构施工图和建筑施工图图纸进行核对。

由项目技术负责人对自审中发现的图纸问题进行汇总，并召集有关人员进行一次内部初审，对初审后的问题分门别类进行整理，确立会审会议上需要解决的问题，并指定发言人员。

2. 图纸会审

图纸会审时首先由设计单位进行图纸设计的意图、各工种图纸的特点及有关事项交底。通过交底，使与会者了解有关设计的依据、功能、过程和目的，对会审图纸提供一个良好的基础和必要的信息。

设计单位交底后，各单位按相关工种分类分组进行会审，由施工单位为主提出问题，相关人员进行补充，设计单位进行答疑，建设单位、监理单位和有关政府部门发表意见，对图纸存在的问题逐一进行会审讨论。

3. 图纸会签

图纸会审后，由施工单位对会审中的问题进行归纳整理，建设、设计、施工及其他参加会审的单位进行会签，形成正式会审纪要，作为施工文件的组成部分。

图纸会审纪要应有：会议时间与地点；参加会议的单位和人员；建设单位、施工单位及有关单位对设计上提出的要求及需修改的内容；为便于施工，施工单位要求修改的施工图纸的商讨结果与解决办法；在会审中尚未解决或需进一步商讨的问题；其他需要在纪要中说明的问题等。

1.1.5 图纸会审应重点解决的问题

（1）找出图纸自身的缺陷和错误。审阅图纸设计是否符合国家有关政策和规定（建筑设计、结构设计和施工规范等）；图纸与说明是否清楚，引用标准是否确切；施工图纸标准有无错漏；总平面图与建筑施工图尺寸、平面位置、标高等是否一致，平、立、剖面图之间的关系是否一致；各专业、工种设计是否协调和吻合。

（2）施工的可行性。结合图纸的特点，研究图纸在施工过程中，在质量上、安全上、工期上、工艺上、材料供应上，乃至于经济效益上施工能否满足图纸的要求，必要时建议设计单位适当地修改。

（3）地质资料是否齐全，能否满足图纸的要求；周边的建筑物或环境是否影响本建筑物的施工；施工图纸的功能设计是否满足建设单位的要求等，都是图纸会审的主要内容。

【实践活动】

由实训指导教师在建筑工程识图教材中选定一套房屋建筑的施工图，分小组由指导教师和同学分别扮演建设单位、设计单位、监理单位和施工单位参加图纸会审人员，按照图纸会审程序进行图纸会审，并写出图纸会审纪要。

【实训考评】

学生自评（20%）：

图纸自审内容及方法：正确□；基本正确□；错误□。

图纸会审内容及方法：正确□；基本正确□；错误□。

小组互评（40%）：

图纸会审内容及方法：正确□；基本正确□；错误□。

工作认真努力，团队协作：很好□；较好□；一般□；还需努力□。

教师评价（40%）：

图纸会审程序：正确□；基本正确□；错误□。

图纸会审纪要内容：正确□；基本正确□；错误□。

完成效果：优□；良□；中□；差□。

任务 2 工 地 例 会

【实训目的】 通过实训，掌握工地例会的任务、内容和程序，能整理工地例会纪要。

实训内容与指导

1.2.1　工地例会的目的及任务

工地例会是由监理工程师主持，与建设单位、施工单位项目经理协商一致，定期召开的工地工作例会。参加人员有总监理工程师（或总监代表）和监理工程师、承包商项目经理（或副经理）和各专业技术负责人，邀请建设单位代表参加，必要时还可邀请其他人员出席。分包商代表是否参加由承包商决定。工地监理会议的目的有二：一是协调施工组织，解决施工问题，发布施工指令；二是通过建设各方的相互沟通，达到相互理解、配合和相互支持。

会议的任务是：对建设项目实施"三控三管一协调"（质量、进度、费用三控制，安全、合同、信息三管理，协调组织、解决问题），确保工程目标的实现。其主要工作内容包括：

（1）审核工程进度、质量情况，分析影响进度、质量的主要问题及所要采取的具体措施；

（2）对工程进度进行预测，讨论确定下期工程进度、质量计划及主要措施；

（3）审核承包商资源（包括人力资源和机械设备等）投入情况；

（4）审核施工用材到场情况，讨论现场材料的质量及其适用性；

（5）讨论相关技术问题；

（6）讨论有关计量与支付方面的问题；

（7）讨论未决定的工程变更问题；

（8）研究有关工作协调与接口方面的问题；

（9）其他与工程有关需要讨论和解决的问题等。

1.2.2　工地例会的时间及地点

一般以一周间隔为宜，如果工程规模较小或工种较单调，可以适当调整为两周一次或每个月一次，但不应再减少。例会的时间长短可灵活控制，在切实解决问题的基础上，尽量不要拖延时间，避免空讲，特别注意会议应该准时开始，维护工地例会的严肃性，必要时可以实行点名和奖惩制度，避免因为几个人迟到耽误所有与会者的时间。

按照惯例，一般均将工程现场会议室作为工地例会的召开地点，但有时根据工程情况，为解决某一主要问题，可以选择施工现场甚至材料供应地等有关地点召开例会。

1.2.3　工地例会的参加人员

根据《建设工程监理规范》GB/T 50319—2013规定，参加工地例会的单位分别是：建设单位、施工单位、监理单位。

施工单位包括项目经理、技术负责人、各工种负责人、质量员、安全员、施工员，必要时可以通知施工单位领导及各班组长、材料供应商等参加。

监理单位包括总监及现场监理工程师、监理员，必要时可请单位领导或其他相关人员参加。

建设单位包括建设单位驻地工程师及其他驻现场人员，必要时可请相关人员参加，如设计人员、建设方面的领导专家等等都可以作为邀请对象。

1.2.4 例会的程序和内容

到场人员首先按规定签到，注明姓名、单位名称、负责的工作、联系电话等。由总监理工程师主持会议。

会议举行的程序和内容如下：

1. 施工单位发言内容

（1）汇报由上次例会至今的工程进展情况，对工程的进度、质量和安全工作进行总结，并分析进度超前或滞后的原因；

（2）质量、安全以及资料上报等方面存在的问题，所采取的措施；

（3）汇报下阶段进度计划安排，解决现阶段进度、质量、安全问题的措施；

（4）提出需要建设单位和监理单位解决的问题。

2. 监理单位发言内容

（1）对照上次例会的会议纪要，逐条分析与会各方是否已兑现了承诺；

（2）对承包单位分析的进度和质量、安全等情况做出评价，主要是指出漏报的问题以及原因是否正确、整改的措施是否可行；

（3）安全生产、文明施工是一个长期的任务，必须对施工单位的安全教育情况进行分析，加强监理自身的保护；

（4）对工程量核定和工程款支付情况进行阐述；

（5）对施工单位提出的需要监理方答复的问题进行明确答复；

（6）提出需要建设单位或承包单位解决的问题。

3. 建设单位发言内容

建设单位指出承包单位和监理单位工作中需要改正的问题，并对承包单位和监理单位提出的问题给予明确答复。特别注意参会各方在给出解决问题的措施时，均应说明解决问题的具体期限，并严守承诺，使方案能落到实处，达到会议的目的。在下一次的例会中由各方对照检查，未按期落实的应说明原因，由与会各方商讨处理方法。

会议纪要整理：

会议纪要应由监理单位整理。整理纪要时需注意：①注明该例会为第几次工地例会，例会召开的时间、地点、主持人，并附会议签到名单。②用词准确、简练、严谨，书写清楚，避免歧义。③分清问题的主次，条理分明。

会议纪要整理完毕后，首先送总监审阅、签字，之后送承包单位和建设单位及被邀请参加的其他单位代表审阅签字，签字时应注明日期，若某一方的改动超出会议内容，应征得其他各方的同意。各方均签字完毕后由监理人员打印、盖章、分发，分发时需请接收人员签字并注明接收的日期和份数。经各方签字的原稿应由监理单位妥善保管，供需要时查阅。

1.2.5 提高工地例会质量和效率的对策和措施

提高工地例会质量和效率的对策和措施有：

（1）提高对开好工地例会重要性的认识。为开好工地例会，监理工程师应从召开第一次工地监理会议开始，向与会人员讲明现场的各项工作必须服从全局的重要性，讲明召开工地例会的目的、作用和意义，统一大家对召开好会议的思想认识，以共同确保提高会议效率，提高会议质量。

（2）建设单位应熟悉有关实施工程监理工作的规定，支持监理行使建设单位授权。监理向建设单位提供的是服务，支持监理亦是支持建设单位自己。为什么有的建设单位花钱请了监理却不注意发挥监理的作用呢？究其原因：我国实施工程建设监理制度起步时间不长，该项制度尚未得到有效落实，许多部门和单位对实施工程监理制度的重要性认识不足。同时，建设单位不是连续不断的上项目，在一个项目建成后另一个项目何时上、怎么上还在规划之中，也可能根本还没有规划，因此建设单位对工程监理的作用不了解，或有所了解，但知之甚少；另一方面，由于新的知识和管理办法尚未掌握，老办法、旧习惯仍在使用。有的建设单位不要说在召开工地例会时越俎代庖，就连支付工程款也不经监理检查签证。鉴于上述情况，建议国家建设部门加大对建设单位的监管力度，要求建设单位在工程项目开展之前组织工程主管及工程管理人员，尤其是工程主要负责人学习、熟悉有关工程监理方面的有关知识和规定，了解监理的工作性质和职责，在工程监理合同中明确建设单位授权范围。在合同具体执行过程中支持监理行使建设单位授权，避免建设单位越俎代庖现象的发生。

建设单位应履行对监理工作的检查监督责任。当发现监理在实施工程监理过程中存在问题，如工程建设协调不到位、进度、质量、施工费用严重偏离目标而不能及时纠正，或者与有关单位串通损害建设单位利益、降低工程质量等，业主有权提出整改意见，或向监理单位提出要求，更换工程监理人员。

（3）监理人员会前应了解掌握情况，做到心中有数。为开好工地例会，总监理工程师（或总监代表）和各专业监理工程师应当十分熟悉工程建设施工要求，全面掌握工地各方面工作情况。为此，必须做到"四个充分"：

1）充分熟悉工程合同条款，了解施工进度要求、质量要求、技术规范和技术要求、安全要求以及施工技术方案和各项工作接口；明确建设单位、施工单位和监理三方各自的责任和义务。这是开展监理工作、召开工地例会、进行施工组织协调、解决施工问题的依据。

2）充分了解工程施工现场情况，做到现场巡视不漏项。各专业监理工程师应按照自己的职责，深入了解，逐项巡查，包括日进度、施工质量、施工组织、施工方法、施工机具、材料供应以及上次现场会议决定执行情况和整改通知书发出后的整改情况等等，并且在每次巡视之后都要认真做好巡视记录。记录要完整、真实。同时，在现场巡视中若发现需要立即整改的问题，监理应及时就地给予指出，避免造成不必要的返工和损失，并事后补发整改通知书。

3）充分做好与各方的会前沟通。①首先，要制定会议程序；②其次，要明确与会各方必须向会议汇报的内容，包括资料准备、工程进展情况、存在问题、需要监理协调的事项及下步将采取的具体措施等。由于工程施工分为土建施工、设备安装、试车与投料运行、竣工验收等阶段，各个阶段工作特点不同，内容也不同，因此要根据不同施工阶段的不同要求明确不同的汇报内容；③再次，要掌握各方面的信息，了解建设单位、施工单位（包括分包单位）各方对工程施工进度、质量、资源投入和安全等方面的要求或打算。第①、②项应由监理方草拟，经与会各方一起讨论同意后形成文件，共同予以实施。

4）充分思考，认真分析，理清和确定召开每次工地会议的总体思路。因为随着工程建设的深入，时间、空间、环境和工作内容都发生了变化，施工现场每天都有新的进展，施工组织、现场工作都有新的不同，涉及的工作内容、出现的实际问题也不同于以往，所以每次工地会议都会有新的内容和议题，召开会议的思路和方法不能千篇一律。为开好每次工地会议，会议之前应在总监理工程师（或总监代表）的主持下召开现场监理内部会议。各专业监理工程师应详细交流自己了解和掌握的信息，并在认真思考分析的基础上就如何开好工地会议提出意见和建议。然后，由会议主持者归纳汇总，明确提出召开工地会议的总体思路和将要解决的实际问题，以及解决问题的措施或设想。

由于准备充分，监理可以在召开工地会议时就可以占据主动地位，发挥主导作用，工地工程会议就可能达到预期的目的，取得满意的效果。

（4）按时开会，检查讲评，发现问题，统一协调。在做好充分准备的基础上，驻地监理工程师要按照上次会议确定的时间召开工地会议。会议要按程序逐项进行，避免漏项，防止内容前后颠倒，混淆不清。同时，主持者要灵活机动，力戒呆板乏味。会议的重点是：

1）对上次会议纪要明确要办的事项予以确认并进行讲评，好的给予肯定，差的提出批评；

2）检查监理已发整改通知书的实施是否到位，资料提供是否齐全；

3）按照汇报内容的要求，认真听取与会各方的工作汇报及信息交流，并对自上次会议以来的工作进行检查，肯定成功的做法和已取得的成绩，对承包商存在的差距和不足应开诚布公地予以指出，涉及建设单位方面的问题也不能回避；

4）指定专人认真做好会议记录。记录应符合"真实、准确"的原则和要求。会后，监理人员应根据会议记录，将与会人员形成的共识及在重大问题上各方的不同意见进行整理，并形成会议纪要，经总监理工程师（或总监代表）审阅并签字后发送参会各方执行；

（5）监理单位对驻地监理工程师在加强业务培训的同时，还应加强管理知识的培训。施工现场任务多，工作杂，涉及范围也比较广，但无论何种任务、何种工作都离不开"人"，只有发挥人的主观能动性，各项工作才能得以顺利进行，"三控三管一协调"才能得以保证，任务目标才能得以实现。说到底，工地监理在现场的工作都离不开管理，离不开与人打交道。为什么有的监理工程师在工作中常常和建设单位、承包商发生冲突，出力不讨好？为什么有的监理工程师主持的工地会议效率低，质量差，达不到预期效果？就是因为他们缺乏管理知识，不懂得如何进行沟通，如何进行协调，导致与合作者关系不融洽。因此，建议监理单位在注重监理工程师技术水平的同时，还应创造条件，组织监理人员开展必要的管理知识培训，让他们学习项目管理知识，学会沟通和协调，提高他们驾驭现场工作的能力。管理协调能力的提高必然会提高他们主持召开经常性工地会议的水平。

　　总之，提高工地例会效率和质量的因素较多，不仅取决于工地监理的管理和技术水平，也取决于建设单位和承包商的理解和支持。有效的工地例会不仅可以激发与会人员的积极性，而且可以使单位之间关系融洽，各项工作协调进展，保证施工顺利进行。

【实践活动】

　　由实训指导教师按照前述房屋建筑的施工图拟定一个部位的施工场景，分小组由指导教师和同学分别扮演监理单位、建设单位和施工单位参加工地例会人员，按照程序对建设项目"三控三管一协调"内容召开工地例会，并写出工地例会纪要。

【实训考评】

学生自评（20%）：

　　工地例会程序：正确□；基本正确□；错误□。

　　工地例会内容及方法：正确□；基本正确□；错误□。

小组互评（40%）：

　　工地例会内容及方法：正确□；基本正确□；错误□。

　　工作认真努力，团队协作：好□；较好□；一般□；还需努力□。

教师评价（40%）：

　　工地例会程序：正确□；基本正确□；错误□。

　　工地例纪要内容：正确□；基本正确□；错误□。

　　完成效果：优□；良□；中□；差□。

项目2　现场材料管理及试验实训

【实训目标】　通过训练，熟悉施工现场试验管理制度，熟悉现场试验员的责任和见证取样送检制度；熟悉常用建筑材料的试验标准、进场验收方法、试验取样要求及试验报告的内容；熟悉现场试验的项目及要求。能正确执行施工现场试验制度，能进行施工现场主要原材料有见证取样送检，能根据实验报告判定材料的符合性，能正确进行施工现场试验。

任务1　试 验 管 理 制 度

【实训目的】　通过训练，熟悉施工现场试验管理制度，熟悉现场试验员的责任，熟悉见证取样送检制度；能正确执行施工现场试验制度。

实训内容与指导

1.1　施工现场试验管理制度

1.1.1　施工现场实验室的任务和要求

（1）施工现场试验是配合技术管理和质检的需要，完成对进场的各种材料、产品的检验复试；开展施工企业产成品的技术鉴定，确保合格、优质的原材料、产品用于工程。施工现场试验是现场质量控制的一个重要手段，是施工质量保证的关键，它是技术管理的重要组成部分。同时也向业主、监理等及时提供材质实验证明。因此，为了使施工现场试验更加规范，必须做好施工现场试验的科学管理。

（2）根据施工项目需要，施工单位可以在施工现场设置实验室，其业务服从于上一级实验室，由现场技术人员负责。主要工作是负责现场原材料取样，各种试件或试块的制作、养护和送试以及简易的土工、碎石等试验工作。

（3）施工现场的试验员应满足施工项目的试验要求。从事建筑工程各项试验工作的专职试验人员，必须经当地建设主管部门统一培训、考核并获得岗位合格证书后，方可上岗和签署试验报告。

（4）试验仪器设备的性能和精确度应符合国家标准和有关规定，施工现场的设备应满足施工项目的试验要求。仪器设备应定期鉴定并有专人管理，建立管理台账，并在仪器设备上作出明显标识。除了常规的试验项目以外，从完善资料、便于质量鉴定和质量把关的角度衡量，还应当根据工程现场需要，增加相应的内容。

（5）对混凝土浇筑频繁的特大型工程的施工现场，应当设置标准养护室，避免运送试块造成对强度的不利影响。

（6）关于现场试块制作组数。为适应工程监理需要，每一浇筑段增加一组标准养护试件（在监理旁站下完成，并作出专门标志，并由监理指定实验单位），这样每浇筑段的标准养护试件在原来的不少于 3 组基础上增加同条件养护试件 1 组，则每组试件应不少于 4 组。

1.1.2　施工现场实验室的管理制度

（1）建立商品混凝土现场质量控制制度。包括开盘前的质量控制、进场混凝土质量控制和建立厂家提供商品混凝土强度报告制度等。

（2）现场实验室应对试验项目和送检项目分别建立台账。如水泥试验台账、砂石试验台账、钢筋（材）试验台账等。

经上一级实验室同意自行试验的项目，应经上一级实验室审查签章。

（3）现场实验室必须单独建立不合格试验项目台账。出现不合格项目应及时向上级技术负责人或企业主管领导和当地政府行政主管部门、质量监督站报告；其中，影响结构安全的建材应在 24 小时内向以上部门报告。

1.2　试验员的责任

1.2.1　试验员的职责

（1）熟练掌握国家、行业等相关试验的规定、规范、标准。

（2）认真贯彻执行国家有关试验的法规和规范，掌握各项试验的操作要求、试验方法、目录。

（3）结合工程实际情况，会同技术人员编写项目试验计划，并按照计划开展工作，及时对试验的内容按工程质量要求中规定的试验项目进行试验或委托各种原材料试验，保证试验项目齐全，试验数量准确，并建立相应的记录。

1）现场实验室自行试验的项目，必须按现行标准规范及相关规定对原材料进行取样。其取样方法、数量等必须符合现行标准，做好记录，不得涂改。

2）委托试验的原材料项目，应填写委托试验单，项目齐全，不得涂改。

3）对于钢材试验，除按上述要求填写外，凡送检焊接试件的，必须注明钢的原材料编号。原材料与焊接试件不在同一实验室试验，还需将原材料试验结果抄在附件上。

（4）对一次性施工不能返回材料及时送样复验。

（5）负责对原材料、半成品、成品的取样和送样试验。

（6）负责随机抽取施工现场的砂浆、混凝土拌合物，制成标准试块、养护及送实验室测定并作好记录。试件按单位工程连续统一编号；在试件成型 24 小时后注明工程名称及部位、制模日期、委托单位、强度等级、试件编号，做好试件的存放和标准养护工作。

（7）及时索取试验报告等原始资料，负责向实验室提供所试验原材料的验证资料，包括产品备案书、生产部门的材料检验报告、使用说明书、合格证和防伪标志。

（8）负责现场简易土工、砂石含水率等试验工作，填写配合比申请单，负责砂浆配合比的换算计量检查工作。

（9）负责试验报表的统计、分析及上报，工程试验资料的领取、整理、汇总和归档工作。

（10）对未经过复试和经过复试不合格的材料有权禁止使用。

（11）施工材料进场后应配合材料员进行挂牌标识。

1.2.2　试验员的工作守则

（1）热爱试验工作，有责任心；认真学习国家的相关法律、法规、标准和规范；不断学习专业知识，提高业务水平。

（2）工作认真负责，做好现场施工试验记录及资料档案的建立，各种原始数据真实可靠。

（3）严格遵守职业道德，在试验、取样等工作中不得有制造、提供假试样，无证试验，超越业务范围出具试验报告，伪造、涂改、抽撤不合格试验单据等弄虚作假行为。

1.3　见证取样送检制度

为加强建设工程质量管理，保证工程施工试验的科学性、真实性和公正性，确保工程结构安全，杜绝"仅对来样负责"而不对"工程质量负责"的不规范检测报告，根据建设部相关文件的要求，在材料试验过程中，对重要部位的材料、试件、试块等要求建立见证取样送检制度。

见证取样和送检制度是指在建设监理单位或建设单位见证下，对进入施工现场的有关建筑材料，由施工单位专职材料试验人员在现场取样或制作试件后，送至符合资质要求和质量技术监督部门认证的质量检测单位或实验室进行试验的工作程序。

1.3.1　见证取样的范围和数量

根据住房和城乡建设部［2000］211号文"关于《房屋建筑工程和市政基础设施施工见证取样和送检的规定》的通知"，对其检测范围、数量、程序做了具体规定。

1. 见证取样的范围

下列试块、试件和材料必须实施见证取样和送检：

（1）用于承重结构的混凝土试块；

（2）用于承重墙体的砌筑砂浆试块；

（3）用于承重结构的钢筋及连接头试件；

（4）用于承重墙的砖和混凝土小型砌块；

（5）用于拌制混凝土和砌筑砂浆的水泥；

（6）用于承重结构的混凝土中使用的掺加剂；

（7）地下、屋面、厕浴间使用的防水材料；

（8）国家规定必须实行见证取样和送检的其他试块、试件和材料。

2. 见证取样的数量

见证取样和送检的比例不得低于有关技术标准中规定应取样数量的30%。

1.3.2　见证取样和送检工作的程序

（1）建设单位到工程质量监督机构办理监督手续时，应向工程质量监督机构递交见证单位及见证人员授权书，写明本工程现场委托的见证单位名称和见证人姓名及见证员证件号，每个单位工程见证人为 1～2 人。见证单位及见证人员授权书（副本）应同时递交该工程的实验室，以便监督机构和实验室检查有关资料时进行核对；

（2）有关实验室在接受见证取样试验任务时，应由送检单位填写见证试验委托书；见证人应出示《见证员证书》，并在见证试验委托书上签字；

（3）施工企业材料试验人员在现场进行原材料取样和试件制作时，必须有见证人在旁见证。见证人有责任对试样制作及送检进行监护，试件送检前，见证人应在试样或其包装上作出标识、封志，并填写见证记录；

（4）有关实验室在接受试样时应作出是否有见证取样和送检的判定，并对判定结果负责；实验室在确认试样的见证标识、封志无误后才能进行试验；

（5）在见证取样和送检试验报告中，实验室应在报告备注栏中注明见证人，加盖"有见证检验"专用章，不得再加盖"仅对来样负责"的印章；一旦发生试验不合格情况，应立即通知监督该工程的建设工程质量监督机构和见证单位；在出现试验不合格而需要按有关规定重新加倍取样复试时，应按有关规定执行。

1.3.3　见证取样的管理

（1）施工单位、监理（建设）单位应按规定分别配备取样员、见证员。施工单位负责质量检测试样的取样、送检，监理（建设）单位负责质量检测试样的取样、送检的现场见证工作。当现场进行实物抽样检测时，应在监理（建设）单位、施工单位共同见证的情况下进行。

（2）施工单位、监理单位应分别建立工作台账，详细记录每次见证取样和实物抽样检测的制样或取样部位、样品名称和代表数量、送检日期、试验结果等，并归入施工技术档案。

（3）检测机构应建立系统、全面、有效的质量管理体系，严格按照规范、标准要求在资质符合要求和省级计量认证的单位内开展检测，并对检测结果负责。

（4）检测机构或实验室应当建立档案管理制度，检测合同、委托单、原始记录、检测报告应当按年度统一编制流水号，不得任意抽撤，对检测不合格的项目应当单独建立台账，并在 24 小时内报告当地建设行政主管部门和质量监督机构。

（5）检测机构或实验室应做好试样的分类、放置、标识、登记工作，并对试样的有效性进行确认。在收样时必须有见证员在场，并在委托单上签字，对符合要求的试样，收样后不得退样，不得更换试样。

当发现见证员未陪同送样、未按规定封样、陪同送样见证员与检测合同登记的见证员不符的试样，不得收取试样，不得出具检测报告。

（6）检测机构或实验室完成检测任务后，应及时向委托单位出具检测报告。检测报告中应当注明见证取样的见证员、取样员姓名、编号，同时，按规定留置试验样品（规范和标准明确要求需留置的试样，应按规范规定的程序、环境、数量和要求留置；规范和标准未明确要求的非破坏性检测且可重复检验的试样，应在样品检测或试验后留置 3 天，破坏性试样，应在样品检测或试验后留置 2 天）。

（7）各检测机构或实验室对无见证人签名的试验委托单及无见证人伴送的试件一律拒收，未注明见证单位和见证人的试验报告无效，不得作为质量保证资料和竣工验收资料，由质监站指定法定检测单位重新检测。

（8）建设、施工、监理和检测试验单位凡以任何形式弄虚作假或者玩忽职守者，将按有关法规严肃查处，情节严重者，依法追究刑事责任。

1.3.4 见证取样人员的职责和基本要求

（1）见证人由建设单位具有初级以上专业技术职称并具有建筑施工试验专业知识的技术人员担任；

（2）建设工程质量检测中心统一编写培训教材，考核大纲，负责对见证人员的统一考核及发证。并指导各地区检测分中心开展见证人员的培训工作；

（3）见证人员必须经培训考核合格，并取得《见证员证书》后，方可履行其职责；

（4）见证人员的基本情况由检测部门备案，定期培训更新知识；

（5）《见证员证书》及印章不得涂改、转让或出借，否则建设行政主管部门将予以核销，并追究有关单位及有关人员责任。

【能力测试】

1. 见证取样和送检制度是指在_____见证下，对进入施工现场的_____，由_____现场取样或制作试件后，送至_____和质量技术监督部门对其_____认证的质量检测单位或试验室进行试验的工作程序。

2. 各检测机构_____的试验委托单_____的试件一律拒收，未注明见证单位和见证人的试验报告_____，不得作为质量保证资料和竣工验收资料。

3. 见证人由_____具有_____以上专业技术职称并具有建筑施工的技术人员担任。

4. 见证人员必须经_____，并取得_____后，方可履行其职责。

任务 2 主要原材料试验

【实训目的】 通过训练，熟悉砖、砌块、钢筋、水泥、混凝土骨料、混凝土外加剂及防水材料的试验标准、进场验收方法、试验取样要求及试验报告的内容。能进行施工现场主要原材料见证取样送检。

实训内容与指导

2.1 砖、砌块试验

2.1.1 砖、砌块的试验标准

砖、砌块的相关试验标准见表 2-1。

砖、砌块试验标准及项目 表 2-1

标准号	规程名称或检测方法	试验项目	备注
GB/T5101—2003	《烧结普通砖》		
GB/T2542—2012	《砌墙砖试验方法》	强度、外观质量等	
GB/T13545—2014	《烧结空心砖和空心砌块》		
GB8239—2014	《普通混凝土小型砌块》		
GB/T15229—2011	《轻集料混凝土小型空心砌块》		
GB/T4111—2013	《混凝土砌块和砖试验方法》		

2.1.2 砖、砌块的进场验收

（1）砖、砌块进场时，供货单位应提供产品合格证及质量检验报告。其出厂质量合格证及检验报告必须项目齐全、真实、字迹清楚，不允许涂抹、伪造。

（2）出厂质量合格证及检验报告中应包括砖、砌块产地、品种、规格、尺寸偏差、外观质量和强度等级、产品标记、性能检验结果、砖或砌块数量等指标；同时还应包括批量及编号、证书编号、本批产品实测技术性能和生产日期等，并由检验员和承检单位签章。

（3）购货单位应按同产地同规格分批验收。检查出厂合格证或试验报告，砖的品种、强度等级必须符合要求。

（4）每验收批至少应抽样对其进行抗压强度、抗折强度、干体积密度等指标的检验。对重要工程或特殊工程应根据工程要求增加检测项目。对其他指标的合格性有怀疑时应予以检验。当质量比较稳定、进料量又较大时，可定期检验。

（5）对砖、砌块进行严格的外观检查。如尺寸是否满足规范要求；是否有缺棱掉角的情况，缺棱掉角造成的破坏程度是否满足规范规定的要求；砖或砌块上是否有裂纹，在哪个面上产生的，裂纹的长度、深度、宽度是否符合规范规定的要求；砖、砌块是否有弯曲变形的现象，出现在哪个面上等等。

2.1.3 砖、砌块的试验取样及试验报告

1. 砖、砌块的必试项目及取样

砌墙砖和砌块的必试项目、取样数量和方法见表 2-2。

砌墙砖和砌块的必试项目规定 表 2-2

序号	材料名称	试验项目	组批原则及取样规定
1	烧结普通砖	必试：抗压强度 其他：抗风化、泛霜、石灰爆裂、抗冻	（1）每一生产厂家的砖到现场后，按烧结砖 15 万为一验收批，不足 15 万块也按一批计。 （2）每一验收批随机抽取试样一组（10 块）
2	烧结多孔砖	必试：抗压强度 抗折强度 其他：泛霜、石灰爆裂、冻融、吸水率	（1）每一生产厂家的砖到现场后，按烧结多孔砖 3.5 万～15 万块为一验收批，不足 3.5 万块也按一批计。 （2）每一验收批随机抽取试样一组（10 块）

序号	材料名称	试验项目	组批原则及取样规定
3	烧结空心砖和空心砌块	必试：抗压强度（大条面） 其他：泛霜、石灰爆裂、冻融、吸水率、密度	（1）每一生产厂家的砖到现场后，按3万块为一验收批，不足3万块也按一批计。 （2）每一验收批随机抽取试样一组（5块）
4	粉煤灰砌块	必试：抗压强度 其他：干燥收缩、抗冻性、密度、碳化	（1）每200m³为一验收批，不足200m³也按一批计。 （2）每批尺寸偏差和外观质量检验合格的砌块中，随机抽取试样一组（3块），将其切割成边长为200m³的立方体试件进行试验
5	普通混凝土小型空心砌块	必试：抗压强度（大条面） 其他：密度、空心率、含水率、吸水率、抗冻性、干燥收缩、软化系数	（1）每1万块为一验收批，不足1万也按一批计。 （2）每批尺寸偏差和外观质量检验合格的砌块中，随机抽取试样一组（5块）
6	轻骨料混凝土小型空心砌块		

对于砌墙砖，如果从施工现场的砖垛中抽取试样时，抽样前应制定抽样方案，对检验批中抽样的砖所在的砖垛位置、砖层、砖列都要排好编号、顺序，再进行现场抽样。如果施工现场的砖是散堆在一起，可先让人随机从散堆中取砖摆成一字形，然后决定每隔几块抽取一块。不论抽样位置上砖的质量如何，不允许以任何理由以别的砖替代。

外观质量检验的砖样按上述方法从检验批的产品中随机抽取50块，尺寸偏差检验的砖样从外观质量检验后的样品中随机抽取20块，其他项目的砖样从外观质量检验后的样品中随机抽取。抽取的数量为：强度等级10块；泛霜、石灰爆裂、冻融、表观密度、吸水率与饱和系数各5块。当只进行单项检验时，可直接从检验批中随机抽取。

从尺寸偏差与外观检验合格的砌块中，随机抽取砌块，制作3组试件进行立方体抗压强度检验，以3组平均值与其中1组最小平均值，按规范规定判定强度级别。制作3组试件做干体积密度检验，以3组平均值判定其体积密度级别，当强度与体积密度级别关系符合规范规定时，判该批砌块符合相应的等级。否则降等或判为不合格。

对于砌块，从外观与尺寸偏差检验合格的砌块中，随机抽取3组9块砌块进行干体积密度检验；抽取5组15块砌块进行强度级别检验；抽取3组9块砌块进行干燥收缩检验；抽取3组9块砌块进行抗冻性检验；抽取1组2块砌块进行导热系数检验。

2. 砖、砌块的试验

（1）试验报告：使用单位砖、砌块的质量检测报告内容应包括：委托单位、样品编号、工程名称、样品产地、类别、代表数量、检测依据、检测条件、检测项目、检测结果、结论等。砖、砌块的检测报告格式可参照表2-3。

（2）检验质量等级的判定：

1）砖的质量判定：强度抗风化性能合格，按尺寸偏差、外观质量、泛霜、石灰爆裂检验中最低质量等级判定，其中有欠火砖、酥砖或螺旋纹砖有一项不合格则判定该批产品的质量不合格。

2）砌块质量判定：

A. 若受检砌块的尺寸偏差和外观质量均符合相应指标，则判定砌块符合相应等级。

B. 若受检的32块砌块中，尺寸偏差和外观质量的不合格数不超过7块时，则判该批砌块符合相应等级。

C. 当所有项目的检验结果均符合各项技术要求等级时，则判定该批砌块符合相应等级。

（3）委托单位(或委托人或工地现场试验员)必须逐项填写试验委托单，如工程名称、砖、砌块品种、规格、生产厂、委托日期、委托编号、出厂日期、出厂编号等内容。

（4）检测机构或实验室应当认真填写砖、砌块试验报告表。要求项目齐全、准确、真实、字迹清楚、无涂抹。试验报告左上角加盖计量认证章，右下角加盖工程质量检测资质专用章方才有效。

（5）委托单位(或委托人)领取砖、砌块试验报告表时，应当认真验收和观看试验报告中试验项目是否齐全，必试项目是否全部做完，是否有明确结论，签字盖章是否齐全。同时一定要验看各项目的实测数值是否符合规范规定的标准值。

烧结普通(多孔)砖检测报告　　　　　　　　表 2-3

委托单位	××公司	委托日期	××年××月××日
工程名称	×× 综合楼	委托编号	××××
工程部位	一层墙	报告日期	××年××月××日
砖生产厂	×××砖厂	产品名称	烧结普通砖
依据标准	GB 13544—2011, GB/T 5101—2003	规格尺寸	240mm×115mm×53mm

检测结果

检测项目		标准要求				实测结果		单项判定
抗压强度	单个值(MPa)	强度等级	平均值 f	$\delta \leqslant 0.21$ 标准值 $f_k \geqslant$	$\delta > 0.21$ 单块最小值 $f_{min} \geqslant$	14.61	15.75	
						15.85	15.56	
						15.79	15.64	
						15.98	15.22	
						15.92	15.78	
	平均值	MU30	30.0	22.0	25.0	15.7		
	标准差 s(MPa)	MU25	25.0	18.0	22.0	0.43		
	变异系数 δ	MU20	20.0	14.0	16.0	0.03		
	标准值 f_k(MPa)	MU15	15.0	10.0	12.0	14.9		
	最小值 f_{min}(MPa)	MU10	10.0	6.5	7.5	14.6		

续表

检测结果				
检 测 项 目		标准要求	实测结果	单项判定
抗风化性能	抗冻性(质量损失)(%)	—	—	—
	5h沸煮吸水率(%) 平均值	≤23	18	合 格
	最大值	≤25	21	合 格
	饱和系数 平均值	≤0.88	0.72	合 格
	最大值	≤0.90	0.79	合 格
泛霜性能		无 泛 霜	无霜区	优等品
石灰爆裂性能		爆裂区域的最大破坏尺寸小于2mm	爆裂区域的最大破坏尺寸1.5mm	优等品
结 论		强度等级 MU15		
备 注		$\delta \leq 0.21$ 时，样本量 $n=10$ 时，强度标准值为		

签发：　　　　　　审核：　　　　　　检测：

注：本表由检测机构填写，一式三份，检测机构、委托单位、监理单位各留一份。报告左上角加盖计量认证章，右上角加盖工程质量检测资质专用章有效。

（6）如果是用于承重结构的砖、砌块无出厂证明书，或对砖、砌块质量有怀疑的，或有其他特殊要求的，还应当进行专项试验。

（7）注意资料整理：一验收批砖和砌块的出厂合格证和试验报告，按批组合，按时间先后顺序排列并编号，不得漏项；同时应当与实际使用的砖、砌块批次相符合；建立分目表，与其他施工技术资料相对应。

2.2 钢筋试验

2.2.1 钢筋的相关标准和试验项目
钢筋的相关标准和试验项目见表2-4。

钢筋试验标准及项目　　　　表2-4

标准号	规程名称或检测方法	试验项目
GB1499.1	《钢筋混凝土用钢第1部分：热轧光圆钢筋》	力学性能、冷弯性能
GB1499.2	《钢筋混凝土用钢第2部分：热轧带肋钢筋》	同上
GB13014	《钢筋混凝土用余热处理钢筋》	同上
GB/T701	《低碳钢热轧圆盘条》	力学性能、冷弯性能
GB 13788	《冷轧带肋钢筋》	同上
GB/T702	《热轧圆钢和方钢尺寸、外形、重量及允许偏差》	钢材尺寸、外形、重量及允许偏差
GB/T2975	《钢及钢产品力学性能试验取样位置及试样制备》	钢筋取样
GB2975	《钢筋力学及工艺性能试样取样规定》	钢筋试样取样
GB/T5223	《预应力混凝土用钢丝》	钢丝：抗拉强度、伸长率、反复弯曲
GB/T5224	《预应力混凝土用钢绞线》	整根钢绞线的最大负荷、屈服负荷、伸长率、松弛率、尺寸测量

2.2.2　钢筋的进场验收

1. 钢筋出厂质量合格证的验收

(1) 钢筋出厂时其出厂质量合格证和试验报告必须是项目齐全、真实、字迹清楚，不允许涂抹、伪造。

(2) 钢筋出厂质量合格证中应包括钢筋品种、规格、强度等级、出厂日期、出厂编号、试验数据(包括屈服强度、抗拉强度、伸长率、冷弯性能、化学成分等内容)、试验标准等内容和性能指标，合格证编号、检验机构盖章。各项应填写齐全，不得错漏。

2. 常用钢筋的进场验收

钢筋或预应力用钢丝或钢绞线进场时应按批号及直径分批验收，检查内容包括对钢筋标志、外观形状、钢筋的各项技术性能等。

(1) 审查钢筋的外观质量

热轧钢筋：表面不得有裂缝、结疤、分层和折叠；盘条钢筋如有凹块、凸块、划痕，不得超过螺纹高度，其他缺陷的高度或深度不得大于所在部位的允许偏差。

热处理钢筋：表面不得有裂缝、结疤、夹杂、分层和折叠；如有凹块、凸块、划痕，不得超过横肋高度，表面不得沾有油污。

钢绞线：不得有折断、横裂相互交叉的钢丝，表面不得有油渍，不得有麻锈坑。

碳素钢丝：表面不得有裂缝、结疤、机械损伤、分层、氧气铁皮(铁锈)和油迹；允许有浮锈。

冷拉钢筋：不得有局部颈缩现象。

(2) 对钢筋的屈服点、抗拉强度、伸长率、冷弯性能、屈服负荷、弯曲次数等指标的检验方法按相关规范规定进行。

以上各项验收合格后，方可由技术员、材料管理员等在合格证上签字以入库储存。同时也可以在钢筋质量合格证备注栏上由施工单位的技术人员注明单位工程名称、工程使用部位后交现场材料管理员和资料员进行归档和保管。

2.2.3　常用钢筋的试验取样及试验报告

1. 钢筋必试项目

(1) 热轧带肋钢筋、光圆钢筋、余热处理钢筋、低碳钢热轧圆盘条的必试项目为拉伸试验(包括屈服点、抗拉强度、伸长率)和弯曲试验。

(2) 预应力混凝土用钢丝的必试项目为：抗拉强度、伸长率、弯曲试验。

(3) 预应力混凝土用钢绞线的必试项目为：整根钢绞线的最大负荷、屈服负荷、伸长率、松弛率、尺寸测量。

2. 钢筋取样数量和方法

(1) 钢筋取样数量

钢筋的组批原则和取样规定见表 2-5。

常用钢筋取样规定　　　　　　　　　　表 2-5

序号	材料名称及规范代码	取样规定
1	钢筋混凝土用钢第 2 部分：热轧带肋钢筋（GB1499.2）	钢筋应按批进行检查、验收，每批数量不大于 60t。 每批应由同一厂别、同一炉罐号、同一规格、同一交货状态的钢筋组成。每 60t 为一验收批，不足 60t 也按一批计。 在每一验收批中，在任选的两根钢筋上切取试件（拉伸、弯曲试验各二个）
2	钢筋混凝土用钢第 1 部分：热轧光圆钢筋（GB1499.1）	
3	钢筋混凝土用余热处理钢筋（GB13014）	
4	钢筋混凝土低碳钢热轧圆盘条（GB/T701）	同一厂别、同一炉罐号、同一规格、同一交货状态每 60t 为验收批，不足 60t 也按一批计。 在每一验收批中，取试件，其中拉伸 1 个、弯曲 2 个（取自不同盘）
5	预应力混凝土用钢丝（GB/T5223）	预应力钢丝应成批验收。每批由同一牌号、同一规格、同一强度等级、同一生产工艺制度的钢丝组成。每批重量不大于 60t。 钢丝的检验应按（GB/T 2103）的规定执行，在每盘钢丝的两端进行抗拉强度、弯曲和伸长率的试验。 屈服强度和松弛率每季度抽检 1 次，每次不少于 3 根
6	预应力混凝土用钢绞线（GB/T5224）	每批由同一牌号、同一规格、同一生产工艺的钢绞线组成，每批重量不大于 60t。 从每批钢绞线中任取 3 盘，每盘所选的钢绞线端部正常部位截取一根进行表面质量、直径偏差、捻距和力学性能试验。如每批少于 3 盘，则应逐盘进行上述试验。屈服和松弛试验每季度抽检一次，每次不少于一根

（2）取样方法

从外观和尺寸合格的钢筋中随机抽取 2 根（或 2 盘），可在每批钢筋（或每盘）中任选两根钢筋距端部 500mm 处截取试样。试样长度根据钢筋规格、种类和试验项目而不同。表 2-6 中列举部分建筑工地习惯截取的标准试件长度［拉伸长度＝5d＋（250～300mm），弯曲长度＝5d＋150mm］，供读者参考。

钢 筋 试 件 长 度　　　　　　　　表 2-6

试件直径(mm)	拉伸试件长度(mm)	弯曲试件长度(mm)	反复试件长度(mm)
6.3～20	300～400	200～250	150～250
25～32	350～450	250～300	

3. 钢筋试验报告

钢筋试验报告表见表 2-7。钢筋试验报告表是判定钢筋材质是否符合规范要求的依据，是施工质量验收规范中施工技术资料的重要组成部分，属于保证项目。所以要求所涉及的单位和个人都应当认真对待。

钢筋试验报告表   表 2-7

报告编号：××××   委托单位：××××公司   工程名称：××××综合楼

使用部位：一层梁   建设单位：××××公司   施工单位：××××公司

委托编号：××××   委托日期：××年××月××日   钢筋重量：10t

试验日期：××年××月××日   报告日期：××年××月××日   钢筋品种：热轧带肋钢筋

	项　　目	试　件　编　号					
		1	2	3	4	5	6
拉伸及焊接试验	规格及公称直径(mm)	ϕ20	ϕ20	ϕ20	ϕ20		
	公称面积(mm)	314	314	314	314		
	标距(mm)	100	100	—	—		
	屈服强度(mm)	360	370	—	—		
	抗拉强度(mm)	510	510	—	—		
	伸长率(mm)	18	17	—	—		
	抗拉强度实测值/屈服强度实测值(≥1.25)	1.42	1.38	—	—		
	屈服强度实测值/屈服强度标准值(≤1.3)	1.07	1.10	—	—		
	焊接类别	—	—	—	—		
	焊点至断处距离(mm)	—	—	—	—		
弯曲试验	弯心直径(mm)			3D	3D		
	弯曲角度			180	180		
	弯曲结果			完好	完好		
依　据　标　准		GB 1499，GB/T 701，JG 3046，JGJ/T 27，JGJ 18					
结　　　论		所检测参数符合 GB 1499.2—2007 中 HRB335 牌号钢筋的要求					
备注	一级钢筋：ϕ 牌号 HPR300	屈服点≥300N/mm²		抗拉强度≥420N/mm²		伸长率≥25％	
	二级钢筋：Φ 牌号 HRB335	屈服点≥335N/mm²		抗拉强度≥490N/mm²		伸长率≥16％	
	三级钢筋：Φ 牌号 HRB400	屈服点≥400N/mm²		抗拉强度≥570N/mm²		伸长率≥14％	

签发：×××   审核：×××   检测：×××

注：本表由检测机构填写，一式三份，检测机构、委托单位、监理单位各留一份。报告左上角加盖计量认证章，右上角加盖建设工程质量检测资质专用章有效。

(1) 钢筋试验的合格判定

通过钢筋的试验报告表中的各项数据，如果某一项试验结果不符合钢筋的技术标准的要求，则应当从同一组批中再取双倍数量的试件(样)进行复试。通过复试，如果复试结果中任有一项不合格或不符合规范规定的要求，则该验收批钢筋判定为不合格钢筋。不合格钢筋不得交货和使用，同时出具处理报告。

(2) 委托单位(或委托人、工地现场试验员)必须逐项填写试验委托单，如工程名称、钢筋品种、规格、生产厂、委托日期、委托编号、钢筋商标、出厂日期、出厂编号等内容。

(3) 检测机构或实验室应当认真填写钢筋试验报告表。要求项目齐全、准确、真实、字迹清楚、无涂抹。试验报告左上角加盖计量认证章，右下角加盖工程质量检测资质专用章方才有效。

(4) 委托单位(或委托人)领取钢筋试验报告表时，应当认真验收和观看试验报告中试验项目是否齐全，必试项目是否全部做完，是否有明确结论，签字盖章是否齐全。同时一定要验看各项目的实测数值是否符合规范规定的标准值。

（5）如果是有焊接要求的进口钢筋，或无出厂证明书，或钢号钢种不明的，或在加工时发生脆断、焊接性能较差等上述情况之一者，必须进行化学试验；有特殊要求的，还应当进行专项试验。

（6）注意资料整理：一验收批钢筋的出厂合格证和试验报告，按批组合，按时间先后顺序排列并编号，不得漏项；同时应当与实际使用的钢筋批次相符合；建立分目表，与其他施工技术资料相对应。

2.3 混凝土骨料试验

2.3.1 混凝土骨料的相关标准和试验项目

其相关标准和试验项目见表 2-8。

混凝土骨料试验标准及项目 表 2-8

标准号	规程名称或检测方法	试验项目	备注
GB14684	《建筑用砂》		
GB14685	《建筑用卵石、碎石》		
JGJ52	《普通混凝土用砂、石质量及检验方法标准》	筛分析、含泥量、泥块含量、针片状含量	

2.3.2 混凝土骨料的进场验收

（1）砂、石进场时，供货单位应提供产品合格证及质量检验报告。其出厂质量合格证及检验报告必须是项目齐全、真实、字迹清楚，不允许涂抹、伪造。

（2）出厂质量合格证及检验报告中应包括砂、石产地、品种、规格等指标。

（3）购货单位应按同产地、同规格分批验收。用大型工具运输的以 400m³（或600t）为一验收批；用小型工具运输的以 200m³ 或（300t）为一验收批。不足上述数量者以一验收批论。

（4）每验收批至少应进行颗粒级配，含泥量，泥块含量及针、片状颗粒含量检验。对重要工程或特殊工程应根据工程要求增加检测项目。如为海砂，还应检验其氯离子含量。对其他指标的合格性有怀疑时应予以检验。当质量比较稳定、进料量又较大时，可定期检验。当使用新产地的石子时，应由供货单位按质量要求进行全面检验。

（5）碎石或卵石的数量验收，可按重量计算，也可按体积计算。测定重量可用汽车地秤量衡或船舶吃水线为依据。测定体积可按车皮或船舶的容积为依据。用其他小型运输工具运输时，可按量方确定。

2.3.3 混凝土骨料的试验取样及试验报告

1. 混凝土骨料的必试项目

天然砂：筛分析、含泥量、泥块含量。

人工砂：筛分析、石粉含量、泥块含量、压碎指标。

碎石和卵石：筛分析、含泥量、泥块含量、针片状颗粒含量、压碎指标。

重要工程和特殊工程应作坚固性试验、岩石抗压强度试验、碱活性试验。

2. 混凝土骨料的取样数量和方法

（1）混凝土砂、石的取样数量

以同一产地、同一规格、每 400m³（或 600t）为一验收批，不足 400m³（或 600t）也按一批计。每一验收批取样一组。天然砂子每组为 22kg，人工砂每组为 52kg，石子为 40kg(最大粒径不超过 20mm)或 80kg(最大粒径不超过 40mm)；当质量比较稳定、进料量较大时，可定期检验。

(2) 砂、石取样方法

在料堆上取样时，取样部位应均匀分布。取样前先将取样部位表层铲除。然后由各部位抽取大致相等的砂共 8 份，石子 15 份(在料堆的顶部、中部和底部各由均匀分布的五个不同部位取得)，组成一组样品；根据粒径和检验的项目，每份 5～10kg (200mm 以下取 5kg 以上，31.5mm、40mm 取 10kg 以上)搅拌均匀后缩分成一组试样。

从皮带运输机上取样时，应在皮带运输机机尾的出料处用接料器定时抽取 8 份石子，组成一组样品。

从火车、汽车、货船上取样时，应从不同部位和深度抽取大致相同的石子 16 份，组成一组样品。

建筑施工单位应当按单位工程分别取样。构件厂、搅拌站应在砂、石进场时取样，并根据储存、使用情况定期复验。

3. 混凝土骨料的试验报告

(1) 试验报告：使用单位砂、石的质量检测报告内容应包括：委托单位、工程名称、样品编号、样品产地、类别、代表数量、检测依据、检测条件、检测项目、检测结果、结论等。砂、石的检测报告格式可参照表 2-9、表 2-10。

砂 检 测 报 告 表　　表 2-9

委托单位	××××公司		委托日期	××年××月××日
工程名称	×××综合楼		委托编号	××××
样品名称	天然河砂		报告日期	××年××月××日
依据标准	GB/T 14684—2011		产地	×××地
检测项目	检测结果		检测项目	检测结果
表观密度(kg/m³)	2550		含水率(%)	16
堆积密度(kg/m³)	1600		吸水率(%)	30
石粉含量(kg/m³)	—		有机物含量(比色法)	合格
空隙率(%)	50		云母含量(%)	1.8
含泥量(按质量计)(%)	2.5		轻物质含量(%)	0.7
泥块含量(按质量计)(%)	0.9		氯盐含量(%)	0.01
坚固性(质量损失)(%)	5		硫酸盐硫化物含量(%)	0.3

筛 分 结 果				
筛孔尺寸(方孔筛) (mm)	第 一 次		第 二 次	
	分计筛余(%)	累计筛余(%)	分计筛余(%)	累计筛余(%)
9.50(10.0)	0	0	0	0
4.75(5.00)	7.5	7.5	7.5	7.5
2.36(2.50)	8.8	16.3	8.8	16.3
1.18(1.25)	30.5	46.8	30.5	46.8
0.60(0.63)	20.8	67.6	20.8	67.6

续表

筛孔尺寸(方孔筛)(mm)	第 一 次		第 二 次	
	分计筛余(%)	累计筛余(%)	分计筛余(%)	累计筛余(%)
0.30(0.315)	21.2	88.8	21.2	88.8
0.15(0.160)	9.9	98.7	9.9	98.7
筛 底	0.2		0.2	
细度模数				
备 注	所检参数符合 GB/T 14684—2011 要求,所检砂属于 2 区中砂			

签发:×××   审核:×××   检测:×××

注:本表由检测机构填写,一式三份,检测机构、委托单位、监理单位各留一份。报告左上角加盖计
量认证章,右上角加盖建筑工程质量检测资质专用章有效。

碎石或卵石检测报告表
表 2-10

报告日期: No.

委托单位	××××公司	委托日期	××年××月××日
工程名称	×××综合楼	委托编号	××××
样品名称	卵石	报告日期	××年××月××日
依据标准	GB/T 14685—2010	产 地	××地

检测项目	检测结果	检测项目	检测结果
表观密度(kg/m³)	2500	含水率(%)	8
堆积密度(kg/m³)	1600	吸水率(%)	6
紧密密度(kg/m³)	—	针、片状颗粒含量(%)	8
空隙率(%)	30	有机物含量(%)	合格
含泥量(%)	3	坚固性(%)	5
泥块含量(%)	0.9	SO₃ 含量(%)	0.5
压碎指标(%)	5	岩石抗压强度	—

筛 分 结 果

筛孔尺寸(mm)	分计筛余(%)	累计筛余(%)
90(80.0)	—	—
75.0(63.0)	—	—
63.0(50.0)	—	—
53.0(40.0)	0	0
37.5(31.5)	3.5	3.5
31.5(25.0)	—	—
26.5(20.0)	—	—
19.0(16.0)	47.2	50.7
16.0(10.0)	—	—
9.50(5.0)	29.8	80.5
4.75(2.5)	19.3	99.8
2.36(—)	—	—
筛底	0.1	—
备 注	所检参数符合 GB/T 14685—2010 要求,卵石最大粒径 40mm	

签发:×××   审核:×××   检测:×××

注:本表由检测机构填写,一式三份,检测机构、委托单位、监理单位各留一分。报告左上角加盖计
量认证章,右上角加盖建设工程质量检测资质专用章有效。

（2）砂、石检验质量合格判定：检验或复验后，砂、石各项性能指标均达到相应规范规定的要求，可判为合格。

对于砂子，如果在颗粒级配、含泥量和泥块含量、有害物质的含量、坚固性等几个指标中，其中有一项性能指标未能达到要求时，则应当从同一批产品中加倍取样，对不达标的项目要求进行复试。复试后，该指标达到要求时，可判为该产品合格；如果仍然不符合要求，则应当判定该批产品不合格，按不合格产品处理。

对于碎石和卵石，如果在颗粒级配、含泥量和泥块含量、针、片状颗粒含量、有害物质的含量、坚固性、强度等几个指标中，其中有一项性能指标未能达到要求时，则应当从同一批产品中加倍取样，对不达标的项目要求进行复试。复试后，该指标达到要求时，可判为该产品合格；如果仍然不符合要求，则应当判定该批产品不合格，按不合格产品处理。

（3）委托单位（或委托人、工地现场试验员）必须逐项填写试验委托单，如工程名称、砂、石品种、规格、生产厂、委托日期、委托编号、出厂日期、出厂编号等内容。

（4）检测机构或实验室应当认真填写砂、石试验报告表。要求项目齐全、准确、真实、字迹清楚、无涂抹。试验报告左上角加盖计量认证章，右下角加盖工程质量检测资质专用章方才有效。

（5）委托单位（或委托人）领取砂、石试验报告表时，应当认真验收和观看试验报告中试验项目是否齐全，必试项目是否全部做完，是否有明确结论，签字盖章是否齐全。同时一定要验看各项目的实测数值是否，符合规范规定的标准值。

（6）如果是用于承重结构的砂、石无出厂证明书，对砂、石质量有怀疑的、进口的或有其他特殊要求的，还应当进行专项试验。

（7）注意资料整理：一验收批砂石的出厂合格证和试验报告，按批组合，按时间先后顺序排列并编号，不得漏项；同时应当与实际使用的砂、石批次相符合；建立分目表，与其他施工技术资料相对应。

2.4 水泥试验

2.4.1 水泥的试验项目及标准

水泥的试验项目及其相关标准表 2-11。

水泥试验标准及项目　　　　　　　　　　表 2-11

标准号	规程名称或检测方法	试验项目
GB175—2007	《通用硅酸盐水泥》	
GB/T 208—2014	《水泥密度测定方法》	水泥密度
GB/T 17671—1999	《水泥胶砂强度检验方法》	水泥胶砂强度
GB/T 2419—2005	《水泥胶砂流动度检验方法》	流动度
GB/T 1345—2005	《水泥细度检验方法筛析法》	水泥细度
GB/T 1346—2011	《水泥标准稠度用水量、凝结时间、安定性检验方法》	凝结时间、安定性
GB/T 750—1992	《水泥压蒸安定性试验方法》	水泥的安定性
JC/T 738—2004	《水泥强度快速检验方法》	水泥强度
GB/T 12573—2008	《水泥取样方法》	水泥取样

2.4.2　常用水泥的进场验收

1. 常用水泥的交货与验收

交货时水泥的质量验收可以有两种方式。

(1) 以水泥厂同编号水泥的检验报告为验收依据：在发货前或交货时买方在同编号水泥中抽取试样，双方共同签封后保存三个月；或委托卖方在同编号水泥中抽样，签封后保存三个月。在三个月内，买方对水泥质量有疑问时，则双方应将签封的试样送省级或以上国家认可的水泥质量监督检验机构进行仲裁检验。

(2) 以抽取实物试样的检验结果为验收依据：双方应在发货前或交货地共同取样和签封。取样按 GB 12573 进行，取样数量为 20kg，缩分为两份，一份由卖方保存 40d，一份由买方按水泥现行国家标准规定的项目和方法进行检验。在 40d 以内，买方检验认为水泥质量有疑问时，则双方应将签封的试样送省级或以上国家认可的水泥质量监督检验机构进行仲裁检验。

2. 常用水泥的进场验收

(1) 水泥进场时要严格审查水泥出厂质量合格证和试验报告是否齐全、真实、字迹清楚。

(2) 水泥出厂质量合格证中应包括水泥品种、强度等级、出厂日期、出厂编号、试验数据(包括抗压强度、抗折强度、体积安定性、初凝时间、终凝时间等内容)、试验标准等内容和性能指标，水泥厂应在水泥发出日起 7d 内寄发 28d 强度以外的各项试验结果；28d 强度值应当在水泥发出日起 32d 内补报。各项应填写齐全，不得错漏。

(3) 审查水泥的包装袋上是否清楚地标明工厂名称、地址、生产许可证编号、执行标准号、代号、品种、净含量、强度等级、包装年月日、主要混合材料名称，如掺火山灰应标明"掺火山灰"字样，散装水泥应有与袋装水泥内容相同的卡片和散装仓号。

(4) 检查水泥的重量：袋装水泥每袋 50kg，且不得少于标志重量的 98%。

(5) 检查水泥是否受潮、结块、混入杂物，不同品种、不同强度的水泥是否混在一起。

以上各项验收合格后，方可以入库储存。

2.4.3　常用水泥的试验取样及试验报告

1. 水泥必试项目

(1) 水泥安定性。

(2) 水泥的凝结时间。

(3) 水泥的强度〔包括 3d(或 7d)和 28d 抗压强度和抗折强度〕。

2. 水泥的试验取样数量和取样方法

根据《混凝土结构工程施工质量验收规范》GB 50204—2002(2011 版)规定进行取样。

(1) 散装水泥

对同一水泥厂生产的同期出厂的同品种、同强度等级、同一出厂编号且连续进场的水泥总量不得超过 500t 为一验收批，每批抽样不少于一次。

随机从不少于 3 个车罐中采用散装水泥取样管，在适当位置插入一定深度各抽取等量水泥，经混拌均匀后，再从中抽取不少于 12kg 的水泥作为试样，放入洁净、干燥、不易污染的容器中。

（2）袋装水泥

对同一水泥厂生产的同期出厂的同品种、同强度等级、同一出厂编号且连续进场的水泥总量不得超过200t为一验收批，不足200t时，亦按一验收批检测，每批抽样不少于一次。

随机从不少于20袋中采用袋装水泥取样管，在适当位置插入一定深度各抽取等量水泥，经混拌均匀后，再从中抽取不少于12kg的水泥作为试样，放入洁净、干燥、不易污染的容器中。

建筑施工企业应当分别按单位工程取样。

3. 水泥试验报告

水泥试验报告表见表2-12。水泥试验报告表是判定水泥材质是否符合规范要求的依据，是施工质量验收规范中施工技术资料的重要组成部分，属于保证项目。所以要求所涉及的单位和个人都应当认真对待。

水泥试验报告表　　　　　　　　　　　　　　表2-12

委托单位	××××公司			委托日期	××年××月××日
工程名称	××××综合楼			委托编号	××××
水泥品种	P·O			报告日期	××年××月××日
水泥等级	32.5			商　标	×××牌
水泥产厂	×××水泥厂			出厂日期	××年××月××日
依据标准	GB 175—2007，GB/T 1346—2011，GB/T 2419—2005，GB/T 1345—2005			出厂编号	××××

检 测 结 果					
检 测 项 目		标 准 要 求	实 测 结 果		单项判定
标准稠度用水量（%）		—	28.4		—
细度（80μm方孔筛筛余）（%）		≤10.0	8.6		合 格
安定性		合格	合格		合 格
凝结时间	初凝时间	≥45min	60min		合 格
	终凝时间	≤10h	6h 25min		合 格
抗折强度（MPa）	3d 单个值	2.5	2.8	3.0 2.6	合 格
	平均值		2.8		
	28d 单个值	5.5	5.6	5.7 5.8	合 格
	平均值		5.7		
抗压强度（MPa）	3d 单个值	11.0	12.6 11.3 10.7	12.4 11.6 11.9	合 格
	平均值		11.8		
	28d 单个值	32.5	33.6 33.2 32.7	33.7 33.4 32.9	合 格
	平均值		33.3		
结　论	所检参数符合GB 175—2007标准要求				
备　注					

签发：×××　　　审核：×××　　　检测：×××

注：本表由检测机构填写，一式三份，检测机构、委托单位、监理单位各留一份。报告左上角加盖计量认证章，右上角加盖建筑工程质量检测资质专用章有效。

（1）废品水泥和不合格水泥的判定：

凡是水泥的安定性、氧化镁含量、三氧化硫含量、初凝时间中的任何一项不符合规范要求均作废品处理，不得使用。

凡细度、终凝时间、不溶物、烧失量中的任何一项不符合规范规定；混合材料掺量超限、外加剂超标、强度低于规定指标；水泥包装标志中水泥品种、强度等级、厂名及编号不全等，均属于不合格产品。

对于强度不合格水泥，根据试验报告中的数据，经有关技术负责人批准签字后可降低强度等级使用。但应当注明使用工程项目、部位。

（2）委托单位（或委托人、工地现场试验员）必须逐项填写试验委托单，如工程名称、水泥品种、水泥等级、水泥生产厂、委托日期、委托编号、水泥商标、出厂日期、出厂编号等内容。

（3）检测机构或实验室应当认真填写水泥试验报告表。要求项目齐全、准确、真实、字迹清楚、无涂抹。试验报告左上角加盖计量认证章，右下角加盖工程质量检测资质专用章方才有效。

（4）委托单位（或委托人）领取水泥试验报告表时，应当认真验收和观看试验报告中试验项目是否齐全，必试项目是否全部做完，是否有明确结论，签字盖章是否齐全。同时一定要验看各项目的实测数值是否符合规范规定的标准值。

（5）注意水泥的有效期：常用硅酸盐类水泥的有效期为3个月，快硬硅酸盐水泥为1个月。如果过期必须复试，合格后方可使用。连续施工的工程相邻两次水泥试验的时间不得超过其有效期。

（6）如果是用于承重结构的水泥、无出厂证明的水泥或进口水泥等上述情况之一者，必须进行复验，混凝土应当重新试配。

（7）注意资料整理：一验收批水泥的出厂合格证和试验报告，按批组合，按时间先后顺序排列并编号，不得漏项；同时应当与实际使用的水泥批次相符合；建立分目表，与其他施工技术资料相对应。

2.5 常用防水材料试验

2.5.1 常用防水材料的相关标准和试验项目

常用防水材料的相关标准和试验项目见表2-13。

防水材料试验标准及项目 表2-13

标准号	标准名称	试验项目
JC/T 408	《水乳型沥青防水涂料》	固体含量、耐热度、不透水性、粘结强度、表干时间、实干时间、低温柔度、断裂伸长率

续表

标准号	标准名称	试验项目
JC/T 852	《溶剂型橡胶沥青基防水涂料》	固体含量、抗裂性、低温柔性、耐热度、不透水性、粘结强度
GB/T 16777	《建筑防水涂料试验方法》	固体含量、延伸性、低温柔度、耐热性、不透水性、粘结强度
GB 18242	《弹性体改性沥青防水卷材》	拉伸强度、延伸率、不透水性、耐热度、柔度
GB 18243	《塑性体改性沥青防水卷材》	同上
JC/T 984	《聚合物水泥防水砂浆》	不透水性
JC/T 894	《聚合物水泥防水涂料》	拉伸强度、不透水性断裂伸长率、低温柔度
GB 18173.10	《三元乙丙防水卷材》	拉伸强度、不透水性断裂伸长率、低温弯折率

2.5.2　水乳型沥青基防水涂料

1. 水乳型沥青基防水涂料的进场验收

（1）水乳型沥青基防水涂料进场时，供货单位应提供产品合格证及质量检验报告。其出厂质量合格证及检验报告必须是项目齐全、真实、字迹清楚，不允许涂抹、伪造。

（2）出厂质量合格证、产品说明书及检验报告中应包括水乳型沥青基防水涂料产地、厂家、品种、合格证编号、外观、固体含量、耐热度、表干时间、实干时间、低温柔度(标准条件)、断裂伸长率(标准条件)、包装、生产日期、出厂日期、储存方式、有效期、注意事项和使用说明等指标；并由检验员和承检单位签章。

（3）使用单位应按同产地、厂家、同规格分批验收。检查出厂合格证或试验报告，水乳型沥青基防水涂料的品种、性能、产品包装、是否变质等指标必须符合规定要求。水乳型沥青基防水涂料运到建筑施工现场必须立刻取样进行检验，应有试验报告。水乳型沥青基防水涂料产品用带盖的铁桶或塑料桶密封包装。包装上应包括：生产厂名称、地址、商标、产品标记、产品净质量、安全使用事项及使用说明、产品日期或批号、运输与储存注意事项、储存期等。

（4）凡是技术文件不全，如没有产品说明书、合格证、检验报告、包装不符合要求、质量不足、产品变质、产品超过有效期或实物质量与出厂技术文件不相符合等等，都不得验收。

2. 水乳型沥青基防水涂料的试验取样及试验报告

（1）试验取样和数量

试验取样形状和数量见表2-14所示。

（2）取样批量

以同一类型、同一规格 5t 为一批，不足 5t 按一批计。在每批产品中按国家标准规定取样，总共取 2kg 试样，搅拌均匀后，放入干燥密闭的容器密封好，并作好标记。

试件形状及数量　　　　　　　　　　　　　表 2-14

项 目		试件形状	数量(个)
耐 热 度		100mm×50mm	3
不 透 水 性		100mm×50mm	3
粘 结 强 度		8 字形砂浆试件	5
低温柔度	标准条件	100mm×25mm	3
	碱 处 理		3
	热 处 理		3
	紫外线处理		3
断裂伸长率	标准条件	符合 GB/T 528 规定的哑铃Ⅰ型	6
	碱 处 理		6
	热 处 理		6
	紫外线处理		6

（3）质量判定

外观质量检验：产品的两组分经分别搅拌后，其液体组分应当无杂质、无凝胶的均匀乳液；固体组分应当无杂质、无结块的粉末。可判定该项产品为合格产品，不符合上述规定的产品为不合格产品。

物理力学性能：对于固体含量、粘结强度、断裂伸长率以其算术平均值达到标准规定的指标时，方可判定为该项产品合格；对于耐热度、不透水性、低温柔度以每组三个试件分别达到标准规定时，方可判定为该项产品合格；对于表干时间、实干时间达到标准规定时方可判定为合格产品。

如果各项试验结果符合相关技术标准的规定，则判定该项产品物理力学性能合格；若有两项或两项以上不符合标准规定，则判定该批产品物理力学性能不合格；若仅有一项指标不符合标准规定，允许在该批产品中再抽取同样数量的样品，对不合格项进行单项复验，达到标准规定时，则可判定该批产品物理力学性能合格，反之则判定为不合格产品。

（4）水乳型沥青基防水涂料的试验报告

水乳型沥青基防水涂料的试验报告见表 2-15。

水乳型沥青基防水涂料检测报告　　　　　　表 2-15

委托单位	××××公司	委托日期	××年××月××日
工程名称	×××综合楼	委托编号	××××
产品名称	水性沥青基防水涂料	报告日期	××年××月××日
规格型号	H 或 L	商 标	×××牌
生 产 厂	×××厂	生产日期	××年××月××日
依据标准	JC/T 408—2005	检测性质	委托检测

续表

检　测　结　果			
检 测 项 目	标 准 要 求	实 测 结 果	单 项 判 定
外观	搅拌后为黑色或蓝褐色均质液体，搅拌棒上不粘任何颗粒	搅拌后为黑色均质液体，搅拌棒上不粘任何颗粒	合　格
固体含量(%)	≥45	50	合　格
耐热度(℃)	无流淌、起泡和滑动	无流淌、起泡和滑动	合　格
不透水性（水压 0.1MPa，恒压 30min）	不渗水	不渗水	合　格
粘结强度(MPa)	≥0.30	0.35	合　格
表干时间(h)	≤8	7	合　格
实干时间(h)	≤24	23	合　格
低温柔度(℃)	−15	−15	合　格
断裂伸长率(%)	≥600	650	合　格
结论	所检参数符合标准 JC/T 408—2005 的要求		
备注	表格中标准要求一列中的内容仅适用于无处理时延伸性不小于 4.5min 的水乳型再生胶沥青基涂料		

签发：×××　　　　　　审核：×××　　　　　　检测：×××

注：本表由检测机构填写，一式三份，检测机构、委托单位、监理单位各留一份。报告左上角加盖计量认证章，右上角加盖建设工程质量检测资质专用章有效。

1) 使用单位对水乳型沥青基防水涂料的质量检测报告内容应包括：委托单位、样品编号、工程名称、样品产地、类别、代表数量、检测依据、检测条件、检测项目、检测结果、结论等。

2) 委托单位(或委托人、工地现场试验员)必须逐项填写试验委托单，如工程名称、水乳型沥青基防水涂料的品种、规格、生产厂、委托日期、委托编号、出厂日期、出厂编号等内容。

3) 检测机构或实验室应当认真填写水乳型沥青基防水涂料试验检测报告表。要求项目齐全、准确、真实、字迹清楚、无涂抹。试验报告左上角加盖计量认证章，右下角加盖工程质量检测资质专用章方才有效。

4) 委托单位(或委托人)领取水乳型沥青基防水涂料试验检测报告表时，应当认真验收和观看试验报告中试验项目是否齐全，必试项目是否全部做完，是否有明确结论，签字盖章是否齐全。同时一定要验看各项目的实测数值是否符合规范规定的标准值。

5) 如果水乳型沥青基防水涂料是无出厂证明书，或对水乳型沥青基防水涂料质量有怀疑的，或有其他特殊要求的，还应当进行专项试验。

6) 注意资料整理：一验收批水乳型沥青基防水涂料的出厂合格证和试验报告，按批组合，按时间先后顺序排列并编号，不得漏项；同时应当与实际使用的水乳型沥青基防水涂料批次相符合；建立分目表，与其他施工技术资料相对应。

2.5.3　聚合物水泥防水涂料

1. 聚合物水泥防水涂料的进场验收

(1) 聚合物水泥防水涂料进场时，供货单位应提供产品合格证及质量检验报告。其出厂质量合格证及检验报告必须项目齐全、真实、字迹清楚，不允许涂抹、伪造。

（2）出厂质量合格证、产品说明书及检验报告中应包括聚合物水泥防水涂料产地、厂家、品种、合格证编号、外观、固体含量、耐热度、表干时间、实干时间、无处理的拉伸强度、低温柔度（标准条件）、无处理的断裂伸长率、不透水性、抗渗性、包装、生产日期、出厂日期、储存方式、有效期、注意事项和使用说明等指标，并由检验员和承检单位签章。

（3）使用单位应按同产地、厂家、同规格分批验收。检查出厂合格证或试验报告，聚合物水泥防水涂料的品种、性能、产品包装、是否变质等指标必须符合规定要求。聚合物水泥防水涂料运到建筑施工现场必须立刻取样进行检验，应有试验报告。

（4）凡是技术文件不全，如没有产品说明书、合格证、检验报告、包装不符合要求、质量不足、产品变质、产品超过有效期或实物质量与出厂技术文件不相符合等等，都不得验收。

2. 聚合物水泥防水涂料的试验报告

（1）必试项目

固体含量、断裂延伸率、拉伸强度、低温柔性、不透水性。

（2）试验取样和数量

同一生产厂、同一类型的产品，每 10t 为一验收批，不足 10t 也按一批计；产品的液体组分取样按 GB 3186 的规定进行；配套固体组分的抽样按 GB 12973 中的袋装水泥的规定进行，两组分共取 5kg 样品。

（3）质量判定规则

外观质量检验：产品的两组分经分别搅拌后，其液体组分应为无杂质、无凝胶的均匀乳液；固体组分应为无杂质、无结块的粉末。符合上述规定的可判定该项产品为合格产品，不符合上述规定的产品为不合格产品。

物理力学性能检测：对于固体含量、粘结强度、断裂伸长率以其算术平均值达到标准规定的指标时，方可判定为该项产品合格；对于耐热度、不透水性、低温柔度每组三个试件分别达到标准规定时，方可判定为该项产品合格；对于表干时间、实干时间达到标准规定时方可判定为合格产品。

如果各项试验结果符合相关规定，则判定该项产品物理力学性能合格；若有两项或两项以上不符合标准规定，则判定该批产品物理力学性能不合格；若仅有一项指标不符合标准规定，允许在该批产品中再抽取同样数量的样品，对不合格项进行单项复验，达到标准规定时，则可判定该批产品物理力学性能合格，反之则判定为不合格产品。

（4）试验报告可参考水乳型沥青基防水涂料。

2.5.4　改性沥青防水卷材

1. 改性沥青防水卷材的进场验收

（1）改性沥青防水卷材进场时，供货单位应提供产品合格证及质量检验报告。其出厂质量合格证及检验报告必须是项目齐全、真实、字迹清楚。不允许涂抹、伪造。

（2）出厂质量合格证、产品说明书及检验报告中应包括改性沥青防水卷材产地、厂家、品种、合格证编号、外观、厚度、面积、耐热度、不透水性、拉力、最大拉力时伸长率、低温柔度、包装、生产日期、出厂日期、储存方式、有效期、注意事项和使用说明等指标；并由检验员和承检单位签章。

（3）使用单位应按同产地、厂家、同规格分批验收。检查出厂合格证或试验报告，改性沥青防水卷材的品种、性能、产品包装、是否变质等指标必须符合规定要求。改性沥青防水卷材运到建筑施工现场必须立刻取样进行检验，应有试验报告。改性沥青防水卷材产品的包装上应包括：生产厂名称、地址、商标、产品标记、安全使用事项及使用说明、产品日期或批号、运输与储存注意事项、储存期等。

（4）凡是技术文件不全，如没有产品说明书、合格证、检验报告、包装不符合要求、质量不足、产品变质或产品超过有效期或实物质量与出厂技术文件不相符合等等，都不得验收。

2. 改性沥青防水卷材的试验取样及试验报告

（1）必试项目

1）拉力；

2）最大拉力时延伸率；

3）不透水性；

4）柔度；

5）耐热度。

（2）试验取样和数量

试验取样尺寸和数量见表 2-16 所示。

（3）试件取样规定

试件取样规定见表 2-17 中的（1）条所示。

试验取样尺寸和数量　　　　表 2-16

试 验 项 目	试 件 代 号	试件尺寸(mm×mm)	数量(个)
可 溶 物 含 量	A	100×100	3
拉力和伸长率	B、B′	250×250	纵横向各 5 个
不 透 水 性	C	150×150	3
耐 热 度	D	100×50	3
低 温 柔 度	E	150×25	6
撕 裂 强 度	F、F′	200×75	纵横向各 5 个

试验及检验规则　　　　表 2-17

材料名称及相关标准、规范代号	试 验 项 目	组批原则及取样规定
（1）高聚物改性沥青防水卷材： GB 50207，GB 50208 ① 改性沥青聚乙烯胎防水卷材 JC/T 633 ② 沥青复合胎柔性防水卷材 JC/T 690 ③ 自粘橡胶沥青防水卷材 JC/T 840 ④ 弹性体改性沥青防水卷材 GB 18242 ⑤ 塑性体改性沥青防水卷材 GB 18243	必试：拉力 断裂延伸率 不透水性 柔度 耐热度	（1）以同一生产厂的同一品种、同一等级的产品，每3000m 为一检验批。在每 500～1000 卷抽 4 卷，100～499 卷抽 3 卷，100 卷以下抽 2 卷，进行规格尺寸和外观质量检验。在外观质量检验合格的卷材中，任取一卷作物理性能检验 （2）试样卷材切除距外层卷头2500mm 顺纵向截取 600mm 的 2 块全幅卷材送试

续表

材料名称及相关标准、规范代号	试 验 项 目	组批原则及取样规定
（2）合成高分子防水卷材（片材）GB 50207、GB 50208、GB 181731 ① 三元乙丙橡胶 ② 聚氯乙烯防水卷材 GB 12953 ③ 氯化聚乙烯防水卷材 GB 12953 ④ 三元丁橡胶防水卷材 JC/T 645	必试：断裂延伸率 拉断伸长率 不透水性 低温弯折性 其他：粘结性能	（1）同上 （2）将试样卷材切除距外层卷头 300mm 后，顺纵向切取 1800mm 的全幅卷材试样 2 块。一块作物理性能检验用，另一块备用 （3）同时送样试验卷材搭接用胶

（4）质量判定

1）拉力、最大拉力时延伸率：分别计算纵向或横向 5 个试件拉力的算术平均值，满足相关技术标准的规定。

2）不透水性：3 个试件不透水为合格。

3）柔度：6 个试件中至少有 5 个试件冷弯无裂纹为合格。

4）耐热度：3 个试件均无滑动、流淌、滴落则为合格。

5）外观检查：成卷材料应当卷紧卷齐，端面里进外出不得超过 100mm；材料卷时表面应平整，不允许有孔洞、裂口、缺边，胎基应当浸透，不应有未浸渍的条纹。卷重、面积、厚度均应符合规范规定的要求。

若以上项目有一项指标不符合规范规定的要求，允许在同批产品中再抽取 1 卷对不合格项进行复验，达到规范规定的要求时，则判定该批产品为合格产品。

（5）试验检测报告

1）使用单位对改性沥青防水卷材的质量检测报告内容应包括：委托单位、样品编号、工程名称、样品产地、类别、代表数量、检测依据、检测条件、检测项目、检测结果、结论等。

2）委托单位（或委托人、工地现场试验员）必须逐项填写试验委托单，如工程名称、改性沥青防水卷材的品种、规格、生产厂、委托日期、委托编号、出厂日期、出厂编号等内容。

3）检测机构或实验室应当认真填写改性沥青防水卷材试验检测报告表。要求项目齐全、准确、真实、字迹清楚、无涂抹。试验报告左上角加盖计量认证章，右下角加盖工程质量检测资质专用章方才有效。

4）委托单位（或委托人）领取改性沥青防水卷材试验检测报告表时，应当认真验收和观看试验报告中试验项目是否齐全，必试项目是否全部做完，是否有明确结论，签字盖章是否齐全。同时一定要验看各项目的实测数值是否符合规范规定的标准值。

5）如果改性沥青防水卷材无出厂证明书，或对改性沥青防水卷材质量有怀疑的，或有其他特殊要求的，还应当进行专项试验。

6）注意资料整理：一验收批改性沥青防水卷材的出厂合格证和试验报告，按批组合，按时间先后顺序排列并编号，不得漏项；同时应当与实际使用的改性沥青防水卷材批次相符合；建立分目表，与其他施工技术资料相对应。

2.5.5 三元乙丙防水卷材

1. 三元乙丙防水卷材的进场验收

三元乙丙防水卷材的进场验收参见改性沥青防水卷材的进场验收条款。

2. 三元乙丙防水卷材试验取样及试验报告

（1）必试项目

1）拉伸强度；

2）断裂伸长率；

3）不透水性；

4）低温弯折性。

（2）试验取样和数量

见表 2-17 中的（2）条所示。

（3）质量判定

1）拉伸强度、断裂伸长率：纵横向各 3 个试件中的值均应达到规范对拉伸强度、断裂伸长率的规定要求。

2）不透水性：以 3 个试件表面均不透水现象判定为合格。

3）低温弯折性：以 2 个试样均无断裂或裂纹现象判定为合格。

4）粘合性能：以 3 个试件左右两端偏移准线和脱开长度均小于 5mm 判定为合格。

（4）试验检测报告

可参见表 2-18。

高分子防水卷材检测报告　　　　　　　　　　　　　　表 2-18

委托单位		×××× 公司	委托日期	××年××月××日
工程名称		××××综合楼	委托编号	××××
产品名称		均质硫化型三元乙丙橡胶（EPDM）片材	报告日期	××年××月××日
规格型号		长 20000mm，宽 1000mm，厚度 1.2mm	商　标	×××牌
生 产 厂		×××厂	生产日期	××年××月××日
依据标准		GB 18173.1—2012	检测性质	委托检测
检 测 结 果				
检 测 项 目		标准要求	试验结果	单项判定
断裂拉伸强度（MPa）	常　温	≥7.5	8.0	合　格
	60℃	≥2.3	2.4	合　格
扯断伸长率（%）	常　温	≥450	460	合　格
	−20℃	≥200	210	合　格
撕裂强度（kN/m）		≥25	26	合　格
加热伸缩量（mm）	延　伸	<2	1.8	合　格
	收　缩	<4	3.5	合　格
不透水性，30min 无渗漏		0.3MPa	0.3MPa，无渗透	合　格
低温弯折（℃）		≤−40℃	−38℃	合　格
热空气老化（80℃×160h）	断裂拉伸强度保持率（%）	≥80	82	合　格
	拉断伸长率保持率（%）	≥70	72	合　格
	100%伸长率外观	无裂纹	无裂纹	合　格

续表

耐碱性(10%Ca (OH)₂；常温×168h)	断裂拉伸强度保持率(%)	≥80	—	—
	拉断伸长率保持率(%)	≥80	—	—
	伸长率40%，500ppm	无裂纹	—	—
	伸长率20%，500ppm	—	—	—
	伸长率20%，200ppm	—	—	—
	伸长率20%，100ppm	—	—	—
结 论		所检参数符号标准GB 18173.1—2012要求		
备 注		标准要求一列中的数值仅适用于均质硫化型三元乙丙橡胶		

签发：×××　　　　审核：×××　　　　检测：×××

注：本表由检测机构填写，一式三份，检测机构、委托单位、监理单位各留一份。报告左上角加盖计量认证章，右上角加盖建设工程质量检测资质专用章有效。

【实训活动】

1. 在实训指导教师的指导下，对实训场的钢筋进行钢筋的进场验收，写出验收内容。

2. 在实训指导教师的指导下，分小组按规定进行钢筋的有见证取样送检，对送检钢筋在力学实验室进行拉伸试验和弯曲试验，根据试验报告判定其符合性。

【实训考评】

学生自评(20%)：

　　进场验收内容及方法：正确□；基本正确□；错误□。

　　见证取样方法：正确□；基本正确□；错误□。

小组互评(40%)：

　　见证取样方法：正确□；基本正确□；错误□。

　　工作认真努力，团队协作：好□；较好□；一般□；还需努力□。

教师评价(40%)：

　　进场验收内容及方法：正确□；基本正确□；错误□。

　　见证取样方法：正确□；基本正确□；错误□。

　　符合性判定：正确□；基本正确□；错误□。

任务3　施工现场试验

【实训目的】　　通过训练，熟悉回填土密实度试验、混凝土试验、砂浆试验和钢筋连接等现场试验的试验项目及要求，能进行取样送检，能根据实验报告判定材料的符合性。

实训内容与指导

3.1　回填土密实度试验

回填土包括：素土、灰土、砂和砂石地基的夯实填方和柱基、基坑、基槽、管沟的回填夯实以及其他回填夯实。

3.1.1　回填土的技术标准

1. 执行标准

(1)《土的分类标准》GBJ 145；

(2)《土工试验方法标准》GB/T 50123；

(3)《建筑地基基础设计规范》GB 50007；

(4)《建筑地基基础工程施工质量验收规范》GB 50202。

2. 检测项目

回填土密实度。

3. 检测方法

环刀法、灌砂法、灌水法、蜡封法。

3.1.2　回填土的试验取样

回填土必须夯实密实，并分层、分段取样做干密度试验。

1. 取样数量

(1) 在压实填土的过程中，应分层取样检验土的干密度和含水率。

1) 基坑每 50~100m² 应不少于 1 个检验点；

2) 基槽每 10~20m 应不少于 1 个检验点；

3) 每一独立基础下至少有 1 个检验点；

4) 对灰土、砂和砂石、人工合成、粉煤灰地基等，每单位工程不应少于 3 点，1000m² 以上的工程每 100m² 至少有 1 点，3000m² 以上的工程，每 300m² 至少有 1 点。

(2) 场地平整回填土

1) 每 100~400m² 取 1 点，但不应少于 10 点；

2) 长度、宽度、边坡为每 20m 取 1 点，每边不应少于 1 点。

(3) 取样数量不应少于规定点数

回填土各层夯压密实后取样，不按虚铺厚度计算回填土的层数；

砂和砂石不能用做表层回填土，故回填表层应回填素土或灰土；

回填土质、填土种类、取样和试验时间等，应与地质勘察报告，验槽记录，有关隐蔽、预检、施工记录，施工日志及设计洽商分项工程质量评定相对应，交圈吻合。

2. 取样方法

(1) 环刀法：每段每层进行检测，应在夯实层下半部（至每层表面以下 2/3 处）用环刀取样。本试验方法适用于细粒土。

1) 环刀法取样的设备：试验所用的主要仪器设备，应符合下列规定。

环刀：内径 61.8mm 和 79.8mm，高度 20mm。

天平：称量 500g，最小分度值 0.1g；称量 200g，最小分度值 0.01g。

2）取样方法：环刀法测定密度，应按国家现行标准，根据试验要求用环刀切取试样时，应在环刀内壁涂一薄层凡士林，刃口向下放在土样上，将环刀竖直下压，并用切土刀沿环刀外侧切削土样，边压边削至土样高出环刀，根据试样的软硬采用钢丝锯或切土刀整平环刀两端土样，擦净环刀外壁，称环刀和土的总质量的步骤进行。

3）试样的密度：

试样的密度应按下式计算：

① 试样的湿密度 ρ_0：

$$\rho_0 = \frac{m_0}{V} \tag{2-1}$$

② 试样干密度 ρ_a：

$$\rho_a = \frac{\rho_0}{1 + \omega_0} \tag{2-2}$$

式中　V——环刀内土的体积；

m_0——环刀内土的质量；

ω_0——环刀内土的含水量。

环刀法试验的记录格式见表 2-19。

密度试验记录（环刀法）　　　　　　　　　　　　　　　　　　表 2-19

工程名称＿＿＿＿＿＿＿　　　　　　　　　　试验者＿＿＿＿＿＿＿

工程编号＿＿＿＿＿＿＿　　　　　　　　　　计算者＿＿＿＿＿＿＿

试验日期＿＿＿＿＿＿＿　　　　　　　　　　校核者＿＿＿＿＿＿＿

试样编号	环刀号	湿土质量 (g)	试样体积 (cm³)	湿密度 (g/cm³)	试样含水率 (%)	干密度 (g/cm³)	平均干密度 (g/cm³)

（2）灌砂法：本试验方法适用于现场测定粗粒土的密度。用于级配砂石回填或不宜用环刀取样的土质。

1）标准砂密度的测定，应按下列步骤进行：

A. 标准砂应清洗洁净，粒径宜选用 0.25～0.50mm，密度宜选用 1.47～1.61g/cm³。

B. 组装容砂瓶与灌砂漏斗，螺纹连接处应旋紧，称其质量。

C. 将密度测定器竖立，灌砂漏斗口向上，关阀门，向灌砂漏斗注满标准砂，打开阀门使灌砂漏斗内的标准砂漏入容砂瓶内，继续向漏斗内注砂漏入瓶内，当砂停止流动时迅速关闭阀门，倒掉漏斗内多余的砂，称容砂瓶、灌砂漏斗和标准砂的总质量，精确至 10g，试验中应避免振动。

D. 倒出容砂瓶内的标准砂，通过漏斗向容砂瓶内注水至水面出阀门，关阀门，倒掉漏斗中多余的水，称容砂瓶、漏斗和水的总量，精确到 5g，并测定水温，精确到 0.5℃。重复测定 3 次，3 次值之间的差值不得大于 3ml，取 3 次测值的平均值。

E. 向容砂瓶内注满砂，关阀门，称容砂瓶、漏斗和砂的总量，精确至 10g。

F. 将密度测定器倒置（容砂瓶向上）于挖好的坑口上，打开阀门，使砂注入试坑。在注砂过程中不应振动。当砂注满试坑时关闭阀门，称容砂瓶、漏斗和余砂的总质量，精确至 10g，并计算注满试坑所用的标准砂质量。

2）试样的密度，应按下式计算：

A. 试样的湿密度

$$\rho_0 = \frac{m_p}{V} = \frac{m_p}{\dfrac{m_s}{\rho_s}} \tag{2-3}$$

式中　m_p——试坑内取出的土样的质量(g)；

m_s——注满试坑所用标准砂的质量(g)；

ρ_s——标准砂的密度(g/cm³)。

B. 试样的干密度（精确至 0.01g/cm³）

$$\rho_a = \frac{\dfrac{m_p}{1+\omega_0}}{\dfrac{m_s}{\rho_s}} \tag{2-4}$$

C. 灌砂法试验的记录格式见表 2-20。

采用灌砂法取样时，取样数量可较环刀法适当减少。取样部位应为每层压实后的全部深度。

取样应由施工单位按规定现场取样，将样品包好、编号（编号要与样品平面图上各点位标示一一对应）送实验室试验。如取样器具或标准砂不具备，应请实验室来人现场取样进行试验。施工单位取样时，宜请示建设单位参加，并签认。

3.1.3　回填土的试验报告

（1）合格判定：填土压实后的干密度，应有 90％以上符合设计要求，其余10％的最低值与设计值的差，不得大于 0.08g/cm³，且不得集中。

试验结果不合格，应立即报领导及有关部门及时处理。试验报告不得抽撤，应在其上注明如何处理，并附处理合格证明，一起存档。

（2）回填土试验报告见表 2-21。

密度试验记录（灌砂法）　　　　　　　　　　　　　　　表 2-20

工程名称：_____　　　编号：_____　　　实验日期：_____

试坑编号	量砂容器质量加砂质量(g)	量砂容器质量加剩余砂质量(g)	试坑用砂质量(g)	量砂密度(g/cm³)	试坑体积(m³)	试样加容器质量(g)	容器质量(g)	试样质量(g)	试样密度(g/cm³)	试样含水率(%)	试样干密度(g/cm³)	试样重度(kN/cm³)
	(1)	(2)	(3)=(1)-(2)	(4)	(5)=(3)/(4)	(6)	(7)	(8)=(6)(7)	(9)=(8)/(5)	(10)	(11)=(9)/[1+0.01(10)]	(12)=9.81×(9)

回填土试验报告　　　　　　　　　　表 2-21

工程名称	$\times\times\times\times\times\times$房心回填（$-1.55m\sim$$0.10$m）									
编　　号	$\times\times\times\times\times$				试验日期		$\times\times\times\times$年$\times\times$月$\times\times$日			
试验编号					委托日期		$\times\times\times\times$年$\times\times$月$\times\times$日			
委托编号	$\times\times\times\times\times\times\times\times$　$\times\times$				试验委托人		$\times\times\times$			
委托单位					回填土种类		素土			
要求压实系数（λ_c）	0.95				控制干密度（ρ_d）		1.65（g/cm³）			
点号	1	2	3	4	5	6	7	8	9	10
项目	实测干密度（g/cm³）									
步数	实测压实系数									
1	1.72	1.71	1.74	1.73	1.75	1.73	1.72	1.74		
2	1.71	1.71	1.72	1.74	1.75	1.73	1.74	1.72		
3	1.72	1.73	1.76	1.75	1.72	1.75	1.73	1.71	1.75	1.73
4	1.70	1.72	1.74	1.72	1.71	1.75	1.78	1.74	1.72	1.73
5	1.72	1.70	1.75	1.74	1.73	1.73	1.74	1.74	1.72	1.70
6	1.73	1.70	1.72	1.77	1.69	1.73	1.73	1.78	1.76	1.72

取样位置简图

结论：根据 GB 50202—2002，该回填土合格。

批　　准	$\times\times\times$	审核	$\times\times\times$	试验	$\times\times\times$
试验单位	$\times\times\times$				
报告日期	$\times\times\times\times$年$\times\times$月$\times\times$日				

本表由建设单位、施工单位、城建档案馆各保存一份。

1）回填土试验报告表中委托单位、工程名称及施工部位、回填土种类、土质、控制干密度，应由施工单位填写清楚、齐全。步数、取样单位填写清楚。工程名称要写具体；施工部位要写清楚。

2）委托单位（或委托人、工地现场试验员）必须逐项填写试验委托单，如工程名称、规格、委托日期、委托编号、出厂日期等内容。

3）检测机构或实验室应当认真填写回填土试验检测报告表。要求项目齐全、准确、真实、字迹清楚、无涂抹、有明确结论。试验报告左上角加盖计量认证章，右下角加盖工程质量检测资质专用章方才有效。

4）委托单位（或委托人）领取回填土试验检测报告表时，应当认真验收和查看试验报告中试验项目是否齐全，必试项目是否全部做完，是否有明确结论，签字盖章是否齐全。同时一定要验看各项目的实测数值是否符合规范规定的标准值。

5）应有按规范规定回填土试验资料和汇总资料。应将回填土施工试验资料按时间先后顺序排列并编号，不得漏项；建立分目表，与其他施工技术资料相对应。

3.2 混凝土试验

3.2.1 混凝土的技术标准

1. 执行标准

(1)《混凝土强度检验评定标准》GB/T 107；

(2)《混凝土结构工程施工质量验收规范》GB 50204；

(3)《普通混凝土配合比设计规程》JGJ/T 55；

(4)《预拌混凝土》GB/T 14902；

(5)《普通混凝土拌合物性能试验方法标准》GB 50080；

(6)《普通混凝土力学性能试验方法标准》GB 50081；

(7)《普通混凝土长期性能试验方法标准》JGJ 55；

(8)《混凝土质量控制》GB 50164；

(9)《回弹法检测混凝土抗压强度技术标准》JGJ 23；

(10)《混凝土用水标准》JGJ 63。

2. 混凝土主要技术性能

混凝土性能主要要求有三个方面：和易性、强度和耐久性。各性能指标参见相关《建筑施工技术》和《建筑材料》教材和手册。

3.2.2 混凝土配合比申请单和配合比通知单

由于混凝土主要用于建筑工程结构中，所以对混凝土试验要求十分严格。凡工程结构用混凝土都应有配合比申请单和实验室发出的配合比通知单。施工中如主要材料有变化，应重新申请试配。

1. 混凝土试配的申请

建筑工程结构中所需要的混凝土配合比，应根据混凝土的设计强度和质量检验以及混凝土施工和易性的要求来确定。由施工单位现场取样(一般水泥50kg、砂80kg、石150kg。有抗渗要求时加倍)，并填写混凝土配合比申请单，见表2-22，申请单中的项目都应填写，不要有空项，混凝土配比申请单至少一式三份，其中工程名称要具体，施工部位要注明。向有资质的试验机构或实验室提出试配申请并送达到试验机构或实验室，通过计算和试配确定其配合比。

混凝土配合比申请单 表2-22

编　　号			委托编号	
工程名称及部门			委托单位	
设计强度等级			试验委托人	
要求坍落度				
其他技术要求				
搅拌方法		浇捣方法	养护编号	
水泥品种及强度等级		厂名牌号	试验编号	
砂产地及种类		试　　验　　编　　号		
石子产地及种类		最大粒径(mm)	试验编号	

续表

外加剂名称		试验编号		试验编号	
掺合料名称					
申请日期		使用日期		联系电话	

注：1. 试验编号必须填写。

2. 申请混凝土试配强度的确定请参见相关《建筑材料》和《建筑施工技术》教材。

2. 混凝土配合比通知单

混凝土配合比通过实验室试配后，试验机构要选取最佳配合比填写并签发混凝土配合比通知单，见表 2-23。试验机构签发混凝土配合比通知单具有权威性，施工单位在施工中要严格按照此配合比的计量进行施工，不得随意修改。施工单位在领取配合比通知单后，要验看字迹是否清楚、签章是否齐全、有无涂改现象、申请单和通知单是否相配套等内容。混凝土配合比通知单由施工单位保存，并进入相关资料库。

混凝土配合比通知单 表 2-23

配 合 比 编 号				试验编号			
强度等级		水胶比		水 灰 比		砂率	
	水泥	水	砂	石	外加剂	掺和剂	其他
每 m³ 用量(kg/m³)							
每盘用量(kg)							
混凝土碱含量(m³)							

说明：本配合比所使用的材料均为干材料，使用应根据材料含水情况随时调整。

批　　准		审　　核		试　　验	
报告日期					

3.2.3 混凝土试验项目及要求

1. 混凝土必试项目

(1) 稠度试验；

(2) 抗压强度试验。

2. 混凝土试验要求

(1) 混凝土拌合物稠度试验取样及试样制作

1) 一般规定：混凝土工程施工中，取样进行混凝土试验时，其取样方法和原则应按《混凝土结构工程施工质量验收规范》GB 50204 及《混凝土强度检验评定标准》GBJ 107 有关规定进行。

拌制混凝土的原材料应符合国家规定标准的技术要求，并与施工实际用料相同。材料用量以质量计。称量的精确度规定：水、水泥及混合材料为±0.5%，骨料为±1.0%。

混凝土应从浇筑地点随机从同一盘搅拌机或同一车运送的混凝土中取样；商品混凝土是在交货地点取样。每个作业组开盘时都要检验其坍落度，合格后才能浇筑；同时施工过程中要随机进行检查并做好记录。

2）混凝土拌合物和易性的试验

通过试验，确定混凝土拌合物和易性是否满足施工要求。本试验采用坍落度法。本方法适合用于骨料最大粒径不大于 40mm、坍落度不小于 10mm 的混凝土拌合物。即适用于塑性和低塑性混凝土。测定的需要拌制拌合物用量约 15L。

A. 坍落度试验的方法与步骤

湿润坍落度筒及用具，将内壁和底板上无明水的坍落度筒放在坚实的铁板上，然后用脚踩住两边的脚踏板，坍落度筒在装料时应保持固定的位置。

把按要求取得的混凝土试样用小铲分三层均匀地装入筒内，使捣实后每层高度为筒高的三分之一左右。每层用捣棒竖直地自外向内插捣 25 次，各次插捣应在截面上均匀分布。插捣筒边混凝土时，捣棒可以稍倾斜。三层捣完后将圆筒口刮平，然后将筒竖直提起，由于自重的原因，将发生坍落现象，量测筒顶与坍落后混凝土拌合物最高点之间的竖直距离，以 mm 计，精确到 0.1mm，即为该混凝土拌合物的坍落度值。

同时观察混凝土的粘结性和保水性。粘结性的检查方法是用捣棒在已坍落的混凝土拌合物锥体侧面轻轻敲打，此时如果锥体逐渐下沉，则表明粘结性良好，如果锥体倒塌，或部分崩裂或出现离析现象，则表明粘结性不好。保水性的检查方法是：坍落筒提起后，如果混凝土底部不出现或仅有少量稀浆析出，则表明该混凝土拌合物保水性良好；如果混凝土底部有较多的稀浆析出，锥体部分的混凝土拌合物也因失浆而出现骨料外露，则表明该混凝土拌合物保水性能不好。同时做好试验记录。

B. 混凝土稠度试验的另一种方法叫维勃稠度法，主要适用于干硬性混凝土。具体方法参见相关手册。

（2）结构混凝土强度试验

为了确定混凝土配合比或控制混凝土工程或构件质量均必须做混凝土立方体抗压强度试验。抗压强度试验要求及抗压试块的制作如下：

A. 混凝土抗压强度目前均指立方体抗压强度。试件每组 3 块，制作每组试件所用的混凝土，当确定混凝土配合比时，应与混凝土拌合物和易性试验相同，必须先进行坍落度的试验，合格后再制作抗压强度的试件，在实验室人工拌制。试件尺寸按规定制作如表 2-24 所示。

为控制混凝土质量，应当按规范规定要求取样。每一组试件所用的拌合物应当从同一盘或同一车运送的混凝土中取出。用以检验现浇混凝土工程或预制构件质量的试件分组及取样原则，应当按现行《混凝土结构工程施工质量验收规范》GB 50204—2002 及其他有关标准的规定执行。可参见表 2-25所示。

试件尺寸及其强度折算系数表 表 2-24

试件边长 (mm×mm×mm)	骨料最大粒径 (mm)	强度折算系数	每组数量	每层插捣次数	每组混凝土用量(kg)
100×100×100	31.5	0.95	3 块	12	9
150×150×150	40	1.00	3 块	25	30
200×200×200	63	1.05	3 块	50	65

混凝土试验及检验规则 表 2-25

材料名称及相关标准、规范代号	试验项目	组批原则及取样规定
普通混凝土 (GB 50204) (GB 50209) GB/T 50080 GB/T 50081 (JGJ 55) GB/T 50107	必试: 稠度 抗压强度 其他: 轴心抗压 静力受压弹性模量 劈裂抗拉强度 抗折强度 长期性能和耐久性能试验 碱含量 氯化物	(1) 试块的留置 ① 每拌制 100 盘且不超过 100m³ 的同配比的混凝土,取样不得少于一次; ② 每工作拌制的同一配合比的混凝土不足 100 盘时,取样不得少于一次; ③ 当一次连续浇筑超过 1000m³ 时,同一配合比混凝土每 200m³ 混凝土取样不得少于一次; ④ 每一楼层,同一配合比的混凝土,取样不得少于一次; ⑤ 冬期施工还应留置不少于 2 组同条件养护试块和负温转常温试块和临界强度块; ⑥ 对预拌混凝土,当一个分项工程连续供应相同配合比的混凝土量大于 1000m³ 时,其交货检验的试样,每 200m³ 混凝土取样不得少于一次; ⑦ 建筑地面的混凝土,以同一配合比、同一强度等级,每一层或每 1000m² 也按一批计。每批应至少留置一组试块 (2) 取样方法及数量 用于检查结构构件混凝土质量的试件,应在混凝土浇筑地点随机取样制作,每组试件所用的拌合物应从同一盘搅拌混凝土或同一车运送的混凝土中取出,对于预拌混凝土还应在卸料过程中卸料量的 1/4～3/4 之间取样,每个试样量应满足混凝土质量检验项目所需用量的 1.5 倍,但不少于 0.2m³ 每次取样应至少留置一组标准养护试件,同条件养护试件的留置组数应根据实际需要确定
抗渗混凝土 (GB 50204) (JGJ 55) GB/T 50080 GB/T 50082	必试: 稠度 抗压强度 抗渗强度	(1) 同一混凝土强度等级、抗渗等级、同一配合比、生产工艺基本相同,每单位工程不得少于两组抗渗试块(每组 6 个试块); (2) 试块应在浇筑地点制作,其中至少一组应在标准条件下养护,其余试块应与构件相同条件下养护; (3) 留置抗渗试件的同时需留置抗压强度试件并应取自同盘混凝土拌合物中。取样方法同普通混凝土中第(2)项
轻骨料混凝土	必试: 干表观密度 抗压强度 稠度 其他: 长期性能 耐久性能 静力受压弹性模量 导热系数	(1) 同普通混凝土 (2) 混凝土干表观密度试验。连续生产的预制厂及预拌混凝土同配制比的混凝土每月不少于 4 次;单项工程每 100m³ 混凝土至少一次,不足 100m³ 也按 100m³ 计

B. 混凝土试件的制作应符合下列规定:

制作前,应检查试模尺寸是否符合有关规定,检验试模是否干净,试模内表面涂一薄层矿物油或其他不与混凝土发生反应的隔离剂。

所有试件取样后应立即制作。在实验室拌制混凝土时,其材料用量应以质量计,称量的精度:水泥、掺合物、水和外加剂为 ±0.5%;骨料为 ±1%。

混凝土的成型方法根据坍落度来确定。坍落度不大于 70mm 的混凝土宜用振动台振实;大于 70mm 的宜用捣棒人工捣实;检验现浇混凝土或预制构件的混凝土,试件成型方法宜与实际采用的方法相同。

振动台振实成型:混凝土拌合物一次装入试模,装料时应用抹刀沿各试模壁插捣,并使混凝土拌合物稍有富裕;试模应附着或固定在振动台上,防止振动时试模上下跳动,振动应持续到表面出浆为止。制模完毕,要认真填写混凝土施工及试块制作记录。

人工插捣成型:混凝土拌合物分两层装入模内,每层的装料厚度大致相等;插捣应按螺旋方向从边缘向中心均匀进行。在插捣底层混凝土时,捣棒应达到试模底部;插捣上层时,捣棒应贯穿上层后插入下层 20~30mm;插捣时捣棒应保持竖直,不得倾斜。每层插捣次数在 100cm^2 截面积内不得少于 12 次;直至插捣棒留下的空洞消失为止。制模完毕,要认真填写混凝土施工及试块制作记录。

C. 混凝土成型试件的养护

试件成型后应立即用不透水的薄膜表面覆盖,以防止水分蒸发,并在温度为 (20±5)℃ 的条件下至少静置 1~2 昼夜,然后拆模、编号。拆模后的试件应当立即放入温度为 (20±3)℃,相对湿度为 90% 以上的标准养护室或不流动的水中(水的 pH 值不应小于 7)进行标准养护,标准养护室内的试件应放在支架上,彼此间隔 10~20mm,试件表面应保持潮湿,并不得被水直接冲淋。标准养护龄期为 28d(从搅拌加水开始计时)。为了确定混凝土施工过程中的实际强度,也可将试件与结构物在同条件下养护,至预定龄期 28d 时试压。

D. 见证取样:混凝土试件必须由施工单位取样人员和见证人一起取样、封存、填写委托书并送到实验室。

值得注意的是试件留置数量应根据混凝土的浇筑量和施工技术及进度要求足量留置。

对于低强度等级或高强度等级混凝土批量数量较小时,根据混凝土强度评定的不同方法对混凝土强度的要求,可考虑适当多留试件组;混凝土浇筑量较大时,应按批量限值留足试件数;对于拆模、出池、吊装、预应力张拉、冬期施工等项目进行提前验收的检验,应当预留同条件养护试件组。

(3)混凝土抗渗性能试验

混凝土抗渗性能试验项目及试件取样方法见表 2-25。

混凝土的抗渗等级是以 6 个试件中 4 个试件未出现渗水时的最大压力计算出的抗渗等级值进行评定。抗渗等级应不小于设计要求的抗渗等级方可判定为合格。

(4)轻骨料混凝土试验

轻骨料混凝土试验项目及试件取样方法见表 2-25。

3.2.4 混凝土抗压试验报告

1. 混凝土强度质量合格判定

(1) 混凝土试件抗压强度代表值取值要求

1) 取 3 个试件强度的算术平均值并折合成 150mm×150mm×150mm 立方体的抗压强度，作为该组试件的抗压强度；

2) 当 3 个试件强度中的最大值或最小值之一与中间值之差超过中间值的 15% 时，取中间值；

3) 当 3 个试件强度中的最大值和最小值均超过中间值的 15% 时，该组试件无效。

(2) 混凝土强度质量合格判定

当混凝土的检验结果符合混凝土强度检验评定方法和条件的规定时，则该批混凝土强度可判定为合格；反之为不合格。对不合格的混凝土制成的结构构件，必须进行及时处理。当对混凝土试件强度有怀疑时，可采用从结构构件中钻取试件的方法或其他非破损的检验方法，对结构或构件中的混凝土进行鉴定，从而判定该批混凝土的强度是否满足规范规定的要求。凡按验评标准进行强度统计达不到要求的，应有结构处理措施。需要检测的，应经法定检测单位检测并应征得设计认可。检测、处理资料要存档。

2. 混凝土试件抗压强度试验报告

混凝土试件抗压强度试验报告见表 2-26。

混凝土立方体抗压强度检测报告　　　　　表 2-26

委托单位	××××公司		委托日期	××年××月××日
工程名称	××××综合楼		委托编号	××××
试件尺寸	150×150×150(mm)		报告日期	××年××月××日
依据标准	GB/T 50080—2002，GB/T 50081—2002		实验日期	××年××月××日

检 测 结 果							
成型日期	原编号（部位）	试压龄期（天）	设计强度等级	承压面积（mm²）	破坏荷载（kN）	抗压强度(kN)	
						单块值	代表值
××年××月××日	一层梁	28	C25	22500	632.4	28.1	27.7
				22500	615.3	27.3	
				22500	625.8	27.8	
××年××月××日	一层柱	28	C25	22500	632.4	28.1	28.1
				22500	900.1	40.0	
				22500	625.8	27.8	
××年××月××日	二层梁	28	C25	22500	632.4	28.1	不做评定
				22500	776.3	34.5	
				22500	537.7	23.9	
备　注							

签发：×××　　　　　　审核：×××　　　　　　检测：×××

注：本表由检测机构填写，一式三份，检测机构、委托单位、监理单位各留一份。报告左上角加盖计量认证章，右上角加盖建设工程质量检测资质专用章有效。

　　表中上半部分的栏目由施工单位填写，其余部分由实验室负责填写。所有栏目应根据实际情况填写，不应空缺，加盖实验室试验章方可生效。

　　(1)商品混凝土出厂合格证要字迹清晰、项目齐全，签字盖章后为有效，有关资料包含如下：

　　水泥品种、强度等级及每立方米混凝土中的水泥用量；骨料的种类和最大粒径；外加剂、掺合料的品种及掺量；混凝土强度等级和坍落度；混凝土配合比和标准件强度；对轻骨料混凝土尚应提供其密度等级。

　　使用单位对混凝土的强度检测报告内容应包括：委托单位、样品编号、工程名称、样品产地、类别、代表数量、检测依据、检测条件、检测项目、检测结果、结论等。

　　(2)委托单位(或委托人、工地现场试验员)必须逐项填写试验委托单，如工程名称、规格、委托日期、委托编号、出厂日期等内容。

　　(3)检测机构或实验室应当认真填写混凝土强度试验检测报告表。要求项目齐全、准确、真实、字迹清楚、无涂抹、有明确结论。试验报告左上角加盖计量认证章，右下角加盖工程质量检测资质专用章方才有效。

　　(4)委托单位(或委托人)领取混凝土强度试验检测报告表时，应当认真验收和观看试验报告中试验项目是否齐全，必试项目是否全部做完，是否有明确结论，签字盖章是否齐全。同时一定要验看各项目的实测数值是否符合规范规定的标准值。

　　(5)应有按规范规定组数的试块强度试验资料和汇总资料。应将混凝土施工试验资料按时间先后顺序排列并编号，不得漏项；建立分目表，与其他施工技术资料相对应。如：混凝土配合比申请单，混凝土配合比通知单(施工中如果材料发生变化时，应有修改配合比的通知单)，混凝土标准养护试块 28 天试压强度检测报告；冬期施工混凝土，应有检验混凝土抗冻性能的同条件养护试块抗压强度试验报告；商品混凝土应以现场制作的标养 28 天的试块抗压、抗折、抗渗、抗冻指标作为评定的依据，并应在相应试验报告上标明商品混凝土生产单位名称、合同编号；凡设计有抗渗、抗冻性能要求的混凝土，除应有抗压强度试验报告外，还应有按规范规定组数标养的抗渗、抗冻试验报告等等。

3.2.5　混凝土试件强度统计、评定

1. 混凝土试件强度统计、评定

　　单位工程中由强度等级相同、龄期相同以及生产工艺条件和配合比基本相同的混凝土组成一个验收批。混凝土强度应分批进行统计、评定。

2. 混凝土试件强度检验评定方法

　　混凝土强度检验评定应以同批内标准试件的全部强度代表值按现行《混凝土强度检验评定标准》进行检验评定。

　　当混凝土的生产条件在较长时间内能保持一致，且同一品种混凝土的强度变异性能保持稳定时，应由连续的三组试件组成一个验收批，其强度应同时满足下列要求：

$$m_{f_{cu}} \geqslant f_{cu,k} + 0.7\sigma_0 \tag{2-5}$$

$$f_{cu,min} \geqslant f_{cu,k} - 0.7\sigma_0 \qquad (2-6)$$

当混凝土强度等级不高于 C20 时，强度的最小值尚应满足下式要求：

$$f_{cu,min} \geqslant 0.85 f_{cu,k} \qquad (2-7)$$

当混凝土强度等级高于 C20 时，强度的最小值尚应满足下式要求：

$$f_{cn,min} \geqslant 0.9 f_{cn,k} \qquad (2-8)$$

式中　$m_{f_{cu}}$——同一验收批混凝土立方体抗压强度的平均值（MPa）；

　　　$f_{cu,k}$——混凝土立方体抗压强度标准值（MPa）；

　　　σ_0——验收批混凝土立方体抗压强度标准差（MPa）；

　　　$f_{cu,min}$——同一验收批混凝土立方体抗压强度的最小值（MPa）。

验收批混凝土立方体抗压强度的标准差应根据前一个检验期内同一品种混凝土试件的强度数据，按下列公式确定：

$$\sigma_0 = \frac{0.59}{m} \sum_{i=1}^{m} \Delta f_{cu,i} \qquad (2-9)$$

式中　$\Delta f_{cu,i}$——第 i 批试件立方体抗压强度中最大值与最小值之差；

　　　m——用以确定验收批混凝土立方体抗压强度标准差的数据总批数。

上述检验期不应超过 3 个月，且在该期间内强度数据的总批数不得少于 15。

当混凝土生产条件在较长时间内不能保持一致，且混凝土强度变异性不能保持稳定时或在前一个检验期内的混凝土没有足够的数据用以确定验收批混凝土立方体抗压强度的标准差时，应由不少于 10 组试件组成一个验收批，其强度应同时满足下列公式要求：

$$m_{f_{cu}} - \lambda_1 s_{f_{cu}} \geqslant 0.9 f_{cu,k} \qquad (2-10)$$

$$f_{cu,min} \geqslant \lambda_2 f_{cu,k} \qquad (2-11)$$

式中　$s_{f_{cu}}$——同一验收批混凝土立方体抗压强度的标准差（MPa），当 $s_{f_{cu}}$ 的计算值小于 $0.06 f_{cu,k}$ 时，取 $s_{f_{cu}} = 0.06 f_{cu,k}$；

　　　λ_1，λ_2——合格判定系数，按表 2-27 取用。

合格判定系数　　　　　　　　　　　　　　　　表 2-27

试件组数	10~14	15~24	≥25
λ_1	1.70	1.65	1.60
λ_2	0.90	0.85	

混凝土立方体抗压强度的标准差 $s_{f_{cu}}$ 可按下列公式计算：

$$s_{f_{cu}} = \sqrt{\frac{\sum_{i=1}^{n} f_{cu,i} - nm^2 f_{cu}}{n-1}} \qquad (2-12)$$

式中　$f_{cu,i}$——第 i 组混凝土试件的立方体抗压强度值（N/mm²）；

　　　n——一个验收批混凝土试件的组数。

非统计方法评定混凝土强度时，其强度应同时满足下列要求：

$$m_{f_{cu}} \geqslant 1.15 f_{cu,k} \tag{2-13}$$

$$f_{cu,min} \geqslant 0.95 f_{cu,k} \tag{2-14}$$

3.3　砂浆试验

3.3.1　砂浆的技术标准

1. 执行标准

(1)《建筑砂浆基本性能试验方法》JG/T 70—2009;

(2)《建筑结构检测技术标准》GB/T 50344—2004;

(3)《砌筑砂浆配合比设计规程》JGJ/T 98—2010;

(4)《砌体工程施工质量验收规范》GB 50203—2011;

(5)《砌筑砂浆增塑剂》JG/T 164—2004。

2. 砂浆的主要技术性能

砂浆性能要求主要有三个方面:新拌砂浆的和易性(流动性、保水性)、强度、粘结性变形。各性能指标参见相关《建筑施工技术》和《建筑材料》教材和手册。

3.3.2　试配申请和配合比通知单

凡建筑工程用砌筑砂浆的配合比都应经试配确定。同时都应有配合比申请单和实验室发出的配合比通知单。施工中如主要材料有变化,应重新申请试配。

1. 砂浆试配申请

首先施工单位从现场抽取原材料试样,然后根据设计要求向有资质的试验机构或实验室提出试配申请,由实验室或试验机构通过试配来确定砂浆的配合比。砂浆配合比申请单式样见表 2-28。

砂浆配合比申请单　　　　　　　　　　　　　　　　表 2-28

工 程 名 称		编　　　号	
委 托 单 位		委 托 编 号	
试 验 委 托 人		砂 浆 种 类	
水 泥 种 类		强 度 等 级	
水泥进厂日期		厂　　　别	
砂 产 地		试 验 编 号	
粗 细 级 别			
掺 合 料 种 类		外 加 剂 种 类	
申 请 日 期	××××年××月××日	要求使用日期	××××年××月××日

2. 砂浆配合比通知单

砂浆配合比通过实验室试配后,试验机构或实验室要选取最佳配合比填写并签发砂浆配合比通知单。施工单位在施工中要严格按照此配合比的计量进行施工,不得随意修改。施工单位在领取配合比通知单后,要验看字迹是否清楚、签章是否齐全、有无涂改现象、申请单和通知单是否相配套等内容。砂浆配合比通知单由施工单位保存,并进入相关资料库。砂浆配合比通知单式样见表 2-29。

砂浆配合比通知单　　　　　　　　　表 2-29

配合比编号		试配编号	
强度等级		试验日期	××××年××月××日

配　合　比

材料名称	水泥	砂	白灰膏	掺合料	外加剂
每立方米用量（kg/m³）					
比例					

注：砂浆稠度为 70～100mm，白灰膏稠度为 120±5mm

批　　准		审　　核		试　　验	
试验单位					
报告单位					

注：本表由施工单位保存。

3.3.3　砂浆试验项目及要求

1．必试项目

（1）稠度；

（2）抗压强度。

2．砂浆试验要求

（1）砂浆拌合物稠度试验取样及试样制作

1）建筑砂浆试验用料应根据不同要求，可从同一盘搅拌机或同一车运送的砂浆中取出；在实验室取样时，可从机械或人工拌合的砂浆中取出。

2）施工中取样进行砂浆试验时，其取样方法和原则按相应的施工验收规范执行。应在使用地点的砂浆槽、砂浆运送车或搅拌机出料口，至少从三个不同部位采集。所取试样的数量应多于试验用量的 1～2 倍。

3）实验室拌制砂浆进行试验时，拌合用的材料要求提前运入室内，拌合时实验室的温度应保持在 20±5℃。

4）实验室拌制砂浆时，材料应称重计量。称量的精确度：水泥、外加剂等为±0.5％；砂、石灰膏、黏土膏、粉煤灰和磨细生石灰粉为±1％。

5）实验室用搅拌机搅拌砂浆时，搅拌的用量不宜少于搅拌机容量的 20％，搅拌时间不宜少于 2min。

6）砂浆拌合物取样后，应尽快进行试验。现场取来的试样，在试验前应经人工再翻拌，以保证其质量均匀。

砂浆拌合物稠度试验取样见表 2-30 所示。

砂浆拌合物稠度试验取样规定　　　　　　　表 2-30

材料名称及相关标准，规范代号	试验项目	组批原则及取样规定
砂浆 JGJ 70—2009 GB/T 50344—2004 JGJ/T 98—2010 GB 50203—2011 JG/T 164—2004	必试： 稠度 抗压强度 其他： 分层度 拌合物密度 抗冻性	砌筑砂浆：（1）以同一砂浆强度等级，同一配合比，同种原材料每一楼层或 250m³ 砌体（基础砌体可按一个楼层计）为一个取样单位，每取样单位标准养护试块的留置不得少于一组（每组 6 块） （2）干拌砂浆：同强度等级每 400t 为一验收批，不足 400t 也按一批计。每批从 20 个以上的不同部位取等量样品。总质量不少于 15kg，分成两份，一份送试，一份备用 建筑地面用砂浆：建筑地面用水泥砂浆，以每一层或 1000m² 为一检验批，不足 1000m² 也按一批计。每批砂浆至少取样一组。当改变配合比时也应相应地留取试块

（2）稠度试验

用砂浆稠度仪的试锥在 10s 时间内沉入砂浆深度的沉入度来表示。一般砖墙、柱、砂浆稠度为 70～100mm 为宜。

稠度试验结果应按下列要求处理：

1）取两次试验结果的算术平均值，计算值精确至 1mm；

2）两次试验值之差如大于 20mm，则应另取砂浆搅拌后重新测定。

（3）抗压强度试块制作

试模规格：70.7mm×70.7mm×70.7mm，每 6 个试件为一组。

将无底试模放在预先铺有吸水性较好纸的普通砖上，试模内壁涂刷薄层机油或隔离剂。向试模内一次注满砂浆，用捣棒均匀由外向里按螺旋方向插捣 25 次，并用灰刀沿模壁插数次，使砂浆高出试模顶 6～8mm。砂浆表面开始出现麻斑状态时(15～30min)将高出部分削去抹平。试件制作后，试件在 20±5℃温度环境下停置 24±2h，然后拆模，拆模前要先编号，写上施工单位、工程名称及部位、强度等级、制模日期，标养试块移至标准养护室养护至 28d 后试压。

3.3.4 砂浆抗压试验报告

1. 砂浆强度质量合格判定

1）砂浆试件抗压强度代表值取值要求：取 6 个试件强度的算术平均值作为该组的立方体抗压强度值，平均值计算精确至 0.1MPa。

2）当 6 个试件强度中的最大值或最小值之一与中间值之差超过中间值的 20% 时，以中间 4 个平均值为该组的立方体抗压强度值。

2. 砂浆强度质量合格判定

当施工中或验收时出现下列情况，可采用现场检验方法对砂浆和砌体强度进行取样检测，并判定其强度：

（1）砂浆试件块数不够或缺乏代表性；

（2）对砂浆试块的结果有怀疑或有争议；

（3）砂浆试块的试验结果不能满足设计要求。

3. 砂浆试块试压报告

见表 2-31。

砂浆立方体抗压强度检测报告　　　　　　　　表 2-31

委托单位	××××公司	委托日期	××年××月××日
工程名称	××××综合楼	委托编号	××××
试件尺寸	70.7×70.7×70.7(mm)	报告日期	××年××月××日
依据标准	JGJ 70—2009	试验日期	××年××月××日

检 测 结 果							
成型日期	原编号(部位)	试压龄期(d)	设计强度等级	承压面积(mm²)	破坏荷载(kN)	抗压强度(MPa) 单块值	代表值
××年××月××日	一层楼	28	M10	4998.5	52.4	10.5	10.4
				4998.5	51.3	10.3	
				4998.5	50.2	10.0	
				4998.5	52.3	10.5	
				4998.5	51.9	10.4	
				4998.5	52.3	10.5	
××年××月××日	二层楼	28	M10	4998.5	70.5	14.1	10.2
				4998.5	51.3	10.3	
				4998.5	50.2	10.0	
				4998.5	52.3	10.5	
				4998.5	51.9	10.4	
				4998.5	50.1	10.0	
备　　注							

签发:×××　　　　审核:×××　　　　检测:×××

注:本表由检测机构填写,一式三份,检测机构、委托单位、监理单位各留一份。报告左上角加盖建设工程质量检测资质专用章有效。

1) 使用单位对砂浆的强度检测报告内容应包括:委托单位、样品编号、工程名称、样品产地、类别、代表数量、检测依据、检测条件、检测项目、检测结果、结论等。

2) 委托单位(或委托人或工地现场试验员)必须逐项填写试验委托单,如工程名称、规格、委托日期、委托编号、出厂日期等内容。

3) 检测机构或实验室应当认真填写砂浆强度试验检测报告表。要求项目齐全、准确、真实、字迹清楚、无涂抹、有明确结论。试验报告左上角加盖计量认证章,右下角加盖工程质量检测资质专用章方才有效。

4) 委托单位(或委托人)领取砂浆强度试验检测报告表时,应当认真验收和查看试验报告中试验项目是否齐全,必试项目是否全部做完,是否有明确结论,签字盖章是否齐全。同时一定要验看各项目的实测数值是否符合规范规定的标准值。

5）应有按规范规定组数的试块强度试验资料和汇总资料。应将砂浆施工试验资料按时间先后顺序排列并编号，不得漏项；建立分目表，与其他施工技术资料相对应。如：砂浆配合比申请单；砂浆配合比通知单(施工中如果材料发生变化时，应有修改配合比的通知单)；砂浆标准养护试块 28 天试压强度检测报告；有按规定要求的强度统计评定资料。

3.3.5 砂浆试验强度统计、评定

1. 砂浆试块强度统计

砂浆试块试压后，应将试压报告按时间先后顺序装订在一起并编号，及时登记在砌筑砂浆试块强度统计评定记录表中，样表见表 2-32。

砌筑砂浆试块强度统计、评定记录　　　　　　　表 2-32

工程名称			编　号	
施工单位			强度等级	
养护方法			结构部位	
统 计 期	××××年 ××月×× 日～××××年 ××月×× 日			
试块组数 n	强度标准值 f_2（MPa）	平均值 $f_{2,m}$(MPa)	最小值 $f_{2,min}$(MPa)	0.75f_2
每组强度值（MPa）				
判定式	$f_{2,m} \geq f_2$		$f_{2,min} \geq 0.75f_2$	
结果				
结论：				
批　准	审　核		统　计	
报告日期				

注：本表由建设单位、施工单位、城建档案馆各保存一份。

2. 对砂浆强度进行评定

参加评定的砂浆为同一品种、同一强度等级(在标准养护 28d 试块的抗压强度)、同一配合比分别进行评定。根据其工程的部位不同或所用砌筑砂浆品种的不同，应对砂浆进行强度评定。

（1）同一验收批砂浆试块抗压强度平均值应不小于设计强度等级所对应的立方体抗压强度；即同品种、同强度等级砂浆各组试块的平均强度值大于 $f_{m,k}$ 设计强度；

（2）任意一组试块的强度（最小者）不小于 $0.75f_{\mathrm{m,k}}$；

（3）仅有一组试块时，其强度不应低于 $f_{\mathrm{m,k}}$（$f_{\mathrm{m,k}}$：砂浆立方体抗压强度标准值）。

凡强度未达到设计要求的砂浆要有处理措施。涉及承重结构砌体强度需要检测的，应经法定检测单位检测鉴定，并经设计人签认。

3.4 钢筋连接试验

在建筑工程施工现场，钢筋连接的主要方式有机械连接和焊接连接。国家现行规范规定：从事钢筋焊接施工的焊工必须持有焊工考试合格证才能上岗操作。

3.4.1 钢筋连接的试验项目及要求

钢筋连接的试验标准及项目见表2-33。

1. 焊接连接的必试项目

钢筋常用的焊接一般有：点焊、闪光对焊、电弧焊、电渣压力焊、气压焊、预埋件钢筋T形接头等方式。

（1）各类焊接必试项目

见表2-34。

（2）钢筋焊接试样尺寸及要求

钢筋焊接接头拉伸试样尺寸见表2-35所示；弯曲试验试样尺寸见表2-36所示。

钢筋试验标准及项目 表2-33

标 准 号	规程名称或检测方法	试 验 项 目
JGJ 18—2012	《钢筋焊接及验收规程》	抗拉、弯曲、抗剪
JGJ 107—2010	《钢筋机械连接技术规程》	抗拉
JGJ/T 27—2014	《钢筋焊接接头试验方法》	抗拉、弯曲、抗剪
GB/T 228—2010	《金属材料室温拉伸试验方法》	力学性能
GB/T 232—2010	《金属材料弯曲试验方法》	钢材冷弯、反复弯曲

各类焊接必试项目 表2-34

焊 接 种 类		必 试 项 目
点焊	焊接骨架、焊接网	拉抗试验、抗剪试验
闪光对焊		拉抗试验、抗剪试验
电弧焊		拉抗试验
电渣压力焊		拉抗试验
气压焊		拉抗试验，梁、板另加弯曲试验
预埋件钢筋T形接头		拉抗试验

钢筋焊接接头拉伸试样尺寸   表 2-35

焊 接 方 法		试样尺寸(mm)	
		L_s	$L \geqslant$
电 阻 点 焊			$300L_s + 2L_j$
闪 光 对 焊		$8d$	$L_s + 2L_j$
电弧焊	双面帮条焊	$8d + L_h$	$L_s + 2L_j$
	单面帮条焊	$5d + L_h$	$L_s + 2L_j$
	双面搭接焊	$8d + L_h$	$L_s + 2L_j$
	单面搭接焊	$5d + L_h$	$L_s + 2L_j$
	熔槽帮条焊	$8d + L_h$	$L_s + 2L_j$
	坡 口 焊	$8d$	$L_s + 2L_j$
	窄 间 隙 焊	$8d$	$L_s + 2L_j$
电 渣 压 力 焊		$8d$	$L_s + 2L_j$
气 压 焊		$8d$	$L_s + 2L_j$
预埋件电弧焊			200
预埋件埋弧压力焊			

注：L_h——受试长度；L_h——焊缝(或镦粗)长度；L_j——夹持长度(100～200mm)；

L——试件长度；d——钢筋直径。

钢筋焊接接头弯曲试验试样   表 2-36

钢筋公称直径 (mm)	钢筋级别	弯心直径 D(mm)	支辊内侧距 $(D+2.5d)$(mm)	试件长度 L(mm)
14	HPB300	$2d = 28$	63	210
	HRB335	$4d = 56$	91	240
	HRB400	$5d = 70$	105	250
	RRB400	$7d = 98$	133	280
16	HPB300	$2d = 32$	72	220
	HRB335	$4d = 64$	104	250
	HRB400	$5d = 80$	120	270
	RRB400	$7d = 112$	152	300
18	HPB300	$2d = 36$	81	230
	HRB335	$4d = 72$	117	270
	HRB400	$5d = 90$	135	280
	RRB400	$7d = 126$	171	320
20	HPB300	$2d = 40$	90	240
	HRB335	$4d = 80$	130	280
	HRB400	$5d = 100$	150	300
	RRB400	$7d = 140$	190	340
22	HPB300	$2d = 44$	99	250
	HRB335	$4d = 88$	143	290
	HRB400	$5d = 110$	165	310
	RRB400	$7d = 154$	209	360

2. 机械连接的必试项目

钢筋常用的机械连接一般有：锥螺纹接头、套筒挤压接头等方式。

（1）机械连接的必试项目：抗拉强度。

1）接头的设计应满足强度及变形性能的要求。

2）接头连接件的屈服承载力和抗拉承载力的标准值应不小于被连接钢筋的屈服承载力和抗拉承载力标准值的 1.10 倍。

3）接头单向拉伸时的强度和变形是接头的基本性能。高应力反复拉压性能反映接头在风荷载及小地震情况下承受高应力反复抗压的能力。大变形反复拉压性能是反映结构在强烈地震情况下钢筋进入塑性变形阶段接头的受力性能。

以上三项性能是进行接头型式检验时必须进行的检验项目。

（2）钢筋机械连接接头性能

1）根据抗拉强度以及高应力和大变形条件下反复拉压性能的差异，接头应分为下列三个等级：

Ⅰ级：接头抗拉强度不小于被连接钢筋实际抗拉强度或 1.10 倍钢筋抗拉强度标准值，并具有高延性及反复拉压性能。

Ⅱ级：接头抗拉强度不小于被连接钢筋抗拉强度标准值，并具有高延性及反复拉压性能。

Ⅲ级：接头抗拉强度不小于被连接钢筋屈服强度标准值的 1.35 倍，并具有一定的延性及反复拉压性能。

2）Ⅰ级、Ⅱ级、Ⅲ级接头的抗拉强度应符合表 2-37 的规定。

3）钢筋机械连接接头的变形性能应符合表 2-38 中的规定。

钢筋机械连接接头的抗拉强度　　　　　　　　　　表 2-37

接 头 等 级	Ⅰ级	Ⅱ级	Ⅲ级
抗 拉 强 度	$f_{mst}^{0} \geq f_{st}^{0}$ 或 $\geq 1.10 f_{uk}$	$f_{mst}^{0} \geq f_{uk}$	$f_{mst}^{0} \geq 1.35 f_{yk}$

注：f_{mst}^{0}——接头试件实际抗拉强度；f_{nt}^{0}——接头试件中钢筋抗拉强度实测值；f_{nk}——钢筋抗拉强度标准值；f_{yk}——钢筋屈服强度标准值。

接头性能检验指标　　　　　　　　　　表 2-38

等 级		Ⅰ级	Ⅱ级	Ⅲ级
抗拉强度		$f_{mst}^{0} \geq f_{st}^{0}$ 或 $\geq 1.10 f_{uk}$	$f_{mst}^{0} \geq f_{uk}$	$f_{mst}^{0} \geq 1.35 f_{yk}$
单项拉伸	非弹性变形（mm）	$\mu \leq 0.10 (d \leq 32)$ $\mu \leq 0.15 (d > 32)$	$\mu \leq 0.10 (d \leq 32)$ $\mu \leq 0.15 (d > 32)$	$\mu \leq 0.10 (d \leq 32)$ $\mu \leq 0.15 (d > 32)$
	总伸长率（%）	$\delta_{sgt} \geq 4.0$	$\delta_{sgt} \geq 4.0$	$\delta_{sgt} \geq 2.0$
高应力反复拉压	抗拉强度（N/mm²）	$f_{mst}^{0} \geq f_{st}^{0}$ 或 $\geq 1.10 f_{uk}$	$f_{mst}^{0} \geq f_{uk}$	$f_{mst}^{0} \geq 1.35 f_{yk}$
	残余变形（mm）	$\mu_{20} \leq 0.3$	$\mu_{20} \leq 0.3$	$\mu_{20} \leq 0.3$
大变形反复拉压	抗拉强度（N/mm²）	$f_{mst}^{0} \geq f_{st}^{0}$ 或 $\geq 1.10 f_{uk}$	$f_{mst}^{0} \geq f_{uk}$	$f_{mst}^{0} \geq 1.35 f_{yk}$
	残余变形（mm）	$\mu_{4} \leq 0.3$ $\mu_{8} \leq 0.6$	$\mu_{4} \leq 0.3$ $\mu_{8} \leq 0.6$	$\mu_{4} \leq 0.6$

3.4.2　钢筋连接的试验取样

钢筋连接的试验取样见表 2-39 所示。

钢筋连接的试验取样　　　　　　　　　　　　　　　　表 2-39

材料名称及相关标准、规范代号	试 验 项 目	组批原则及取样规定
(1) 钢筋电阻点焊	必试： 抗拉强度 抗剪强度 弯曲试验	(1) 钢筋焊接骨架 1) 凡钢筋级别、直径及尺寸相同的焊接骨架应视为同一类制品，且每 200 件为一验收批，一周内不足 200 件的也按一批计 2) 试件应从成品中切取，当所切取试件的尺寸小于规定的试件尺寸时，或受力钢筋大于 8mm 时，可在生产过程中焊接试验网片，从中切取试件 试件尺寸见图 钢筋焊接试验网片与试件 (a)焊接试验网片简图；(b)钢筋焊点抗剪试件； (c)钢筋焊点拉伸试件 3) 由几种钢筋直径组合的焊接骨架，应对每种组合做力学性能检验；热轧钢筋焊点，应作抗剪试验，试件数量 3 件；冷拔低碳钢丝焊点，应作抗剪试验及对较小的钢筋作拉伸试验，试件数量 3 件 (2) 钢筋焊接网 1) 凡钢筋级别、直径尺寸相同的焊接骨架应视为同一类制品，每批不应大于 30t，或每 200 件为一验收批，一周内不足 30t 或 200 件的也按一批计 2) 试件应从成品中切取 3) 冷轧带肋钢筋或冷拔低碳钢丝焊点应作拉伸试验，纵向试件数量 1 件，横向试件数量 1 件；冷轧带肋钢筋焊点应作弯曲试验，纵向试件数量 1 件，横向试件数量 1 件；热轧钢筋、冷轧带肋或冷拔低碳钢丝的焊点应作抗剪试验，试件数量 3 件

续表

材料名称及相关标准、规范代号	试验项目	组批原则及取样规定
（2）钢筋闪光对焊接头	必试：抗拉强度 弯曲试验	（1）同一台班内由同一焊工完成的 300 个同级别、同直径钢筋焊接接头应作为一批。当同一台班内，可在一周内累计计算，累计仍不足 300 个接头，也按一批计 （2）力学性能试验时，试件应从成品中随机切取 6 个试件，其中 3 个做拉伸试验，3 个做弯曲试验 （3）焊接等长预应力钢筋（包括螺丝杆与钢筋）。可按生成条件作模拟试件 （4）螺丝端杆接头只可做拉伸试验 （5）若当出现试验结果不符合要求时，可随机取双倍数量试件进行复试 （6）当模拟试件试验结果不符合要求时，复试应从成品中切取，其数量和要求与初试时相同
（3）钢筋电弧焊接头	必试：抗拉强度	（1）工厂焊接条件下，同钢筋级别 300 个接头为一验收批 （2）在现场安装条件下，每一至二层楼同接头形式、同钢筋级别的接头 300 个为一验收批，不足 300 个接头也按一批计 （3）试件应从成品中随机切取 3 个接头进行拉伸试验 （4）装配式结构节点的焊接接头可按生产条件制造模拟试件 （5）当初试结果不符合要求时应取 6 个试件进行复试
（4）钢筋电渣压力焊接头	必试：抗拉强度	（1）一般构筑物中以 300 个同级别钢筋接头作为一验收批 （2）在现浇钢筋混凝土多层结构中，应以每一楼层或施工区段中 300 个同级别钢筋接头作为一验收批，不足 300 个接头也按一批计 （3）试件应从成品中随机切取 3 个接头进行拉伸试验 （4）当初试结果不符合要求时应再取 6 个试件进行复试
（5）钢筋气压焊接头	必试：抗拉强度、弯曲试验（梁、板的水平筋连接）	（1）一般构筑物中以 300 个接头为一验收批 （2）在现浇钢筋混凝土房屋结构中，同一楼层中应以 300 个接头为一验收批，不足 300 个接头也按一批计 （3）试件应从成品中随机切取 3 个接头进行拉伸试验；在梁、板的水平钢筋连接中，应另取 3 个试件做弯曲试验 （4）当初试结果不符合要求时应再取 6 个试件进行复试
（6）预埋件钢筋 T 形接头	必试：抗拉强度	（1）预埋件钢筋埋弧压力焊，同类型预埋件一周内累计每 300 件时为一验收批，不足 300 个接头也按一批计。每批随机切取 3 个试件做拉伸试验 预埋件 T 形接头拉伸试件 1—钢板；2—钢筋 （2）当初试结果不符合规定时再取 6 个试件进行复试

续表

材料名称及相关标准、规范代号	试验项目	组批原则及取样规定
机械连接包括 锥螺纹连接 套筒挤压接头 镦粗直螺纹钢筋接头 （GB 50204—2002） （2011 版） （JGJ 107—2010）	必试： 抗拉强度	（1）工艺检验：在正式施工前，按同批钢筋、同种机械连接形式的接头试件不少于 3 根，同时对应截取接头试件的母件，进行抗拉强度试验 （2）现场检验：接头的现场检验按验收批进行。同一施工条件下采用同一批材料的同等级、同形式、同规格的接头每 500 个为一验收批。不足 500 个接头也按一批计。每一验收批必须在工程结构中随机截取 3 个试件做单向拉伸试验。在现场连续检验 10 个验收批，其全部单向拉伸试件一次抽样均合格时，验收批接头数量可扩大一倍

3.4.3　钢筋连接的试验质量评定

1. 钢筋焊接连接的试验质量评定

按照《钢筋焊接及验收规程》JGJ 18—2012 的规定：

（1）钢筋焊接接头或焊接制品（焊接骨架、焊接网）质量检验与验收应按现行国家标准《混凝土结构工程施工质量验收规范》GB 50204 中的基本规定和本规程有关规定执行。

（2）钢筋焊接接头或焊接制品应按检验批进行质量检验与验收，并划分为主控项目和一般项目两类。质量检验时，应包括外观检查和力学性能检验。

（3）纵向受力钢筋焊接接头，包括闪光对焊接头、电弧焊接头、电渣压力焊接头、气压焊接头的连接方式检查和接头的力学性能检验规定为主控项目。接头连接方式应符合设计要求，并应全数检查，检验方法为观察。接头试件进行力学性能检验时，其质量和检查数量应符合相关规程有关规定；检验内容包括：钢筋出厂质量证明书、钢筋进场复验报告、各项焊接材料产品合格证、接头试件力学性能试验报告等。

焊接接头的外观质量检查规定为一般项目。

（4）非纵向受力钢筋焊接接头，包括交叉钢筋电阻点焊焊点、封闭环式箍筋闪光对焊接头、钢筋与钢板电弧搭接焊接头、预埋件钢筋电弧焊接头、预埋件钢筋埋弧压力焊接头的质量检验与验收，规定为一般项目。

（5）焊接接头外观检查时，首先应由焊工对所焊接头或制品进行自检；然后由施工单位专业质量检查员检验，监理（建设）单位进行验收记录。纵向受力钢筋焊接接头外观检查时，每一检验批中应随机抽取 10% 的焊接接头。检查结果，当外观质量各小项不合格数均不大于抽检数的 10%，则该批焊接接头外观质量评为合格。当某一小项不合格数超过抽检数的 10% 时，应对该批焊接接头该小项逐个进行复检，并剔除不合格接头；对外观检查不合格接头采取修整或焊补措施后，可提交二次验收。

（6）力学性能检验时，应在接头外观检查合格后随机抽取试件进行试验。试验方法应按现行行业标准《钢筋焊接接头试验方法标准》有关规定执行。

（7）钢筋闪光对焊接头、电弧焊接头、电渣压力焊接头、气压焊接头拉伸试验结果均应符合下列要求：

1）3 个热轧钢筋接头试件的抗拉强度均不得小于该牌号钢筋规定的抗拉强度；RRB400 钢筋接头试件的抗拉强度均不得小于 $570N/mm^2$；

2）至少应有 2 个试件断于焊缝之外，并应呈延性断裂。

当达到上述 2 项要求时，应评定该批接头为抗拉强度合格。当试验结果有 2 个试件抗拉强度小于钢筋规定的抗拉强度，或 3 个试件均在焊缝或热影响区发生脆性断裂时，则一次判定该批接头为不合格品。当试验结果有 1 个试件的抗拉强度小于规定值，或 2 个试件在焊缝或热影响区发生脆性断裂，其抗拉强度均小于钢筋规定抗拉强度的 1.10 倍时，应进行复验。

复验时，应再切取 6 个试件。复验结果，当仍有 1 个试件的抗拉强度小于规定值，或有 3 个试件断于焊缝或热影响区，呈脆性断裂，其抗拉强度小于钢筋规定抗拉强度的 1.10 倍时，应判定该批接头为不合格品。

（8）闪光对焊接头、气压焊接头进行弯曲试验时，应将受压面的金属毛刺和镦粗凸起部分消除，且应与钢筋的外表齐平。弯曲试验可在万能试验机、手动或电动液压弯曲试验器上进行，焊缝应处于弯曲中心点，弯心直径和弯曲角应符合表 2-40 的规定。

接头弯曲试验指标　　　　　　　　　　表 2-40

钢 筋 牌 号	弯 心 直 径	弯曲角(°)
HPB300	2d	90
HRB335	4d	90
HRB400、RRB400	5d	90
HRB500	7d	90

注：1. d 为钢筋直径(mm)；

　　2. 直径大于 25mm 的钢筋焊接接头，弯心直径应增加 1 倍钢筋直径。

当试验结果，弯至 90°，有 2 个或 3 个试件外侧（含焊缝和热影响区）未发生破裂，应评定该批接头弯曲试验合格。当 3 个试件均发生破裂，则一次判定该批接头为不合格品。

当有 2 个试件发生破裂，应进行复验。复验时，应再切取 6 个试件。复验结果，当有 3 个试件发生破裂时，应判定该批接头为不合格品。

（9）钢筋焊接接头或焊接制品质量验收时，应在施工单位自行质量评定合格的基础上，由监理（建设）单位对检验批有关资料进行核查，组织项目专业质量检查员等进行验收，对焊接接头合格与否做出结论。

纵向受力钢筋焊接接头检验批质量验收记录可按表 2-41、表 2-42、表 2-43、表 2-44 进行填写。

2. 钢筋机械连接的质量评定

钢筋机械连接接头必须进行三种检验：

钢筋闪光对焊接头检验批质量验收记录　　表 2-41

工程名称						验收部位					
施工单位						批号及批量					
施工执行标准 名称及编号		钢筋焊接及验收规程 JGJ 18—2012				钢筋牌号及直径 （mm）					
项目经理						施工班组组长					

主控项目		质量验收规程的规定		施工单位检查 评定记录				监理（建设）单位验收记录			
	1	接头试件拉伸试验	5.1.7条								
	2	接头试件弯曲试验	5.1.8条								

一般项目		质量验收规程的规定		施工单位检查评定记录					监理（建设）单位验收记录		
				抽查数	合格数		不合格				
	1	接头处不得有横向裂纹	5.3.2条								
	2	与电极接触处的钢筋表面不 得有明显烧伤	5.3.2条								
	3	接头处的弯折角≤2°	5.3.2条								
	4	轴线偏移≤0.1钢筋直径， 且≤1mm	5.3.2条								

施工单位检查评定结果	项目专业质量检查员： 年　　月　　日
监理（建设）单位验收结论	监理工程师（建设单位项目专业技术负责人）： 年　　月　　日

注：1. 一般项目各小项检查评定不合格时，在小格内打×记号；

　　2. 本表由施工单位项目专业检查员填写，监理工程师（建设单位项目专业技术负责人）组织项目专业质量检查员等进行验收。

钢筋电弧焊接头检验批质量验收记录 表 2-42

工程名称		验收单位	
施工单位		批号及质量	
施工执行标准 名称及编号	钢筋焊接及验收规程 JGJ 18—2012	钢筋牌号及直径 (mm)	
项目经理		施工班组组长	

主控项目		质量验收规程的规定		施工单位检查 评定记录		监理(建设)单位验收记录			
	1	接头试件拉伸试验	5.1.7条						

一般项目		质量验收规程的规定		施工单位检查评定记录				监理(建设) 单位验收记录
				抽验数	合格数	不合格		
	1	焊缝表面应平整，不得有凹陷或焊瘤	5.5.2条					
	2	接头区域不得有肉眼可见的裂纹	5.5.2条					
	3	咬边深度、气孔、夹渣等缺陷允许值及接头尺寸允许偏差	表5.5.2					
	4	焊缝余高应为2～4mm	5.5.2条					

施工单位检查评定结果	项目专业质量检查员： 　　　　　　　　　　　年　　月　　日
监理(建设)单位验收结论	监理工程师(建设单位项目专业技术人)： 　　　　　　　　　　　年　　月　　日

注：1. 一般项目各小项检查评定不合格时，在小格内打×记号；
　　2. 本表由施工单位项目专业检查员填写，监理工程师(建设单位项目专业技术负责人)组织项目专业质量检查员等进行验收。

钢筋电渣压力焊接头检验批质量验收记录 表 2-43

工程名称			验收单位		
施工单位			批号及质量		
施工执行标准名称及编号		钢筋焊接及验收规程 JGJ 18—2012	钢筋牌号及直径 (mm)		
项目经理			施工班组组长		

主控项目		质量验收规程的规定		施工单位检查评定记录	监理(建设)单位验收记录
	1	接头试件拉伸试验	5.1.7条		

一般项目		质量验收规程的规定		施工单位检查评定记录			监理(建设)单位验收记录
				抽查数	合格数	不合格	
	1	四周焊包凸出钢筋表面的高度不得小于 4mm	5.6.2条				
	2	钢筋与电极接触处无烧伤缺陷	5.6.2条				
	3	接头处的弯折角≤2°	5.6.2条				
	4	轴线偏移不得大于1mm	5.6.2条				

施工单位检查评定结果	项目专业质量检查员: 年　月　日
监理(建设)单位验收结论	监理工程师(建设单位项目专业技术人): 年　月　日

注：1. 一般项目各小项检查评定不合格时，在小格内打×记号；
　　2. 本表由施工单位项目专业检查员填写，监理工程师(建设单位项目专业技术负责人)组织项目专业质量检查员等进行验收。

<h2 style="text-align:center">钢筋气压焊接头检验批质量验收记录表 表2-44</h2>

工程名称			验收单位	
施工单位			批号及质量	
施工执行标准名称及编号		钢筋焊接及验收规程 JGJ 18—2012	钢筋牌号及直径（mm）	
项目经理			施工班组组长	

<table>
<tr><th rowspan="3">主控项目</th><th colspan="3">质量验收规程的规定</th><th>施工单位检查评定记录</th><th rowspan="3">监理(建设)单位验收记录</th></tr>
<tr><td>1</td><td>接头试件拉伸试验</td><td>5.1.7条</td><td></td></tr>
<tr><td>2</td><td>接头试件弯曲试验</td><td>5.1.8条</td><td></td></tr>
</table>

<table>
<tr><th rowspan="2">一般项目</th><th colspan="3" rowspan="2">质量验收规程的规定</th><th colspan="4">施工单位检查评定记录</th><th rowspan="2">监理(建设)单位验收记录</th></tr>
<tr><th>抽查数</th><th>合格数</th><th colspan="2">不合格</th></tr>
<tr><td>1</td><td>轴线偏移≤0.15 钢筋直径，且≤1mm</td><td>5.7.2条</td><td></td><td></td><td></td><td></td><td></td></tr>
<tr><td>2</td><td>接头处的弯折角≤2°</td><td>5.7.2条</td><td></td><td></td><td></td><td></td><td></td></tr>
<tr><td>3</td><td>镦粗直径≥1.0 倍钢筋直径</td><td>5.7.2条</td><td></td><td></td><td></td><td></td><td></td></tr>
<tr><td>4</td><td>镦粗长度≥1.0 钢筋直径</td><td>5.7.2条</td><td></td><td></td><td></td><td></td><td></td></tr>
</table>

施工单位检查评定结果	项目专业质量检查员： 年　　月　　日
监理(建设)单位验收结论	监理工程师(建设单位项目专业技术人)： 年　　月　　日

注：1. 一般项目各小项检查评定不合格时，在小格内打×记号；

2. 本表由施工单位项目专业检查员填写，监理工程师(建设单位项目专业技术负责人) 组织项目专业质量检查员等进行验收。

型式检验、工艺检验、施工现场检验。

（1）接头的型式检验

在下列情况时应进行型式检验：确定接头性能等级时，材料、工艺、规格进行改动时，质量监督部门提出专门要求时。

1）型式检验应由国家、省部级主管部门认可的检测机构进行，按规定格式出具试验报告和评定结论。由该技术提供单位交建设（监理）单位、设计单位、施工单位向质监部门核验。

2）对每种型式、级别、材料、工艺的机械连接接头，型式检验试件不应少于9个，其中单向拉伸试件不应少于3个，高应力反复拉压试件不应少于3个，大变形反复拉压试件不应少于3个，同时应另取3根钢筋试件做抗拉强度试验。全部试件均应在同一根钢筋上截取。

3）型式检验的合格条件为：每个接头试件的强度实测值均应符合表 2-45 的规定；对非弹性变形、总伸长率和残余变形，3个试件的平均实测值应符合表 2-46 规定。

（2）接头的工艺检验

钢筋连接工程开始前及施工过程中，对每批进场钢筋进行接头工艺检验，工艺检验应符合下列要求：

1）对接头试件的钢筋母材进行抗拉试验；

2）每种规格钢筋的接头试件不少于3根，且应取自接头试件的同一根钢筋；每个接头试件的抗拉强度均应符合规定要求。对Ⅰ级接头，试件的抗拉强度尚应不小于钢筋母材的实际抗拉强度的 0.95 倍；对Ⅱ级接头，应大于 0.9 倍；

3）3根接头试件的抗拉强度均应符合表 2-45 规定；对于Ⅰ级接头，试件抗拉强度尚应不小于钢筋抗拉强度实测值的 0.95 倍；对于Ⅱ级接头，应大于 0.90 倍。

（3）接头的现场检验

1）现场检验应进行外观质量检查和单向拉伸试验。对接头有特殊要求的结构，应在设计图纸中另行注明相应的检验项目。

2）接头的现场检验按验收批进行。同一施工条件下采用同一批材料的同等级、同型式、同规格接头，以 500 个为一个验收批进行检验与验收，不足 500 个也作为一个验收批。

3）对接头的每一验收批，必须在工程结构中随机截取 3 个接头试件作抗拉强度试验，按设计要求的接头等级进行评定。当 3 个接头试件的抗拉强度均符合表 2-81 中相应等级的要求时，该验收批评为合格。如有 1 个试件的强度不符合要求，应再取 6 个试件进行复检。复检中如仍有 1 个试件的强度不符合要求，则该验收批评为不合格。

4）现场检验连续 10 个验收批抽样试件抗拉强度试验 1 次合格率为 100% 时，验收批接头数量可以扩大 1 倍。

5）外观质量检验的质量要求、抽样数量、检验方法、合格标准以及螺纹接头所必需的最小拧紧力矩值由各类型接头的技术规程确定，一般参考值见表 2-45。

接头拧紧力矩值　　　　　　　　表 2-45

钢筋直径(mm)	16	18	20	22	25～28	32	36～40
拧紧力矩(N·m)	118	145	177	216	275	314	343

6) 现场截取抽样试件后，原接头位置的钢筋允许采用同等规格的钢筋进行搭接连接，或采用焊接及机械连接方法补接。

7) 对抽检不合格的接头验收批，应由建设方会同设计等有关方面研究后提出处理方案。

3. 钢筋连接资料整理及注意事项

(1) 钢筋连接接头采用焊接方式或采用锥螺纹接头、套筒挤压连接等机械连接接头方式的，均应按有关规定进行现场条件下连接性能试验，留取试验报告。报告必须对抗弯、抗拉试验结果有明确结论。

(2) 试验所用的焊(连)接试件，应从外观检查合格后的成品中切取，数量要满足现行国家规范规定。试验报告后应附有效的焊工上岗证复印件。

凡施焊的各种钢筋、钢板均应有质量证明书；焊条、焊剂应有产品合格证。

(3) 委托外加工的钢筋，其加工单位应向委托单位提供质量合格证书。操作人员必须持证上岗。对接头的每一验收批，必须在工程结构中随机截取 3 个试件作单向拉伸试验，当 3 个试件单向拉伸试验结果均符合强度要求，则该验收批为合格。如有一个试件的强度不符合要求，应再抽取 6 个试件进行复验，若有 1 个试件复验结果不符合要求，则该验收批评为不合格，应会同设计单位商定处理，记录存档。质量检验与施工安装用的力矩扳手应分开使用，不得混用。

(4) 如有一个接头不合格，应逐个检查，不合格的应补强。

(5) 填写接头质量检查记录。

【实训活动】

1. 参与实习工地的回填土密实度检测，并填写回填土试验报告，判定其符合性。

2. 现场检测混凝土(或砂浆)的坍落度，并按要求制作混凝土(或砂浆)强度试块养护到期后送检，根据试验报告单判定其符合性。

3. 按规定进行钢筋连接(焊接或机械连接)接头试件有见证取样送检，根据试验报告判定钢筋连接的其符合性。

【实训考评】

学生自评(40%)：

实验方法及报告填写：正确□；错误□。

见证取样方法：正确□；错误□。

符合性判定：正确□；错误□。

教师评价(60%)：

　　实验方法及报告填写：正确□；错误□。

　　见证取样方法：正确□；错误□。

　　符合性判定：正确□；错误□。

项目3 测量放线实训

【实训目标】 通过训练,掌握一般建筑的定位测量、建筑施工抄平放线的方法,掌握建筑总平面竣工图的绘制方法,掌握建筑物的沉降、位移、变形观测方法。具有进行建筑定位测量、建筑施工抄平放线的能力;具有绘制建筑总平面竣工图的能力;具有进行建筑物的沉降、位移及变形观测的能力。

任务1 定 位 测 量

【实训目的】 通过训练,掌握一般建筑的定位测量方法,具有进行建筑定位测量的能力。

实训内容与指导

1.1 定位测量前的准备工作

1.1.1 熟悉施工图纸

(1) 施测前应认真阅读建筑的首层平面图、基础平面图、有关大样图、总平面图及与定位测量有关的技术资料。掌握建筑物的平面轴线布置情况及结构特点,建筑物长、宽及各部分的尺寸,了解建筑物的建筑坐标、设计高程,在总平面图上的位置,建筑物周围环境。

(2) 确定定位轴线。

在熟读施工图的情况下,确定建筑的定位轴线。建筑的平面图上有三种尺寸线,即外轮廓线、轴线、墙中心线。为便于施工放线,民用建筑和工业厂房均以平面轴线作为定位轴线,并以外墙轴线作为主轴线。

总平面图上给定建筑物所在平面位置用坐标表示时,给出的坐标都是外墙直角坐标值或构筑物轴线交点坐标值。

建筑的控制线用距离表示时,所标距离都是外墙边线至某边界的距离。

1.1.2 控制网的布置

如轴线桩都钉在轴线交点上,基础开挖时将被挖掉造成施工中无法控制。我们一般把轴线桩引测到基槽开挖边线以外 1~1.5m 处设桩,所设的这个引桩称为轴线控制桩。把各轴线控制桩连接起来形成的矩形网称为控制网。

引桩位置应选在易于保存,不影响施工,便于丈量,便于观测的地方;同时应避开管道、道路。一般矩形网的布置如图 3-1 所示。

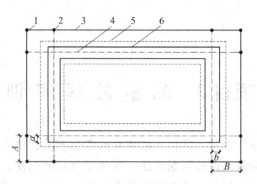

图 3-1 控制网的布置

a、b 建筑物纵、横外墙至轴线距离；A、B 外墙轴线桩至控制桩间距离；

1—矩形网控制桩；2—外墙轴线控制桩；3—矩形网线；4—外墙轴线；5—基础开挖边线；6—建筑外墙边线

1.2 平面控制测量的技术要求

1.2.1 角度测量的技术要求

角度测量的主要技术要求，应符合表 3-1 的规定。

角度测量的主要技术要求 表 3-1

方格网等级	经纬仪型号	测角中误差(″)	测回数	测微器两次读数差(″)	半测回归零差(″)	一测回中两倍照准差变动范围(″)	各测回方向差(″)
I 级	DJ$_1$	5	2	≤1	≤6	≤9	≤6
	DJ$_2$	5	3	≤3	≤8	≤13	≤9
II 级	DJ$_2$	8	2	—	≤12	≤18	≤12

1.2.2 控制方格网的技术要求

建筑方格网测量的主要技术要求，应符合表 3-2 的规定。

建筑方格网测量的主要技术要求 表 3-2

等 级	边 长(m)	测角中误差(″)	边长相对中误差
I 级	100～300	5	≤1/30000
II 级	100～300	8	≤1/20000

建筑物控制网测量的主要技术要求，应符合表 3-3 的规定。

建筑物控制网测量的主要技术要求 表 3-3

等 级	边长相对中误差	测角中误差
一 级	≤1/30000	$7''\sqrt{n}$
二 级	≤1/15000	$15''\sqrt{n}$

注：n 为建筑物结构的跨度。

1.2.3 施工放样测量的技术要求

建筑物施工放样测量的主要技术要求，应符合表 3-4 的规定。

建筑物施工放样的主要技术要求 表 3-4

建筑物结构特征	测距相对中误差	测角中误差(″)	在测站上测定高差中误差(mm)	根据起始水平面在施工水平面上测定高差中误差(mm)	竖向传递轴线点误差(mm)
金属结构、装配式钢筋混凝土结构、高度 100～120m 或跨度 30～36m 建筑物	1/20000	5	1	6	4
15 层房屋、高度 60～100m 或跨度 18～30m 建筑物	1/10000	10	2	5	3
5～15 层房屋、高度 15～60m 或跨度 6～18m 建筑物	1/5000	20	2.5	4	2.5
5 层房屋、高度 15m 或跨度 6m 及以下建筑物	1/3000	30	3	3	2
木结构、工业管线或公路铁路专用线	1/2000	30	5	—	—
土木竖向整平	1/1000	45	10	—	—

注：1. 对于具有两种以上特征的建筑物，应取要求高的中误差值；
　　2. 特殊要求的工程项目，应根据设计对限差的要求，确定其放样精度。

1.3 根据控制点定位测量

1.3.1 直角坐标法定位

当建筑区域内设有施工方格网或轴线网时，采用直角坐标法定位最为方便。

【案例 3-1】 已知某厂区施工方格网的两个控制点坐标：K1(630.000，550.000)，K2(630.000，720.000)，拟建厂房尺寸及两角点坐标如图 3-2，厂房柱距 6m，轴线外墙厚 240mm，要求在地面上测设出厂房的具体位置。

测设方法与步骤如下：

(1) 确定矩形控制网和计算各控制桩坐标，设控制桩至厂房轴线距离均为 6m，计算后所得各控制桩坐标见表 3-5。

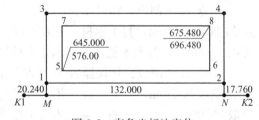

图 3-2 直角坐标法定位

厂房控制桩坐标计算表 表 3-5

点号	x	y	备 注
K1	630.000	550.000	厂区控制点
K2	630.000	720.000	
1	645.000－(6.000－0.240)＝639.240	576.000－(6.000－0.240)＝570.240	施工控制网
2	645.000－(6.000－0.240)＝639.240	696.480＋(6.000－0.240)＝702.240	
3	675.480＋(6.000－0.240)＝681.240	576.000－(6.000－0.240)＝570.240	
4	675.480＋(6.000－0.240)＝681.240	696.480＋(6.000－0.240)＝702.240	

续表

点号	x	y	备 注
5	645.000	576.000	
6	645.000	696.480	建筑角点
7	675.480	576.000	
8	675.480	696.480	
M	630.000	570.240	
N	630.000	702.240	

（2）点间距离计算：

控制点 $K1$，$K2$ 距离：$L_{K1,K2}=720.000-550.000=170.000(\text{m})$

$K1$，M 距离：$L_{K1,M}=570.240-550.000=20.240(\text{m})$

N，$K2$ 距离：$L_{N,K2}=720.000-702.240=17.760(\text{m})$

控制网到 $K1$，$K2$ 连线距离：$L_{M,1}=L_{N,2}=639.240-630.000=9.240(\text{m})$

控制网长：$L_{M,N}=L_{1,2}=L_{3,4}=702.24-570.240=132.000(\text{m})$

控制网宽：$L_{1,3}=L_{2,4}=681.240-639.240=42.000(\text{m})$

厂房外墙长：$L_{5,6}=L_{7,8}=696.480-576.000=120.480(\text{m})$

厂房外墙宽：$L_{5,7}=L_{6,8}=675.480-645.000=30.480(\text{m})$

厂房长度轴线距离＝$L_{5,6}-0.240\times2=120.000(\text{m})$

厂房宽度轴线距离＝$L_{5,7}-0.240\times2=30.000(\text{m})$

将各段尺寸标在图 3-2 上。

（3）控制点测设：

1）点 M、N 测设：置仪器于 $K1$ 点，精确对中，前视 $K2$ 点，沿视线方向从 $K1$ 点量取 20.240m，打上木桩，并在木桩上精确定出点 M。从 $K2$ 点向 $K1$ 方向量取 17.760m，打上木桩，并在木桩上精确定出点 N。

2）点 1、3 测设：将仪器置于 M 点，后视 $K2$ 点，测一直角，沿视线方向从点 M 量取 9.240m，打上木桩，并在木桩上精确定出点 1；继续沿视线方向从点 1 量取 42.000m，打上木桩，并在木桩上精确定出点 3。

3）点 2、4 测设：将仪器置于 N 点，前视 $K1$ 点，测一直角，沿视线方向从点 N 量取 9.240m，打上木桩，并在木桩上精确定出点 2；继续沿视线方向从点 1 量取 42.000m，打上木桩，并在木桩上精确定出点 4。

4）控制网校核：丈量点 1、点 2、点 3、点 4 间距离，应等于边长 $L_{1,2}$，$L_{3,4}$ 说明点 1、点 2、点 3、点 4 测设正确。

5）当控制网长度超过整尺段时，应在控制网的四边上测出丈量传距桩，作为量距的转点。

1.3.2 极坐标法定位

当建筑区域内有两个或两个以上的导线点或三角点时，可以根据场区的导线点或三角点来测量定位。测设时，应根据建筑物坐标先测出建筑物的一条边作为基线，然后再根据这条边来扩展控制网。极坐标法定位应先测设控制网的长边，这条边与视线的夹角不宜小于 30°。

【**案例 3-2**】 已知某厂区施工区域内有两个导线点及其坐标值为 M（530.000，550.000），N（500.000，720.000），拟建厂房尺寸及两角点坐标如图 3-3，轴线外墙厚 240mm，要求在地面上测设出厂房的具体位置（建筑物轴线与施工坐标轴平行）。

测设方法与步骤如下：

（1）确定矩形控制网和计算各控制桩坐标及边长，设控制桩至厂房轴线距离均为 6m，计算后所得各控制桩坐标见表 3-6。

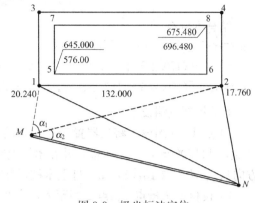

图 3-3 极坐标法定位

厂房控制桩坐标计算表 表 3-6

点号	x	y	备 注
M	530.000	550.000	导线点坐标
N	500.000	720.000	
1	$645.000-(6.000-0.240)=639.240$	$576.000-(6.000-0.240)=570.240$	施工控制网
2	$645.000-(6.000-0.240)=639.240$	$696.480+(6.000-0.240)=702.240$	
3	$675.480+(6.000-0.240)=681.240$	$576.000-(6.000-0.240)=570.240$	
4	$675.480+(6.000-0.240)=681.240$	$696.480+(6.000-0.240)=702.240$	
5	645.000	576.000	建筑角点
6	645.000	696.480	
7	675.480	576.000	
8	675.480	696.480	

边长计算方法见直角坐标法点间距离计算，得矩形控制网的边长为：

控制网长：$L_{1,2}=L_{3,4}=702.24-570.240=132.000$m

控制网宽：$L_{2,4}=L_{1,3}=681.240-639.240=42.000$m

2 计算两个导线点至矩形控制网点 1、点 2 所组成三角形边长 L_{MN}，L_{M1}、L_{M2}、L_{N1}、L_{N2} 及夹角 α_1、α_2。

1）边长计算

由两点距离公式 $L=\sqrt{(x_2-x_1)^2+(y_2-y_1)^2}$ 得：

$L_{MN}=[(500-530)^2+(720-550)^2]^{1/2}=170.265$

$L_{M1}=[(639.24-530)^2+(570.24-550)^2]^{1/2}=111.099$m

$L_{M2}=[(639.24-530)^2+(702.24-550)^2]^{1/2}=187.378$m

$L_{N1}=[(639.24-500)^2+(570.24-720)^2]^{1/2}=204.489$m

$L_{N2}=[(639.24-500)^2+(702.24-720)^2]^{1/2}=146.368$m

2）夹角计算

由余弦定理 $a^2=b^2+c^2-2cb\cos A$

$$\cos A = \frac{b^2 + c^2 - a^2}{2bc} \tag{3-1}$$

结合本例有：

$$\alpha_1 = \cos^{-1}\left[(L_{MN}^2 + L_{M1}^2 - L_{N1}^2)/(2L_{MN} \times L_{M1})\right]$$
$$= \cos^{-1}\left[(170.265^2 + 111.099^2 - 204.489^2)/(2 \times 170.265 \times 111.099)\right] = 90.0307°$$
$$\alpha_2 = \cos^{-1}\left[(170.265^2 + 187.378^2 - 146.368^2)/(2 \times 170.265 \times 187.378)\right] = 48.022°$$

（2）控制点测设

1）点1、3测设：将仪器置于点 M，前视点 N，测一 α_1 角，沿视线方向从点 M 量取111.099m，打上木桩，并在木桩上精确定出点1；继续测一 α_2 角，沿视线方向从点 M 量取187.378m，打上木桩，并在木桩上精确定出点2。

2）校核：丈量点1、点2间距离，当两点距离在允许误差范围内时，说明点1、点2测设正确。也可将仪器置于点 N，前视点 M，按前法校核点1、点2。两次测得1、2两点如果不重合，再实际丈量，改正两点距离。

3）点3、4测设：以改正后的1、2两点为基线，用测直角的方法建立建筑物控制网。先将仪器置于点1，前视点2，测一直角，沿视线方向从点1量取42.000m，打上木桩，并在木桩上精确定出点3；将仪器置于点2，前视点1，测一直角，沿视线方向从点2量取42.000m，打上木桩，并在木桩上精确定出点4。

4）复核点3、点4间的距离，当两点距离在允许误差范围内时，说明点3、点4测设正确。

5）当控制网长度超过整尺段时，应在控制网的四边上测出丈量传距桩，作为量距的转点。

1.3.3 角度交会法定位

当控制点距离较远或场区有障碍物，距离丈量有困难时，可采用角度交会法进行点的定位测量。

角度交会法定位测设方法与步骤如下：

（1）先计算出厂房矩形网控制极坐标和观测角 α_1、α_2、β_1、β_2 的数值。

（2）用两架经纬仪分别置于 M、N 点，先分别测设 α_1 和 β_1 角，在两架经纬仪视线的交点处定出点1。再分别测设 α_2 和 β_2 角，在两架经纬仪视线交点处定出点2。然后实量点1、点2间的距离，误差在允许范围内，从两端改正。改正后的点1、点2连线就是控制网的基线边。再以这条边推测其他三条边。角度交会法的优点就是不用量距。

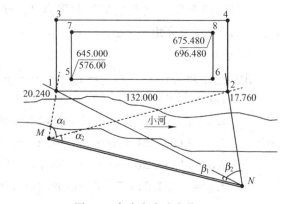

图3-4 角度交会法定位

【案例 3-3】 设案例2的 M、N 与控制网点1、点2间有一条较宽的河，见图3-4所示，如采用直角坐标法或极坐标法进行点1、点2定位，用钢尺丈量距离困难较大，故采用角度交会法进行点 1、点 2 的定位测设。

测设方法与步骤如下：

(1) 确定矩形控制网和计算各控制桩坐标及边长，计算方法见例 2 步骤 1，计算结果见表 3-6。

(2) 计算两个导线点至矩形控制网点 1、点 2 所组成三角形边长 L_{MN}、L_{M1}、L_{M2}、L_{N1}、L_{N2} 及夹角 α_1、α_2、β_1、β_2。

L_{MN}、L_{M1}、L_{M2}、L_{N1}、L_{N2} 及夹角 α_1、α_2 计算方法见案例 2 的步骤 2。β_1、β_2 计算如下：

$$\beta_1 = \cos^{-1}\left[(170.265^2 + 204.489^2 - 111.099^2)/(2 \times 170.265 \times 204.489)\right]$$
$$= 32.98044°$$

$$\beta_2 = \cos^{-1}\left[(170.265^2 + 146.368^2 - 187.378^2)/(2 \times 170.265 \times 146.368)\right]$$
$$= 72.1196°$$

计算结果见表 3-7

三角形边长及夹角计算表　　　　　　　　表 3-7

编　　号	边长(m)	夹　　角	角　　度(°)
L_{MN}	170.265	α_1	90.0307
L_{M1}	111.099	α_2	48.0224
L_{M2}	187.378	β_1	32.9804
L_{N1}	204.489	β_2	72.1196
L_{N2}	146.368		

导线点至矩形控制网点 1、点 2 所组成三角形边长 L_{MN}、L_{M1}、L_{M2}、L_{N1}、L_{N2} 及夹角 α_1、α_2、β_1、β_2。

(3) 控制点测设

测设步骤如下：

1) 点 1 测设：将一台经纬仪置于点 M，后视点 N，测一 α_1 角，沿视线方向距点 M 约 110.00m（可通过仪器视距丝读取），112.00m 处打上木桩，并在木桩上精确定出视线中线；将另一台经纬仪置于点 N，后视点 M，测一 β_1 角，沿视线方向距点 N 约 203.50m（可通过仪器视距丝读取），205.50m 处打上木桩，并在木桩上精确定出视线中线，在两视线交点处打上木桩定出点 1；同理，可测得点 2。

2) 校核：丈量点 1、点 2 间距离，当两点距离在允许误差范围内时，说明点 1、点 2 测设正确，并按要求改正两点距离。

不论新建工程、扩建工程或管道工程都应及时地按规定的格式填写定位测量记录。如实地记录测设方法和测设顺序，文字说明要简明扼要，各项数据标注清楚，让别人能看明白各点的测设过程，以便审核复查。

1.3.4　定点测量记录

控制网测完后，要经有关人员（建设单位、监理单位、设计单位、城市规划部门）现场复查验收，定位记录要有技术负责人、建设（监理）单位代表审核签字。

作为施工技术档案归档保管，以备复查和作为交工资料。

若几个单位工程一起同时定位，其定位记录可写在一起，填一份定位记录就可以了。

定位测量记录格式见表3-8。

定位测量记录表　　　　　　　　　　　　　　　　　表 3-8

定位测量记录

建设单位：　　　　　　　工程名称：　　　　　　　地址：

施工单位：　　　　　　　工程编号：　　　　　　　日期：　年　月　日

1. 施测依据：

2. 施测方法和步骤：

测站	后视点	转　　角	前视点	量距定点	说　　明

3. 高程测量记录

测点	后视点	视线高	前视读数	高 程	设计高	说 明

4. 说明：

业主代表		施工技术负责人	
监理代表			
设计代表		测量员	

定位记录的主要内容包括：

(1) 建设单位名称、工程编号、单位工程名称、地址、测设日期、观测人员姓名。

(2) 施测依据、有关的平面图及技术资料的数据。

(3) 观测示意图、标明轴线编号、控制点编号、各点坐标或相对距离。

(4) 施测方法和步骤、观测角度、丈量距离、高程测量读数。

(5) 文字说明。

(6) 标明建筑物的朝向或相对标志。

(7) 有关人员检查会签。

1.4 根据原有地形参照物定位测量

1.4.1 根据建筑红线定位

建筑用地的边界应经规划部门和设计部门商定，并由规划部门、土地管理部门在现场直接测定，并在图上画出建筑用地的边界点，其各点连线称"建筑红线"。设计部门在总平面图上所给建筑物至建筑红线的距离，这一距离是指建筑物外边线至红线的距离。若建筑物有突出部分(如附墙柱、外廊、楼梯间)以突出部分外边线计算至红线的距离。

【案例 3-4】 已知一建筑红线和拟建建筑的边线如图 3-5，请将其在施工场地进行测设。

测设步骤如下：

(1) 由规划部门测定建筑红线。

(2) 按点的定位方法，计算矩形控制网四角点坐标，根据施工图给定的数据，在建筑红线上定出点 M、N。

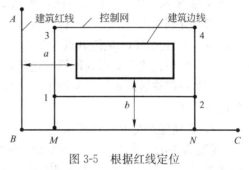

图 3-5 根据红线定位

(3) 由点 M、N 测设点 1、2、3、4 即可。

(4) 校核：用钢尺丈量点 1、2，点 3、4，点 1、3，点 2、4 间的距离，如误差在允许范围，即可进行闭合调整。

1.4.2 根据原有建筑物定位

根据原有建筑物对新建建筑定位，分两种情况采用不同的方法进行。

1. 新建建筑与原有建筑在一条平行线上

【案例 3-5】 由施工总平面图知，某拟建建筑外墙与原有建筑外墙在同一条平行线上，两建筑间距为 15m，新建建筑为砖混结构，外墙厚 240mm，建筑纵向外墙长 45.84m，横向外墙长 12.24m，轴线通过墙中线。请进行施工定位测量。

设控制网边线到新建建筑外墙轴线距离为 5.0m，测量方法及步骤如下：

(1) 作原有建筑 AA'、BB' 的延长线，并在延长线上从原有建筑角点 A'、B' 向外量取距离 $a=5.000-0.120=4.880$m(a 为新建建筑外墙轴线到矩形控制网边的距离)得 M、N 两控制点，见图 3-6。

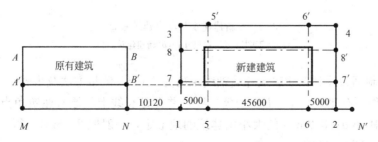

图 3-6 新建建筑与原有建筑在一条平行线上

（2）在点 M 架设经纬仪，后视 N 点，作延长线 MN'。

（3）计算矩形控制网各控制点丈量距离。

$$L_{N1}=15.000-(5.000-0.120)=10.120m$$
$$L_{56}=45.840-0.120\times2=45.600m$$
$$L_{12}=L_{34}=45.600+2\times5=55.60m$$
$$L_{13}=L_{24}=12.24+2\times(5-0.12)=22.00m$$

（4）在延长线 MN' 上从点 N 量取 10.120m，打上木桩，得点 1；在延长线上从点 1 量取 55.600m，打上木桩，得点 2。

（5）分别在点 1（点 2）架设经纬仪，后视点 M，测一直角，在其延长线上量取 22.00m，打上木桩，得点 3（点 4）。

（6）校核：丈量矩形控制网各边长，如误差在允许范围，即可进行闭合调整。

（7）在调整后的矩形控制网上，从各角点向两边量取 5.000m，打上木桩，得外墙轴线桩。

2. 新建建筑与原有建筑垂直

【案例 3-6】 由施工总平面图知，某拟建建筑外墙与原有建筑外墙相互垂直，两建筑横向间距为 15m，纵向间距为 20m，见图 3-7(a)；新建建筑为砖混结构，外墙厚 240mm，建筑纵向外墙长 45.84m，横向外墙长 12.24m，轴线通过墙中线。请进行施工定位测量。

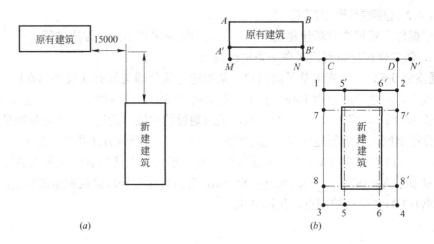

图 3-7 新建建筑与原有建筑垂直
(a)施工图所标位置尺寸；(b)新建建筑定位

设控制网边线到新建建筑外墙轴线距离为 5.0m，测量方法及步骤如下：

（1）作原有建筑 AA'、BB' 的延长线，并在延长线上从原有建筑角点 A'、B' 向外量取距离 $a=3.0m$（a 的大小由建筑的地形定，一般取 2～5m），得 M、N 两控制点；见图 3-7(b)。

（2）在点 M 架设经纬仪，后视 N 点，作延长线 MN'。

（3）计算矩形控制网各控制点丈量距离。

$$L_{NC} = 15.000 - (5.000 - 0.120) = 10.120 m$$
$$L_{CD} = L_{12} = 12.24 + 2 \times (5 - 0.12) = 22.00 m$$
$$L_{C1} = L_{D2} = 20.000 - (5.000 - 0.120) = 15.120 m$$
$$L_{13} = L_{24} = 45.600 + 2 \times 5 = 55.60 m$$

(4) 在延长线 MN' 上从点 N 量取 10.120m，打上木桩，得点 C；在延长线上从点 C 量取 22.00m，打上木桩，得点 D。

(5) 测设矩形控制网：分别在点 C（点 D）架设经纬仪，后视点 M，测一直角，在其延长线上从点 C（点 D）量取 15.120m，打上木桩，得点 1（点 2）；在延长线上从点 1（点 2）量取 55.60m，打上木桩，得点 3（点 4）。

(6) 校核：丈量矩形控制网各边长，如误差在允许范围，即可进行闭合调整。

(7) 在调整后的矩形控制网上，从各角点向两边量取 5.000m，打上木桩，得外墙轴线桩。

1.4.3 根据道路边线（或中心线）定位测量

新建工程与道路中心线（或边线）相平行时，新建工程与道路中心线（或边线）的纵横距离均已由施工总平面图标出，如图 3-8(a)，定位测量步骤如下：

(1) 先算出控制桩至道路中心线（或边线）的距离。

(2) 丈量道路宽度，定出道路中心点 A、点 B，将仪器置于点 A 前视点 B，作 AB 延长线标出 CB 线段。

(3) 丈量道路宽度，定出道路中心点 M、点 N，将仪器置于点 M 后视点 N，作 MN 延长线。标出线段 CB 与线段 MN 的交点 O。

(4) 在 MN 延长线上从点 O 量取 L_{OD}，打上木桩，得点 D；在 MN 延长线上从点 D 量取 L_{DE}，打上木桩，得点 E。

(5) 测设矩形控制网：分别在点 D（点 E）架设经纬仪，后视点 M（或点 N），测一直角，在其延长线上从点 D（点 E）量取 $L_{D1} = L_{E2}$，打上木桩，得点 1（点 2）；在延长线上从点 1（点 2）量取 $L_{13} = L_{24}$，打上木桩，得点 3（点 4）。

(6) 校核：丈量矩形控制网各边长，如误差在允许范围，即可进行闭合调整。

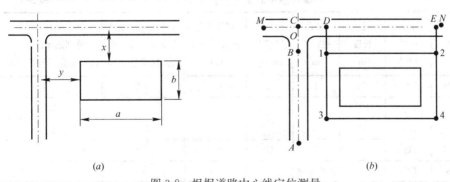

图 3-8 根据道路中心线定位测量

(a)施工图所标位置尺寸；(b)根据道路中心线新建建筑定位

【实践活动】

由实训指导教师在建筑工程识图教材中选定房屋建筑的基础施工图并指定场

地，由同学分小组分别扮演施工单位测量放线人员和监理单位人员，施工单位测量放线人员将建筑轴线测放到地面后监理单位人员进行验线（测放方法由同学根据场地特点自行选用）；并填写测量放线记录。

【实训考评】

学生自评（20%）：

　　测放方法：正确□；基本正确□；错误□。

　　测量放线记录填写：完整□；基本完整□；不完整□。

小组互评（40%）：

　　测量放线记录填写：完整、正确□；基本完整、正确□；填写错误□。

　　工作认真努力，团队协作：很好□；较好□；一般□；还需努力□。

教师评价（40%）：

　　测放方法及精度：符合要求□；基本符合要求□；不符合要求□。

　　测量放线记录填写：完整、正确□；基本完整、正确□；填写错误□。

任务 2　建筑施工的抄平放线

【实训目的】　通过训练，掌握建筑施工抄平放线的方法，具有建筑施工抄平放线的能力。

实训内容与指导

2.1　抄平放线的技术要求

2.1.1　建筑抄平测量的技术要求

建筑抄平测量的主要技术要求，应符合表 3-9 的规定。

建筑抄平测量的主要技术要求 　　　　　　　　　　　　　　表 3-9

等级	水准仪的型号	视线长度(m)	前后视较差(m)	前后视累积差(m)	视线离地面最低高度(m)	基本分划、辅助分划或黑面、红面读数较差(mm)	基本分划、辅助分划或黑面、红面所测高差较差(mm)
二等	DS$_1$	50	1	3	0.5	0.5	0.7
三等	DS$_1$	100	3	6	0.3	1.0	1.5
	DS$_3$	75				2.0	3.0
四等	DS$_3$	100	5	10	0.2	3.0	5.0
五等	DS$_3$	100	大致相等	—	—	—	—

注：1. 二等水准视线长度小于 20m 时，其视线高度不应低于 0.3m；

　　2. 三、四等水准采用变动仪器高度观测单面水准尺时，所测两次高差较差，应与黑面、红面所测高差较差的要求相同。

2.1.2　建筑施工放线测量的技术要求

建筑施工放线测量的主要技术要求，应符合相关建筑基础施工的技术要求规定。

2.2　基础及管沟施工的抄平放线

2.2.1　一般基础施工的抄平放线

1. 测设轴线控制桩

建筑物定位测量时，只是把建筑物的外部轮廓及外墙轴线以控制网的形式测设在地面上，内墙轴线控制桩还需要进一步测设。为满足基础施工的需要，还要测设出各轴线的控制桩和龙门板桩，如图 3-9 所示。

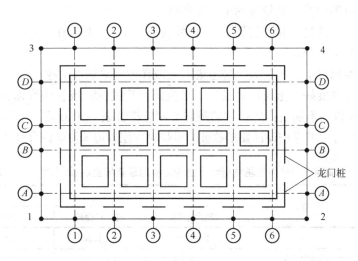

图 3-9　控制桩、龙门板布置

轴线控制桩一般根据控制网的边线控制桩采用钢尺丈量的方法测设，控制桩的桩顶标高应尽量在同一水平线上，以便检查和丈量。丈量轴线控制桩时，由于各种误差的影响，量到终点可能出现桩距误差，要采用内分配的办法来调整轴线控制桩位置，不能改动控制网桩位。各轴线间的距离误差不得超过其距离的 1/2000。

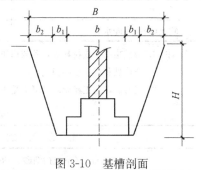

图 3-10　基槽剖面

2. 确定基础开挖宽度

基础放坡宽度与基础开挖深度、地基土质、开挖方法、边坡留置时间的长短、边坡附近的各种荷载状况及排水情况有关。如施工组织设计给定了放坡比例时，可按图 3-10 计算放坡宽度。

放坡宽度：$b_2 = m \cdot H$

挖方宽度：$B = b + 2(b_1 + b_2)$

式中　H——挖方深度；

　　　m——放坡系数，$m = B/H$；

　　　b——基础底宽；

　　　b_1——施工工作面。如施工组织设计有规定的按规定计算。如无规定时，可参照下列规定计算：

（1）毛石基础或砖基础每边增加工作面 150mm；

（2）混凝土基础或垫层需支模的，每边增加工作面 300mm；

（3）使用卷材或防水砂浆做竖直防潮层时，增加工作面 800mm。

根据《土方和爆破工程施工及验收规范》的规定，当地质条件良好，土质均匀且地下水位低于基坑（槽）或管沟底面标高时，挖方边坡可作成直立壁不加支撑，但深度不宜超过下列规定：

密实、中密的砂土和碎石类土（充填物为砂土） 1.0m；

硬塑、可塑的粉土及粉质黏土 1.25m；

硬塑、可塑的黏土和碎石类土（充填物为黏性土） 1.5m；

坚硬的黏土 2m。

挖方深度超过上述规定时，应考虑放坡或作成直立壁加支撑。

当地质条件良好，土质均匀且地下水位低于基坑（槽）或管沟底面标高时，挖方深度在 5m 以内不加支撑的边坡的最陡坡度应符合表 3-10 规定。

永久性挖方边坡应按设计要求放坡。对临时性挖方边坡值应符合表 3-11 规定。

深度在 5m 内的基坑（槽）、管沟边坡的最陡坡度（不加支撑）　　表 3-10

土 的 类 别	边坡坡度（高：宽）		
	坡顶无荷载	坡顶有静载	坡顶有动载
中密的砂土	1：1.00	1：1.25	1：1.50
中密的碎石类土（充填物为砂土）	1：0.75	1：1.00	1：1.25
硬塑的轻亚黏土	1：0.67	1：0.75	1：1.00
中密的碎石类土（充填物为黏性土）	1：0.50	1：0.67	1：0.75
硬塑的亚黏土、黏土	1：0.33	1：0.50	1：0.67
老黄土	1：0.10	1：0.25	1：0.33
软土（经井点降水后）	1：1.00	—	—

注：1. 静载指堆土或材料等，动载指机械挖土或汽车运输作业等。静载或动载距挖方边缘的距离应保证边坡和直立壁的稳定，堆土或材料应距挖方边缘 0.8m 以外，高度不超过 1.5m；

　　2. 当有成熟施工经验时，可不受本表限制。

临时性挖方边坡值　　表 3-11

土 的 类 别		边坡坡度（高：宽）
砂土（不包括细砂、粉砂）		1：1.25～1：1.5
一般黏性土	坚硬	1：0.75～1：1
	硬塑	1：1～1：1.25
	软	1：1.50 或更缓
碎石类土	充填坚硬、硬塑黏性土	1：0.5～1：1
	充填砂土	1：1～1：1.5

注：1. 设计有要求时，应符合设计标准；

　　2. 如采用降水或其他加固措施，可不受本表限制，但应计算复核；

　　3. 开挖深度，对软土不应超过 4m，对硬土不应超过 8m。

【**案例 3-7**】 如图 3-10 中，设砖基础底宽 1.50m，挖方深度 $H=2.5$m，土质为硬塑的轻亚黏土，坡顶有静载，试按一般规定的放坡要求计算基槽上口放线宽度。

基础底面宽：$b=1.50$m

基础砌砖工作面：$b_1=0.15$m

放坡系数 m：开挖深度 H 超过 1.5m，需放坡；查表 3-10，硬塑的轻亚黏土，当坡顶有静载时的放坡系数 $m=B/H=0.75$；

放坡宽度：$b_2=m \cdot H=0.75 \times 2.5=1.875$m

基槽上口放线宽度：$B=b+2(b_1+b_2)=1.50+2(0.15+1.875)$
$$=5.55\text{m}$$

从轴线中间每边量出 2.775m 即为该基础的开挖线。

3. 龙门板的设置

(1) 钉龙门桩及龙门板

为便于基础施工，一般在平行轴线距基槽开挖边线 1.0~1.5m(视现场环境而定)的位置钉 50mm×(50~70)mm 木桩(称龙门桩)，用以支撑龙门板。把建筑的轴线和基础边线投测到龙门板上。用来在基础开挖、砌筑过程中控制建筑的轴线及基础边线的位置。龙门板在建筑轴线两端均应设置，建筑物同一侧的龙门板应在一条直线上，既便于丈量又显得现场规则整齐，龙门板的形式见图 3-11(a)。

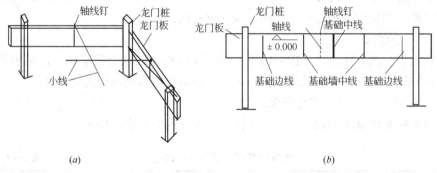

图 3-11 龙门板的形式
(a)龙门桩、龙门板的形式；(b)龙门板上标线的设置

(2) 龙门桩及龙门板的设置步骤

1) 钉龙门桩：在平行轴线距基槽开挖边线 1.0~1.5m 的位置钉龙门桩，建筑物同一侧的龙门板应在一条直线上。

2) 测设±0.000 标高线：根据附近高程点先用水准仪将建筑的±0.000 标高线抄测在龙门桩的外侧，画一横线标记。若施工场地条件不适合测设±0.000 标高线时，也可将龙门板标高设置为高于或低于±0.000 的位置。同一幢建筑物尽量使龙门板设置在同一标高上，若场地高差较大，必须选用不同标高时，一定在龙门板上标注清楚龙门板顶面的标高值，以免在使用过程中发生误解。

3) 钉龙门板：沿±0.000 标高线钉龙门板，龙门板的顶面与龙门桩上的标线应对齐、钉牢并保持顶面水平。龙门板钉好后应用水准仪进行复查，误差不超过±5mm。

4）测设控制线：根据轴线两端的控制桩用经纬仪把轴线投测在龙门板顶面上，并在轴线上钉一小钉（轴线钉）。

5）检查：用钢尺沿龙门板检查轴线间的距离，要求误差不应超过±5mm。

6）画标线：以轴线钉为依据，在龙门板内侧画出墙宽、基础宽的边线，如图3-11(b)所示。

轴线长度超过20m，中间应加设跨槽龙门板。如果轴线两端龙门板标高不同，中间龙门板宜测设两个标高。

设置龙门板的优点是便于基础施工，但需用木材较多，工作量大，且占用场地，易被破坏。在一般工程中，可少设或不设龙门板，也可将轴线投测在固定物体（如墙、马路边石）上，但不能投测在易被移动的物体上。

4. 建筑物定位验线

建筑物定位验线的要点及内容如下：

(1) 检验定位依据桩位置是否正确，有无松动、位移；

(2) 检验定位条件的几何尺寸；

(3) 检验建筑物矩形控制网（或控制桩）位置是否正确，有无松动、位移；

(4) 检验建筑物轴线尺寸是否正确，其误差应在允许范围内。

(5) 施工方定位验线自检合格后，按《建设工程监理规范》GB 50319—2013填写"施工测量放线报验单"提请监理单位验线。

5. 基槽放线

在定位验线合格后，可按龙门板上的轴线钉在各轴线上拉小线，按基槽开挖边线至轴线的宽度，沿开挖边线拉上小线，再沿小线撒白灰即为基槽开挖边线。

6. 建筑物基础放线的允许误差

建筑物基础放线的允许误差，应符合相关规范的要求，详见表3-12。

建筑物基础放线的允许误差 表3-12

长度L、宽度B尺寸(m)	允许误差(mm)	长度L、宽度B尺寸(m)	允许误差(mm)
$L(B) \leqslant 30$	±5	$60 < L(B) \leqslant 90$	±15
$30 < L(B) \leqslant 60$	±10	$90 < L(B)$	±20

7. 基槽开挖标高的测设

当基槽快挖到设计标高时，应及时测设水平控制标志，作为基槽开挖深度控制的依据。

(1) 人工开挖基槽标高的控制

在人工开挖基槽快要挖到基底标高时，用水准仪在槽壁每隔3～4m测设一水平桩，水平桩的上皮标高至槽底设计标高应为一个整数值，一般为0.5m。水平桩可用木桩或竹桩，打设时桩身应水平。

在基槽开挖快接近基底时，施工人员可以此为准，用钢尺向下量，控制基底开挖标高。

该水平桩同时也是打垫层时控制垫层顶面标高的依据。

（2）水平桩的测设方法及步骤

以实例说明水平控制桩的测设方法及步骤。

【案例 3-8】　如图 3-12 中槽底设计标高为 -2.100m，高程控制桩标高为 ± 0.000，请测设基底标高水平控制桩。

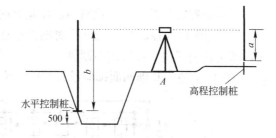

图 3-12　水平控制桩测设

设水平控制桩较基底高 0.500m，测设步骤如下：

1）计算水平控制桩与高程控制桩高差　$2.100-0.500=1.600\text{m}$；

2）在点 A 架设水准仪，立尺于高程控制桩上，测得后视读数 $a=0.960\text{m}$；

3）计算前视读数 b，$b=1.600+0.960=2.560\text{m}$；

4）立尺于槽壁，上下移动尺身，当视线正照准水准尺上 2.560m 时停住，沿尺底钉木桩，即为所测的水平控制桩。

槽底对设计标高的允许误差为：$+0$，-50mm；基槽表面平整度的允许误差为：$\pm 20\text{mm}$。

8. 槽底宽度检测

以实例说明槽底宽度检测方法及步骤。

【案例 3-9】　如图 3-13 所示基槽，请检测槽底宽度。

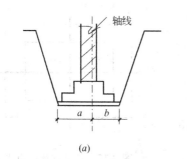

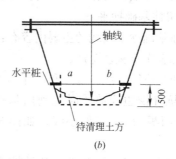

(a)　　　　　　　　　　　　　　　(b)

图 3-13　基槽宽度检测

(a)基槽剖面；(b)基槽宽度检测方法示意图

槽底宽度检测方法及步骤如下：

1）利用轴线控制桩拉小线，用线坠将轴线引测到已挖槽底；

2）根据轴线检查两侧挖方宽度是否符合槽底宽度，如开挖尺寸小于应挖宽度，则需要进行修整；

3）宽度修整控制：可在槽壁上钉水平木桩，让木桩顶端对齐槽底应挖边线，然后再按木桩进行修边清底。

2.2.2　厂房基础施工的抄平放线

厂房基础多为独立基础，基坑多为相互独立的基坑，控制测量与一般基础控制测量有所不同，测量步骤如下：

1. 基础定位桩测设

厂房基础定位桩在厂房控制网已经建立的情况下进行，步骤和方法如下：

（1）加密轴线控制桩：认真核对图纸平面尺寸，根据厂房控制网用直线定位法，加密控制网边上各轴线控制桩。

（2）每个独立基础四面都应设置基础定位桩，如图 3-14 所示。

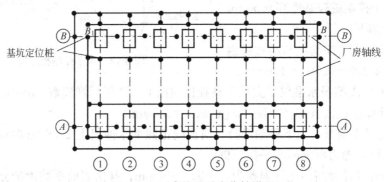

图 3-14　厂房柱基础定位桩设置

（3）测定位桩时要将仪器架设于轴线一端照准同轴线另一端，用直线法定位，如图 3-14 中置仪器于 B 点照准 B_1 来定 B 轴各点。不宜采用测直角的方法定位。定位桩顶面宜采用同一标高，以便利用定位桩掌握基础施工标高。同一侧定位桩都应在一条直线上，可拉小线进行控制。

2. 厂房柱基础抄平

厂房柱基础抄平放线的主要内容有：

（1）柱基坑开挖边线放线

基坑开挖边线放线的方法和步骤如下：

1）基坑开挖边线放线时先利用基础定位桩（或龙门板）拉十字形小线，如图 3-15 所示；

2）按施工组织设计要求的放坡坡度计算基坑上口开挖宽度；

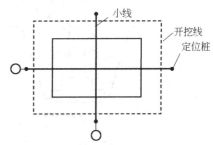

图 3-15　柱基坑开挖边线放线

3）按基坑上口开挖宽度从小线向两侧分出基坑开挖边线，然后沿开挖线撒上白灰，或在四角钉小桩拉草绳，标出挖方范围，即可挖方。

挖方深度允许误差为 +0，−50mm；工业厂房柱基础中线与轴线的关系比较复杂，有的偏中，有的是双柱，因此放线时必须详细核对各项尺寸，要按基础编号，标明偏中方向。

（2）杯形基础支模放线

杯形基础支模放线，是在垫层浇完后，根据定位桩把基础轴线投测在垫层上，作为支模的依据。其方法和步骤如下：

1）把线坠挂在定位桩位的小线上，根据轴线与基础中线的关系，将基础轴线和基础中线投测在垫层上；

2）在垫层上放出基础中线，即可定出基础及杯口的正确位置，并以此在垫层上弹出基础边线，即为基础模板安装线，如图3-16所示。

（3）杯形基础模板标高控制

用水准仪或借助定位桩拉小线用标杆法在模板内侧抄出基础顶面设计标高，并钉上小钉，作为浇筑基础混凝土时控制标高用，并检查杯芯底标高是否符合要求。

（4）杯形基础杯口轴线、中心线投线及抄平

杯口轴线、中心线投线测设及抄平是在基础混凝土已经浇筑并拆模后进行，方法和步骤如下：

1）检查、校核轴线控制桩、定位桩、高程点是否发生变动。

2）根据轴线控制桩(或定位桩)用经纬仪把中线投测在基础顶面上，弹上墨线，用红油漆作好标记，供吊装柱子使用，如图3-17所示。基础中线对定位轴线的允许误差为±5mm。

3）把杯口中线引测到杯底，在杯口立面弹上墨线，用红油漆作好标记，并检查杯底尺寸是否符合要求。

4）在杯口内壁四角测设一条标高水平线，该标高线一般取比杯口顶面设计标高低100mm，以便根据该标高线修整杯底。

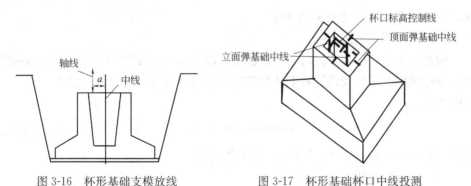

图3-16　杯形基础支模放线　　　　图3-17　杯形基础杯口中线投测

2.2.3 管沟施工的抄平放线

1. 管道中线放线

管沟开挖时管道中线上各桩将被挖掉，在挖方前需引测中线控制桩和检测井(或污水井)井位控制桩，其方法如下：

（1）中线控制桩引测的方法：作中线端点的延长线，在中线延长线上的管沟开挖范围外钉木桩，并在木桩上钉中线钉，即得中线控制桩，见图3-18。

（2）井位控制桩的引测方法：在每个井位中心，垂直于中线在井位开挖范围外钉木桩，并在木桩上钉中线钉，即得井位控制桩，见图3-18。

控制桩应设在不受施工干扰、引测方便、易于保存的地方。控制桩至中线的距离应为整米数，以便利用控制桩恢复点位。为防止控制桩在施工过程中被毁

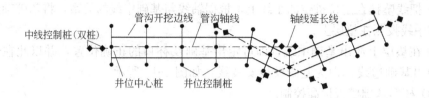

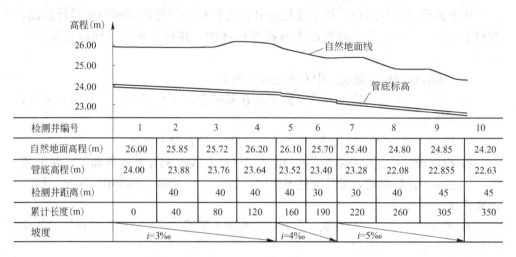

检测井编号	1	2	3	4	5	6	7	8	9	10
自然地面高程(m)	26.00	25.85	25.72	26.20	26.10	25.70	25.40	24.80	24.85	24.20
管底高程(m)	24.00	23.88	23.76	23.64	23.52	23.40	23.28	22.08	22.855	22.63
检测井距离(m)		40	40	40	40	30	30	40	45	45
累计长度(m)	0	40	80	120	160	190	220	260	305	350
坡度			$i=3‰$			$i=4‰$		$i=5‰$		

图 3-18 管道、井位控制桩布置图

坏，一般要设双桩，见图 3-18 所示。

2. 确定管沟开挖边线

为避免塌方，管沟开挖时需要放边坡，坡度的大小要根据土质情况、开挖方法、开挖深度等条件按设计要求计算确定。管沟开挖开口宽度按下式计算，如图 3-19 所示。

$$B=b+(mh_1+mh_2) \qquad (3-2)$$

式中　b——管沟底宽度(管外径+2 倍工作面)；

　　　h——挖方深度；

　　　m——边坡系数。

在图 3-19 中，由于管沟中心两侧高度不一，中线两侧开挖宽度不同，要分别计算出中线两侧的开挖宽度。影响边坡系数对管沟开挖的工程量及施工安全影响较大，测量人员要按施工方案规定的边坡系数来确定开挖宽度。若沟槽较深时边坡系数过大会增加挖填方量，边坡系数过小容易在松散土壤、春季解冻后及雨期产生塌方。

3. 管沟开挖龙门板设置

管沟开挖前沿中线每 20~30m，或在构筑物附近设置一道龙门板，根据中线控制桩把中线投测到龙门板上，并钉上中线钉，如图 3-20 在挖方和管道铺设过程中，利用中线钉用吊垂线的方法向下投点，便可控制中线位置。

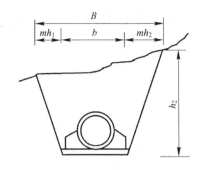

图 3-19　管沟开挖边线示意图

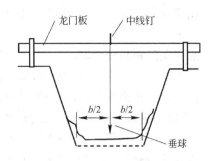

图 3-20　管沟开挖龙门板设置

2.2.4　测设龙门板标高

1. 各点高程的计算方法

在图 3-18 中，已知点 1 管底设计高程为 24.00，点 1～5 的坡度为 3‰，检查井间距为 40m，求各点管底高程，计算方法如下：

点 2 管底高程：$24.00-40\times0.003=23.88$m

点 3 管底高程：$24.00-80\times0.003=23.76$m

点 4 管底高程：$24.00-120\times0.003=23.64$m

点 5 管底高程：$24.00-160\times0.003=23.52$m

点 6～7 的坡度为 4‰，检查井间距为 30m，

点 6 管底高程：$23.52-30\times0.003=23.43$m

同理可计算得：点 7～10 的管底高程，填写在图 3-18 中。

应当指出，管底高程系指管底内径高程，沟底挖方高程如图 3-21 所示：

沟底高程＝管底高程－（管壁厚＋垫层厚）

龙门板顶面高程与管底高程之差称为下返数，实际挖方深度应等于下返数加管壁厚加垫层厚。如果龙门板顶面连线与管道坡度相同，此时各龙门板下返数为一个常数，则可利用龙门板控制挖方深度及管道的安装。

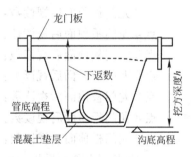

图 3-21　龙门板与管底高程

2. 高差法测设龙门板高程

实际施测时，常将下返数设为常数，在已知管底高程时来测设龙门板。下返数的大小要根据自然地面高程来选择。

【案例 3-10】在图 3-18 中，地面高程与管底的最大高差为 2.58m，一般为 2.0m，考虑龙门板的宽度、管道壁厚及垫层厚度，可采用分段设下返数，即点 4～7 下返数为 2.9m，其余为 2.3m。

测设龙门板顶面高程。

（1）龙门板顶面高程计算

龙门板顶面高程＝管底高程＋下返数

由图 3-18 知，点 1 管底设计高程为 24.00，点 1~3 段下返数为 2.30m，龙门板高程为：

点 1 龙门板高程＝24.00＋2.30＝26.30m

点 2 龙门板高程＝23.88＋2.30＝26.18m

点 3 龙门板高程＝23.76＋2.30＝26.06m

点 4~7 段下返数为 2.90m，龙门板高程为：

点 4 龙门板高程＝23.64＋2.90＝26.54m

点 5 龙门板高程＝23.52＋2.90＝26.42m

点 6 龙门板高程＝23.40＋2.90＝26.30m

点 7 龙门板高程＝23.28＋2.90＝26.18m

点 8~10 段下返数为 2.30m，龙门板高程为：

点 8 龙门板高程＝23.08＋2.30＝25.38m

点 9 龙门板高程＝22.855＋2.30＝25.155m

点 10 龙门板高程＝22.63＋2.30＝24.93m

(2) 龙门板顶面高程测设

如果水准点的高程为 25.67m，后视读数为 1.73m，视线高为 25.67＋1.73＝27.40m，各点龙门板顶面高程测设后视读数为：

龙门板顶面后视读数＝视线高－龙门板高程

点 1 龙门板顶面后视读数：27.40－26.30＝1.10m

点 2 龙门板顶面后视读数：27.40－26.18＝1.22m

点 3 龙门板顶面后视读数：27.40－26.06＝1.34m

点 4 龙门板顶面后视读数：27.40－26.54＝0.86m

点 5 龙门板顶面后视读数：27.40－26.42＝0.98m

点 6 龙门板顶面后视读数：27.40－26.30＝1.10m

点 7 龙门板顶面后视读数：27.40－26.18＝1.32m

点 8 龙门板顶面后视读数：27.40－25.38＝2.02m

点 9 龙门板顶面后视读数：27.40－25.155＝2.245m

点 10 龙门板顶面后视读数：27.40－24.93＝2.47m

测设时，将水准尺紧贴龙门桩上下移动，当读数恰好为上述计算读数时，即为该点龙门桩顶面位置，见图 3-22。

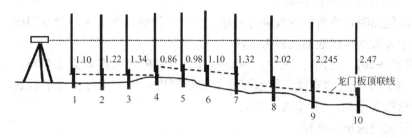

图 3-22 高差法测设龙门板高程

（3）水平线法测龙门板标高

当地形变化不大时，可采用水平线法测龙门板标高。图 3-23 中，将点 1～4 的龙门板标高均设在 26.60m 的水平线上，施工时各点要用不同的下返数来控制挖方和管底标高。

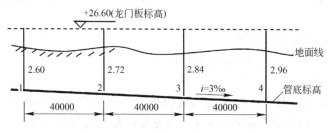

图 3-23　水平线法测龙门板标高

各点的下返数计算如下：

点 1 下返数：$26.6 - 24.00 = 2.60$m

点 2 下返数：$26.6 - 23.88 = 2.72$m

点 3 下返数：$26.6 - 23.76 = 2.84$m

点 4 下返数：$26.6 - 23.64 = 2.96$m

在控制沟槽开挖深度时，应在沟槽侧壁每隔 10～15m 测设一个坡度桩，坡度桩至沟底标高应为分米的整数倍，然后利用这些坡度桩便可随时检查沟底标高。

2.3　结构施工中的抄平放线

2.3.1　砌体结构施工中的抄平放线

1. 基础放线

（1）有垫层的投测：基础有垫层时，根据龙门板或轴线控制桩上的轴线钉，用经纬仪将基础轴线投测在垫层上；也可在对应的龙门板间拉小线，然后用线坠将轴线投测在垫层上。再根据轴线按基础底宽，用线标出基础边线，做为砌筑基础的依据。

（2）无垫层的投测：如果未设垫层可在槽底钉木桩，把轴线及基础边线都投测在木桩上，如图 3-24。

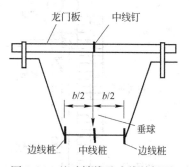

图 3-24　基础轴线及边线的投测

（3）基础放线的注意事项：基础放线是保证墙体平面位置的关键工序，是体现定位测量精度的主要环节，稍有疏忽就会造成错位。放线过程要注意以下环节：

1）在投线前要对控制桩、龙门板进行复查，如发现龙门板在挖槽过程中被碰动产生位移时应及时校正。

2）对于偏心基础，要注意偏心的方向及尺寸。

3）附墙垛、烟囱、温度缝、洞口等特殊部位要标清楚，防止遗忘。

4）基础砌体宽度尺寸误差，必须满足规范要求。

2. 基础施工的高程控制

（1）垫层顶面标高的控制

垫层顶面标高一般采用在基底 500mm 处设水平控制桩进行控制，测设方法见案例8(图 3-12)。

（2）基础砌体的高程控制

基础砌体的高程一般用皮数杆进行控制。

1）画皮数杆

皮数杆是用来控制砌体标高的重要依据。皮数杆上应标明砖层、门窗洞口、过梁、楼层板、预留孔等的标高位置。画皮数杆要按建筑剖面图和有关大样图的标高尺寸进行，如图 3-25。皮数杆的前几层砖要标明砖层顺序号，要按建筑标高画砖层。有的洞口或楼层尺寸不恰好是砖层的整数倍，红砖也有薄厚之差，这时砖层厚度允许做适当调整。画皮数杆一般是先画出一根标准杆，经检查无误后，将待画的皮数杆与标准杆并列放在一起，然后用方尺同时画出各杆尺寸线，这样既快，又减少差错。画基础线杆的依据是基础剖面图，不同剖面的基础要分别画皮数杆。

2）立基础皮数杆

立皮数杆的基准点是±0.000。如图 3-26 所示，立杆方法一般是先在立杆处钉一木桩，用水准仪在木桩侧面测设高于基础底面某一数值（如 100mm）的标高线，在皮数杆上也从±0.000 向下返出同一标高线，立杆时将两条标高线对齐，用铁钉钉牢。由于槽底或垫层表面标高误差较大，皮数杆上要从下往上标出砖的层数序号，防止出现偏层。

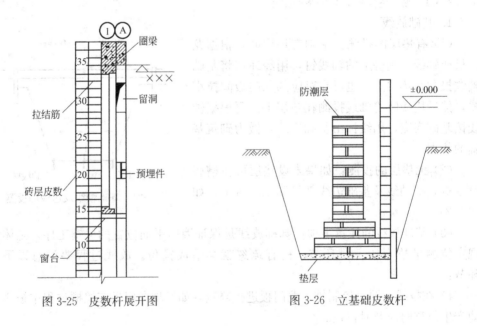

图 3-25 皮数杆展开图　　　　　图 3-26 立基础皮数杆

（3）基础顶面抄平及弹线

1）基础防潮层抄平：抹防潮层前，要用水准仪抄测出防潮层表面的设计标高，沿基础设计标高（±0.000）下 100～200mm 每 3～4m 抄测水平标高点，并在基础砌体上作好标记，以便抹防潮层时找平，其标高误差为±5mm。

2）基础顶面弹线：基础砌筑完成后，在砌筑主体前，必须把建筑的轴线根据龙门板或轴线控制桩上的轴线钉，用经纬仪将轴线投测在基础顶面上；也可在对应的龙门板间拉小线，然后用线坠将轴线投测在基础顶面上，并校核轴线，其平面误差应满足规范要求。同时，把轴线延长，标记在基础墙立面上，同时把门窗洞口位置标出（见图 3-27），做为墙体砌筑楼层轴线引测的依据。

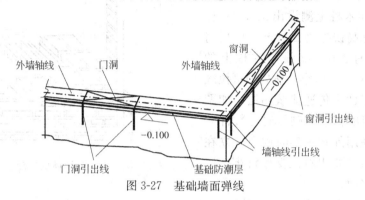

图 3-27　基础墙面弹线

3. 砌体结构主体施工的抄平放线

砌体结构主体施工时每层砌筑前都应进行抄平放线，以便对下层施工情况进行检验和纠正，并做好记录。主要工作有：

（1）楼层轴线引测

楼层轴线引测方法有两种：

1）用垂球引测：当建筑不高时，可用垂球从基础墙立面上所标记的轴线进行引测。

2）用经纬仪引测：当建筑较高时，垂球引测的精度不能保证，可用经纬仪引测。引测时先在轴线控制桩上架设经纬仪后视延长桩，倒镜即可在楼层墙立面上标出楼层轴线。

引测时经纬仪距建筑物的水平距离要大于投点高度，视线与投点面的水平投影应尽量垂直；投点要采用正倒镜法取中间点；投点误差为 5mm。

（2）砌体结构主体施工的高程测量

砌体结构主体施工的高程控制测量方法主要有两种：

1）利用皮数杆传递标高

当一层楼砌完后，通过下层楼的皮数杆顶高程（层高）与上层楼的皮数杆起始高程（±0.000）对齐向上接皮数杆，即可把标高一层一层的向上传递到各楼层。

2）用钢尺丈量

在建筑外墙转角处测设底层地面标高±0.000，并用红油漆画上记号，用钢尺自±0.000 起向上直接丈量，把标高传递上去，然后根据从下面传上来的标高，作为楼层抄平的依据。

（3）楼层施工标高的控制

1）立墙体皮数杆

皮数杆一般设置在房屋的四大角以及纵横墙的交接处，如墙面过长时，应每隔 10～15m 立一根，若墙长超过 20m，中间应加设皮数杆。

皮数杆应使用水准仪统一竖立，使皮数杆上的 ±0.00 与建筑物的 ±0.00（或楼层起始标高线）相吻合。底层立皮数杆先在立杆处钉一木桩，用水准仪在木桩上测设出 ±0.000 标高线，其标高误差为 ±3mm，然后将皮数杆上的 ±0.000 线与木桩上的 ±0.000 线对齐、钉牢，然后即可拉线砌砖，并以此来传递建筑高层，如图 3-28。采用里脚手架砌筑时皮数杆立在外侧，采用外脚手架时皮数杆立在里侧。皮数杆要用斜拉支撑钉牢，以防倾倒或移动。

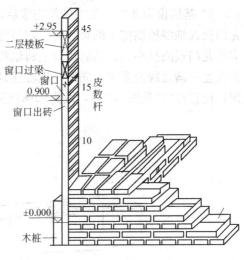

图 3-28 立墙体皮数杆

2）建立楼层水平高程控制线

墙体砌完后，一般用水准仪在室内墙上测设一条比地面高 500mm 的水平线，并弹上墨线，作为其他室内工程施工及地面标高的控制依据。

2.3.2 框架结构主体施工中的抄平放线

1. 基础抄平放线

（1）认真熟悉图纸

认真核对图纸各项平面尺寸，根据建筑控制网用直线定位法，加密控制网边上各轴线控制桩，设置基础定位桩。柱基础中线与轴线的关系比较复杂，有的边轴线偏心，因此放线时必须详细核对各项尺寸，要按基础编号辨明偏心方向。实际操作中，应统一采用轴线定位，防止基础错位。

（2）放基坑开挖边线

利用基础定位桩（或龙门板）拉十字形小线，按施工组织设计要求的放坡宽度，从小线向两侧分出基坑开挖边线，然后沿开挖线撒上白灰，或在四角钉小桩拉草绳，标出挖方范围，即可挖方。

（3）基础抄平及支模放线

1）基础轴线及边线的投测：垫层浇完后，根据定位桩把基础轴线及边线投测在垫层上，作为支模的依据。基础轴线及边线的投测方法见图 3-24。

2）基础高程的控制：用水准仪在模板里侧抄出基础顶面设计标高，并钉上小钉，供浇混凝土时控制标高用。

（4）基础顶部的抄平放线

1）基础顶部放线

在基础混凝土凝固后，应即根据轴线控制桩（或定位桩）将中线投测到基础顶面上，并弹出十字形中线供柱身支模及校正用。当基础中的预留筋恰在中线上使投线不通视时，可采用借线法投测。

借线法投测时先将仪器侧移至点 m(点 n)，该点最好通过柱的边缘，先测出与柱中线相平行的直线 $mm'(nn')$，然后再根据直线 $mm'(nn')$ 恢复柱中线 aa' (bb')位置，见图 3-29。在放出柱的轴线(中线)后，即可按设计尺寸弹出柱的边线。

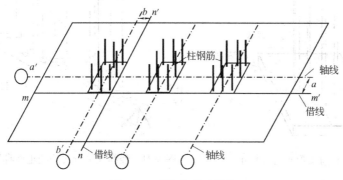

图 3-29　现浇柱基础投线

2)基础顶部的抄平

抄平时用水准仪在基础预留钢筋上测出一定值标高线，作为柱身控制标高的依据。

2.柱身施工测量

(1)柱身支模垂直度校正

1)吊线法校正

制作模板时，在四面模板外侧的下端和上端标出柱的中线。模板安装过程中，先将下端的四条中线分别与基础顶面的四条中线对齐。模板立稳后，用线坠使模板上端中线与下端中线重合，使模板在这个方向竖直。同法再校正另一个方向，当纵、横两个方向同时竖直，柱截面为矩形(两对角线长度相等)时，模板垂直度就校正好了，如图 3-30 所示。

2)经纬仪校正　经纬仪校正柱身支模垂直度宜用平行线法。如图 3-31 所示，距柱中线 $a(a$ 可取 0.5～1m)作柱中线的平行线 mm'，再做一木尺，在尺上用墨线标出 a 的标志。经纬仪置于 m 点，照准 m' 点，然后抬高望远镜观看木尺。由一人在模板上端持木尺，把尺的零端对齐中线，水平的伸向观测方向。若视线正照准尺上 a 标志处，表示模板在这个方向竖直。如果尺上 a 标志偏离视线，则需校正上端模板，使尺上 a 标志与视线重合。

(2)模板标高抄测

柱身模板垂直度校正好后，在模板外侧测设一比地面高 0.5m 的标高线，作为量测柱顶标高、安装铁件、牛腿支模等各种标高的依据。标高线每根柱不少于两点，并注明标高数值。

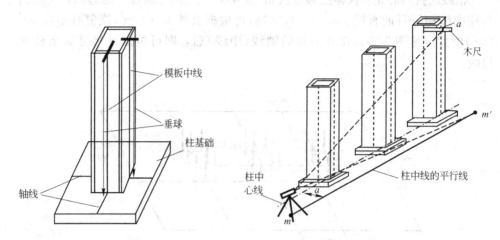

图 3-30 柱身支模垂直度校正　　　　图 3-31 经纬仪平行线法校正柱身模板垂直度

（3）柱拆模后的抄平放线

柱拆模后要把中线和标高线抄测在柱表面上，供砌筑和装修使用，抄测内容有：

1）柱的中线投测：根据基础表面的柱中线，在下端立面上标出中线位置，然后用吊线法或经纬仪投点法，把中线投测到柱的立面上，方法与柱模板垂直度正同。

2）测设水平线：在每根柱立面上抄测比地面高 500mm 的标高线。

2.3.3 钢结构厂房主体结构施工的抄平放线

钢结构厂房施工抄平放线主要是进行钢柱基础的抄平放线，而钢柱基础垫层以下的定位放线方法与框架独立基础相同。钢柱基础的特点是基础中埋有地脚螺栓，其平面位置和标高精度要求高，一旦螺栓位置偏差超限，会给钢柱安装造成困难。

1. 垫层中线投测

垫层混凝土凝结后，应根据控制桩用经纬仪把柱中线投测在垫层上，同时根据中线弹出螺栓及螺栓固定架位置线，见图 3-32。

2. 安置螺栓固定架

为保证地脚螺栓的正确位置，工程中常用型钢制成固定架用来固定螺栓，固定架要有足够的刚度，防止浇筑混凝土过程中发生变形。固定架的内口尺寸应是螺栓的外边线，以便焊接螺栓。安置固定架时，把固定架上的中线用垂线与垫层上的中线对齐，将固定架四角用钢板垫稳垫平，然后再把垫板、固定架、斜支撑与垫层中的预埋件焊牢，见图 3-33。

3. 固定架标高抄测

用水准仪在固定架四角的立角钢上，抄测出基础顶面的设计标高线，做为安装螺栓和控制基础混凝土标高的依据。

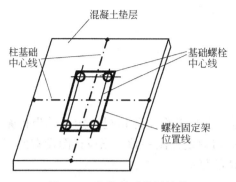

图 3-32　钢柱基础垫层放线

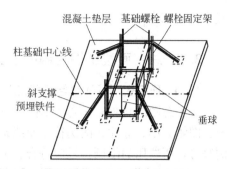

图 3-33　地脚螺栓固定方式

4. 安装螺栓

先在固定架上拉上标高线，在螺栓上也划出同一标高线，安装螺栓时将螺栓上的标高线与固定架上标高线对齐，待螺栓的距离、高度、垂直度校正好后，将螺栓与固定架上、下横梁焊牢。

5. 检查校正

用经纬仪检查固定架中线，用水准仪检查基础顶面标高线，其误差应控制在规范允许范围内。施工时混凝土顶面可稍低于设计标高，地脚螺栓不宜低于设计标高，允许偏差应控制在规范允许范围内。

【实践活动】

由实训指导教师在建筑工程识图教材中选定房屋建筑的框架结构施工图，由同学测放现浇框架柱的施工放线，并写出框架模板垂直度和标高控制方案。

【实训考评】

学生自评(20%)：

　　测放方法：正确□；基本正确□；错误□。

　　框架模板控制方案编写：正确□；基本正确□；错误□。

小组互评(40%)：

　　测放方法：正确□；基本正确□；错误□。

　　工作认真努力，团队协作：好□；较好□；一般□；还需努力□。

教师评价(40%)：

　　测放方法及精度：符合要求□；基本符合要求□；不符合要求□。

　　框架模板控制方案编写：完整、正确□；基本完整、正确□；编写错误□。

任务3　总平面竣工图的绘制

【实训目的】　通过训练，掌握建筑总平面竣工图的绘制方法，具有绘制建筑总平面竣工图的能力。

实训内容与指导

3.1 总平面竣工图绘制的准备

3.1.1 确定竣工总平面图绘制的比例

竣工总图的比例,应结合施工现场的大小及工程实际情况选定,其坐标系统、图幅大小、标注、图例符号及线条,应与原设计图一致。原设计图没有的图例符号,所选用的图例符号应符合相关规范的要求。

3.1.2 绘制竣工总平面图图面坐标方格网

编绘竣工总平面图,首先要在图纸上精确地绘出坐标方格网。一般使用圆规、钢直尺和比例尺来绘制。

坐标方格网画好后,应立即进行检查。用直尺检查有关的交叉点是否在同一直线上;同时用比例尺量出正方形的边长和对角线长,视其是否与应有的长度相等。图框之对角线绘制允许误差为±1mm。

3.1.3 绘制控制点

以图面上绘出的坐标方格网为依据,将施工控制网点按坐标展绘在图上。展绘点对所临近的方格而言,其允许误差为±0.3mm。

3.1.4 展绘设计总平面图

在编绘竣工总平面图之前,应根据坐标格网,先将设计总平面图的图面内容按其设计坐标,用铅笔展绘于图纸上,作为底图。

3.2 总平面竣工图绘制的现场实测

在工业及民用建筑施工过程中,在单位工程完成以后,有下列情况者,必须进行现场实测,并提出该工程的竣工测量成果,以编绘竣工后的总平面图。

(1) 由于未能及时提出建筑物或构筑物的设计坐标,而在现场指定施工位置的工程。

(2) 设计图上只标明工程与地物的相对尺寸,而无法计算建筑物的坐标和高程的工程。

(3) 竣工现场的竖向布置、围墙和绿化工程。

(4) 施工后尚保留的大型临时设施。

(5) 由于设计多次变更,而无法查对设计资料。

为了进行实测工作,可以利用施工期间使用的平面控制点和水准点进行施测。如原有的控制点不够使用时,应补测控制点。

外业实测时,必须在现场绘出草图,最后根据实测成果和草图,再进行室内展绘,便成为完整的竣工总平面图。

3.3 总平面竣工图的室内绘制

3.3.1 绘制竣工总平面图的依据

(1) 设计总平面图、单位工程平面图、纵横断面图和设计变更资料。

（2）定位测量资料、施工检查测量及竣工现场测量资料。

3.3.2　根据设计资料绘制成图

凡按设计坐标定位施工的工程，应以测量定位资料为依据，按设计坐标（或相对尺寸）和高程编绘。建筑物和构筑物的拐角、起止点、转折点应根据坐标数据绘制成图；对建筑物和构筑物的附属部分，如无设计坐标，可用相对尺寸绘制。若原设计变更，则应根据设计变更资料编绘。

3.3.3　根据竣工测量资料或施工现场测量资料绘制竣工总平面图

凡有竣工测量资料的工程，若竣工测量成果与设计值之差不超过所规定的允许误差时，按设计值编绘；否则应按竣工测量资料绘制竣工总平面图。

1. 分类竣工总平面图的绘制

对于大型企业和较复杂的工程，为了使图面清晰醒目，便于使用，可根据工程的密集与复杂程度，按工程性质分类编绘竣工总平面图。一般有下列几种分类图。

（1）总平面及交通运输竣工图

总平面及交通运输竣工图标绘的内容有：

1）地面的建筑物、构筑物、公路、铁路、地面排水沟渠、树木绿化等设施。

2）矩形建筑物、构筑物在对角线两端外墙轴线交点，并应标注两点以上坐标；圆形建筑物、构筑物，应注明中心坐标及接地处的外半径。

3）所有建筑物都应注明室内地坪标高。

4）公路中心的起点、终点及交叉点，并应注明坐标及标高，弯道应注明交角、半径及交点坐标，路面应注明材料及宽度。

（2）给水排水管道竣工图

给水排水管道竣工图标绘的内容有：

1）给水管道应绘出地面给水建筑物、构筑物及各种水处理设施。在管道的结点处，当图上按比例绘制有困难时，应采用放大详图表示。管道的起终点、交叉点、分支点，应注明坐标；变坡处应注明标高；变径处应注明管径及材料；不同型号的检查井，应绘详图。

2）排水管道应绘出污水处理构筑物、水泵站、检查井、跌水井、水封井、各种排水管道、雨水口、排出水口、化粪池、明渠及暗渠等。检查井应注明中心坐标、出入口管底标高、井底标高、井台标高；管道应注明管径、材料、坡度；不同型号的检查井，应绘详图。

（3）输电及通信线路竣工图

输电及通信线路竣工图标绘的内容有：

1）应绘出相关建筑物、构筑物及铁路、公路。

2）应绘出总变电所、配电站、车间降压变电所、室外变电装置、柱上变压器、铁塔、电杆、地下电缆检查井等。

3）各种线路的起点、终点、分支点、交叉点的电杆应注明坐标；线路与道路交叉处应注明净空高度。

4) 通信线路应绘出中继站、交接箱、分线盒、电杆及地下通信电缆入孔等。

5) 各种线路应标明导线截面、导线数、电压等级,各种输变电设备应注明型号、容量。

6) 地下电缆应注明埋置深度或电缆沟的沟底高程。

2. 竣工总平面图的附图

为了全面反映竣工成果,便于生产管理、日后的维修和扩建及改建,在绘制竣工总平面图时,下列测量资料及施工资料应作为竣工总平面图的附图装订成册保存。

(1) 建设场地原始地形图。

(2) 建设场地的测量控制点布置图及坐标与高程一览表。

(3) 工程定位、检查及竣工测量的资料。

(4) 建筑物或构筑物沉降及变形观测资料。

(5) 地下管线竣工纵断面图。

(6) 设计变更文件。

【实践活动】

写出总平面及交通运输竣工图标绘的内容。

【实训考评】

学生自评(40%):

编写标绘的内容:完整、正确□;基本完整、正确□;错误□。

教师评价(60%):

编写、标绘内容:完整、正确□;基本完整、正确□;错误□。

任务 4   建筑物的沉降、位移、变形观测

【实训目的】 通过训练,掌握建筑物的沉降、位移、变形观测方法,具有进行建筑物的沉降、位移及变形观测的能力。

实训内容与指导

4.1   建筑物的沉降观测

4.1.1   观测水准点和观测点的设置

1. 沉降观测水准点的设置

(1) 沉降观测水准点的设置要求

建筑物的沉降观测是根据建筑物附近的水准点进行的,作为沉降观测的水准点必须坚固稳定。水准点的数目应不少于 3 个,以组成水准网,并相互校核。对水准点要定期进行高程检测,以保证沉降观测成果的正确性。水准点布置要求如下:

1) 水准点与观测点距离不应超过 100m,以保证观测的精度。

2) 水准点不能设在有振动的区域,以防止受振动产生位移及沉降。

3）离开公路、铁路、地下管道和滑坡地带至少 5m；避免埋设在低洼易积水处及松软土地带。

4）水准点的埋设深度应埋在冰冻线下 0.5m。

（2）沉降观测水准点的设置

沉降观测的水准点的形式与埋设方法一般与三、四等水准点相同，可采用埋设嵌固有金属标志的混凝土预制桩。也可在已有稳定的不再沉降的房屋或结构物上设置标志作为水准点；如观测点附近有稳定的基岩，可在岩石上凿一洞，用水泥砂浆（或混凝土）直接将金属标志嵌固在岩层之中。

沉降观测水准点高程可采用建设区的已有高程点，也可采用假设（相对）高程点。

2. 沉降观测点的设置要求和位置

（1）沉降观测点的设置要求

沉降观测点的设置要求如下：

1）观测点本身应牢固、稳定，不产生沉降，能长期保存。

2）观测点的上部应作成突出的半球形状或有明显的突出之处。

3）观测点应与墙身（或柱身）保持一定的距离，在点上能垂直置尺，并具有良好的通视条件。

4）所有观测点应在比例尺为 1∶100～1∶500 的平面图上绘出，并加以编号，以便进行观测和记录。

5）如观测点使用期长，应埋设有保护盖的永久性观测点。

（2）沉降观测点的设置位置和数量

沉降观测点的设置位置和数量，应根据建筑的结构类型及工程地质情况决定，观测点的位置应设置在能表示出沉降特征的地点，不同结构的建筑观测设置位置不同。

1）高层建筑物应沿其周围每隔 15～30m 设一点，房角、纵横墙连接处以及沉降缝的两旁均应设置观测点。

2）工业厂房的观测点可布置在基础、柱子、承重墙及厂房转角处。点的密度视厂房结构、吊车起重量及地基土质情况而定。

3）扩建的建筑应在新旧建筑连接处两侧布置观测点。

4）大型设备基础及有较大振动荷载建筑的四周、基础形式改变处及地质条件变化处，必须布设适量的观测点。

5）烟囱、水塔、高炉、油罐、炼油塔等圆形构筑物，应在其基础的对称轴线上布设观测点。

3. 沉降观测点的埋设

沉降观测点的埋设形式和方法应根据工程性质和施工条件来确定。

（1）砌体结构沉降观测点的埋设

砌体结构沉降观测点，大都设置在外墙勒脚处。观测点埋在墙内的部分应大于露出墙外部分的 5～7 倍，以便保持观测点的稳定性。常用的几种观测点埋设方法如下：

1）预制观测点：预制观测点是由混凝土预制而成，其尺寸大小可做成普通标砖的 1～2 倍，中间嵌以焊有半球状铆钉头的角钢或端部弯起并磨成半球状的钢筋(见图 3-34)，在砌砖墙勒脚时，将预制块砌入墙内而成。

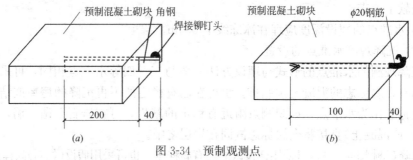

图 3-34　预制观测点

(a)角钢预制观测点；(b) 钢筋预制观测点

2) 埋入式观测点：在砌墙时留出孔洞，用水泥砂浆将直径 20mm 端部弯起并磨成半球状的钢筋或焊有半球状铆钉头的角钢埋入，钢筋埋入墙内端应制成燕尾形，见图 3-35。

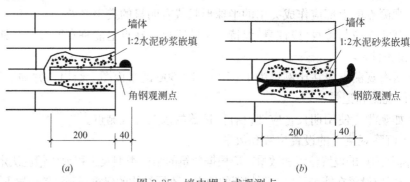

图 3-35　墙内埋入式观测点

(a)角钢埋入式观测点；(b) 钢筋埋入式观测点

(2) 现浇钢筋混凝土结构观测点的埋设

现浇钢筋混凝土结构观测点一般设在的柱身，埋设时用钢凿在钢筋混凝土柱身上凿一小洞(或预留小孔)，孔洞位置应在室内地面标高以上 100~500mm，用水泥砂浆将直径 20mm 端部弯起并磨成半球状的钢筋或焊有半球状铆钉头的角钢埋入，在混凝土柱内的埋入长度应大于露出的部分，以保证点位的稳定，见图3-36。

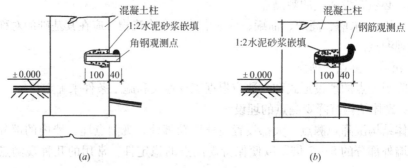

图 3-36　现浇混凝土柱观测点

(a)角钢观测点；(b) 钢筋观测点

（3）钢结构钢柱观测点的设置

钢结构中的钢柱观测点可将铆钉弯成90°弯钩直接焊在钢柱上形成，见图3-37。

（4）设备基础观测点的埋设

混凝土设备基础观测点一般利用钢筋或铆钉来制作，然后将其埋入混凝土，常用的形式有：

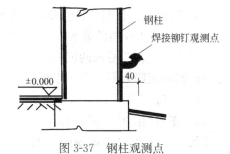

图 3-37　钢柱观测点

1）"U"形钢筋观测点：将直径 20mm、长约 250mm 的钢筋弯成"U"形，倒埋在混凝土设备基础内，见图 3-38(a)。

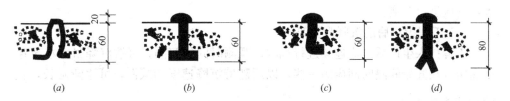

图 3-38　设备基础观测点

(a)"U"形钢筋观测点；(b)铆钉垫板式观测点；(c)铆钉弯钩式观测点；(d)铆钉燕尾式观测点

2）铆钉垫板式观测点：将长 60mm，直径 20mm 的铆钉下焊 40mm×40mm×4mm 的钢板，埋入混凝土设备基础内，见图 3-38(b)。

3）铆钉弯钩式观测点：将长约 100mm、直径 20mm 的铆钉一端弯成直角，埋入混凝土设备基础内，见图 3-38(c)。

4）铆钉燕尾式观测点：将长约 100mm、直径 20mm 的铆钉，在尾部中间劈开，做成夹角约 30°的燕尾形，埋入混凝土设备基础内，见图 3-38(d)。

埋在设备基础表面或地面的钢筋或铆钉观测点露出的部分不宜过高或太低，高了易被碰斜撞弯；低了不易寻找，而且水准尺置在点上会与混凝土面接触，影响观测质量；观测点埋设应与水平面垂直，与基础边缘的间距不得小于 50mm，埋设后将四周混凝土压实，待混凝土凝固后用红油漆编号。

柱基础沉降观测点的埋设方法与设备基础相同。

4.1.2　建筑物沉降观测方法

1. 沉降观测的要求

（1）做到"二稳定"、"四固定"

沉降观测是一项较长期的系统观测工作，为了保证观测成果的正确性，应做到"二稳定"、"四固定"。

二稳定是指作为沉降观测依据的基准点和被观测体上的沉降观测点要稳定。

四固定是指：

1）固定人员观测和整理成果；

2）使用固定的水准仪及水准尺；

3）使用固定的水准点；

4）按规定的日期、方法及路线进行观测。

（2）对使用仪器的要求

对于一般精度要求的沉降观测，可以采用适合四等水准测量的水准仪。精度要求较高的沉降观测，应采用相当使用 N2 或 N3 级的精密水准仪。

（3）在施工期间沉降观测次数

1）在基础浇灌、回填土、安装柱子、房架、砖墙每砌筑一层楼、设备安装、设备运转、工业炉砌筑期间、烟囱每增加 15m 左右等较大荷重前后均应进行观测；

2）如施工期间中途停工时间较长，在停工时和复工前应进行观测；

3）当基础附近地面荷重突然增加，周围大量积水或暴雨后，或周围大量挖方等，均应进行观测。

（4）工程投产后的沉降观测时间

工程投入生产后，应连续进行观测，观测时间的间隔，可按沉降量大小及速度而定，在开始间隔时间应短一些，以后随着沉降速度的减慢，可逐渐延长，直到沉降稳定为止。

2. 确定沉降观测路线并绘制观测路线图

（1）沉降观测路线的确定

对观测点较多的建筑物、构筑物进行沉降观测前，应到现场进行规划，确定安置仪器的位置，选定若干较稳定的沉降观测点或其他固定点作为临时水准点（转点），并与永久水准点组成环路。

（2）观测路线图的绘制

按照选定的临时水准点设置仪器的位置以及观测路线，绘制沉降观测路线图，以后每次都按固定的路线观测。采用这种固定路线方法进行沉降测量，可提高沉降测量的精度。在测定临时水准点高程的同一天内应同时观测其他沉降观测点。

3. 沉降观测点的首次高程测定

沉降观测点首次观测的高程值是以后各次观测用以进行比较的根据，应当采用 N2 或 N3 级的精密水准仪进行首次高程测定。同时每个沉降观测点首次高程应在同期进行两次观测。

沉降观测作业中应遵守如下规定：

（1）观测应在成像清晰、稳定时进行；

（2）仪器离前、后水准尺的距离要用视距法测量或用皮尺丈量，视距不应超过 50m。前后视距应尽可能相等；

（3）前、后视观测最好用同一根水准尺；

（4）前视各点观测完毕以后，应回视后视点，最后应闭合于水准点上。

4.1.3 建筑物沉降观测资料的整理

每次观测结束后，要检查记录计算是否正确，精度是否合格，并进行误差分配，然后将观测高程列入沉降观测成果表中，计算相邻两次观测之间的沉降量，并注明观测日期和荷重情况。为了更清楚地表示沉降、时间、荷重之间的相互关系，应根据每次观测日期的下沉量及每次观测日期的荷载重量画出每一观测点的时间与沉降量的关系曲线及时间与荷重的关系曲线，如图 3-39 所示。

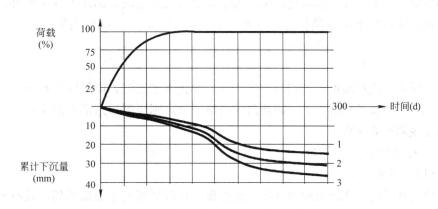

图 3-39　时间与沉降量及荷重关系曲线

曲线 1、2、3 为不同观测点的时间与沉降量及荷重关系曲线

4.1.4　沉降观测中的问题分析、处理

1. 曲线在首次观测后发生回升现象

（1）产生原因分析

在第二次观测时即发现曲线上升，至第三次后，曲线又逐渐下降。发生此种现象，一般都是由于初测精度不高，而使观测成果存在较大误差所引起。

（2）处理办法

在处理这种情况时，如曲线回升超过 5mm，应将第一次观测成果作废，而采用第二次观测成果作为初测成果；如曲线回升在 5mm 之内，则可调整初测标高与第 2 次观测标高一致。

2. 曲线在中间某点突然回升

（1）产生原因分析

发生此种现象的原因，一般是因为水准点或观测点被碰动所致；而且只有当水准点碰动后低于被碰前的标高及观测点被碰后高于被碰前的标高时，才有出现回升现象的可能。

（2）处理办法

由于水准点或观测点被碰撞，其外形必有损伤，比较容易发现。如水准点被碰动时，可改用其他水准点来继续观测。如观测点被碰后已活动，则需另行埋设新点，若碰后点位尚牢固，则可继续使用。但因为标高改变，对这个问题必须进行合理的处理，其办法是：选择结构、荷重及地质等条件都相同的邻近另一沉降观测点，取该点在同一期间内的沉降量作为被碰观测点之沉降量。此法虽不能真正反映被碰观测点的沉降量，但如选择适当，可得到比较接近实际情况的结果。

3. 曲线自某点起渐渐回升

（1）产生原因分析

产生此种现象一般是由于水准点下沉所致，如采用设置于建筑物上的水准点，由于建筑物尚未稳定而下沉；或者新埋设的水准点，由于埋设地点不当，时间不长，以致发生下沉现象。水准点是逐渐下沉的，而且沉降量较小，但建筑物初期沉降量较大，即当建筑物沉降量大于水准点沉降量时，曲线不发生回升。到了后期，建筑物下沉逐渐稳定，如水准点继续下沉，则曲线就会发生逐渐回升现象。

（2）处理办法

选择或埋设水准点，特别是在建筑物上设置水准点时，应保证其点位的稳定性。如已查明确系水准点下沉而使曲线渐渐回升，则应测出水准点的下沉量，以便修正观测点的标高。

4. 曲线的波浪起伏现象

（1）产生原因分析

曲线在后期呈现波浪起伏现象，此种现象在沉降观测中最常遇到。其原因并非建筑物下沉所致，而是测量误差所造成的。曲线在前期波浪起伏之所以不突出，是因下沉量大于测量误差；但到后期，由于建筑物下沉极微或已接近稳定，因此在曲线上就出现测量误差比较突出的现象。

（2）处理办法

处理这种现象时，应根据整个情况进行分析，决定自某点起，将波浪形曲线改成水平线。

5. 曲线中断现象

（1）产生原因分析

由于沉降观测点开始是埋设在柱基础面上进行观测，在柱基础二次灌浆时没有埋设新点并进行观测；或者由于观测点被碰毁，后来设置之观测点绝对标高不一致，而使曲线中断。

（2）处理办法

可按照处理曲线在中间某点突然回升现象的办法将中断曲线连接起来，估求出在观测期间的沉降量；并将新设置的沉降点不计其绝对标高，而取其沉降量，一并加在旧沉降点的累计沉降量中去。

4.2 建筑物的水平位移观测

建筑物水平位移常用观测方法有前方交会法、后方交会法、视准线法、激光准直法和引张线法。

4.2.1 前方交会法测定建筑物的水平位移

前方交会法是利用变形影响范围以外的控制点来测定大型工程建筑物（如塔形建筑物、水工建筑物等）的水平位移。举例说明如下。

【案例 3-11】 如图 3-40 所示，点 1、2 为互不通视的控制点，P 为建筑物上的位移观测点。由于 β_1 及 β_2 不能直接测量，通过测量连接角 β_1' 及 β_2' 后可计算建筑物的水平位移。方法如下：

（1）测量连接角 β_1' 及 β_2'，则 β_1 及 β_2 可通过计算可以求得：

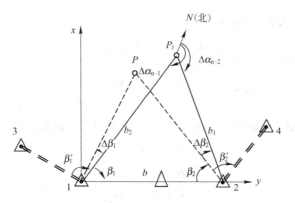

图 3-40　前方交会法测定建筑物的水平位移

$$\left.\begin{aligned}\beta_1 &= (\alpha_{2-1} - \alpha_{3-1}) - \beta_1'\\\beta_2 &= (\alpha_{4-1} - \alpha_{1-2}) - \beta_2'\end{aligned}\right\} \tag{3-3}$$

式中　α——相应方向的坐标方位角。

（2）建立坐标系，计算点 P 的初始坐标

为了计算 P 点的坐标，现以点 1 为独立坐标系的原点，点 1—2 的连线为 y 轴，则 P 点的初始坐标计算如下：

$$\left.\begin{aligned}x_P &= b_2 \cdot \sin\beta_1\\y_P &= b_2 \cdot \cos\beta_1\end{aligned}\right\} \tag{3-4}$$

或

$$\left.\begin{aligned}x_P &= b \cdot \sin\beta_1 \cdot \sin\beta_2 / \sin(\beta_1 + \beta_2)\\y_P &= b \cdot \cos\beta_1 \cdot \sin\beta_2 / \sin(\beta_1 + \beta_2)\end{aligned}\right\} \tag{3-5}$$

整理得：

$$\left.\begin{aligned}x_P &= b/(\cot\beta_1 + \cot\beta_2)\\y_P &= b/(\tan\beta_1 \cdot \cot\beta_2 + 1)\end{aligned}\right\} \tag{3-6}$$

（3）计算第 i 个测回后建筑物位移观测点 P_i 的坐标

根据 (3-6) 式可以写出第 i 个测回后建筑物位移观测点 P_i 的坐标计算式：

$$\left.\begin{aligned}x_{Pi} &= b/[\cot(\beta_1 + \Delta\beta_1) + \cot(\beta_2 + \Delta\beta_2)]\\y_{Pi} &= b/[\tan(\beta_1 + \Delta\beta_1) \cdot \cot(\beta_2 + \Delta\beta_2) + 1]\end{aligned}\right\} \tag{3-7}$$

式中　$\Delta\beta_1$，$\Delta\beta_2$——为角 β_1 和角 β_2 在测回间的角差值。

将 (3-7) 式展开成级数并取二次项，即可得出第 i 个测回确定建筑物位移观测点 P_i 的坐标计算式：

$$\left.\begin{aligned}x_{Pi} &= x_P + \frac{x_P^2}{b} \cdot \frac{\Delta\beta_1}{\rho \cdot \sin^2\beta_1} + \frac{x_P^2}{b} \cdot \frac{\Delta\beta_2}{\rho \cdot \sin^2\beta_2}\\y_{Pi} &= y_P + \frac{y_P^2 \cdot \tan\beta_1}{b \cdot \sin^2\beta_2} \cdot \frac{\Delta\beta_2}{\rho} - \frac{y_P^2 \cdot \cot\beta_2}{b \cdot \cos^2\beta_2} \cdot \frac{\Delta\beta_1}{\rho}\end{aligned}\right\} \tag{3-8}$$

式中　ρ——观测标志偏离基准线的横向偏差。

（4）计算第 i 个测回后建筑物位移观测点 P_i 的坐标增量

将式(3-5)代入式(3-8)有：

$$
\left.
\begin{aligned}
x_{\mathrm{P}i}-x_{\mathrm{P}}=\Delta x_{\mathrm{P}}&=\frac{b_2^2}{b}\cdot\frac{\Delta\beta_1}{\rho}+\frac{b_1^2}{b}\cdot\frac{\Delta\beta_2}{\rho}\\
y_{\mathrm{P}i}-y_{\mathrm{P}}=\Delta y_{\mathrm{P}}&=-\frac{b_2^2}{b}\cdot\cot\beta_2\frac{\Delta\beta_1}{\rho}+\frac{b_1^2}{b}\cdot\cot\beta_1\frac{\Delta\beta_2}{\rho}
\end{aligned}
\right\}
\tag{3-9}
$$

式(3-9)中 $\Delta\beta_1$ 与 $\Delta\beta_2$ 前面的系数对每个位移观测点都是常数，令：

$$
\left.
\begin{aligned}
A&=b_2^2/(b\rho)\\
B&=b_1^2/(b\rho)\\
C&=b_1^2/(b\rho)\cdot\cot\beta_2\\
D&=b_2^2/(b\rho)\cdot\beta_1
\end{aligned}
\right\}
\tag{3-10}
$$

将式(3-10)代入式(3-9)有：

$$
\left.
\begin{aligned}
\Delta x_{\mathrm{P}}&=A\Delta\beta_1+B\Delta\beta_2\\
\Delta y_{\mathrm{P}}&=-C\Delta\beta_1+D\Delta\beta_2
\end{aligned}
\right\}
\tag{3-11}
$$

由式(3-11)可以看出，当测定位移观测点的坐标增量时，不必直接计算点位的坐标值。在式(3-11)中，当 $\Delta\beta_1$ 与 $\Delta\beta_2$ 的数值分别随角值 β_1 与 β_2 的增大而增大，则符号 $\Delta\beta_1$ 与 $\Delta\beta_2$ 为正值，否则为负。若 $\Delta\beta_1$ 与 $\Delta\beta_2$ 的数值在随后的测回里减小，则角度差 β_1' 与 β_2' 为正值。

（5）计算建筑物位移观测点的水平位移总量

建筑物位移观测点的水平位移总量按下式计算：

$$
\Delta=\sqrt{\Delta x_{\mathrm{P}}^2+\Delta y_{\mathrm{P}}^2}
\tag{3-12}
$$

4.2.2 视准线法观测水平位移

由经纬仪的视准面形成基准面的基准线法，称为视准线法。视准线法又分为角度变化法（小角法）和移位法（活动觇牌法）两种。

1. 角度变化法

角度变化法是利用精密光学经纬仪，精确测出基准线与置镜端点到观测点视线之间所夹的角度。由于这些角度很小，观测时只用旋转水平微动螺旋即可。

设 α 为观测的角度，d_i 为测站点到照准点之间的距离，则观测标志偏离基准线的横向偏差 ρ_i 为：

$$
\rho_i=\frac{\alpha''}{\rho''}\cdot d_i
\tag{3-13}
$$

在小角法测量中，通常采用 T_2 型经纬仪，角度观测四个测回。距离 d_i 的丈量精度要求为 1/2000，往返丈量一次即可。

2. 移位法

移位法是直接利用安置在观测点上的活动觇牌来测定偏离值。其专用仪器设备为精密视准仪、固定觇牌和活动觇牌。施测步骤如下：

（1）将视准仪安置在基准线的端点上，将固定觇牌安置在另一端点上。

（2）将活动觇牌安置在观测点上，视准仪瞄准固定觇牌后，将方向固定下来，然后由观测员指挥观测点上的测量人员移动活动觇牌，待觇牌的照准标志刚好位于视线方向上时，读取活动觇牌上的读数。然后再移动活动觇牌从相反方向对准视线进行第二次读数，每定向一次要观测四次，即完成一个测回的观测。

（3）在第二测回开始时，仪器必须重新定向，其步骤相同。一般对每个观测点需进行往返测各 2～6 个测回。

4.2.3　激光准直法观测水平位移

激光准直法可分为两类：

第一类是激光束准直法。它是通过望远镜发射激光束，在需要准直的观测点上用光电探测器接收。由于这种方法是以可见光束代替望远镜视线，用光电探测器探测激光光斑能量中心，所以常用于施工机械导向和建筑物变形观测。

第二类是波带板激光准直系统，波带板是一种特殊设计的屏，它能把一束单色相干光会聚成一个亮点。波带板激光准直系统由激光器点源、波带板装置和光电探测器或自动数码显示器三部分组成。

第二类方法的准直精度高于第一类，可达 10^{-7}～10^{-6} 以上。

4.2.4　引张线法观测水平位移

引张线法是在两固定端点之间用拉紧的金属丝作为基准线，用于测定建筑物水平位移。引张线的装置由端点、观测点、测线（不锈钢丝）与测线保护管四部分组成。

在引张线法中假定钢丝两端固定不动，则引张线是固定的基准线。由于各观测点上之标尺是与建筑物体固定连接的，所以对于不同的观测周期，钢丝在标尺上的读数变化值就是该观测点的水平位移值。引张线法常用在大坝变形观调中，引张线安置在坝体廊道内，不受旁折光和外界影响，所观测精度较高，根据生产单位的统计，三测回观测平均值的中误差可达 0.03mm。

4.3　建筑物的变形观测

4.3.1　建筑物的裂缝观测

建筑物发现裂缝，为了观测裂缝的发展情况，要在裂缝处设置观测标志。设置标志的基本要求是：当裂缝开展时标志就能相应的开裂或变化，正确的反映建筑物裂缝发展情况。常用方法如下：

1. 石膏板标志

将一块厚 10mm，宽 50～80mm 的石膏板（长度视裂缝大小而定）用钉固定在裂缝两边。当裂缝继续发展时，石膏板也随之开裂，从而观察裂缝继续发展的情况，见图 3-41 所示。

2. 白铁片标志

用两块白铁片，一片取 120mm×120mm 的正方形，固定在裂缝的一侧。并使其一边和裂缝的边缘对齐；另一片为 50mm×（150～200）mm，固定在裂缝的另一

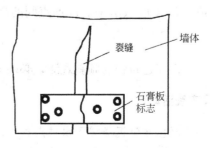

图 3-41　石膏板标志观测裂缝

侧，并使其中一部分紧贴相邻的正方形白铁片。用铁钉将两块白铁片分别固定在裂缝两边墙上后，在其表面均匀涂上红色油漆，如果裂缝继续发展，两白铁片将逐渐拉开，露出正方形白铁上原被覆盖没有涂油漆的部分，其宽度即为裂缝加大的宽度，可用尺子量出。见图 3-42 所示。

3. 钢筋标志

在裂缝两边钻孔，将长约 100mm，直径 10mm 以上的钢筋头插入，并使其露出墙外约 20mm 左右，用水泥砂浆嵌固。在两钢筋头埋设前，应先把外露一端锉平，在上面刻画十字线，作为量取间距的依据。待水泥砂浆凝固后，随时观测两金属棒之间的距离 a 并进行比较，即可掌握裂缝发展情况。见图 3-43 所示。

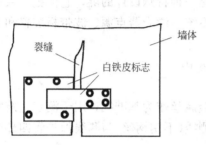

图 3-42　白铁皮标志观测裂缝

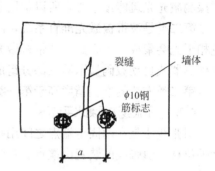

图 3-43　钢筋标志观测裂缝

4.3.2　建筑物的倾斜观测

在进行观测之前，先在进行倾斜观测的建筑物上设置上、下两点标志作为观测点，各点应位于同一竖直视准面内，如图 3-44 所示，M、N 为观测点。如果建筑物发生倾斜，MN 将由竖直线变为倾斜线 MN'。观测时，经纬仪与建筑物的距离应大于建筑物的高度。观测时，先瞄准上部观测点 M，用正倒镜法向下投点得 N'，如 N' 与 N 点不重合，则说明建筑物发生倾斜，$N'N$ 之间的水平距离 a 即为建筑物的倾斜值。若以 H 表示 M、N 两点间的高度，则倾斜度为：

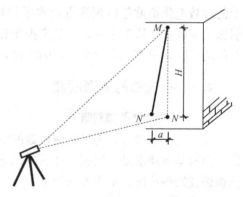

图 3-44　建筑物的倾斜观测

$$i = \arcsin \frac{a}{H} \tag{3-14}$$

高层建筑物的倾斜观测，必须分别在互成垂直的两个方向上进行。

【实践活动】

写出建筑沉降观测水准点和观测点的设置要求。

【实训考评】

学生自评(40%)：

　　观测点的设置要求：完整、正确□；基本完整、正确□；错误□。

教师评价(60%)：

　　观测点的设置要求：完整、正确□；基本完整、正确□；错误□。

项目4 土方及基础工程施工实训

【实训目标】 通过训练，使学生具有土方工程工程量的计算能力；具有浅基础基坑(槽)及管沟开挖土壁支撑的计算能力；掌握土方工程施工技术交底的内容，具有土方工程施工技术交底记录的编写能力。

任务1 土方工程施工计算

【训练目的】 通过训练，掌握土方工程工程量的计算方法；掌握浅基础基坑(槽)及管沟开挖土壁支撑的计算方法。

实训内容与指导

1.1 土方工程量的计算实例

1.1.1 基坑(槽)土方工程量计算实例

1. 基坑(槽)的土方计算公式

（1）基坑的土方计算

基坑土方量可按立体几何中的拟柱体体积公式计算(图4-1)。即

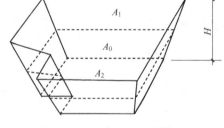

$$V=\frac{H}{6}(A_1+4A_0+A_2) \qquad (4\text{-}1)$$

式中　H——基坑深度(m)；

　　　A_1——基坑上截面面积(m^2)；

　　　A_2——基坑下截面面积(m^2)；

　　　A_0——基坑中截面的面积(m^2)。

图4-1 基坑土方量计算

（2）基槽的土方计算

基槽和路堤管沟的土方量可以沿长度方向分段后，再用同样方法计算(图4-2)。

$$V_i=\frac{L_i}{6}(A_1+4A_0+A_2) \qquad (4\text{-}2)$$

式中　V_i——第 i 段的土方量(m^3)；

　　　L_i——第 i 段的长度(m)。

将各段土方量相加即得总土方量 $V_{总}$：

$$V_{总}=\Sigma V_i \qquad (4\text{-}3)$$

2. 计算实例

【案例 4-1】　某基坑底长 85m，宽 60m，深 8m，四边放坡，边坡坡度 1：0.5。土的最初可松性系数 $K_s=1.14$，最终可松性系数 $K_s'=1.05$。

(1) 试计算土方开挖工程量。

(2) 若混凝土基础和地下室占有体积为 21000m³，则应预留多少回填土（以自然状态土体积计）？

(3) 若多余土方外运，问外运土方（以自然状态的土体积计）为多少？

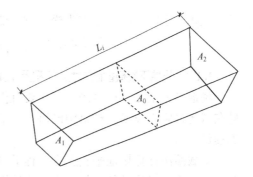

图 4-2　基槽土方量计算

(4) 如果用斗容量为 3.5m³ 的汽车外运，需运多少车？

计算如下：

(1) 计算土方开挖工程量

1) 基坑上口面积计算为：

上口长＝85＋2(8×0.5)＝93m

上口宽＝60＋2(8×0.5)＝68m

上口面积 A_1＝93×68＝6324m²

2) 基坑中部面积计算为：

中部长＝(85＋93)÷2＝89m

中部宽＝(60＋68)÷2＝64m

中部面积 A_0＝89×64＝5696m²

3) 基坑底面积计算为：A_1＝85×60＝5100m²

4) 基坑土方量为：

$$V=\frac{H}{6}(A_1+4A_0+A_2)=\frac{8}{6}(6324+4\times5696+5100)=45611.7\text{m}^3$$

(2) 预留回填土方计算（以自然状态土体积计）

1) 扣除混凝土基础和地下室占有体积后需回填的体积（该体积为夯实回填的体积）为：

$$V_3=45611.7-21000=24611.7\text{m}^3$$

2) 预留回填土方折算为自然状态土体积（最终可松性系数 $K_s'=1.05$）

由最后可松性系数计算公式：$K_s'=\dfrac{V_3}{V_1}$ 得，预留回填土在自然状态土的体积为：

$$V_{1填}=24611.7\div1.05=23440\text{m}^3$$

(3) 外运土方计算（以自然状态的土体积计）

$$V_{1运}=45611.7-23440=22171.7\text{m}^3$$

(4) 计算外运车数 N

汽车外运时，所装土方为松土方，即 $3.5\mathrm{m}^3$ 为松土。

$$N = 22171.7 \times 1.14 \div 3.5 = 7222 \text{ 车}$$

1.1.2　场地平整横截面法土方工程量计算实例

场地平整土方工程量的计算主要有横截面法和方格网法。方格网法计算土方量在《建筑施工技术》教材中已讲述，下面主要介绍横截面法计算场地平整土方工程量。

横截面法计算场地平整土方工程量多用于地形起伏变化较大、自然地面较复杂的地段或地形狭长的地带。本方法计算较为简单方便，但精度较低。

（1）计算步骤

计算时根据地形图或现场测绘，将场地划分为若干个相互平行的横截面，应用横截面计算公式逐段计算土方量，最后将各段汇总，即得场地总的挖、填土方量。其计算步骤如下：

1）划分横截面：划分横截面时应垂直等高线或垂直主要建筑物的边长，两横截面间的间距通常取 10～15m。如图 4-3（a）中将场地划分为 AA'、BB'、CC'、DD'、EE'。

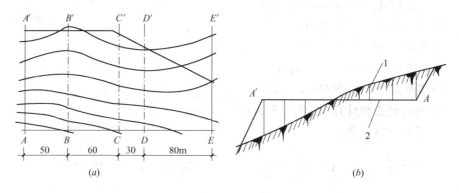

图 4-3　横截面法计算土方工程量

（a）横截面划分；（b）绘制横截面图

1—自然地面；2—设计地面

2）绘制横截面图：横截面图形应按比例 [水平为 1 :（200～500），竖直为 1 :（100～200）] 绘制，每个横截面应画出自然地面和设计地面的轮廓线，如图 4-3（b）；两轮廓线之间的面积即为挖方或填方的截面。

3）计算横截面面积：按表 4-1 中的公式计算，即可得出每个横截面的挖方或填方截面面积。

4）计算土方量：根据横截面积按下式分段计算土方量

$$V_{i,i+1} = \frac{A_i + A_{i+1}}{2} \cdot L_{i,i+1} \tag{4-4}$$

式中　$V_{i,i+1}$——相邻两横截面间的土方量（m^3）；

A_i、A_{i+1}——相邻两横截面的挖（或填）方截面面积（m^2）；

$L_{i,i+1}$——相邻两截面的间距(m)。

5) 汇总全部土方量

$$V = \sum_{i=1}^{n} V_{i,i+1} \tag{4-5}$$

按表 4-2 的格式汇总全部土方量。

常用横截面计算公式　　　　　　　　　　　　　　　表 4-1

序　号	计　算　图　形	计　算　公　式
1		$A = h(b + nh)$
2		$A = h\left[b + \dfrac{h(m+n)}{2}\right]$
3		$A = b\dfrac{(h_1 + h_2)}{2} + nh_1 h_2$
4		$A = h_1\dfrac{a_1 + a_2}{2} + h_2\dfrac{a_2 + a_3}{2} + h_3\dfrac{a_3 + a_4}{2} + h_4\dfrac{a_4 + a_5}{2}$
5		$A = \dfrac{a}{2}(h_0 + 2h + h_7)$ $h = h_1 + h_2 + h_3 + h_4 + h_5 + h_6$

土方工程量汇总表　　　　　　　　　　　　　　　表 4-2

截　　面	填方面积(m²)	挖方面积(m²)	截面间距(m)	填方体积(m³)	挖方体积(m³)
AA'	40	18	50	2150	950
BB'	46	20	60	2340	1740
CC'	32	38	30	810	900
DD'	22	22	80	1200	2960
EE'	8	14			
合　　计				6500	6550

（2）横截面法实例

【案例 4-2】 某工程地形见图 4-3，按表 4-1 中的公式计算 AA'、BB'、CC'、DD'、EE' 截面的填方面积分别为：40m²、46m²、32m²、22m²、8m²，挖方面积分别为：18m²、20m²、38m²、22m²、14m²，计算该场地的总挖、填方量。

【解】 由图 4-3 所标注的各截面间的间距，按式 4-6 计算各截面间的土方工程量如下：

$$V_{AB填}=(40+46)\div2\times50=2150m^3$$

$$V_{AB挖}=(18+20)\div2\times50=950m^3$$

$$V_{BC填}=(46+32)\div2\times60=2340m^3$$

$$V_{BC挖}=(20+38)\div2\times60=1740m^3$$

$$V_{CD填}=(32+22)\div2\times30=810m^3$$

$$V_{CD挖}=(38+22)\div2\times30=900m^3$$

$$V_{DE填}=(22+8)\div2\times80=1200m^3$$

$$V_{CD挖}=(22+14)\div2\times80=2960m^3$$

汇总全部土方量，见表 4-2。

1.2　土方边坡稳定计算

1.2.1　挖方安全边坡的计算

土方开挖除根据土的类别按施工及验收规范规定放坡外，对重要工程或对边坡稳定有疑虑的挖方边坡，还应进行安全边坡稳定计算，以确保边坡稳定和施工操作安全。以下介绍通过计算确定安全边坡的方法。

由地勘资料查出边坡土的重力密度、内摩擦角和黏聚力值（无地质资料时，可查有关手册），便可由计算确定安全边坡。

如图 4-4，假定边坡滑动面通过坡脚一平面，滑动面上部主体为 ABC，其质量为：

$$M=\frac{\rho h^2}{2}\cdot\frac{\sin(\theta-\alpha)}{\sin\theta\cdot\sin\alpha} \quad (4\text{-}6)$$

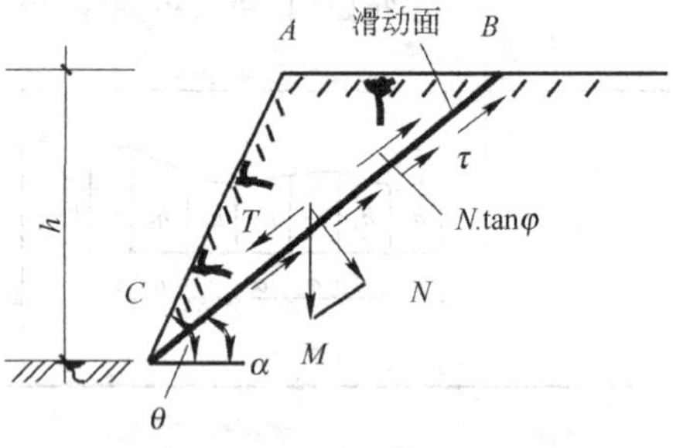

图 4-4　挖方边坡计算简图

当土体处于极限平衡状态时，挖方边坡的允许最大高度可按下式计算：

$$h=\frac{2c\cdot\sin\theta\cdot\cos\varphi}{\rho\cdot\sin^2\left(\dfrac{\theta-\varphi}{2}\right)} \quad (4\text{-}7)$$

式中　ρ——土的重力密度（kN/m³）；

$\quad\quad\quad\theta$——边坡的坡度角（°）；

$\quad\quad\quad\varphi$——土的内摩擦角（°）；

$\quad\quad\quad c$——土黏聚力（kN/m²）。

由式 4-6、4-7 可知，当已知土的 ρ、φ、c 值，假定开挖边坡的坡度角 α 值，即可求得挖方边坡的允许最大高度 h 值。

由上两式分析得：

(1) 当 $\theta = \varphi$ 时，$h \rightarrow \infty$，即边坡的极限高度不受限制，土坡处于平衡状态，此时土的黏聚力未被利用。

(2) 当 $\theta > \varphi$ 时，为陡坡，此时 c 值越大，允许的边坡高度 h 越高。

(3) 当 $\theta > \varphi$ 时，若 $c = 0$，则 $h = 0$，此时挖方边坡在任何高度下将是不稳定的。

(4) 当 $\theta < \varphi$ 时，为缓坡，此时 θ 越小，允许边坡高度 h 越大。

【案例 4-3】 某工程基坑开挖，地基土的重度重力密度 $\rho = 17\text{kN/m}^3$，内摩擦角 $\varphi = 20°$，黏聚力 $c = 10\text{kN/m}^2$。

求：(1) 当开挖坡度角 $\theta = 60°$ 时，土坡稳定时的允许最大高度。

(2) 挖土坡度为 6.0m 时的稳定坡度 θ。

【解】 (1) 由式 4-7，开挖坡度角 $\theta = 60°$ 时，土坡稳定时的允许最大高度 h 为：

$$h = \frac{2c \cdot \sin\theta \cdot \cos\varphi}{\rho \cdot \sin^2\left(\dfrac{\theta - \varphi}{2}\right)} = \frac{2 \times 10\sin60° \cdot \cos20°}{17 \cdot \sin^2\left(\dfrac{60° - 20°}{2}\right)} = 8.18 \quad (\text{m})$$

故土坡允许最大高度为 8.18m

(2) 将已知挖土坡高 $h = 6.0$m 及 ρ、φ、c 值代入式 4-7 得：

$$6.0 = \frac{2c \cdot \sin\theta \cdot \cos\varphi}{\rho \cdot \sin^2\left(\dfrac{\theta - \varphi}{2}\right)} = \frac{2 \times 10\sin\theta \cdot \cos20°}{17 \times \sin^2\left(\dfrac{\theta - 20°}{2}\right)}$$

解得：$\sin\theta = 0.9336$，$\theta = 69°$，故土坡的稳定坡角为 69°。

1.2.2 土方直立壁开挖高度计算

土方开挖时，当土质均匀，且地下水位低于基坑（槽）底面标高时，挖方边坡可以做成直立壁不加支撑。对黏性土竖直壁允许最大高度 $h_{\max}$ 可以按以下步骤计算：

作用在坑（槽）壁上的土压力为 E_a（见图 4-5），令 $E_a = 0$，由土力学计算公式得：

$$E_a = \frac{\rho h^2}{2} \cdot \tan^2\left(45° - \frac{\varphi}{2}\right) - 2c \cdot h \cdot \tan\left(45° - \frac{\varphi}{2}\right) + \frac{2c^2}{\rho} = 0$$

$$(4\text{-}8)$$

由式 4-8 得：

$$h = \frac{2c}{\rho \cdot \tan\left(45° - \dfrac{\varphi}{2}\right)}$$

考虑安全因素，黏性土竖直壁允许最大高度 $h_{\max}$ 的计算式为：

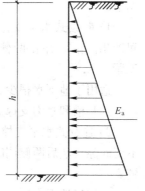

图 4-5 基坑直立壁开挖高度计算简图

$$h_{\max}=\dfrac{2c}{K\cdot\rho\cdot\tan\left(45°-\dfrac{\varphi}{2}\right)} \tag{4-9}$$

当坑顶护道上有均布荷载 $q(\text{kN}/\text{m}^2)$ 作用时，则有：

$$h_{\max}=\dfrac{2c}{K\cdot\rho\cdot\tan\left(45°-\dfrac{\varphi}{2}\right)}-\dfrac{q}{\rho} \tag{4-10}$$

式中　ρ——土的重力密度(kN/m^3)；

　　　φ——土的内摩擦角$(°)$；

　　　c——土黏聚力，(kN/m^2)；

　　　K——安全系数，一般取 1.25；

　　　h——基坑开挖高度(m)。

【案例 4-4】　某开挖基坑，土质为粉质黏土，土的重力密度为 18.0kN/m³，内摩擦角为 20°，黏聚力为 14.5kN/m²，坑顶护道上均布荷载为 4.0kN/m²，试计算坑壁最大允许竖直开挖高度。

【解】　取 $K=1.25$，将各值代入式 4-10 有：

$$h_{\max}=\dfrac{2c}{K\cdot\rho\cdot\tan\left(45°-\dfrac{\varphi}{2}\right)}-\dfrac{q}{\rho}=\dfrac{2\times14.5}{1.25\times18\times\tan(45°-10°)}-\dfrac{4}{18}=1.62\text{m}$$

故直立壁允许最大开挖高度为 1.62m。

1.3　浅基坑(槽)和管沟开挖的支撑方法及计算

1.3.1　浅基坑(槽)和管沟开挖的支撑方法

(1) 浅基槽和管沟的支撑方法

基槽和管沟由于宽度相对较小，可用对撑式支撑方法，常用的支撑有断续式水平支撑、连续式水平支撑、竖直式支撑等，其支撑构造、支撑方法及适用条件如下：

1) 断续式水平支撑：其支撑构造如图 4-6(a)；支撑时挡土板水平放置，中间留出间隔，并在两侧同时对称立竖方木，再用工具式横撑或木横撑上、下顶紧。

适用于地下水很少、深度在 3m 以内，能保持直立壁的干土或天然湿度的黏性土的基槽和管沟支撑。

2) 连续式水平支撑：其支撑构造如图 4-6(b)；支撑时挡土板水平连续放置，不留间隙，然后两侧同时对称立竖木方，上、下各顶一根横支撑木，端头加木楔楔紧。

适用于地下水很少、深度在 3m 以内较松散的干土或天然湿度的黏性土的基槽和管沟支撑。

3) 竖直式支撑：其支撑构造如图 4-6(c)；支撑时挡土板竖直放置，可连续或留适当间隙，然后每侧上、下各水平顶一根木方，再用横撑顶紧。

适用于地下水较少、土质较松散或湿度很高的土的基槽和管沟支撑，其深度不限。

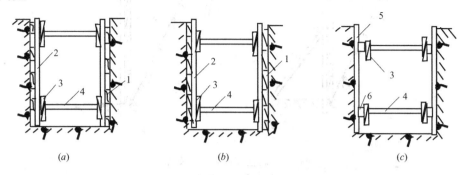

图 4-6 基槽和管沟的支撑方法
(a)断续式水平支撑；(b)连续式水平支撑；(c)竖直式支撑
1—水平挡土板；2—竖方；3—木楔；4—横撑；5—竖直挡土板；6—水平木方

（2）浅基坑的支撑方法

浅基坑的特点是：基坑的深度较小，基坑两对侧的距离较大，无法使用对撑式支撑方法，常用的支撑形式有型钢桩横挡板支撑、斜柱支撑、锚拉支撑等。其支撑构造、支撑方法及适用条件如下：

1）型钢桩横挡板支撑：其支撑构造如图 4-7；支撑时沿挡土位置预先打入钢轨、工字钢或 H 形钢桩，间距 1.0～1.5m，然后一边挖土方，一边将 30～60mm 厚的挡土板嵌入钢桩之间挡土，并在横向挡土板与型钢桩之间打上楔子，使横向挡土板与土体紧密接触。

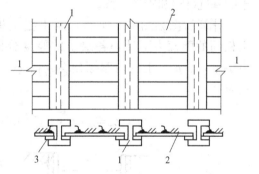

图 4-7 型钢桩横挡板支撑
1—型钢钢柱；2—挡土板；3—木楔

适用于地下水位较低、深度不很大的一般黏性或砂土层中浅基坑的支撑。

2）斜柱支撑：其支撑构造如图 4-8(a)；支撑时水平挡土板钉在柱桩内侧，柱桩外侧用斜撑支顶，斜撑底端用木桩固定，支撑安设完成后在挡土板内侧回填土。

适用于开挖较大型、深度不大的基坑或使用机械挖土时浅基坑的支撑。

3）锚拉支撑：其支撑构造如图 4-8(b)；支撑时水平挡土板支在柱桩的内侧，柱桩一端打入土中，另一端用拉杆与锚桩拉紧，支撑安设完成后在挡土板内侧回填土。

上述三种支撑主要适用于开挖较大型、深度不大的基坑或使用机械挖土，不能安设横撑时使用的浅基坑的支撑。

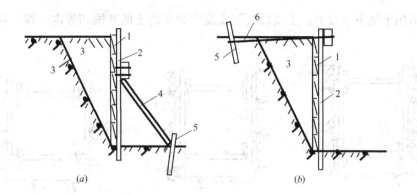

图 4-8 斜柱支撑和锚拉支撑

(*a*)斜柱支撑；(*b*) 锚拉支撑

1—挡土板；2—竖桩；3—回填土；4—斜撑；5—小桩；6—锚拉拉杆

1.3.2 基坑(槽)和管沟开挖的支撑计算

(1) 连续水平板式支撑的计算

连续水平板式支撑的构造见图 4-6(*b*)，其挡土板水平连续放置，不留间隙，两侧用对称立竖楞木(立柱)，上、下各顶一根横撑木，端头加木楔楔紧。这种支撑适用于深度为 3~5m，地下水很少，土壤为较松散的干土或天然湿度的黏土类土的基坑(槽)和管沟支撑。

计算简图如图 4-9 所示，水平挡土板承受土的水平压力作用，设土与挡土板间的摩擦力不计，各层土的厚度分别为 h_1、h_2、h_3，对应土的重力密度为 ρ_1、ρ_2、ρ_3，土的内摩擦角为 φ_1、φ_2、φ_3；则深度 h 处的主动土压力强度 p_a 为：

$$p_a = \rho \cdot h \cdot \tan^2\left(45° - \frac{\varphi}{2}\right) \quad (\mathrm{kN/m^2}) \tag{4-11}$$

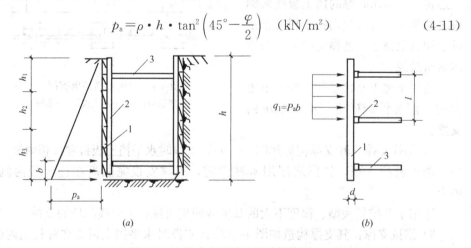

图 4-9 连续式水平挡土板计算简图

(*a*)水平挡土板受力简图；(*b*)水平挡土板计算简图

1—水平挡土板；2—立柱；3—横撑

式中 h——基坑(槽)深度(m)；

ρ——坑壁土的平均重力密度，计算式如下：

$$\rho=\frac{\rho_1 h_1+\rho_2 h_2+\rho_3 h_3}{h_1+h_2+h_3} \quad (\text{kN/m}^3) \tag{4-12}$$

φ——坑壁土的平均内摩擦角，计算式如下：

$$\varphi=\frac{\varphi_1 h_1+\varphi_2 h_2+\varphi_3 h_3}{h_1+h_2+h_3} \quad (°) \tag{4-13}$$

1）挡土板计算

挡土板厚度按下面受力最大的一块板计算。设深度 h 处的挡土板宽度为 b，则主动土压力作用在该挡土板上的荷载为 $q_1=p_a \cdot b$，如图 4-10。将挡土板视作简支梁，当立柱间距为 L 时，则挡土板承受的最大弯矩 M_{max} 为：

$$M_{max}=q_1 \cdot L^2/8= p_a \cdot b L^2/8 \tag{4-14}$$

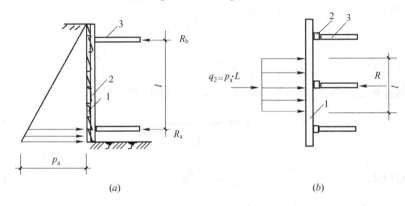

图 4-10 连续式水平挡板立柱计算简图

(a)立柱受力简图；(b)立柱计算简图

1—水平挡土板；2—立柱；3—横撑

所需水平挡板的截面矩 W 为：

$$W=M_{max}/f_m \tag{4-15}$$

式中 f_m——木材的抗弯强度设计值(N/mm²)。

则所需的水平木挡板的厚度 d 为：

$$d=(6W/b)^{1/2} \tag{4-16}$$

2）立柱计算

立柱为承受三角形荷载的连续梁，按多跨简支梁计算，并按控制跨设计立柱尺寸。当基坑(槽)壁设二道木横撑，立柱横撑上下间距为 l，立柱间距为 L 时，则下端支点处主动土压力的荷载 $q_2=p_a \cdot L$；立柱下端支点反力 $R_a=q_2 \cdot l/3$；上端支点反力为：$R_b=q_2 \cdot l/6$。

则最大弯矩所在截面与上端支点的距离为：$x=0.578l$。

立柱最大弯矩为：$\qquad M_{max}=0.064 q_2 \cdot l^2 \tag{4-17}$

最大应力为：$\qquad\qquad \sigma=M_{max}/Wf_m \tag{4-18}$

最大应力 $\sigma \leqslant f_m$。

3）横撑计算

横撑为轴心受压杆件，支点反力通过横撑的轴线，可按下式计算需用截面积：

$$A_0 = \frac{R}{\varphi \cdot f_c} \qquad (4-19)$$

式中　A_0——横撑木的截面积（mm^2）；

　　　R——横撑木承受的支点最大反力（N）；

　　　f_c——木材顺纹抗压及承压强度设计值（N/mm^2）；

　　　φ——横撑木的轴心受压稳定系数；其值可按树种强度等级进行计算。

φ 值与横撑木的细长比有关，当树种强度等级为 TC17、TC15、TB20 时，计算式为：

$\lambda \leqslant 75$ 时，

$$\varphi = \frac{1}{1+\left(\frac{\lambda}{80}\right)^2} \qquad (4-20)$$

$\lambda > 75$ 时，

$$\varphi = \frac{3000}{\lambda^2} \qquad (4-21)$$

当树种强度等级为 TC13、TC11、TB17、TB15 时：

$\lambda \leqslant 91$ 时，

$$\varphi = \frac{1}{1+\left(\frac{\lambda}{65}\right)^2} \qquad (4-22)$$

$\lambda > 91$ 时，

$$\varphi = \frac{2800}{\lambda^2} \qquad (4-23)$$

【案例 4-5】 某工程管道沟槽深 3m，宽 2.5m；上层 1m 为杂填土，重力密度 $\rho_1 = 17kN/m^3$，内摩擦角 $\varphi_1 = 22°$；下部 2m 为褐黄色黏土，重力密度 $\rho_2 = 18kN/m^3$，内摩擦角 $\varphi_2 = 23°$。用连续水平板式支撑，试选择支撑木截面。木材为杉木，木材抗弯强度设计值 $f_m = 10N/mm^2$，木材顺纹抗压强度设计值 $f_c = 10N/mm^2$。

【解】 （1）参数计算

土的平均重力密度值 $\rho = \dfrac{17 \times 1 + 18 \times 2}{1+2} = 17.7N/mm^3$

土的平均内摩擦角值 $\varphi = \dfrac{22 \times 1 + 23 \times 2}{1+2} = 22.7°$

沟底 3m 深处土的水平压力 p_a

$$p_a = 17.7 \times 3 \times \tan^2\left(45° - \frac{22.7}{2}\right) = 23.53kN/m^2$$

（2）立柱间距设计

水平挡土板截面尺寸选用 75mm×200mm，在 3m 深处土压力作用在木板上的荷载为：

$$q_1 = 23.53 \times 0.2 = 4.71kN/m$$

木板的截面矩为：

$$W = \frac{200 \times 75^2}{6} = 187500mm^3$$

木材抗弯强度设计值 $f_m = 10 \text{N/mm}^2$，所能承受的最大弯矩 M_{max} 为：

$$M_{max} = 187500 \times 10 = 1875000 \text{N} \cdot \text{mm} = 1.875 \text{kN} \cdot \text{m}$$

由水平挡土板最大弯矩计算式 $M_{max} = q_1 \cdot L^2 / 8$，立柱间距 L 为：

$$L = \sqrt{\frac{8M_{max}}{q_1}} = \sqrt{\frac{8 \times 1.875}{4.71}} = 1.78 \text{m}; \text{取立柱间距} L = 1.6 \text{m}$$

（3）横撑间距计算

立柱下支点处主动土压力荷载 q_2：$q_2 = p_a \times L = 23.53 \times 3 = 70.59 \text{kN/m}$

立柱选用截面为 150mm × 250mm 方木，其截面矩 $W = \dfrac{150 \times 250^2}{6}$ $= 1562500 \text{mm}^3$；

木材抗弯强度设计值 $f_m = 10 \text{N/mm}^2$，所能承受的最大弯矩 M_{max} 为：

$$M_{max} = 1562500 \times 10 = 15625000 \text{N} \cdot \text{mm}$$
$$= 15.63 \text{kN} \cdot \text{m}$$

横撑木的间距：$l = \sqrt{\dfrac{15.63}{0.0642 \times 70.59}} =$ 1.86m。

为便于支撑，取 $l = 1.8$m，立柱上端悬臂0.8m，下端悬臂0.4m，见图4-11。

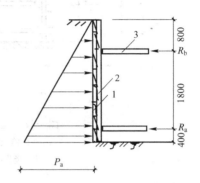

图 4-11 连续式水平挡板立柱计算简图
1—水平挡土板；2—立柱；3—横撑

立柱上端支点反力：$R_b = q_2 \cdot l/6 =$ $70.59 \times 1.8/6 = 21.18 \text{kN}$。

立柱下端支点反力：$R_a = q_2 \cdot l/3 = 70.59 \times 1.8/3 = 42.36 \text{kN}$。

横撑按轴心受压构件计算，木材顺纹抗压强度设计值 $f_c = 10 \text{N/mm}^2$。横撑木实际长度为：

$$l_0 = 2.5 - (0.25 + 0.075) \times 2 = 1.85 \text{m},$$

初步选定横撑截面尺寸为 100mm × 100mm 方木，其长细比 $\lambda = l_0 / i$

构件回转半径： $i = 100/3.464 = 28.87$

长细比： $\lambda = l_0 / i = 1850/28.87 = 64.08 < 91$

则： $\varphi = \dfrac{1}{1 + \left(\dfrac{\lambda}{65}\right)^2} = \dfrac{1}{1 + \left(\dfrac{64.08}{65}\right)^2} = 0.51$

横撑木轴心受压力 $N = \varphi A_0 f_c = 0.51 \times 150 \times 150 \times 10 = 114.8 \text{kN} > 42.36 \text{kN}$ 横撑满足强度要求。

（2）连续竖直式支撑的计算

连续竖直式支撑构造如图4-6(c)；支撑时挡土板连续竖直放置，然后每侧上、下各顶一根水平木方，再用横撑顶紧。

基坑（槽）和管沟开挖，采用连续竖直板式支撑挡土时，其横垫木和横撑木的布置和计算有等距离和等弯矩（不等距离）两种方式。

1）横撑等距离布置计算

如图 4-12 所示，连续竖直式支撑的横撑木的间距均相等，竖直挡土板承受土的水平压力，为一受弯构件，取最下一跨受力最大的板进行计算，计算方法与连续水平板式支撑的立柱相同，可将三角形分布荷载简化为梯形均布荷载(等于其平均值)，其最大弯矩 $M_i = q_i h_i^2 / 8$，由此可计算竖直挡土板截面尺寸。

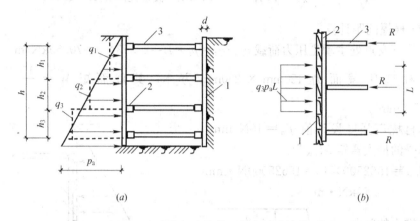

图 4-12 连续竖直式等距横支撑计算简图

(a)竖直挡土板计算简图；(b)横垫木计算简图

1—竖直挡土板；2—横垫木；3—横撑

横垫木的计算及荷载与连续水平板式支撑的水平挡土板计算相同；横撑木的作用力为横垫木的支点反力，其截面计算亦与连续水平板式支撑的横撑木计算相同。

横撑等距离布置挡土板的厚度按最下面受土压力最大的板跨进行计算，需要厚度较大，不够经济，但偏于安全。

2) 横撑等弯矩(不等距离)布置计算

横撑等弯矩(不等距离)布置计算简图如图 4-13 所示，横垫木和横撑木的间距为不等距支设，随基坑(槽)、管沟深度而变化，土压力增大而加密，使各跨间承受弯矩相等。

设相邻两横撑间的土压力 E_{ai} 均匀分布在其高度 h_i 范围内，压强为 $q_i = E_{ai}/h_i$。假定竖直挡土板各跨均为简支，则该跨中的最大弯矩为：

$$M_{i\max} = (q_i h_i^2)/8$$

则该跨单位宽度的弯矩为：

$$M_i = \frac{E_{a1} \cdot h_1}{8} = \frac{f_m \cdot d^2}{6}$$

将 $E_{ai} = \dfrac{1}{2} p_{ai} h_i = \dfrac{1}{2} \rho h_i^2 \tan^2\left(45° - \dfrac{\varphi}{2}\right)$ 代入上式得：

$$\frac{1}{16} \rho h_i^3 \tan^2\left(45° - \frac{\varphi}{2}\right) = f_m \frac{d^2}{6}$$

$$h_1^3 = 2.67 \times \frac{f_m d^2}{\rho \tan^2\left(45° - \dfrac{\varphi}{2}\right)}$$

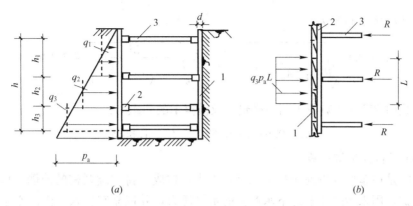

图 4-13   连续竖直式等弯矩不等距离横支撑计算简图

(a)竖直挡土板计算简图；(b)横垫木计算简图

1—竖直挡土板；2—横垫木；3—横撑

式中 d ——竖直挡土板的厚度(cm)；

f_m——木材的抗弯强度设计值，取 $f_m=10N/mm^2$；

ρ ——土的平均重力密度，取 $\rho=18kN/m^3$；

φ ——土的内摩擦角(°)。

将 f_m、ρ 值代入上式得：

$$h_1=0.53\sqrt[3]{\frac{d^2}{\tan^2\left(45°-\frac{\varphi}{2}\right)}} \qquad (4\text{-}24)$$

其他横垫木和横撑木的间距，可按等弯矩条件进行计算：

$$\frac{E_{a1}\cdot h_1}{8}=\frac{E_{a2}\cdot h_2}{8}=\frac{E_{a3}\cdot h_3}{8}=\cdots\cdots=\frac{E_{an}\cdot h_n}{8}$$

将 E_{a1}、E_{a2}、E_{a3}……E_{an}代入解得：

$$h_2=0.62h_1 \qquad (4\text{-}25)$$

$$h_3=0.52h_1 \qquad (4\text{-}26)$$

$$h_4=0.46h_1 \qquad (4\text{-}27)$$

$$h_5=0.42h_1 \qquad (4\text{-}28)$$

$$h_6=0.39h_1 \qquad (4\text{-}29)$$

如已知竖直挡土板厚度与土的内摩擦角，即可由式(4-24)～式(4-29)求得横垫木和横撑木的间距。一般竖直挡土板厚度取 50～80mm；横撑木视土压力的大小和基坑(槽)、管沟的宽度与深度采用，一般用 100mm×100mm～160mm×160mm 方木或直径 80～150mm 圆木。

【案例 4-6】某工程基坑槽深为 4.0m，土的重力密度为 $\rho=18kN/m^3$，木材的抗弯强度设计值 $f_m=10N/mm^2$，土的内摩擦角 $\varphi=28°$，采用 50mm 厚竖直挡土木板，试求横垫木(横撑木)的间距。

【解】 根据基坑槽深度，拟采用三层横垫木及横撑木。由式(4-24)得最上层横垫木及横撑木间距为：

$$h_1 = 0.53 \sqrt[3]{\frac{d^2}{\tan^2\left(45° - \frac{\varphi}{2}\right)}} = 0.53 \sqrt[3]{\frac{5^2}{\tan^2\left(45° - \frac{28°}{2}\right)}} = 2.18\text{m}$$

由式(4-25)、可算得下两层横垫木及横撑木的间距为：

$$h_2 = 0.62 h_1 = 0.62 \times 2.18 = 1.35\text{m}$$

（3）悬臂式板桩计算

板桩是在基坑开挖时用打桩机沉入土中，构成一排连续紧密的薄墙，作为基坑的支护，用来承受土和地下水产生的水平压力，并依靠它打入土内的水平阻力及设在板桩上部的拉锚或支撑来保持支护的稳定。板桩支护使用的材料有型钢、木板、钢筋混凝土等。而钢板桩由于强度高，连接紧密可靠，打设方便，应用最为广泛。悬臂式板桩不设支撑或描杆，完全依靠打入土的深度来保证其稳定性。

作用在板桩上的力主要有土的侧压力与地面荷载两大类。

土的侧压力与土的内摩擦角 φ、黏聚力 C 和重力密度 ρ 有关，其值由工程地质勘察报告提供。在坑内打桩、降水等施工后，土质有挤密、固结或扰动情况，土的 c、ρ、φ 值应进行二次勘察测定作调整。如土层不同时，应分层计算土的侧压力，对于不降水的一侧，应分别计算地下水位以下的土和地下水对板桩的侧压力。

地面荷载包括静载（堆土、堆物等）和活载（施工活载、汽车、吊车等），按实际情况折算成均布荷载计算。

悬臂式板桩的受力计算简图见图 4-14，图中 H 为板桩悬臂高度，E_a 为主动土压力，E_p 为被动土压力。入土深度和最大弯矩一般按以下步骤进行：

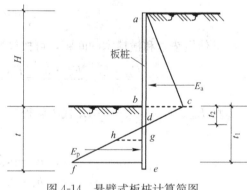

图 4-14　悬臂式板桩计算简图

1）试算确定埋入深度 t_1：先假定埋入深度 t_1，然后将净主动土压力 acd 和净被动土压力 def 对 e 点取力矩，要求由 E_p 产生的抵抗力矩大于由 E_a 所产生的倾覆力矩的 2 倍，即防倾覆的安全系数应大于 2。

2）确定最小入土深度 t：采用试算法求得 t_1，为确保板桩稳定，取最小入土深度 $t = 1.15 t_1$。

3）求入土深度 t_2 处剪力为零的点 g：通过试算求出 g 点，该点净主动土压力 acd 应等于净被动土压力 def。

4）计算最大弯矩 M_{max}：M_{max} 应等于净主动土压力 acd 与净被动土压力 def 绕 g 点力矩的差值。

5）选择板桩截面：根据求得的最大弯矩 M_{max} 和板桩材料的容许应力（钢板桩取钢材屈服应力的 1/2），即可选择板桩的截面、型号。

　　4m内悬臂板桩不同悬臂高度的最小入土深度 t 和最大弯矩 M_{max} 参考值
见表4-3。

不同悬臂高度时板桩的最小入土深度 t 和最大弯矩 M_{max} 参考值　　表4-3

内摩擦角 φ	不同悬臂高度时板桩的最小入土深度 t(m)						不同悬臂高度时板桩的最大弯矩 M_{max}(kN·m)					
	1.5	2.0	2.5	3.0	3.5	4.0	1.5	2.0	2.5	3.0	3.5	4.0
20°	0.9	2.2	—	—	—	—	17	44	—	—	—	—
25°	0.6	1.4	2.6	—	—	—	13	26	52	—	—	—
30°	0.5	0.9	1.7	3.0	—	—	7	16	34	58	—	—
35°	—	0.6	1.1	2.1	3.4	4.0	5	10	23	42	66	84
40°	—	0.6	0.8	1.5	2.3	3.0	4	8	15	28	45	59
45°	—	0.5	0.7	1.1	1.6	2.4	—	6	11	20	30	46
50°	—	—	0.5	0.8	1.1	2.0	—	5	8	16	21	41

注：本表适用于土的重力密度为15.5～18.0kN/m³情况。

　　(4) 单锚(支撑)式板桩计算

　　挡土钢板桩根据基坑挖土深度、土质情况、地质条件和相邻近建筑、管线情况等，除采用悬臂式板桩外，还可采用单锚(支撑)板桩和多锚(支撑)板桩等形式对坑壁进行支护。下面只介绍单锚式板桩的计算方法。

　　单锚板桩按入土深度分为浅埋板桩和深埋板桩两种。

　　1) 单锚浅埋板桩计算

　　设单锚浅埋板桩上、下端均为简支，板桩按单跨简支梁计算。在板桩后与板桩前作用有土压力，板桩后的土压力使板桩向前倾覆，我们称为主动土压力，把板桩前抗倾覆作用的土压力称为被动土压力(见图4-15)。

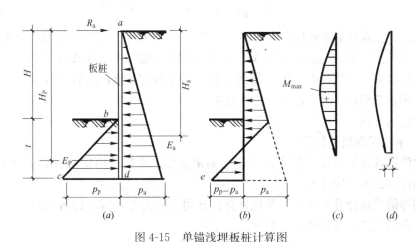

图4-15　单锚浅埋板桩计算图
(a)土压力分布图；(b)叠加后的土压力分布图；(c)弯矩图；(d)板桩变形图

主动土压力计算式为：　　　　　$E_a = \frac{1}{2} p_a (H+t)$　　　　　　(4-30)

被动土压力计算式为：$\qquad E_p = \dfrac{1}{2} p_p t \qquad\qquad$ (4-31)

式中 p_a——主动土压力最大压强，计算式为 $p_a = \rho(H+t)K_a$；

$\qquad K_a$——主动土压力系数，计算式为 $K_a = \tan^2\left(45° - \dfrac{\varphi}{2}\right)$；

$\qquad p_p$——被动土压力最大压强，计算式为 $p_p = \rho \cdot t \cdot K_p$；

$\qquad K_p$——被动土压力系数，计算式为 $K_p = \tan^2\left(45° - \dfrac{\varphi}{2}\right)$；

$\qquad \rho$——土的重力密度；

$\qquad \varphi$——土的内摩擦角。

将 p_a、K_a、p_p、K_p 分别代入式(4-30)、(4-31)有：

$$E_a = \frac{1}{2} p_a(H+t) = \frac{1}{2}\rho(H+t)^2 \tan^2\left(45° - \frac{\varphi}{2}\right) \qquad (4\text{-}32)$$

$$E_p = \frac{1}{2}\rho \cdot t^2 \tan^2\left(45° - \frac{\varphi}{2}\right) \qquad (4\text{-}33)$$

板桩应保持平衡(稳定)，各力对 a 点的力矩应等于零，即使 $\Sigma M_a = 0$，即：

$$E_a H_a - E_p H_p = E_a \cdot \frac{2}{3}(H+t) - E_p\left(H + \frac{2}{3}t\right) = 0$$

由此式求得所需的最小入土深度 t：

$$t = \frac{(3E_p - 2E_a)H}{2(E_a - E_p)} \qquad (4\text{-}34)$$

由 $\Sigma X = 0$，可求得作用在 a 点的锚杆拉力 R_a：

$$R_a - E_a + E_p = 0$$

$$R_a = E_a - E_p \qquad (4\text{-}35)$$

根据入土深度 t 和锚杆拉力 R_a，可画出作用在板桩上的所有的力，并可求得剪力为零的点及对应的最大弯矩 M_{max}，由最大弯矩值选用板桩截面尺寸。

板桩截面尺寸选用时，为了简化计算，可先假定 t 值，然后进行验算，如不合适，再重新假定 t 值，直至合适时为止。

板桩入土深度 t 计算时取安全系数为 2。

2) 单锚深埋板桩计算

单锚深埋板桩上端为简支，下端为固定支座，采用等值梁法计算较为简便。板桩的计算简图见图4-16。

用等值梁法计算板桩，为简化计算，常用土压力等于零的位置来代替正负弯矩转折点的位置，其计算步骤和方法如下：

A. 计算作用于板桩上的土压力强度，并绘出土压力分布图。计算土压力强度时，应考虑板桩墙与土的摩擦作用，将板桩墙前和墙后的被动土压力分别乘以修正系数 K、K_0，钢板桩的被动土压力修正系数值见表4-4。

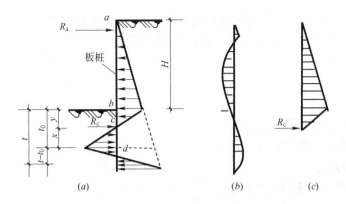

图 4-16　单锚深埋板桩计算图
(a)板桩土压力分布；(b)板桩弯矩图；(c)等值梁

钢板桩的被动土压力修正系数　　　　　　　　　　　　　　表 4-4

土的内摩擦角 φ	10°	15°	20°	25°	30°	35°	40°
K	1.20	1.40	1.60	1.70	1.80	2.00	2.30
K_0	1.00	0.75	0.64	0.55	0.47	0.40	0.35

　　B. 计算板桩墙上土压力强度等于零的点离挖土面的距离 y，在 y 处板桩墙前的被动土压力等于板桩墙后的主动土压力，即：

$$\rho \cdot K \cdot K_P \cdot y = \rho K_a (H+y) = P_b + \rho \cdot K_a \cdot y$$

$$y = \frac{p_b}{\rho(K \cdot K_P - K_a)} \tag{4-36}$$

式中　p_b——挖土面处板桩墙后的主动土压力强度值。

　　其余符号意义同前。

　　C. 按简支架计算等值梁的最大弯矩 M_{max} 和两个支点的反力 R_a 和 R_c。

　　D. 计算板桩墙的最小入土深度 t_0，$t_0 = y + x$。

　　距离 x 可由 R_c 和墙前被动土压力对板桩底端的力矩相等求得，即：

$$R_c = \frac{\rho(K \cdot K_P - K_a)}{6} x^2$$

解得：

$$x = \sqrt{\frac{6 \cdot R_c}{\rho(K \cdot K_P - K_a)}} \tag{4-37}$$

板桩所需埋入深度 t 为：

$$t = (1.1 \sim 1.2) t_0 \tag{4-38}$$

板桩埋入深度安全系数一般取 1.1，板桩后面为填土时取 1.2。

【实践活动】

　　已知基坑深为 4.0m，土的重力密度为 $\rho = 19 \text{kN/m}^3$，木材的抗弯强度设计值，取 $f_m=10\text{N/mm}^2$，土的内摩擦角 $\varphi=29°$，采用 60mm 厚垂直挡土木板，对该基坑支撑的横横撑木间距进行设计(画出支撑简图)。

【实训考评】

学生自评(40%)：

　　支撑简图：正确□；错误□。

　　设计计算：正确□；错误□。

教师评价(60%)：

　　支撑简图：正确□；错误□。

　　计算公式：正确□；错误□。

　　计算步骤和结果：正确□；错误□。

任务2 土方工程施工技术交底

【训练目的】 通过训练，使学生掌握土方工程施工技术交底的内容，具有土方工程施工技术交底的编写能力。

实训内容与指导

施工技术交底就是在施工组织与管理工作中，使参与施工活动的每一个技术人员，明确本工程的施工条件、施工组织、具体技术要求和有针对性的关键技术措施，掌握工程施工全过程和关键部位施工的要求，使工程施工质量达到国家施工质量验收规范的规定。

对于参与工程施工的每一个操作工人来说，通过技术交底，了解自己所要完成的分部分项工程的具体工作内容、操作方法、施工工艺、质量标准和安全注意事项等，做到施工人员操作明确，心中有数。

对于在重点部位、特殊工程中推广应用新技术、新工艺、新材料、新结构的工程项目，技术交底时更需作内容全面、重点明确、具体而详细的技术交底。

技术交底的内容为：对工程施工的主要施工方法、关键性的施工技术及对实施中问题的解决方法；特殊工程部位的技术处理细节及其注意事项；新技术、新工艺、新材料、新结构施工技术要求与实施方案及其注意事项；施工组织设计的网络计划、进度要求、施工部署、施工机械、劳动力安排与组织；总包与分包单位之间相互协作配合关系及其有关问题的处理；施工质量标准和安全技术等。

施工技术交底必须符合施工质量验收规范的质量要求；必须执行国家各项技术标准，包括计量单位和名称；技术交底还应符合与实现设计施工图中的各项技术要求，特别是当设计图纸中的技术要求和技术标准高于国家施工质量验收规范的相应要求时，应作更为详细的交底和说明；符合施工组织设计的要求，包括技术措施和施工进度要求；对不同层次的施工人员，其技术人员交底的深度与详细程度不同，也就是说，对不同人员交底的内容深度和说明方式要有针对性；技术交底应全面、明确，并突出重点。

2.1　土方施工技术交底的内容及要点

2.1.1　土方开挖技术交底的内容及要点

土方工程施工技术交底的主要内容有：工程施工的范围、施工准备、操作工艺、质量标准、成品保护、应注意的质量问题和质量记录等。

1. 施工准备交底内容及要点

施工准备包括机具和作业条件的准备。

(1) 机具准备交底：机具准备交底应明确施工所需要的机械设备和工具。机械挖土的主要机具有：挖土机、推土机、铲运机、自卸汽车等；人工挖土的工具主要有铁锹、锄头、手锤、手推车、梯子、铁镐、撬棍、钢尺、坡度尺、小线或20 号细钢丝等。

(2) 作业条件的准备：

1) 土方开挖前，应摸清地下管线等障碍物，并根据施工方案的要求，将施工区域内的地上、地下障碍物清除和处理完毕。

2) 建筑物或构筑物的位置或场地的定位控制线(桩)、标准水平桩及基槽的灰线尺寸必须经过检验合格，并办完预检手续。

3) 场地表面要清理平整，做好排水坡度，并在施工区域内要挖临时性排水沟。

4) 夜间施工时，应合理安排工序，防止错挖或超挖。施工场地应根据需要安装照明设施，在危险地段应设置明显标志。

5) 开挖低于地下水位的基坑(槽)、管沟时，应根据当地工程地质资料，采取措施降低地下水位，一般要降至低于开挖底面的 500mm，然后再开挖。

6) 熟悉图纸，做好技术交底。

机械挖土时除做好上述准备外，还要做好以下工作：施工机械进入现场所经过的道路、桥梁和卸车设施等，应事先经过检查，必要时要进行加固或加宽等准备工作；选择土方机械，应根据施工区域的地形与作业条件、土的类别与厚度、总工程量和工期综合考虑，以能发挥施工机械的效率来确定，编好施工方案；施工区域运行路线的布置，应根据作业区域工程的大小、机械性能、运距和地形起伏等情况加以确定；在机械施工无法作业的部位和修整边坡坡度、清理槽底等，均应配备人工进行。

2. 操作工艺交底的内容及要点

(1) 工艺流程：确定开挖的顺序和坡度 →沿灰线切出槽边轮廓线 →分层开挖 →修整槽边 →清底。

(2) 开挖顺序和坡度确定：开挖顺序应根据工程的地形、道路、工程量及开挖方法确定；开挖坡度应根据开挖深度、土壤性质和构造、土的含水量和水文地质条件确定，有关要求见《建筑施工技术》(第五版)教材第 1.4、1.6 节内容。

(3) 沿灰线切出槽边轮廓线：开挖各种浅基础，如不放坡时，应先沿灰线直边切出槽边的轮廓线。

(4) 开挖要点：人工开挖浅条形基础坑(槽)时，一般黏性土可自上而下分层开挖，每层深度以 600mm 为宜，从开挖端逆向倒退按踏步型挖掘；碎石类土先用镐翻松，正向挖掘，每层深度视翻土厚度而定，每层应清底和出土，然后逐步挖掘。标高按龙门板上水平向下返出沟底尺寸，当挖土接近设计标高时，再从两端龙门板下面的沟底标高上返 500mm 为基准点，拉小线用尺检查沟底标高，最后修整沟底。开挖放坡的坑(槽)和管沟时，应先按施工方案规定的坡度粗略开挖，再分层按坡度要求做出坡度线，每隔 3m 左右做出一条，以此线为准进行铲坡。深管沟挖土时，应在沟帮中间留出宽度 800mm 左右的倒土台。开挖大面积浅基坑时，沿坑三面同时开挖，挖出的土方装入手推车或翻斗车，由未开挖的一面运至弃土地点。

开挖基坑(槽)或管沟时，当接近地下水位时，应先完成标高最低处的挖方，以便在该处集中排水。

(5) 修整槽边和清底：开挖后，在挖到距槽底 500mm 以内时，测量放线人员应配合抄出距槽底 500mm 平线；自每条槽端部 200mm 处每隔 2～3m，在槽帮上钉水平标高小木方。在挖至接近槽底标高时，用尺或事先量好的 500mm 标准尺杆，随时以小木方校核槽底标高。最后由两端轴线(中心线)引桩拉通线，检查距槽边尺寸，确定槽宽标准，据此修整槽帮，最后清除槽底土方，修底铲平。

(6) 注意事项：

1)基坑(槽)管沟的直立帮和坡度，在开挖过程和敞露期间应防止塌方，必要时应加以保护。

2)在开挖槽边弃土时，应保证边坡和直立帮的稳定。当土质良好时，抛于槽边的土方(或材料)应距槽(沟)边缘 1m 以外，高度不宜超过 l.5m。在柱基周围、墙基或围墙一侧，不得堆土过高。

3)开挖基坑(槽)的土方，在场地有条件堆放时，一定留足回填需用的好土，多余的土方应一次运至弃土处，避免二次搬运。

4)土方开挖一般不宜在雨期进行。如在雨期施工时，其工作面不宜过大，应分段、逐片的分期完成。

5)雨期开挖基坑(槽)或管沟时，应注意边坡稳定。必要时可适当放缓边坡或设置支撑。同时应在坑(槽)外侧围建土堤或开挖水沟，防止地面水流入。施工时，应加强对边坡、支撑、土堤等的检查。

6)土方开挖不宜在冬期施工。如必须在冬期施工时，其施工方法应按冬期施工方案进行。

3. 质量标准交底内容及要点

质量标准交底应按施工技术规范要求，将土方工程施工的质量标准和要求对操作人员进行交底。土方工程施工的质量标准和检验方法见《建筑施工技术》(第五版)教材第1.8节的相关内容。

4. 成品保护交底内容及要点

(1) 对定位标准桩、轴线引桩、标准水准点、龙门板等，挖运土时不得碰撞，也不得坐在龙门板上休息。并应经常测量和校核其平面位置、水平标高和边坡坡度是否符合设计要求。定位标准桩和水准点也应定期复测检查是否正确。

(2) 土方开挖时，应防止邻近已有建筑物或构筑物、道路、管线等发生下沉或变形。必要时，与设计单位或建设单位协商采取防护措施，并在施工中进行沉降和位移观测。

(3) 施工中如发现有文物或古墓等，应妥善保护，并应立即报请当地有关部门处理后，方可继续施工。如发现有测量用的永久性标桩或地质、地震部门设置的长期观测点等，应加以保护。在敷设地上或地下管道、电缆的地段进行土方施工时，应事先取得有关管理部门的书面同意，施工中应采取措施，以防损坏管线。

5. 应注意的质量问题

(1) 应防止基底超挖。开挖基坑(槽)或管沟均不得超过基底标高。如个别地方超挖，其处理方法应取得设计单位的同意，不得私自处理。

(2) 软土地区桩基挖土应防止桩基位移。在密集群桩上开挖基坑时，应在打桩完成后间隔一段时间再对称挖土；在密集桩附近开挖基坑(槽)时，应事先确定防桩基位移的措施。

(3) 加强对基底的保护。基坑(槽)开挖后应尽量减少对基上的扰动。如基础不能及时施工，可在基底标高以上留出 0.3m 厚土层，待做基础时再挖掉。

(4) 合理确定施工顺序。土方开挖宜先从低处进行，分层分段依次开挖，形成一定坡度，以利排水。

(5) 保证开挖尺寸。基坑(槽)或管沟底部的开挖宽度，除结构宽度外，应根据施工需要增加工作面宽度。如排水设施、支撑结构所需的宽度，在开挖前均应考虑。

(6) 保证基底和边坡的平直度。施工中应加强检查，随挖随修，并要认真验收。

(7) 防止施工机械下沉：施工时必须了解土质和地下水位情况。推土机、铲运机一般需要在地下水位 0.5m 以上推铲土；挖土机一般需要在地下水位 0.8m 以上挖土，以防机械自重下沉。正铲挖土机挖方的台阶高度，不得超过最大挖掘高度的 1.2 倍。

6. 做好质量记录交底

应具备的质量记录有：工程地质勘察报告，工程定位测量记录，施工交底记录等。

2.1.2 土方回填技术交底的内容及要点

土方回填技术交底的主要内容包括工程施工的范围、施工准备、施工工艺、质量标准、成品保护、应注意的质量问题和质量记录等。

1. 施工准备交底内容及要点

施工准备包括机具和作业条件的准备。

(1) 施工准备：机具准备应明确施工所需要的机械设备和工具，机械挖土的主要机具有蛙式或柴油打夯机、手推车、筛子(孔径 40~60mm)、木耙、铁锹(尖头与平头）、2m靠尺、胶皮管、小线和木折尺等。

（2）作业条件的准备内容有：

1）对回填土料的质量要求；

2）施工前应根据工程特点、填方土料种类、密实度要求、施工条件等，合理地确定填方土料含水率控制范围、虚铺厚度和压实遍数等参数；重要回填土方工程，其参数应通过压实试验来确定；

3）回填前应对基础、箱型基础墙或地下防水层、保护层等进行检查验收，并要办好隐蔽检验手续。其基础混凝土强度应达到规定的要求，方可进行回填；

4）房心和管沟的回填，应在完成给水排水、燃气的管道安装和管沟墙间加固后再进行。并将沟槽、地坪上的积水和有机物等清理干净。

5）施工前应做好水平标志，以控制回填土的高度或厚度。如在基坑（槽）或管沟边坡上，每隔3m钉上水平板；室内和散水的边墙上弹上水平线或在地坪上钉上标高控制木桩；

6）机械回填土施工前，应做好水平高程标志布置。如大型基坑或沟边上每隔1m钉上水平桩或在邻近的固定建筑物上抄上标准高程点。大面积场地上或地坪每隔一定距离钉上水平桩；

7）确定好土方机械、车辆的行走路线，应事先进行检查，必要时要进行加固加宽等准备工作。同时要编好施工方案。

2. 操作工艺交底内容及要点

（1）回填土施工工艺流程

基坑（槽）底清理 →基坑（槽）验收→分层铺土→夯实→密实度检验→修整找平验收。

（2）基坑（槽）底地坪上清理。填土前应将基坑（槽）底或地坪上的垃圾等杂物清理干净；基槽回填前，必须清理到基础底面标高，将回落的松散垃圾、砂浆、石子等杂物清除干净。

（3）检验回填土的质量有无杂物，粒径是否符合规定，以及回填土的含水量是否在控制的范围内；如含水量偏高，可采用翻松、晾晒或均匀掺入干土等措施；如遇回填土的含水量偏低，可采用预先洒水润湿等措施。

（4）回填土应分层铺摊。每层铺土厚度应根据土质、密实度要求和机具性能确定。

（5）夯实遍数和要求：人工回填上每层至少夯打三遍。打夯应一夯压半夯，穷夯相接，行行相连，纵横交叉。机械回填土的碾压遍数按机械的类型选用。

（6）夯填顺序：深浅两基坑（槽）相连时，应先填夯深基础；填至浅基坑相同的标高时，再与浅基础一起填夯。机械碾压时，轮（夯）迹应相互搭接，防止漏压或漏夯。长宽比较大时，填土应分段进行。每层接缝处应作成斜坡形，碾迹重叠。重叠0.5~1.0m左右，上下层错缝距离不应小于1m；在机械施工碾压不到的填土部位，应配合人工推土填充，用蛙式或柴油打夯机分层夯打密实。

（7）基坑（槽）回填应在基础相对两侧或四周同时进行。基础墙两侧标高不可相差太多，以免把墙挤歪；较长的管沟墙，应采用内部加支撑的措施，然后再在外侧回填土方。

（8）回填房心及管沟时，为防止管道中心线位移或损坏管道，应用人工先在管子两侧填土夯实；并应由管道两侧同时进行，直至管顶 0.5m 以上时，在不损坏管道的情况下，方可采用蛙式打夯机夯实。在抹带接口处，防腐绝缘层或电缆周围，应回填细粒料。

（9）回填土每层填土夯实后，应按规范规定进行环刀取样，测出干土的质量密度；达到要求后，再进行上一层的铺土。

（10）修整找平：填土全部完成后，应进行表面拉线找平，凡超过标准高程的地方，及时依线铲平；凡低于标准高程的地方，应补土夯实。

（11）雨期施工的填方工程，应连续进行并尽快完成；工作面不宜过大，应分层分段逐片进行。重要或特殊的土方回填，应尽量在雨期前完成。雨期施工时，应有防雨措施或方案，要防止地面水流入基坑和地坪内，以免边坡塌方或基土遭到破坏。

（12）冬期填方前，应清除基底上的冰雪和保温材料；距离边坡表层 1m 以内不得用冻土填筑；填方上层应用未冻、不冻胀或透水性好的土料填筑，其厚度应符合设计要求。

3. 质量标准交底的内容及要点

质量标准交底应按施工技术规范要求，将土方回填工程施工的质量标准和要求对操作人员进行交底。土方工程施工的质量标准和检验方法见《建筑施工技术》(第五版)教材第 1.8 节的相关内容。

4. 成品保护交底内容及要点

（1）施工时，对定位标准桩、轴线引桩、标准水准点、龙门板等在填运土时不得撞碰，也不得在龙门板上休息。并应定期复测和检查这些标准桩点是否正确。

（2）夜间施工时，应合理安排施工顺序，设有足够的照明设施，防止铺填超厚，严禁汽车直接倒土入槽。

（3）基础或管沟的现浇混凝土应达到一定强度，不致因填土而受损坏时，方可回填。

（4）管沟中、基槽内从建筑物伸出的各种管线，均应妥善保护后，再按规定回填土料，不得碰坏。

5. 应注意的质量问题交底

（1）没按要求测定土的干土质量密度：回填土每层都应测定夯实后的干土质量密度，符合设计要求后才能铺摊上层土。试验报告要注明土料种类、试验日期、试验结论及试验人员签字。未达到设计要求部位，应有处理方法和复验结果。

（2）回填土下沉：因虚铺土超过规定厚度或冬期施工时有较大的冻土块，或夯实不够遍数，甚至漏夯，坑(槽)底有有机杂物或落土清理不干净，以及冬期做散水，施工用水渗入垫层中，受冻膨胀等造成。这些问题均应在施工中认真执行规范的各项有关规定，并严格检查，发现问题及时纠正。

（3）管道下部夯填不实：管道下部应按标准要求填夯回填土，如果漏夯不实会造成管道下方空虚，导致管道折断而渗漏。

（4）回填土夯压不密：应在夯压时对干土适当洒水加以润湿；如回填土太湿同样夯不密实呈"橡皮土"现象，这时应将"橡皮土"挖出，重新换好土再予夯实。

6. 做好质量记录交底

应具备的质量记录有：地基钎探记录、地基隐蔽验收记录、回填土的试验报告、施工交底记录等。

2.1.3　土方工程施工安全技术交底

土方工程施工安全技术交底内容有

1. 按照施工方案的要求作业；

2. 人工挖土时应由上而下，逐层挖掘，严禁偷岩或在孤石下挖土，夜间应有充足的照明；

3. 在深基坑操作时，应随时注意土壁的变动情况，如发现有大面积裂缝现象，必须暂停施工，报告项目经理进行处理；

4. 在基坑或深井下作业时，必须戴安全帽，严防上面土块及其他物体落下砸伤头部，遇有地表水渗出时，应把水引到集水井加以排除；

5. 挖土方时，如发现有不能辨认的物品或事先没有预见到的地下电缆等，应及时停止操作，报告上级处理，严禁敲击或玩弄。

6. 人工吊运泥土，应检查工具、绳索、钩子是否牢靠，起吊时吊具下方不得站人，用车子运土，应平整走道，清除障碍；

7. 在水下作业，必须严格检查电器的接地或接零和漏电保护开关，电缆应完好，并穿戴防护用品；

8. 修坡时，要按照要求进行，人员不能过于集中，如土质比较差时，应指定专人看管；

9. 上下坑沟应先做好阶梯或设木梯，不应踩踏土壁及其支撑上下。

10. 挖掘机施工时，其工作范围内不得有人进行其他工作。

11. 在斜坡上方弃土时，应保证挖方边坡的稳定。弃土堆应连续设置，其顶面应向外倾斜，以防止坡水流入挖方场地。坡度陡于 1/5 或为软土地区，禁止在挖方上侧弃土。在挖方下侧弃土时，要将弃土堆表面整平，并向外倾斜，弃土表面要低于挖方场地的设计标高，或在弃土堆与挖方场地间设置排水沟，防止地面水流入挖方场地。

2.2　技术交底单的填写实例

某学校教学楼基坑土方采用机械开挖，开挖深度 6.5m，坑壁采用土钉墙喷锚支护。根据工程情况，编制基坑土方开挖施工技术交底如下：

技术交底记录　　　　　　　　　　　　　　　　　表 4-5

工程名称	×××教学楼	建设单位	×××学校
交底部位	基础土方开挖	施工单位	×××建筑工程公司
监理单位	×××建设监理公司	交底日期	×××
交底人	×××	接收人	×××

一、施工准备

1. 技术准备

(1) 熟悉并审查图纸，核对开挖图平面尺寸和基底标高。

(2) 依据图纸和工程定位桩撒好开挖线;

(3) 编制施工方案，根据施工方案对施工人员进行安全交底和技术交底。

(4) 查勘施工现场，明确运输道路、临近建筑物、地下基础、管线、地面障碍物和堆积物状况，为施工土方开挖提供可靠的资料和数据。

(5) 清除地上障碍物，如高压电线、电杆、塔架、电缆;地下原有的水、电、气等各种管、沟做改线处理。

(6) 对进场挖土、运输车辆及各种辅助设备进行维修检查，试运转并运至工地就位。做好施工前的维修、保养。

2. 机械设备及施工工具准备

(1) 挖土机械:挖掘机 2 台，运土车 15 辆，空压机 1 台。

(2) 护坡机械:喷锚机 1 台，搅浆机 1 台，注浆机 1 台，人工洛阳铲 25 把。

(3) 一般用具:铁锹 20 把，洋镐 5 把，小推车 5 辆。

3. 材料准备

(1) 水泥、砂、石子、钢筋等物质供应充足，能够随时进场，满足施工进度的要求。

(2) 现场所用水泥、钢筋、砂、石子等材料的出厂检验合格证、检验报告、现场抽检报告等手续齐备。

(3) 现场施工用水水源稳定，水质满足施工要求。

二、施工流程及施工工艺

1. 施工顺序

(1) 总体施工顺序:根据土方施工平面布置图(略)，A、C 区土方分四层开挖，B 区土方分三层开挖，最后一层开挖时人工配合清槽。每层先挖 C 区、A 区，后挖 B 区。在 B 区南侧留置一条 20m 长坡道。

(2) 每段施工顺序:测量放线→地下管线保护、清障→土方挖运→装土→喷锚施工(与土方挖运分层交替进行到槽底标高)→地基处理→土方挖运→钎探→验槽→基础垫层。

2. 土方开挖综述

开挖时每层采用"中心岛"式开挖形式。场地平整后，先根据施工图纸放出基坑顶边线，再沿基坑顶边线开挖，给每层土钉的施工创造出作业面，坑中间的土便自然形成了"孤立岛"。在距基坑边壁 10m 范围内，A、C 区土方分四层进行，第一层挖深 2m，以后每层挖深 1.5m，直至槽底;B 区土方开挖分三层进行，第一层挖深 2.2m，第二层挖深 1.7m，第三层挖至槽底，预留 30cm 土层，待地基处理完毕后，人工挖除并清平，严禁超挖。每层土方开挖时先挖基坑周边，宽度约 10m，为保证挖土与支护施工的连续进行，施工时应根据每层开挖时必须视现场情况出东向西分段进行。一段进行支护时，在另一段进行挖土。最后开挖基坑中央。注浆和喷层混凝土达到一定强度后，方可开挖下层土方，一般喷射混凝土面层 24 小时后即可开挖下层土方。坡道处土方收尾采用长臂挖掘机，挖除剩余土方。

开挖最后一层土方时，机械开挖至设计垫层底标高+30cm，同时将东西两侧塔吊基础挖出。B 区留置 1m 厚土层，防止地基处理时扰动土层。然后进行地基处理。待地基处理完后，用小型挖土机将桩间土(人工配合)、垫层土方至 B 区，用大挖土机将土方清理至设计标高。B 区插入钎探工程。

设计开挖边线为地下室主体结构墙外皮以外 2m 宽为基槽的上口边线，按 1:0.2 放坡(塔吊周围按 1:0.25 放坡)，剩余部分宽度(大约为 0.6m)作为外墙施工时的工作面。在土方开挖前，先施工场地四周的排水沟(200mm×200mm)和挡水墙(120mm×300mm)，挡水墙距槽边 500mm。

3. 土钉墙施工

土钉钢筋使用前应调直、除锈、去油污。各种材料进场时，材料的出厂合格证、检验报告的手续应齐备，钢筋、混凝土要有见证取样记录和试验报告。每层每个部位在挖掘机挖出工作面以后，立即插入土钉墙施工。

施工工艺流程为:修坡→土钉成孔→安置土钉钢筋→注浆→绑扎坡面钢筋→焊接并固定钢筋→加设钢筋垫块→验收→喷射墙面混凝土→清理(养护)

当土钉成孔过程中，洛阳铲遇到障碍物时，可水平移位 300mm，并在灌浆时将作废的土钉孔灌满浆。

工程名称	×××教学楼	建设单位	×××学校
交底部位	基础土方开挖	施工单位	×××建筑工程公司
监理单位	×××建设监理公司	交底日期	×××
交底人	×××	接收人	×××

4. 钎探：钎探施工工艺

钎探施工工艺：钎探点定位→编号→打钎(记录锤击数)→检验→拔钎→灌砂

基坑底只有 B 区需要进行钎探。钎探点按 1.5m×1.5m 矩形布置，从东南角开始编号，详见钎探平面布置图。钎杆每打入土层 300mm 时记录一次锤击数，共打入六层，1.8m 深，从第二层开始，做好记录。打钎时，不得用力向下掷穿心锤。拔钎时，使用拔杆器垂直将钎杆从土层中拔出。在相关部门检验合格后灌砂。灌砂时，每填入 30cm 左右用木棒或钢筋棍捣实一次，直到填满、填实为止。

5. 材料、半成品和成品的保护：

(1) 钢筋、水泥要采取防淋、防锈蚀措施；对有质量问题或过期的材料，坚决要求退场，禁止用于本工程。

(2) 在最后一层土挖除后，根据现场情况设置集水井，挖好排水沟，准备好潜水泵，做好雨天排水工作。

(3) 准备好塑料薄膜或彩条布，在降雨天气来临时，及时遮盖基坑底和未来得及进行护坡施工的边坡。

三、质量控制项目：

1. 认真进行定位放线复检、关键工序复检、隐蔽工程复检制度及工序交接检验制度，测量工要保证随挖随测，最后一层开挖时应尽量减少对基土的扰动，避免超挖、错挖。

2. 注意坡面的坡度，保证护坡工程完毕后，在保证护坡混凝土面层厚度的前提下，坡体顺直，无弯折。施工时应带线将坡面修直，用吊线垂控制每层修坡坡度。

3. 采用≤80mm 直径人工洛阳铲成土钉孔，以保证孔径符合设计标准。成孔直径为 10cm，偏差为 +20mm，-5mm；土钉孔深度允许偏差为 -50～200mm；A、C 区土钉长度从上至下分别为 4.00m、4.50m、4.50m、3.50m，间距为 1.75m×1.50m；B 区土钉长度分别为 4.00m、4.50m、3.50m，间距为 1.70m×1.50m。塔吊周围加设一层土钉，长度为 4.50m。

4. 土钉孔倾角为 10°，允许误差不大于 3°。土钉钢筋 φ16，要有可靠的支撑，钢筋安装完毕后应在成孔的中央，最小保护层厚度为 25cm。

5. 钢筋网片为 φ6.5@300×300，间距允许误差±10mm；搭接长度≥200mm，网片与坡面间距不小于 50cm。每层土钉通长敷设 1φ12 水平压筋，与土钉端头焊牢，土钉端头做成 900 弯钩，钩长 200mm。钢筋连接采用焊接时，采用单面焊，焊接长度≥10d；采用双面焊，焊接长度≥5d。

6. 混凝土面层厚度为 80±20mm，混凝土强度等级为 C20。

7. 坡顶混凝土散水宽≥500mm，厚≥60mm，反坡 1.5%。

8. 土钉灌浆时，注意检查水泥浆是否灌满，孔内是否充实。

9. 钎探打钎时，严禁用力向下掷穿心锤，严格控制穿心锤提起高度。每组要有两个人，一人打钎，一人读数，确保读数真实有效。钎位编号要从东南角开始，编号要求准确，打好的钎孔用红砖盖好，雨天来临前整体用塑料薄膜覆盖，保护好钎孔，以备检查。

四、安全及文明施工要求

考虑到学校教学楼的特殊性，安全和文明施工要求如下：

1. 进入施工现场戴好安全帽。

2. 在工作期间，禁止随意走出施工现场。

3. 每天上班前，认真检查作业环境，边坡的稳定情况。在坡顶散水施工完毕，混凝土达到一定强度后，用经纬仪在坡顶放出直线，弹好墨线，每日早上用经纬仪复查，发现有异常情况，立即停止该部位的一切施工，上报项目部安全领导小组。妥善处理后，方可进行该部位的施工。

4. 机械施工时，危险区域严禁站人；五级以上大风时不得进行机械施工，大雨天气不得进行电器操作。

5. 施工中禁止向基坑内投掷物品，以免砸伤槽底施工人员。

6. 上下班要走专设的人行马道，严禁攀爬边坡。

7. 土方开挖后，按现场安全防护要求在基坑的周围搭设安全保护栏杆，避免人员坠落坑中，造成工伤。

8. 现场电工必须持证上岗，电缆线一律架空使用，闸箱和电器设备必须按规定设置，所有电器设备均须设有短路保护装置。使用小型移动式电动工具时，操作人员必须戴绝缘手套，专职电工在旁指挥；夜间施工必须有足够的照明。

续表

工程名称	×××教学楼	建设单位	×××学校
交底部位	基础土方开挖	施工单位	×××建筑工程公司
监理单位	×××建设监理公司	交底日期	×××
交底人	×××	接收人	×××

9. 进行电气焊操作时,要佩戴专业劳保用品,严禁焊枪对人。施工现场要备有必要的消防器材,并妥当保管和放置,使用明火一定要办理点火证。

10. 在施工过程中,尽量减小扬尘和噪声污染。在挖土机施工过程中,应根据实际情况洒水来防止尘土飞扬。

11. 做好雨期施工的各种准备。

12. 在运输车辆装完土,运出施工现场前,安排专人清扫粘附在车外面及夹扎在车轮胎内的土。外运土方的道路,派专人进行随时清扫,并将垃圾妥善处理。所有土方运输车辆进入校区后禁止鸣笛,以减少噪声。

13. 材料进场后,要按照施工现场的规划,堆放整齐,并采取有效的防火、防水措施。

附图一:土方开挖平面图(略)

附图二:开挖剖面图(略)

附图三:非打桩部位钎探点平面布置图(略)

参加单位及人员		项目经理:(签字)

注:本表一式四份,建设单位、监理单位、施工单位、城建档案馆各一份。

【实践活动】

由教师在《建筑工程识图实训》教材中选定基础施工图,按照基础设计做法,给定施工条件和施工方法,学生分小组(3～5人)编制施工技术交底单。

【实训考评】

学生自评(20%):

施工工艺:符合要求□;基本符合要求□;错误□。

交底内容:完整□;基本完整□;不完整□。

小组互评(40%):

工作认真努力,团队协作:好□;较好□;一般□;还需努力□。

教师评价(60%):

施工工艺:符合要求□;基本符合要求□;错误□。

交底内容:完整□;基本完整□;不完整□。

项目5　砌体结构施工实训

【实训目标】　通过训练，使学生能进行钢管立杆式脚手架、挂脚手架的校核计算。掌握砌筑工程施工技术交底的内容，技术交底单的填写方法，具有砌筑工程施工技术交底的编写能力。

任务1　砌筑脚手架的计算

【实训目的】　通过训练，学生能进行钢管扣件立杆式脚手架的设计计算，能进行挂脚手架的校核计算，提高学生的计算能力。

实训内容与指导

1.1　钢管扣件立杆式脚手架计算

1.1.1　钢管扣件立杆式脚手架构造及荷载

1. 钢管扣件立杆式脚手架构造简介

钢管扣件立杆式脚手架主要由钢管和扣件组成。脚手架的搭设，根据使用不同，分为单排、双排、满堂脚手架等。钢管规格一般采用外径48.3mm、壁厚3.6mm的焊接钢管；整个脚手架系统则由立杆、小横杆、大横杆、剪刀撑、拉撑件、脚手板以及连接它们的扣件组成。立杆用对接扣件连接，纵向设大横杆连系，与立杆用直角扣件或回转扣件连接，并设适当斜杆以增强脚手架的稳定性。在大横杆上设小横杆，上铺脚手板，部分小横杆伸入墙内与墙连接，以增强脚手架的稳定性(图5-1)。

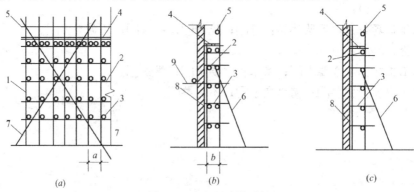

图 5-1　多立杆式脚手架

(a)立面；(b)双排脚手架侧面；(c)单排脚手架侧面

1—立杆；2—大横杆；3—小横杆；4—脚手板；5—栏杆；
6—抛撑；7—斜撑；8—墙体；9—连墙杆

2. 钢管扣件立杆式脚手架的荷载

作用在脚手架上的荷载，一般有施工荷载（操作人员和材料及设备等重力）和脚手架的自重力。各种荷载的作用部位和分布可按实际情况采用。荷载的传递线路是：脚手板→小横杆→大横杆→立杆→底座→地基。

扣件是构成脚手架的连接件和传力件，它通过与立杆之间形成的摩擦阻力将横杆的荷载传给立杆。试验资料表明，由摩阻力产生的抗滑能力约为 10kN，考虑施工中的一些不利因素，采用安全系数 $K=2$，取扣件与钢管间的抗滑能力为5kN。表 5-1 为扣件性能试验规定的合格标准。

扣件性能试验规定的合格标准   表 5-1

性能试验名称		直角扣件		旋转扣件		对接扣件	底座
抗滑试验	荷载（kN）	7.2	10.2	7.2	10.2	—	
	位移值（mm）	$\Delta_1 \leqslant 0.7$	$\Delta_2 \leqslant 0.5$	$\Delta_1 \leqslant 0.7$	$\Delta_2 \leqslant 0.5$	—	
抗破坏试验（kN）		25.5		17.3		—	
扭转刚度试验	力矩（N·m）	918.0		—		—	
	位移值（mm）	无规定		—		—	
抗拉试验	荷载（kN）	—		—		4.1	
	位移值（mm）	—		—		$\Delta \leqslant 2.0$	
抗压试验（kN）		—		—		—	51.0

注：1. 实验采用的旋转扭力矩为 10N·m。

    2. Δ_1 为横杆的竖直位移值，Δ_2 为扣件后部的位移值。

脚手架为空间体系，为计算方便，多简化成平面力系。

1.1.2 小横杆计算

计算方法及步骤如下：

（1）小横杆按简支梁计算。按实际堆放位置的标准计算其最大弯矩，其弯曲强度按下式计算：

$$\sigma = \frac{M_x}{W_n} \leqslant f \tag{5-1}$$

式中　σ——小横杆的弯曲应力；

　　　M_x——小横杆计算的最大弯矩；

　　　W_n——小横杆的净截面抵抗矩；

　　　f——钢管的抗弯强度设计值，取 $f=205\text{N/mm}^2$。

（2）将荷载换算成等效均布荷载，按下式进行挠度核算：

$$\omega = \frac{5ql^4}{384EI} \leqslant [\omega] \tag{5-2}$$

式中　ω——小横杆的挠度；

　　　q——脚手板作用在小横杆上的等效均布荷载；

　　　l——小横杆的跨度；

　　　E——钢材的弹性模量；

I——小横杆的截面惯性矩；

$[\omega]$——受弯杆件的容许挠度，取 $[\omega]=l/150$。

1.1.3　大横杆计算

（1）大横杆按三跨连续梁计算。用小横杆支座最大反力计算值，按最不利荷载布置计算其最大弯矩值，其弯曲强度按下式核算：

$$\sigma=\frac{M_x}{W_n}\leqslant f \tag{5-3}$$

式中　σ——大横杆的弯曲应力；

M_x——大横杆的最大弯矩；

W_n——大横杆的截面抵抗矩；

f——钢管的抗弯强度设计值，取 $f=205\text{N/mm}^2$。

当脚手架外侧有遮盖物或有六级以上大风时，须按双向弯曲计算最大组合弯矩，再进行强度核算。

（2）用标准值的最大反力值进行最不利荷载布置求其最大弯矩值，然后换算成等效均布荷载，并按下式进行挠度校核：

$$\omega=\frac{0.99ql^4}{100EI}\leqslant[\omega] \tag{5-4}$$

式中　ω——大横杆的挠度；

q——脚手板作用在大横杆上的等效均布荷载；

l——大横杆的跨度；

E——钢材的弹性模量；

I——大横杆的截面惯性矩；

$[\omega]$——受弯杆件的容许挠度，取 $[\omega]=l/150$。

1.1.4　立杆计算

（1）脚手架立杆的整体稳定，按图 5-2 所示轴心受力格构式压杆计算，其格构式压杆由内、外排立杆及横向小横杆组成。计算时按有无风荷载分两种情况进行计算。

1）不考虑风载时，立杆按下式核算：

$$\frac{N}{\varphi A}\leqslant K_A\cdot K_H\cdot f_c \tag{5-5}$$

$$N=1.2(n_1\cdot N_{GK1}+N_{GK2})+1.4N_{QK} \tag{5-6}$$

式中　N——格构式压杆的轴心压力（kN）；

N_{GK1}——脚手架自重产生的轴力（kN），自重可由表 5-2 查取；

N_{GK2}——脚手架附件及物品重产生的轴力（kN），可由表 5-3 查取；

N_{QK}——脚手架一个纵距内的施工荷载标准值产生的轴力（kN），可由表 5-4 查取；

n_1——脚手架的步距数；

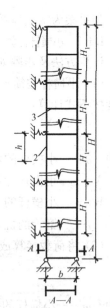

图 5-2　立杆稳定性计算简图

1—弹性支座；2—立杆；

3—小横杆；H_1—连墙杆竖向间距；h—步距；b—横距

φ——格构式压杆整体稳定系数，按换算长细比 $\lambda_{cx}=\mu\lambda_x$ 可由表 5-5 查取；

λ_x——格构式压杆长细比，由表 5-6 查取；

μ——换算长细比系数，由表 5-7 查取；

A——脚手架内外排立杆的毛截面面积之和（mm²）；

K_A——与立杆截面有关的调整系数，当内外排立杆均采用两根钢管组合时，取 $K_A=0.7$；内外排均为单根时，$K_A=0.85$；

K_H——与脚手架高度有关的调整系数。当 $H<25\text{m}$ 时，取 $K_H=0.8$；$H<25\text{m}$ 时，K_H 按下式计算：

$$K_H=\frac{1}{1+\dfrac{H}{100}} \tag{5-7}$$

H——脚手架高度（m）；

f_c——钢管的抗弯、抗压强度设计值，$f_c=205\text{N/mm}^2$。

一步纵距的钢管、扣件重量 N_{GK1}（kN）　　　　　表 5-2

立杆纵距 l(m)	步　　距 h(m)				
	1.2	1.35	1.50	1.80	2.00
1.2	0.351	0.366	0.380	0.411	0.431
1.5	0.380	0.396	0.411	0.442	0.463
1.8	0.409	0.425	0.441	0.474	0.496
2.0	0.429	0.445	0.462	0.495	0.517

脚手架一个立杆纵距的附设构件及物品重 N_{GK2}（kN）　　　　　表 5-3

立杆横距 b(m)	立杆纵距 l(m)	脚手架上脚手板铺设的层数		
		二层	四层	六层
1.05	1.2	1.372	2.360	3.348
	1.5	1.715	2.950	4.185
	1.8	2.058	3.540	5.022
	2.0	2.286	3.933	5.580
1.30	1.2	1.549	2.713	3.877
	1.5	1.936	3.391	4.847
	1.8	2.323	4.069	5.816
	2.0	2.581	4.521	6.492
1.55	1.2	1.725	3.066	4.406
	1.5	2.156	3.832	5.508
	1.8	2.587	4.598	6.609
	2.0	2.875	5.109	7.344

注：本表根据脚手架 0.3kN/m²，操作层的挡脚板 0.036N/m，护栏 0.0376N/m，安全网 0.049kN/m（沿脚手架纵向）计算，当实际与此不符时，应根据实际荷载计算。

一个立杆纵距的施工荷载标准值产生的轴力 N_{QK}（kN）　　　　表 5-4

立杆横距 b(m)	立杆纵距 l(m)	施工均布荷载（kN/m²）				
		1.5	2.0	3.0	4.0	5.0
1.05	1.2	2.52	3.36	5.04	6.72	8.40
	1.5	3.15	4.20	6.30	8.40	10.50
	1.8	3.78	5.04	7.56	10.08	12.60
	2.0	4.20	5.60	8.40	11.20	14.00
1.30	1.2	2.97	3.96	5.94	7.92	9.90
	1.5	3.71	4.95	7.43	9.90	12.38
	1.8	4.46	5.94	8.91	11.80	14.85
	2.0	4.95	6.60	9.90	13.20	16.50
1.55	1.2	3.12	4.56	6.84	9.12	11.40
	1.5	4.28	5.70	8.55	11.40	14.25
	1.8	5.13	6.84	10.26	13.68	17.10
	2.0	5.70	7.60	11.40	15.20	19.00

轴心受压构件的稳定系数 φ（Q235 钢）　　　　表 5-5

λ	0	1	2	3	4	5	6	7	8	9
0	1.000	0.997	0.995	0.992	0.989	0.987	0.984	0.981	0.979	0.976
10	0.974	0.971	0.968	0.966	0.963	0.960	0.958	0.955	0.952	0.949
20	0.947	0.944	0.941	0.938	0.936	0.933	0.930	0.927	0.924	0.921
30	0.918	0.915	0.912	0.909	0.906	0.903	0.899	0.896	0.893	0.889
40	0.886	0.882	0.879	0.975	0.872	0.868	0.864	0.861	0.858	0.855
50	0.852	0.849	0.846	0.943	0.839	0.836	0.832	0.829	0.825	0.822
60	0.818	0.814	0.810	0.806	0.802	0.797	0.793	0.789	0.784	0.779
70	0.775	0.770	0.765	0.760	0.755	0.750	0.744	0.739	0.733	0.728
80	0.722	0.716	0.710	0.704	0.698	0.692	0.686	0.680	0.673	0.667
90	0.661	0.654	0.648	0.641	0.634	0.625	0.618	0.611	0.603	0.595
100	0.588	0.580	0.573	0.566	0.558	0.551	0.544	0.537	0.503	0.523
110	0.516	0.509	0.502	0.496	0.489	0.483	0.476	0.470	0.464	0.458
120	0.452	0.446	0.440	0.436	0.428	0.423	0.417	0.412	0.406	0.401
130	0.390	0.391	0.386	0.381	0.376	0.371	0.367	0.362	0.357	0.353
140	0.349	0.344	0.340	0.336	0.332	0.328	0.324	0.320	0.316	0.312
150	0.308	0.306	0.301	0.298	0.294	0.291	0.287	0.284	0.281	0.277
160	0.274	0.271	0.268	0.265	0.262	0.259	0.256	0.253	0.251	0.248
170	0.245	0.243	0.240	0.237	0.235	0.232	0.230	0.227	0.225	0.223
180	0.220	0.218	0.216	0.214	0.211	0.209	0.207	0.205	0.203	0.202
190	0.199	0.191	0.195	0.193	0.191	0.189	0.188	0.186	0.184	0.182

续表

λ	0	1	2	3	4	5	6	7	8	9
200	0.180	0.179	0.177	0.175	0.174	0.172	0.171	0.169	0.167	0.166
210	0.164	0.163	0.161	0.160	0.159	0.157	0.156	0.154	0.153	0.152
220	0.150	0.149	0.148	0.148	0.145	0.144	0.143	0.141	0.141	0.139
230	0.138	0.137	0.136	0.135	0.133	0.132	0.131	0.130	0.129	0.128
240	0.127	0.126	0.125	0.124	0.123	0.122	0.121	0.120	0.119	0.118
250	0.117	—	—	—	—	—	—	—	—	—

格构式压杆的长细比 λ_x　　　　　　　　　　　　表 5-6

脚手架的立杆横距	脚手架与主体结构连墙点竖向间距 H_1(m)							
(m)	2.7	3.0	3.6	4.0	4.5	4.8	5.4	6.0
1.05	5.14	5.71	6.86	7.62	8.57	9.14	10.28	11.43
1.30	4.15	4.62	5.54	6.15	6.92	7.38	8.31	9.23
1.55	3.50	3.87	4.65	5.16	5.81	6.19	6.97	7.70

注：1. 表中数据根据 $\lambda_x = \dfrac{2H_1}{b}$ 计算。H_1 脚手架连墙点的竖向间距，b 为立杆横距。

　　2. 当脚手架底步以上的步距 h 及 H_1 不同时，应以底步以上较大的 H_1 作为查表根据。

换算细长比系数 μ　　　　　　　　　　　　表 5-7

脚手架的立杆横距	脚手架与主体结构连墙点的竖向间距 H_1(步距数)		
(m)	2h	3h	4h
1.05	25	20	16
1.30	32	24	19
1.55	40	30	24

注：表中数据是根据脚手架连墙点竖向间距为 3 倍立杆纵距计算所得，若为 4 倍时乘以系数 1.03。

2）考虑风载时，立杆按下式核算：

$$\frac{N}{\varphi A} + \frac{M}{b_1 A_1} \leqslant K_A \cdot K_H \cdot f \tag{5-8}$$

式中　M——风荷载作用对格构式压杆产生的弯矩，按式 $M = \dfrac{q_1 H_1^2}{8}$ 计算；

　　　q_1——风荷载作用于格构式压杆的线荷载；

　　　b_1——截面系数，取 $1.0 \sim 1.15$；

　　　A_1——内排或外排的单排立杆危险截面的毛截面积。

其他符号意义同前。

（2）双排脚手架单杆稳定性按下式计算校核：

$$\frac{N_1}{\varphi_1 A_1} + \sigma_m \leqslant K_A \cdot K_H \cdot f \tag{5-9}$$

式中 N_1——不考虑风载时由 N 计算的内排或外排计算截面的轴心压力；

φ_1——杆件稳定系数，由 $\lambda_1 = h_1/i_1$，查表 5-5 得稳定系数；

h_1——脚手架底步或门洞处的步距；

A_1——内排或外排立杆的毛截面面积；

i_1——内排或外排立杆的回转半径；

σ_m——操作处水平杆对立杆偏心传力产生的附加应力，当施工荷载 $Q_k = 20\text{kN/m}^2$ 时，取 $\sigma_m = 35\text{N/mm}^2$；当 $Q_k = 30\text{kN/m}^2$ 时，取 $\sigma_m = 55\text{N/mm}^2$，非施工层的 $\sigma_m = 0$。

其他符号意义同前。

当底步步距较大，而 H_1 及上部步距较小时，此项计算起控制作用。

1.1.5 脚手架与结构的连接计算

（1）连接件抗拉、抗压强度校核计算：

1）连接件抗拉强度可按下式校核计算：

$$\sigma_l = \frac{N_l}{A_n} \leqslant 0.85f \tag{5-10}$$

2）连接件抗压强度可按下式校核计算：

$$\sigma_c = \frac{N_c}{A_n} \leqslant 0.85f \tag{5-11}$$

（2）连接件与脚手架及主体结构的连接强度校核计算：

连接件与脚手架及主体结构的连接强度校核按下式计算：

$$N_l \leqslant [N_v^c] \text{ 或 } N_c \leqslant [N_v^c] \tag{5-12}$$

式中 σ_l、σ_c——分别为脚手架连接件的抗拉和抗压应力；

$N_l(N_c)$——风荷载作用对连墙点处产生的拉力（或压力），可由下式计算：

$$N_l(N_c) = 1.4H_1L_1W \tag{5-13}$$

H_1，L_1——分别为脚手架连接杆的竖向与水平间距；

W——风载标准值；

A_n——连接件的净截面积；

$[N_v^c]$——连接件的抗压或抗拉设计承载力，采用扣件时，$[N_v^c] = 6\text{kN/只}$；

f——钢管的抗拉、抗压强度设计值。

1.1.6 脚手架最大搭设高度校核计算

双排扣件式钢管脚手架一般搭设高度不宜超过 50m，超过 50m 时，应采取分段搭设，分段卸荷的技术措施。由地面起或挑梁上的每段脚手架最大搭设高度可按下式计算：

$$H_{\max} \leqslant \frac{H}{1 + \dfrac{H}{100}} \tag{5-14}$$

$$H = \frac{K_A \varphi A f - 1.3(1.2N_{GK2} + 1.4N_{QK})}{1.2N_{GK1}} \cdot h \tag{5-15}$$

式中　H_{max}——脚手架最大搭设高度；

　　　φAf——可由表5-8查取；

　　　h——脚手架的步距。

其他符号意义同前。

φAf 值表　　　　　　　　　　　　　　　　表5-8

立杆横距 (m)	H_1	步 距 h(m)				
		1.20	1.35	1.50	1.80	2.00
1.05	$2h$	97.756	80.876	67.521	48.491	39.731
	$3h$	72.979	58.808	48.491	34.362	27.971
	$4h$	64.769	52.217	42.988	30.321	24.714
1.30	$2h$	92.899	76.511	63.641	45.447	37.345
	$3h$	76.511	62.159	51.262	36.357	29.783
	$4h$	69.705	56.465	46.388	32.808	26.743
1.55	$2h$	86.018	70.532	58.475	41.605	34.124
	$3h$	70.532	57.110	47.028	33.289	27.232
	$4h$	62.876	50.664	41.605	29.302	23.925

注：表中钢管截面采用$\phi48\times3.5$，$f=205N/mm^2$。

【案例5-1】　某高层建筑装饰施工，需搭设55m高的双排扣件式钢管外脚手架，已知立杆横距$b=1.05m$，立杆纵距$L=1.5m$，内立杆距墙距离$b_1=0.35m$，脚手架步距$h=1.8m$，铺设钢脚手板4层，同时进行施工的层数为2层，脚手架与主体结构连接杆的布置为：竖向间距$H_1=2h=3.6m$，水平距离$L_1=3L=4.5m$，脚手架钢管为$\phi48\times3.5mm$，施工荷载为$4.0kN/m^2$，试计算该脚手架。

【解】　（1）按单根钢管立杆考虑，计算采用单根钢管立杆的允许搭设高度。

由公式(5-14)、公式(5-15)，根据已知条件分别查表5-2、表5-3、表5-4、表5-8得：

$N_{GK1}=0.442kN$，$N_{GK2}=2.95kN$，$N_{QK}=8.4kN/m^2$，$\varphi Af=48.491kN$；因立杆采用单根钢管，$K_A=0.85$。代入式(5-15)有：

$$H=\frac{K_A\varphi Af-1.3(1.2N_{GK2}+1.4N_{QK})}{1.2N_{GK1}}\cdot h$$

$$=\frac{0.85\times48.491-1.3(1.2\times2.95+1.4\times8.4)}{1.2\times0.442}\times1.8$$

$$=72.38(m)$$

最大允许搭设高度为：

$$H_{max}\leqslant\frac{H}{1+H/100}=\frac{72.38}{1+72.38/100}=42.0m$$

由计算知，该装饰施工脚手架最大允许搭设高度为42.0m，不能满足要求。

（2）为了满足脚手架的高度要求，从地面算起下部13m采用双钢管作立杆，脚手架的稳定验算如下：

脚手架上部 42m 为单立杆，其折合步数 $n_1 = 42 \div 1.8 = 23.3$ 步（采用 23 步），实际高度为：$23 \times 1.8 = 41.4$m；

下部双钢管立杆的实际高度为 $55 - 41.4 = 13.6$m，折合步数为：$13.6 \div 1.8 = 8$ 步。

1）验算脚手架的整体稳定性

A. 因底部压杆轴力最大，故验算双钢管部分的 N 值：

由于钢管和扣件的增加，增加后的每一步一个纵距脚手架的自重为：

$$N'_{GK1} = N_{GK1} + 2 \times 1.8 \times 0.0376 + 0.014 \times 4 = 0.633\text{kN}$$

$$N = 1.2(n_1 \cdot N_{GK1} + n'_1 \cdot N'_{GK1} + N_{GK2}) + 1.4N_{QK}$$
$$= 1.2(23 \times 0.442 + 8 \times 0.633 + 2.95) + 1.4 \times 8.4 = 33.56\text{kN}$$

B. 计算 φ 值：

由 $b = 1.05$m，$H_1 = 3.6$m，查表 5-6，得 $\lambda_x = 6.86$；查表 5-7，得 $\mu = 25$；

$$\lambda_{cx} = \lambda_x \mu = 6.86 \times 25 = 171.5$$

再由 λ_{cx} 查表 5-6 得 $\varphi = 0.242$

C. 验算整体稳定性：因立杆为双钢管，$K_A = 0.7$，计算高度调整系数 K_H，由 $H = 55 > 25$，$K_H = 1 \div (1 + H \div 100) = 0.645$

则：由式(5-5)

$$\frac{N}{\varphi A} \leqslant K_A \cdot K_H \cdot f$$

$$\frac{N}{\varphi A} = 33.56 \times 10^3 \div (0.242 \times 4 \times 4.893 \times 10^2) = 70.85\text{N/mm}^2$$

$$K_A \cdot K_H \cdot f = 0.7 \times 0.645 \times 205 = 92.55\text{N/mm}^2 > 70.85\text{N/mm}^2$$

故脚手架结构安全。

2）验算单根钢管立杆的局部稳定

单根钢管最不利步距位置为由下向上 13.6m 处往上的一个步距，最不利荷载也在该处，受力最不利立杆为内立杆，要多负担小横杆向里挑出 0.35m 宽的脚手板及其上面的活荷载，由平衡方程有，最不利立杆的轴向力 N_1 为：

$$N_1 = \frac{1}{2}\left[1.2n_1 \cdot N_{GK1} + \frac{1.05 \times 0.35}{1.4}(1.2N_{GK2} + 1.4N_{QK})\right]$$
$$= 0.5 \times [1.2 \times 23 \times 0.442 + 0.263 \times (1.2 \times 2.95 + 1.4 \times 8.4)] = 13.2\text{kN}$$

由于 $Q_K = 4.0$kN/m²，取附加应力 $\sigma_m = 35$N/mm²；

由 $\lambda_1 = h/i = 1800/15.78 = 114$，查表 5-5 得 $\varphi = 0.489$；

单根钢管截面面积 $A_1 = 489$mm²，校核计算部分为单根钢管作立杆，取 $K_A = 0.85$，代入式(5-9)有：

$$\frac{N_1}{\varphi_1 A_1} + \sigma_m = \frac{13.2 \times 10^3}{0.489 \times 489} + 35 = 90.2\text{N/mm}^2$$

$$K_A \cdot K_H \cdot f = 0.85 \times 0.645 \times 205 = 112.4\text{N/mm}^2 > 90.2\text{N/mm}^2$$

脚手架结构安全。

1.2 悬挂式吊篮脚手架

悬挂式吊篮脚手架在建筑工程主要用于外墙装修。具有节省大量脚手架材料和搭拆方便、费用较低等优点。

1.2.1 悬挂式吊篮脚手架的构造

悬挂式吊篮脚手架，由吊篮架、悬挂钢绳、挑梁等组成。吊篮脚手架的吊升单元(吊篮架子)宽度宜控制在 5~8m，每一吊升单元的自重宜在 1t 以内。常用吊篮脚手架构造组成见图 5-3 所示。使用时用导链或卷扬机将吊篮提升到最上层，然后逐层下放进行装修工作。

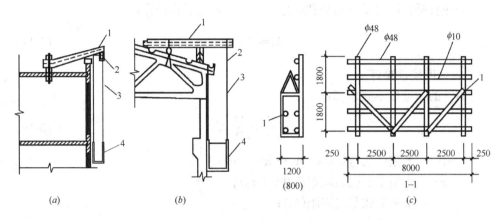

图 5-3 吊篮脚手架

(a)在平屋顶的安装；(b)在坡屋顶的安装；(c)吊篮架尺寸

1—挑梁；2—吊环；3—吊索；4—吊篮

1.2.2 悬挂式吊篮脚手架的强度校核计算

1. 计算简图

吊篮架由吊篮片、钢管、钢管卡组合而成。吊篮片之间用 ϕ48.3mm 钢管连接组成整体框架体系。计算时，将吊篮视作由两根纵向桁架组成，取其中一榀分析内力进行强度验算(图 5-4)。

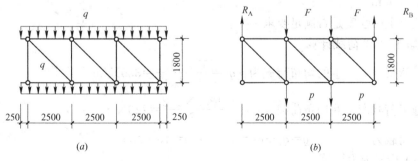

图 5-4 吊篮计算简图

(a)吊篮计算简图；(b)吊篮桁架内力计算简图

2. 内力计算

吊篮荷载 q 包括吊篮自重 q_1 和施工荷载 q_2；桁架内力分析时可将均布荷载 q 简化为作用于上弦节点的集中荷载 F 和作用于下弦节点的集中荷载 P，按铰接桁架计算，各杆件仅承受轴向力作用。拉杆应力按下式计算：

$$\sigma_1 = \frac{N}{A} \tag{5-16}$$

式中　σ_1——杆件的拉应力（N/mm²）；

　　　N——杆件的轴心拉力（N）；

　　　A——杆件的净截面积（mm²）。

上弦杆受压同时受均布荷载作用，上弦弯矩按下式计算：

$$M = \frac{1}{8}ql^2 \tag{5-17}$$

3. 强度校核验算

钢管的强度按下式验算：

$$\sigma = \frac{N}{\varphi A} + \frac{M}{rW} \leqslant f \tag{5-18}$$

式中　M——上弦杆的弯矩（N·m 或 kN·m）；

　　　q——作用于上弦的均布荷载（N/m）；

　　　l——桁架上弦节点间距（m）；

　　　σ——上弦压弯应力（N/mm²）；

　　　N——上弦杆轴向力（N）；

　　　A——上弦杆的净截面积（mm²）；

　　　φ——轴心受压杆件的稳定系数，可由有关设计手册查取；

　　　W——上弦杆截面抵抗矩（mm³）；

　　　r——截面塑性发展系数，按《钢结构设计规范》取用；

　　　f——钢材的抗压、抗拉、抗弯强度设计值（N/mm²）。

【案例 5-2】　某悬挂式吊篮架节点间距 $l=2.5\text{m}$，高 $h=1.8\text{m}$，宽为 1.2m，吊篮架自重 550N/m²，施工荷载为 1200N/m²，采用 $\phi 48.3 \times 3.6\text{mm}$ 钢管制作，$f=215\text{N/mm}^2$。

验算上弦强度是否满足要求。

【解】　（1）荷载计算

吊篮架自重产生的均布荷载为：$q_1 = \dfrac{550 \times 1.2}{2} = 330\text{N/m}$

施工荷载产生的均布荷载为：$q_2 = \dfrac{1200 \times 1.2}{2} = 720\text{N/m}$

总荷载为：　　　　$q = q_1 + q_2 = 330 + 720 = 1050\text{N/m}$

（2）桁架内力计算

将均布荷载化为集中荷载，按铰接桁架计算：

节点的集中荷载为：　　$P = 2.5 \times 1050 = 2625\text{N}$

吊索拉力为：
$$R_{A}=R_{B}=2P=5250\text{N}$$

上弦轴力为：
$$N=R_{A}\times\frac{2.5}{1.8}=5250\times\frac{2.5}{1.8}=7292\text{N}$$

上弦弯矩为：
$$M=\frac{1}{8}ql^{2}=1050\times2.5^{2}/8=820\text{N}\cdot\text{m}$$

由手册查得 $\phi48.3\times3.6\text{mm}$ 钢管相关参数为：

截面净面积 $A=489\text{mm}^{2}$；截面抵抗矩 $W=5075\text{mm}^{3}$；钢管外径 $D=48.3\text{mm}$，内径 $d=41.1\text{mm}$；由此计算得：

$$i=0.25\sqrt{D^{2}+d^{2}}=0.25\sqrt{48.3^{2}+41.1^{2}}=15.85\text{mm}^{2}$$

$$\lambda=\frac{l}{i}=\frac{2500}{15.78}=158.5$$

钢管属 a 类截面，查相关手册得：$\varphi=0.307$，$r=1.15$。

上弦压弯应力为：

$$\sigma=\frac{N}{\varphi A}+\frac{M}{rW}=\frac{7292}{0.307\times489}+\frac{820}{1.15\times5075}$$
$$=48.6+140.5=189.1\text{N}/\text{mm}^{2}<f$$

故吊篮上弦强度满足要求。

1.2.3　悬挂式吊篮脚手架的使用安全事项

当前，悬挂式吊篮脚手架在高层建筑的施工中使用越来越广泛，必须高度重视并确保施工安全。使用安全注意事项如下。

（1）首次使用吊脚手架时，必须进行设计和各项验算。挑梁（架）和吊篮的使用安全系数应大于3.0，绳索的使用安全系数应大于4.0；重复使用时，应复校使用荷载。

（2）严格控制加工质量，必须全面符合设计要求。

（3）严格控制使用荷载，作业人员不得超过规定的人数。

（4）必须设置安全保险绳。

（5）吊篮的靠墙一侧应设支撑杆或支撑轮，用拉绳拉到结构上，以减小吊篮的晃动。

（6）吊篮中的作业人员应系安全带或安全绳。安全带（绳）的另一端应系于结构上（例如在窗口的里侧装设钢横杆用以拴安全带）。

（7）吊篮的吊索（钢丝绳）应经常检查和保养，不用时应妥为存放保管。有磨损的钢丝绳不得继续使用。正在使用的吊篮，如发现钢丝绳有磨损时，在立即撤出作用人员后将吊篮放至地面并更换钢丝绳。

（8）吊篮的升降机构、限速机构、控制设备和保险设备必须完好，并经常进行检查维修保养。

（9）作业人员上岗前应进行必要的培训和安全教育。

1.3　挂脚手架计算

1.3.1　挂脚手架的设置方法与构造

挂脚手架是在结构构件内埋设挂钩，将脚手架挂在挂钩上，也可在钢筋混凝土墙体上预留孔洞，使用螺栓固定。挂脚手架可用于高层建筑外墙装修工程，其架高一般为 3 层作业高度，且应具有较好的整体性。挂脚手架的挂置点设置按用途不同而异，砌筑围护墙用的挂脚手架大多设在柱子上，装修用的挂脚手架大多设在墙上。具体的设置方法有下列几种：

1. 在混凝土柱子内预埋挂环

多用做砌筑围护墙。挂环用 $\phi20\sim\phi22$ 钢筋环或铁件预先埋在混凝土柱子内（图 5-5），埋设间距根据砌筑脚手架的步距而定，首步为 $1.5\sim1.6\mathrm{m}$，其余为砌筑的一步架高 $1.2\sim1.4\mathrm{m}$。

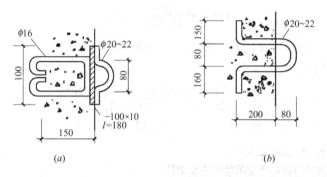

图 5-5　混凝土柱子内预埋挂环
（a）预埋铁件；（b）预埋钢筋环

2. 在混凝土柱子上设置卡箍

常用的卡箍构造有两种：一种是大卡箍（图 5-6），用两根∟ 75×8 角钢，一端焊 "U" 形挂环（用 $\phi20\sim\phi22$ 钢筋）以便挂置三角架；另一端钻 $\phi24\mathrm{mm}$ 圆孔，用一根 $\phi22$ 螺栓使两根角钢紧固于柱子上。另一种是小卡箍也叫定型卡箍（图 5-7），在柱子上预留孔穿紧固螺栓，卡箍长 $670\mathrm{mm}$，预留孔距柱外皮距离，视砖墙厚度决定，如为 $240\mathrm{mm}$ 墙则为 $370\mathrm{mm}$。

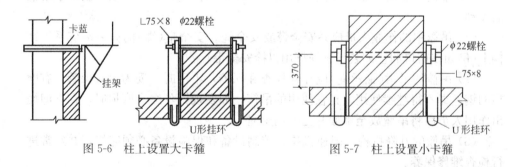

图 5-6　柱上设置大卡箍　　　　图 5-7　柱上设置小卡箍

3. 墙体内埋设钢板

外墙面粉刷装修用的挂脚手架一般都在砖墙灰缝内埋设 $8\mathrm{mm}$ 厚的钢板。钢板埋设方法有两种：一种是平放在水平缝内，另一种是竖放在竖直缝内。钢板两端留有圆孔，以便于在墙外挂设脚手架，在墙内用 $\phi10$T 形钢筋插销拴牢。为了适应 $370\mathrm{mm}$ 和 $240\mathrm{mm}$ 墙的需要，钢板中部还需增设一个销孔（图 5-8）。

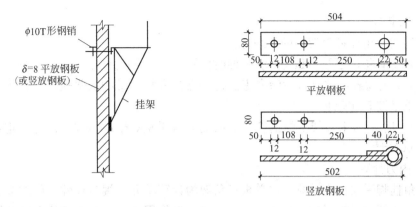

图 5-8　墙体内埋设钢板

采用墙体挂置方法时要注意：上部要有 1m 以上高度的墙体压住钢板；墙体砂浆要达到设计强度的 75%，同时不低于 1.8MPa 才能放置挂架；在窗口两侧小于 240mm 墙体内和宽度小于 490mm 的窗间墙、厚度小于 240mm 的实体墙以及空斗墙、土坯墙、轻质空心砖等墙体内，均不得设置挂脚手架的钢板；施工时安设钢板的预留孔要随拆随补；严格控制荷载并禁止冲击。

1.3.2　挂架的构造

挂脚手架所用的挂架有砌筑用和装修用两种。砌筑用挂架多为单层三角形挂架，装修用挂架有单层、双层两种；单层的一般为三角形挂架，双层的一般为矩形挂架，其构造见图 5-9。

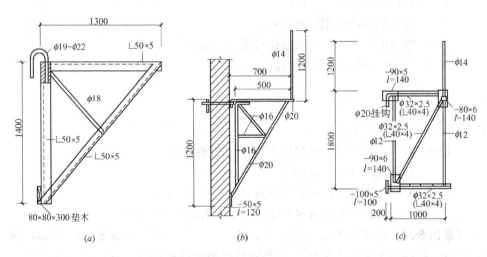

图 5-9　挂架的构造

(a)砌筑挂架；(b)装修用单层挂架；(c)装修用双层挂架

1.3.3　挂脚手架的校核计算

以三角挂脚手架为例介绍其强度校核计算。计算内容包括荷载计算、内力计算和杆件截面验算等。

1. 荷载计算

作用在三角挂脚手架上的荷载有：

(1) 操作施工人员荷载：按每一开间脚手架上 5 人同时操作，每人按 750N 计；

(2) 工具荷载：按机械喷涂考虑。每一操作人员携带的灰浆喷嘴、管子和零星工具重量按 500N 计；

(3) 脚手架自重：架子的钢管、上面铺的脚手板(宽 1.0m 左右)等自重，每副按 1000N 计。

2. 内力计算

三角挂脚手架内力计算，以单根三角架为计算单元，视各杆件之间的节点为铰接点，各杆件只承受轴力作用。在计算时，将作用于水平杆上的均布荷载转化为作用于杆件节点的集中力。先根据外力的平衡条件(即 $\Sigma X=0$，$\Sigma Y=0$，$\Sigma M=0$)，求出桁架在荷载作用下的支座反力。当无拉杆设置时，上弦支座 A 在水平方向受拉，下弦支座 B 沿斜杆方向受压，然后计算各杆件的轴力，可从三角形桁架的外端节点 C 开始，用节点力系平衡($\Sigma X_i=0$，$\Sigma Y_i=0$)条件，依次求出各杆件的内力。

3. 截面强度验算

(1) 三角挂脚手架拉杆应力按下式验算：

$$\sigma=\frac{N}{A}\leqslant f \tag{5-19}$$

式中　σ——杆件的拉应力(N/mm^2)；

　　　N——杆件的轴心拉力(N)；

　　　A——杆件的净截面积(mm^2)；

　　　f——钢材的抗拉、抗压强度设计值(N/mm^2)。

(2) 三角挂脚手架压杆强度验算：

$$\sigma=\frac{N}{\varphi A}\leqslant f$$

式中　σ——杆件压应力(N/mm^2)；

　　　φ——纵向弯曲系数，可根据 $\lambda=l_0/i_{nim}$ 值查表得；

　　　A——杆件的净截面积(mm^2)；

　　　l_0——杆件计算长度，一般取节点之间的距离(m)；

　　　i_{nim}——杆件截面的最小回转半径，根据选用的型钢查表得。

【案例 5-3】 某工程外墙三角挂脚手架，尺寸及荷载布置如图 5-10 所示，间距 3.3m，脚手架上由 5 人操作进行外墙机械喷涂饰面作业，试计算三角挂脚手架各杆件的内力并选用杆件截面，验算强度是否满足要求。

【解】 (1) 挂脚手架上的荷载及计算简图

脚手架上的荷载有：

1) 操作人员重 q_1：每人按 750N 计，则

$$q_1=\frac{5\times750}{3.3\times1.0}=1136N/m^2$$

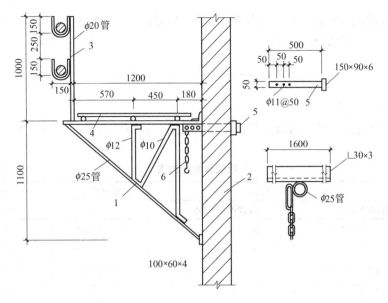

图 5-10 三角挂脚手架构造图

1—三角架；2—墙；3—栏杆；4—脚手板；5—扁钢销；6—插扁钢销用 ϕ10mm 钩

2）工具重 q_2：每一操作人员机具重按 500N 计，则

$$q_2 = \frac{5 \times 500}{3.3 \times 1.0} = 758 \text{N/m}^2$$

3）脚手架自重 q_3 每副架按 1000N 计，则

$$q_3 = \frac{1000}{3.3 \times 1.0} = 303 \text{N/m}^2$$

4）总荷载 q

$$q = q_1 + q_2 + q_3 = 1136 + 758 + 303 = 2197 \text{N/m}^2$$

计算简图如图 5-11 所示，计算时考虑两种情况：

1）脚手架上的荷载为均匀分布（图 5-11a），化为节点集中荷载，则为：

$$p = \frac{2197 \times 3.3 \times 1.0}{2} = 3625 \text{N}$$

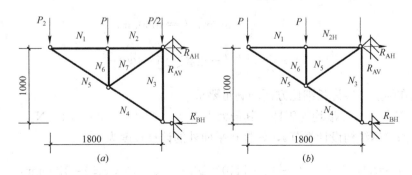

图 5-11 三角挂脚手架计算简图

（a）荷载均布时；（b）荷载分布偏于外侧时

2) 荷载的分布偏于脚手架外侧时(图 5-11b),单位面积上的荷载为:$2197\times2=4394N/m^2$,简化为节点集中荷载 P 为:

$$P=\frac{4394\times3.3\times0.5}{2}=3625N$$

(2) 内力计算

按桁架进行计算,内力值及选用杆件规格、截面面积列于表 5-9 中。

桁架杆件内力表 表 5-9

内力系数及内力值(N)		选用杆件规格	杆件截面面积
荷载均匀分布时	荷载偏于外侧时	(mm)	(mm)
$N_1=0.5p=1813$	$N_1=1.0p=3625$	$\phi25\times3$ 钢管	207
$N_2=0.5p=1813$	$N_2=1.0p=3625$	$\phi25\times3$ 钢管	207
$N_3=-1.0p=-3625$	$N_3=-1.5p=-5438$	$\phi12$ 圆钢	113
$N_4=-1.41p=-5111$	$N_4=-2.12p=-7685$	$\phi25$ 钢管	207
$N_5=-0.7p=-2538$	$N_5=-1.41p=-5111$	$\phi25$ 钢管	207
$N_6=-1.0p=-3625$	$N_6=-1.0p=-3625$	$\phi12$ 圆钢	113
$N_7=0.7p=2538$	$N_7=0.707p=2563$	$\phi12$ 圆钢	113
支座 $R_{AV}=2.0P=7250$	支座 $R_{AV}=2.0P=7250$		
$R_{AH}=1.0P=3625$	$R_{AH}=1.5P=5438$		
$R_{BH}=1.0P=3625$	$R_{BH}=1.5P=5438$		

(3) 截面强度验算

1) 杆件 $N_1=N_2=3625N$,选用 $\phi25$ 钢管,$A=207mm^2$。

考虑钢管与销片连接有一定偏心,其容许应力乘以 0.95 折减系数。

$$\sigma=\frac{N_1}{A}=\frac{3625}{207}=17.5<0.95f=0.95\times215=204N/mm^2$$

2) 杆件 N_3、N_7,均为拉杆,其最大内力 $N=5438N$,选用 $\phi12$ 圆钢,则杆件的应力为:

$$\sigma=\frac{N_3}{A}=\frac{5438}{113}=48.1N/mm^2<204N/mm^2$$

$$i=\frac{d}{4}=\frac{12}{4}=3mm,\ l_0=1000mm$$

$$\lambda=\frac{l_0}{i}=\frac{1000}{3}=333<[\lambda]=400$$

故在强度和容许长细比方面均满足要求。

3) 杆件 N_4、N_5 均为压杆,其最大内力 $N_4=7685N$,$N_5=5111N$。

根据《钢结构设计规范》,该杆在平面外的计算长度为:

$$l_0=l_1\left(0.75+0.25\frac{N_5}{N_4}\right)=1410\times\left(0.75+0.25\times\frac{5111}{7685}\right)=1290mm$$

式中 l_1 为 N_4 与 N_5 长度之和。

$$i = 0.25\sqrt{D^2 + d^2} = 0.25\sqrt{25^2 + 19^2} = 7.85 \text{mm}$$

式中 D、d 分别为钢管的外径和内径。

$$\lambda = \frac{l_0}{i} = \frac{1290}{7.85} = 164 > [\lambda] = 150$$

由 λ 查得：$\varphi = 0.289$

$$\sigma = \frac{N_4}{\varphi A} = \frac{7685}{0.289 \times 207} = 129 \text{N/mm}^2 < 204 \text{N/mm}^2$$

此两根压杆强度均满足要求，长细比略大于容许长细比，经使用无问题，可不更换规格。

4）压杆 $N_6 = 3625 \text{N}$，选用 $\phi 12$ 圆钢。

计算长度 $l_0 = 500 \text{mm}$，$i = 0.25d = 0.25 \times 12 = 3 \text{mm}$

$$\lambda = \frac{l_0}{i} = \frac{500}{3} = 166 > [\lambda] = 150$$

根据 $\lambda = 166$，λ 查表得 $\varphi = 0.282$，所以

$$\sigma = \frac{N_6}{\varphi A} = \frac{3625}{0.282 \times 113} = 114 \text{N/mm}^2 < 204 \text{N/mm}^2 \quad （满足要求）$$

（4）焊缝强度验算

取腹杆中内力最大杆件 $N_3 = 5438 \text{N}$ 计算，焊缝厚度 h_f 取 4mm，则焊缝有效厚度中 $h_u = 0.7 h_f = 0.7 \times 4 = 2.8 \text{mm}$，焊缝长度应为：

$$l_f = \frac{N_3}{h_u \tau_f} = \frac{5438}{2.8 \times 160} = 12.1 \text{mm}$$

考虑焊接方便，取焊缝长度为 40mm。

（5）支座强度验算

1）支座 A 采用 $-50 \text{mm} \times 6 \text{mm}$ 扁铁销片，上面开有 $\phi 11 \text{mm}$ 孔。

销片受拉验算：

$$R_{AH} = 5438 \text{N}, \quad A_j = 50 \times 6 - 11 \times 6 = 234 \text{mm}^2$$

$$\sigma = \frac{R_{AH}}{A_j} = \frac{5438}{234} = 23.2 \text{N/mm}^2 < f = 215 \text{N/mm}^2 \quad （满足要求）$$

销片受剪验算：

$$R_{AV} = 7250 \text{N}, \quad A_j = 234 \text{mm}^2$$

$$\tau = \frac{R_{AV}}{A_j} = \frac{7250}{234} = 31 \text{N/mm}^2 < f_V^W = 125 \text{N/mm}^2 \quad （满足要求）$$

2）支座 B 采用 $60 \text{mm} \times 60 \text{mm} \times 6 \text{mm}$ 的垫板支承在墙面上。

墙面承压验算：

$$R_{BH} = 5400 \text{N}$$

$$A = 60 \times 60 = 3600 \text{mm}^2$$

$$\sigma = \frac{R_{BH}}{A} = \frac{5400}{3600} = 1.5 \text{N/mm}^2 < f = 2.1 \text{N/mm}^2$$

结构满足要求。

【实践活动】

1. 参观搭设好的脚手架，对照脚手架技术规范要求，认知脚手架组成构件的名称、作用、搭设要求，并判断其搭设是否符合要求。

2. 以 6～8 人为一个小组，在学校实训基地搭设脚手架。

【活动评价】

学生自评(20%)：

规范选用：正确□；错误□。

脚手架搭设：合格□；不合格□。

小组互评(40%)：

脚手架搭设：合格□；不合格□。

工作认真努力，团队协作：很好□；较好□；一般□；还需努力□。

教师评价(40%)：

搭设完成效果：优□；良□；中□；差□。

任务 2　砌筑工程施工技术交底

【实训目的】　通过实训，使学生掌握砌筑工程施工技术交底的内容和方法，具有砌筑工程施工技术交底编写能力。

实训内容与指导

2.1　砌筑工程施工技术交底的内容及要点

砌筑工程施工技术交底的主要内容包括：工程施工的范围、施工准备、操作工艺、质量标准、成品保护、应注意的质量问题和质量记录等。

2.1.1　施工准备技术交底的内容及要点

1. 材料准备及要求

(1) 砌体所用材料进场前，必须提供出厂合格证及质量证明，进场后按规范要求抽验、送试验室复试合格后方准使用。黏土砖、空心砖及陶粒砖必须坚固、完整、形状均匀一致，不含裂纹和其他质量问题。

(2) 砖砌筑时应提前浇水润湿，砖的含水率控制在 10%～15%(把砖砍断，四周湿渍深 15mm 左右即可)。

(3) 水泥：宜用 32.5 级硅酸盐类水泥，无结块；水泥进场应分批对其强度、安定性进行复验；不同品种的水泥禁止混用。

(4) 砂：宜用中砂，含泥量不超过 5%，使用前过 5mm 孔径的筛。

(5) 混合砂浆所用石灰膏中不得含有未熟化的颗粒。

2. 施工机具准备

砌筑施工机具设备有：砂浆搅拌机、筛子、小推车、铁锹、瓦刀、灰桶、灰槽等。

3. 作业条件

(1) 砌筑前，基础墙应验收合格，砌筑的楼地面的灰渣杂物及高出部分清除干净。

(2) 拉结筋和构造柱必须按楼层提前报验并验收合格，要求拉结筋位置准确，焊接牢固，不能漏焊，焊渣要清除干净，膨胀螺杆要牢固，拉结筋长度要满足要求。

(3) 制作皮数杆，并竖立于墙的两端，在两相对皮数杆之间拉水平线。与砌体端头已施工的混凝土结构等连接时，也可在混凝土表面画出皮数标线再按标线砌筑。

2.1.2 操作工艺交底内容及要点

1. 黏土砖及陶粒砖墙施工技术交底要点

(1) 砌筑前，应将砌筑部位清理干净，放出墙身中心线及边线，浇水湿润。

(2) 在砖墙的转角处及交接处立皮数杆(皮数杆间距不超过 15m，过长应在中间加立)，在皮数杆之间拉准线，依准线逐皮砌筑。

(3) 砌筑操作方法可采用铺浆法或三一砌砖法，依各地习惯而定。采用铺浆法砌筑时，铺浆长度不得超过 750mm；气温超过 30℃时，铺浆长度不得超过 500mm。

(4) 砖墙水平灰缝和竖向灰缝宽度为 8～12mm，一般为 10mm，水平灰缝的砂浆饱满度不得低于 80%；竖缝宜采用挤浆或加浆方法砌筑，不得出现透明缝，严禁用水冲浆灌缝。

(5) 砖墙的转角处，每皮砖的外角应加砌七分头砖。

(6) 砖墙的十字交接处，应隔皮纵横墙砌通，交接处内角的竖缝上下相互错开 1/4 砖长。

(7) 砖砌体在纵横墙交接处应同时砌筑，对不能同时砌筑而又必须留置临时间断处应砌成斜槎，斜槎长度不应小于高度的 2/3。如留斜槎确有困难时，除转角处外，也可留直槎，但必须砌成阳槎，并加设拉结筋。拉结筋的数量为每120mm 墙厚放置 1ϕ6 的钢筋，间距为沿墙高不超过 500mm，埋入长度从墙留槎处算起，每边均不应小于 500mm，末端应做 90°弯钩。

(8) 砖墙中留置临时施工洞口时，其侧边离交接处的墙面不应小于 500mm。

(9) 洞口顶部宜设置过梁，也可在洞口上部采取逐层挑砖办法封口，并预埋水平拉结筋，洞口净宽不应超过 1m。临时施工洞口补砌时，洞口周围砖块表面应清理干净，并浇水湿润，再用与原墙相同的材料补砌严密。

(10) 砖墙工作段的分段位置，宜设在伸缩缝、沉降缝、防震缝、构造柱或门窗洞口处，相邻工作段的砌筑高度差不得超过一个楼层的高度，亦不宜大于 4m。砖墙临时间断处的高度差，不得超过一步脚手架的高度。

(11) 墙中的洞口、管道、沟槽和预埋件等应于砌筑时正确留出或预埋，宽度超过 300mm 的洞口应砌筑平拱或设置过梁。

（12）砖墙每天砌筑高度以不超过 1.5m 为宜。

2. 空心砖墙施工技术交底要点

（1）空心砖墙砌筑前，应在砌筑位置上弹出墙边线，以后按边线逐皮砌筑，一道墙应先砌两头的砖，再拉准线砌中间部分。第一皮砖砌筑时应试摆。

（2）砌空心砖宜采用刮浆法。竖缝应先刮砂浆再砌筑。当孔洞成垂直方向时，水平铺砂浆应用套板盖住孔洞，以免砂浆掉入孔洞内。

（3）灰缝应横平竖直，水平灰缝和竖向灰缝宽度应控制 8～12 mm，一般为 10mm。

（4）水平灰缝的砂浆饱满度不得低于 80%。竖向灰缝不得出现透明缝。

（5）空心砖墙中不够整砖部分，宜用无齿锯加工制作非整砖块，不得用砍凿方法将砖打断。补砌时应使灰缝砂浆饱满。

（6）管线槽留置时，可采用弹线定位后用凿子凿槽或用开槽机开槽，不得采用斩砖预留槽的方法。

（7）空心砖墙应同时砌起，不得留斜槎。每天砌筑高度不要超过 1.5m。

（8）空心砖墙底部至少砌 3 皮普通砖，在门窗洞口两侧一砖范围内，也应用普通砖实砌。

2.1.3　质量标准交底的内容及要点

质量标准交底应按施工技术规范要求，将砌筑工程施工质量标准和要求对操作人员进行交底。砌筑工程施工的质量标准和检验方法见《建筑施工技术》（第五版)第 3.5 节相关内容。

2.1.4　成品保护交底内容及要点

（1）门框安装后，施工时应将门口框两侧 300～600mm 高度范围钉白铁皮保护，防止手推车撞坏。

（2）落地砂浆、砌块碎渣应及时清除干净，以免与地面粘结，影响楼面施工。

（3）在加气混凝土墙上剔凿设备孔洞、槽时，应轻凿，保持砌块完整，如有松动或损坏，应进行补强处理。

（4）加气混凝土块在装运过程中，轻装轻放，计算好每处用量，分别整齐码放。

（5）加气混凝土块墙上不得留脚手眼，搭拆脚手架时不得碰撞已砌墙体和门窗边角。

2.1.5　质量记录交底

应具备的质量记录有：砌体所用材料的出厂证明及合格证，砖、水泥进场复验报告，检验批验收记录、施工交底记录等。

2.1.6　砌筑工程施工安全技术交底

砌筑工程施工安全技术交底主要内容有：

（1）严禁酒后上岗，严禁在楼层嬉戏、打闹。

（2）进入现场必须戴好安全帽。

（3）施工人员必须服从命令听指挥，加强纪律，按操作规程作业，出现违章事故，追查责任，赏罚严明。

（4）安全用电，禁止私拉乱设，用电应由电工专人接线，专人看护。

（5）夜间施工，要有照明设施，确保灯光照明正常。

（6）上下脚手架应走斜道。不准站在砖墙上砌筑、划线、检查大角垂直度和清扫墙面等工作。

（7）砌砖使用的工具应放在稳妥的地方。斩砖应面向墙面，工作完毕应将脚手板和砖墙壁上的碎砖、灰浆清扫干净，防止掉落伤人。

（8）墙砌完后应即安装桁条或加临时支撑，防止倒塌。

（9）起吊砌块的夹具要牢固，就位放稳后，方得松开夹具。

（10）临边、洞口的防护铁栅栏应在焊接拉结筋后及时恢复，砌筑前才能拆除，并保证拆除后马上进行墙体砌筑。

（11）临边、洞口砌筑时应有防坠落安全设施，防止高空坠落，防止砌块等杂物从洞口处落下伤人。

（12）上料坡道搭设不要太陡，并有防滑条，手推车在坡道上行走时应注意避免倒滑。

2.2 技术交底案例

2.2.1 框架结构填充墙砌筑施工技术交底

×××框架结构住宅楼，为了保证填充墙砌筑质量，填充墙砌筑施工前，现场技术人员对作业班组进行技术交底如下（见表5-10）。

技术交底记录　　　　　　　　　　　表5-10

工程名称	×××住宅楼	建设单位	××××××
监理单位	×××建设监理公司	施工单位	×××建筑工程公司
交底部位	框架结构填充墙砌筑	交底日期	××××××
交底人	×××	接收人	×××

交底内容：

一、工程概况

本工程地下室填充墙采用MU10烧结普通页岩砖、MU10水泥砂浆，地下室以上外墙采用MU5多孔砖，内墙采用MU3.5烧结空心砖，M5混合砂浆砌筑；厨房、卫生间的分户墙采用MU5页岩实心砖，M5混合砂浆砌筑，实心多孔砖填充墙距楼地面砌200mm高页岩实心砖；设备管井及电梯井道采用页岩实心砖砌筑。

二、施工准备

1. 技术准备

（1）填充砌体施工前，应认真熟悉图纸，复核门窗洞口位置尺寸，明确预埋、预留位置，算出窗台及过梁顶部标高，熟悉相关构造及材料要求。

（2）根据设计图纸及规范要求，确定填充墙体构造柱及圈梁、过梁标高尺寸。

（3）使用经过校验合格的检测工具。

2. 材料要求

（1）填充外墙采用页岩多孔砖，内墙为空心砖，厨卫间墙体为页岩实心砖，地下室防水保护墙为页岩实心砖，质量等级应符合设计和规范要求。页岩多孔砖、实心砖、水泥、钢筋等材料进场时，应有出厂合格证，并复检。

（2）砌体砂浆均采用商品预拌砂浆，质量符合设计和规范要求。

（3）墙体拉结筋、预埋于构造柱内的拉结钢筋要事先下料，放置于作业面随砌随用。框架拉结钢筋采用后置式与结构锚固，要进行拉拔强度试验。

159

工程名称	×××住宅楼	建设单位	××××××
监理单位	×××建设监理公司	施工单位	×××建筑工程公司
交底部位	框架结构填充墙砌筑	交底日期	××××××
交底人	×××	接收人	×××

(4) 门窗洞口边与门窗框安装位置处采用实心标砖或配砖砌筑，距洞口边上下 200～250mm。

3. 主要机具

手推车、吊斗、砖笼、胶皮管、铁锹、半截灰斗、托线板、线坠、水平尺、小白线、瓦刀、砂浆试模、百格网、钢尺、皮数杆等。

4. 作业条件

(1) 施工现场设固定照明灯、活动灯架满足施工需要。

(2) 基础、主体结构防水层等相关部分施工完毕，已经有关部门验收合格。

(3) 弹出楼层轴线，经复核，办理相关手续。

(4) 根据室内+0.5m 标高控制线，预排出砖砌体的皮数线，皮数线可画在框架柱上，并标明拉结筋、过梁等尺寸、标高。

(5) 根据最下面第一批砖的标高，拉通线检查，如水平灰缝厚度超过 20mm，先用 C15 细石混凝土找平。严禁用砂浆或砂浆包碎石找平，更不允许采用两侧砌砖，中间填芯找平。

(6) 构造柱采用植筋，钢筋型号、规格、绑扎，应符合设计和规范要求。

(7) 砌筑砂浆配合比经有资质的试验部门试验确定，有书面配合比申请单、通知单。在施工现场根据砌体方量准备好取样砂浆试模。

三、施工工艺

1. 工艺流程

墙体拉结筋→构造柱植筋→施工放线→钢筋绑扎→放线立皮数杆→排砖→砌筑填充墙→验收

2. 操作工艺

(1) 填充墙施工前，必须把墙、柱上填充墙拉结筋每 500mm 高植一道，每道设 2 根 Φ6 钢筋，拉结筋伸入墙内长度不小于 1000mm，端部设 90°弯钩；砌体填充墙大于 5m 时应在墙中部设构造柱。

(2) 施工放线：根据楼层中的控制轴线，事先测放出墙体的轴线和门窗洞口的位置线，将窗台和窗顶的位置标高线标志在框架柱上。待施工放线完成并自检合格后，上报质量部门查验合格后，方可进行墙体砌筑。

(3) 基层处理：在砌筑墙体前应对墙基层进行清理，将楼层上的浮浆、灰尘清扫冲洗干净，并浇水使基层湿润。

(4) 构造柱钢筋绑扎：构造柱钢筋采用植筋，箍筋加密范围为不小于 450mm 或 1/6 层高，柱子中心线应垂直。

(5) 立皮数杆、排砖：在皮数杆上或框架柱、墙上排出砖块的皮数及灰缝厚度，并标出窗台、洞口等标高；根据要砌筑的墙体长度、高度试排砖，摆出门、窗及孔洞的位置。

(6) 砌筑填充墙及地下室防水保护墙

1) 填充墙砌筑方法采用一丁一顺。

2) 挂线：砌筑砖墙厚度超过一砖厚时，应双面挂线。超过 10m 的长墙，中间应设支线点，小线要拉紧，每皮砖都要穿线看平，使水平缝均匀一致，平直通顺；砌一砖厚度混水墙时宜采用外手挂线，可照顾墙墙两面平整，为下道工序控制抹灰厚度奠定基础。

3) 砌砖：应采用一铲灰、一块砖、一挤揉的"三一"砌砖法，即满铺、满挤操作法。砌砖时砖要放平，应跟线，"上跟线、下跟棱、左右相邻要对平"。

4) 水平灰缝厚度和竖向灰缝宽度一般为 10mm，但不应小于 8mm，也不应大于 12mm。

5) 砖砌体的转角处和交接处应同时砌筑，严禁无可靠措施的内外墙分砌施工。

6) 门窗洞口采用页岩实心砖砌筑。

7) 墙体拉结筋：墙体拉结筋的位置、规格、数量、间距均应按设计要求留置，不应漏放、错放。

8) 安装过梁，其标高、位置及型号必须准确，坐灰饱满。如坐灰厚度超过 20mm 时，要用细石混凝土铺垫，两端支撑点的长度应一致，并不应小于 240mm。

9) 构造柱做法：砌砖墙时，与构造柱连接处应砌成马牙槎。每一个马牙槎沿高度方向的尺寸不应超过 300mm。马牙槎应先退后进。拉结筋按设计和规范要求放置。

10) 砖墙工作段的分段位置，宜设在变形缝、构造柱或门窗洞口处。

11) 设计要求的洞口、管线、沟槽应于砌筑时正确留出或预埋，未经设计同意，不得打凿墙体和墙体上打凿水平沟槽。长度超过 300mm 的洞口上部，应设置过梁。

续表

工程名称	×××住宅楼	建设单位	××××××
监理单位	×××建设监理公司	施工单位	×××建筑工程公司
交底部位	框架结构填充墙砌筑	交底日期	××××××
交底人	×××	接收人	×××

12）墙体与混凝土梁、柱交接处应加挂宽400mm、厚0.8mm的9×2.5孔钢板网或玻璃纤维网格布，两边各压入200mm，以防抹灰开裂。

13）厨卫、周边墙体下部除门窗洞口外均浇筑C20细石混凝土带，高150mm，宽同墙体。

四、质量标准

砌筑时，砖应提前1～2d浇水湿润，严禁干挂或吸水饱和状态的砖上墙，烧结普通的相对砖含水率宜为60%～70%。

1. 砌体的主控项目：

1）砖和砂浆的强度等级必须符合设计要求。

2）砌体水平灰缝的砂浆饱满度不得小于80%。

3）砌体的位置及垂直度允许偏差应符合下表的规定。

普通砖砌体的位置及垂直度允许偏差

项次	项目			允许偏差（mm）	检验方法
1	轴线位置偏移			10	用经纬仪和尺检查或用其他测量仪器检查
2	垂直度	每层		5	用2m托线板检查
		全高	≤10m	10	用经纬仪、吊线和尺检查，或用其他测量仪器检查
			>10m	20	

2. 砌体一般项目：

1）砖砌体组砌方法应正确，上、下错缝，内外搭砌。

2）砖砌体的灰缝应横平竖直，厚薄均匀。页岩砖灰缝厚度宜为8～12mm，砌块水平灰缝厚度及竖向灰缝厚度宜为15mm和20mm，竖向灰缝不应出现瞎缝、透明缝和假缝。

3）多孔砖的孔洞应垂直于受压面砌筑。

五、成品保护

1. 砌筑好的砖墙，不得碰撞撬动，否则应重铺砂浆砌筑。

2. 洞口、管道、沟槽等应事先预留预埋，防止砌后剔凿。

3. 运料、卸料、翻架子等，防止碰撞墙面及门窗洞口。

4. 墙体拉结筋、抗震构造柱钢筋及各种预埋件、给水、排水、供暖、电气管线等，均应注意保护，不得任意拆改或损坏。

5. 墙体砌筑后，砂浆达到一定强度后才能支设构造柱、圈梁模板。

6. 浇筑构造柱及圈梁混凝土时，不得碰撞撬动墙体，防止砖体松动。

7. 雨期施工收工时，应覆盖现场材料，以防止雨水冲刷。

六、安全、文明施工

1. 操作人员应戴好安全帽，高空作业应挂好安全网。

2. 在操作之前必须检查操作环境是否符合安全要求，道路是否畅通，机具是否完好无损，安全设施和防护用品是否齐全，经检查符合要求后才可施工。

3. 脚手架应检查方能使用。砌筑时不能随意拆除和改动脚手架，楼层防护栏杆不得随意挪动拆除。

4. 在架子上砍砖时操作人员应向里把碎砖打在架板上，严禁把砖头打向架外。挂线用的坠砖，应绑扎牢固，以免坠落伤人。

5. 架子上堆砖不得超过3层。灰斗应放置有序，使架子上保持畅通。

6. 施工现场应作到工完料尽，施工工具摆放整齐，作业面清净干净。

7. 地下室防水保护砖墙高度大于7m，因此为确保作业安全及施工质量，每次砌筑高度应控制在2.5m左右。

8. 120mm厚墙体不得放置脚手架。

参加单位及人员		注册建造师（项目经理）：（签字）

注：本表一式四份，建设单位、监理单位、施工单位、城建档案馆各一份。

2.2.2　砖混结构主体砌筑工程施工技术交底

×××砖混结构教学楼，为了保证工程砌筑质量，墙体砌筑施工前，现场技术人员对作业班组进行技术交底如下（见表 5-11）。由于砌筑工程为常见的施工过程，交底内容可简单。

技术交底记录　　　　　　　　　表 5-11

工程名称	×××教学楼	建设单位	×××
交底部位	±0.000 以上主体砌筑	施工单位	×××建筑工程公司
监理单位	×××建设监理公司	交底日期	×××
交底人	×××	接收人	×××

一、操作规程：

1. 砌筑砖体时应提前浇水润湿，砖的含水率控制在 10%～15%（把砖砍断，四周湿渍深 15mm 左右即可）当施工间歇完毕重新砌筑时，应对原砌体顶面洒水湿润。

2. 砌筑时应根据弹出的轴线进行排砖，第一排砖必须是丁砖。当砌体的尺寸不符合砖的模数时可用找砖或顶砖来调整，对砌体中的洞槽等应在砌筑中按施工图留示，不得在砌好的砌体上开洞。

3. 铺灰要均匀，宽度要一致，其宽度为每边比墙窄 10mm 左右，铺灰长度不应超过 500mm。

4. 施工时要正确设置皮数杆，随时吊线找正。

5. 预埋在混凝土柱中的拉结筋必须砌入墙内，砖墙与框架柱之间应用砂浆填满。

6. 砖砌体在纵横墙交接处应同时砌筑，对不能同时砌筑而又必须留置临时间断处应砌成斜槎，斜槎长度不应小于高度的 2/3。如留斜槎确有困难时，除转角处外，也可留直槎，但必须砌成阳槎，并加设拉结筋。拉结筋的数量为每 120mm 墙厚放置 1φ6 的钢筋，间距为沿墙高不超过 500mm，埋入长度从墙留槎处算起，每边均不应小于 500mm，末端应做 90°弯钩。

7. 砌体接槎时，必须将接槎处的表面清理干净，浇水湿润，并填实砂浆，保持灰缝平直。

8. 砌筑过程中应随时检查墙的垂直度、平整度。

9. 砌筑门窗洞口应拉直线并按规定埋设木砖。

10. 墙体每日砌筑高度不得超过 1.5m。

二、质量标准：

1. 砌体的砂浆必须密实饱满，水平灰缝的砂浆饱满度不少于 80%，竖向灰缝应采用挤浆或加浆方法砌筑。

2. 砌体应上下错缝，内外搭砌，外墙严禁留直槎。

3. 砌体的允许偏差：轴线位移 10mm，垂直度 5mm，表面平整度 8mm，水平灰缝平直度 10mm。

参加单位及人员		项目经理：（签字）

注：本表一式四份，建设单位、监理单位、施工单位、城建档案馆各一份。

【实践活动】

由教师在《建筑工程识图实训》教材中选定配筋砌体结构施工图，按照配筋砌体设计做法，并结合地区特点给定施工条件和施工方法，学生分小组（3～5 人）编制配筋砌体施工技术交底单。

【实训考评】

学生自评（20%）：

施工工艺：符合要求□；基本符合要求□；错误□。

交底内容：完整□；基本完整□；不完整□。

小组互评(40%)：

　　工作认真努力，团队协作：很好□；较好□；一般□；还需努力□。

教师评价(60%)：

　　施工工艺：符合要求□；基本符合要求□；错误□。

　　交底内容：完整□；基本完整□；不完整□。

项目6　模板工程施工实训

【实训目标】　通过训练，使学生能估算模板的用料，能绘制模板的配板图，能组织现场模板的下料和施工；掌握大模板，滑动模板，爬升模板，台模、永久性模板中的压型钢板模板和预应力混凝土薄板模板的施工方法，能组织现场模板施工；掌握模板工程施工技术交底的内容和方法，具有模板工程施工技术交底的编写能力。

任务1　胶合板模板的配制和施工

【实训目的】　通过训练，学生能估算模板的用料，能绘制模板的配板图，能组织现场模板的配料和施工。

实训内容与指导

混凝土模板用的胶合板有木胶合板和竹胶合板两种。

胶合板用作混凝土模板具有以下优点：

（1）板幅大、自重轻、板面平整，既可减少安装工作量，节省现场人工费用，又可减少混凝土外露表面的装饰及磨去接缝的费用。

（2）承载能力大，特别是经表面处理后耐磨性好，能多次重复使用。

（3）材质轻，厚18mm的木胶合板，单位面积质量为50kg，模板的运输、堆放、使用和管理等都较为方便。

（4）保温性能好，能防止温度变化过快，冬期施工有助于混凝土的保温。

（5）锯截方便，易加工成各种形状的模板。

（6）便于按工程的需要弯曲成型，用作曲面模板。

（7）用于清水混凝土模板最为理想。

目前在全国各大中城市的高层现浇混凝土结构施工中，胶合板模板已有相当的使用量。

1.1　木胶合模板

1.1.1　木胶合模板的规格尺寸

木胶合模板的规格尺寸见表6-1。

1.1.2　使用注意事项

（1）必须选用经过板面处理的胶合板。未经板面处理的胶合板用作模板时，脱模时易将板面木纤维撕破，影响混凝土表面质量。这种现象随胶合板使用次数的增加而逐渐加重。

木胶合模板的规格尺寸（mm）　　　　　　　　表 6-1

模　数　制		非　模　数　制		厚　　度
宽　度	长　度	宽　度	长　度	
600	4800	915	1830	12.0
900	1800	1220	1830	15.0
1000	2000	915	2135	18.0
1200	2400	1220	2440	21.0

经覆膜罩面处理后的胶合板，增加了板面耐久性，脱模性能良好，外观平整光滑，最适用于有特殊要求的、混凝土外表面不加修饰处理的清水混凝土工程，如混凝土桥墩、立交桥、筒仓、烟囱以及塔等。

（2）未经板面处理的胶合板(亦称白坯板或素板)，在使用前应对板面进行处理。处理的方法为冷涂刷涂料，把常温下固化的涂料胶涂刷在胶合板表面，构成保护膜。

（3）经表面处理的胶合板，施工现场使用中，一般应注意以下几个问题：

1）脱模后立即清洗板面浮浆，整齐堆放。

2）模板拆除时，为避免损伤板面处理层，严禁抛扔。

3）胶合板边角应涂刷封边胶，为了保护模板边角的封边胶和防止漏浆，支模时最好在模板拼缝处粘贴防水胶带或水泥纸袋，拆模时及时清除水泥浆。

4）胶合板板面尽量不钻孔洞。遇有预留孔洞，可用普通木板拼补。

5）现场应备有修补材料，以便对损伤的面板及时进行修补。

6）使用前必须涂刷隔离剂。

（4）整张木胶合板的长向为强方向，短向为弱方向，使用时必须加以注意。

1.2　竹胶合板模板

1.2.1　竹胶合模板的规格尺寸

竹胶合模板的规格尺寸见表 6-2。

竹胶合模板的规格尺寸（mm）　　　　　　　　表 6-2

长　　度	宽　　度	厚　　度
1830	915	
1830	1220	
2000	1000	9、12、15、18
2135	915	
2440	1220	
3000	1500	

1.2.2　竹胶合模板的特点

我国竹材资源丰富，且竹材具有生长快、生产周期短(一般 2～3 年成材)的特点。另外，一般竹材顺纹抗拉强度为 18MPa，为杉木的 2.5 倍，红松的 1.5 倍；横纹抗压强度为 6～8MPa，是杉木的 1.5 倍，红松的 2.5 倍；静弯曲强度为 15～16MPa。因此，在我国木材资源短缺的情况下，以竹材为原料，制作混凝土模板用竹胶合板，具有收缩率小、膨胀率和吸水率低以及承载能力大的特点，是一种具有发展前途的新型建筑模板。

1.3 胶合板模板的配制方法和要求

1.3.1 胶合板模板的配制方法

（1）按设计图纸尺寸直接配制模板

形体简单的结构构件，可根据结构施工图纸直接按尺寸列出模板规格和数量进行配制。模板厚度、横档及楞木的断面和间距，以及支承系统的配置，都可按支承要求通过计算选用。

（2）采用放大样方法配制模板

形体复杂的结构构件，如楼梯、圆形水池等，可在平整的地坪上，按结构图的尺寸画出结构构件的实样，量出各部分模板的准确尺寸或套制样板，同时确定模板及其安装的节点构造，进行模板的制作。

（3）用计算方法配制模板

形体复杂不易采用放大样方法，但有一定几何形体规律的构件，可用计算方法结合放大样的方法，进行模板的配制。

（4）采用结构表面展开法配制模板

一些形体复杂且又由各种不同形体组成的复杂体型结构构件，如设备基础。其模板的配制，可采用先画出模板平面图和展开图，再进行配板设计和模板制作。

1.3.2 胶合板模板的配制要求

（1）应整张直接使用，尽量减少随意锯截，造成胶合板浪费。

（2）木胶合板常用厚度一般为 12 或 18mm，竹胶合板常用厚度一般为 12mm，内、外楞的间距，可随胶合板的厚度，通过设计计算进行调整。

（3）支撑系统可以选用钢管脚手架，也可采用木支撑。采用木支撑时，不得选用脆性、严重扭曲和受潮容易变形的木材。

（4）钉子长度应为胶合板厚度的 1.5～2.5 倍，每块胶合板与木楞相叠处至少钉 2 个钉子，第二块板的钉子要转向第一块模板方向斜钉，使拼缝严密。

（5）配制好的模板应在反面编号并写明规格，分别堆放保管，以免错用。

1.3.3 墙体模板

常规的支模方法是：胶合板面板外侧的立档用 50mm×100mm 方木，横档（又称牵杠）可用 φ48×3.5 脚手钢管或方木，两侧胶合板模板用穿墙螺栓拉结(图 6-1)。

（1）墙模板安装时，根据边线先立一侧模板，临时用支撑撑住，用线锤校正使模板垂直，然后固定牵杠，再用斜撑固定。大块侧模

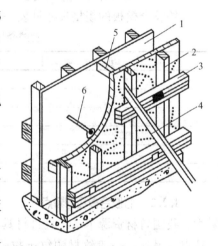

图 6-1 采用胶合板面板的墙体模板
1—胶合板；2—主档；3—横档；4—斜撑；
5—撑头；6—穿墙螺栓

组拼时，上下竖向拼缝要互相错开，先立两端，后立中间部分。待钢筋绑扎后，按同样方法安装另一侧模板及斜撑等。

（2）为了保证墙体的厚度正确，在两侧模板之间可用小方木撑头(小方木长度等于墙厚)，防水混凝土墙要用加有止水板的撑头。小方木要随着浇筑混凝土逐个取出。为了防止浇筑混凝土的墙身鼓胀，可用8～10号钢丝或直径12～16mm螺栓拉结两侧模板，间距不大于1m。螺栓要纵横排列，并在混凝土凝结前经常转动，以便在凝结后取出，如墙体不高，厚度不大，亦可在两侧模板上口钉上搭头木即可。

1.3.4 楼板模板

楼板模板的支设方法有以下几种：

（1）采用脚手钢管搭设排架，铺设楼板模板常采用的支模方法是：用 φ48×3.5脚手钢管搭设排架，在排架上铺设50mm×100mm方木，间距为400mm左右，作为面板的格栅(楞木)，在其上铺设胶合板面板(图6-2)。

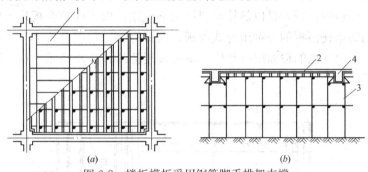

图 6-2　楼板模板采用钢管脚手排架支撑

(a)平面；(b)立面

1—胶合板；2—木楞；3—钢管脚手架支撑；4—现浇混凝土梁

（2）采用木顶撑支设楼板模板

1）楼板模板铺设在格栅上。格栅两头搁置在托木上，格栅一般用断面50mm×100mm 的方木，间距为 400～500mm。当格栅跨度较大时，应在格栅下面再铺设通长的牵杠，以减小格栅的跨度。牵杠撑的断面要求与顶撑立柱一样，下面须垫木楔及垫板。一般用(50～75)mm×150mm 的方木。楼板模板应垂直于格栅方向铺钉，如图6-3 所示。

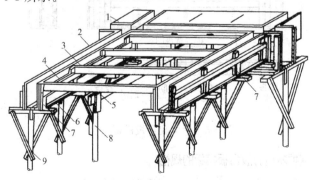

图 6-3　肋形楼盖木模板

1—楼板模板；2—梁侧模板；3—格栅；4—横档(托木)；5—牵杠；
6—夹木；7—短撑木；8—牵杠撑；9—支柱(琵琶撑)

2）楼板模板安装时，先在次梁模板的两侧板外侧弹水平线，水平线的标高应为楼板底标高减去楼板模板厚度及格栅高度，然后按水平线钉上托木，托木上口与水平线相齐。再把靠梁模旁的格栅先摆上，等分格栅间距，摆中间部分的格栅。最后在格栅上铺钉楼板模板。为了便于拆模，只在模板端部或接头处钉牢，中间尽量少钉。如中间设有牵杠撑及牵杠时，应在格栅摆放前先将牵杠撑立起，将牵杠铺平。

木顶撑构造，如图6-4所示。

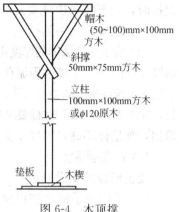

图 6-4 木顶撑

1.4 组合钢框木(竹)胶合板模板

钢框木(竹)胶合板，是以热轧异型钢为钢框架，以覆面胶合板作为板面，并加焊若干钢肋承托面板的一种组合式模板。面板有木、竹胶合板，单片木面竹芯胶合板等。板面施加的覆面层有热压三聚氰胺浸渍纸、热压薄膜、热压浸涂和涂料等。模板构造见图6-5。

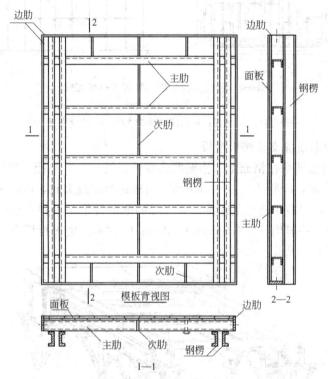

图 6-5 钢框胶合板模板构造

1.4.1 组合钢框木(竹)胶合板模板的规格

钢框木(竹)胶合板块：长度为 900mm、1200mm、1500mm、1800mm 和 2400mm；宽度为 300mm、450mm、600mm 和 750mm。宽度为 100mm、150mm 和 200mm 的窄条，配以组合钢模板。

1.4.2 组合钢框木(竹)胶合板模板的特点

具有自重轻、用钢量少、面积大，可以减少模板拼缝，提高结构浇筑后表面的质量和维修方便，面板损伤后可用修补剂修补等特点。

1.4.3 组合钢框木(竹)胶合板模板的设计

(1) 确定所建工程的施工区、段划分。根据工程结构的形式、特点及现场条件，合理确定模板工程施工的流水区段，以减少模板投入，增加周转次数，均衡工序工程(钢筋、模板、混凝土工序)的作业量。

(2) 确定结构模板平面施工总图。在总图中标志出各种构件的型号、位置、数量、尺寸、标高及相同或略加拼补即相同的构件的替代关系并编号，以减少配板的种类、数量和明确模板的替代流向与位置。

(3) 确定模板配板平面布置及支撑布置。根据总图对梁、板、柱等尺寸及编号设计出配板图，应标志出不同型号、尺寸单块模板平面布置，纵横龙骨规格、数量及排列尺寸；柱箍选用的形式及间距；支撑系统的竖向支撑、侧向支撑、横向拉接件的型号、间距。顶制拼装时，还应绘制标志出组装定型的尺寸及其与周边的关系。

(4) 绘图与验算：在进行模板配板布置及支撑系统布置的基础上，要严格对其强度、刚度及稳定性进行验算，合格后要绘制全套模板设计图，其中包括：模板平面布置配板图、分块图、组装图、节点大样图、零件及非定型拼接件加工图。

(5) 轴线、模板线(或模边借线)放线完毕。水平控制标高引测到预留插筋或其他过渡引测点，并办好预检手续。

(6) 模板承垫底部，沿模板内边线用1:3水泥砂浆，根据给定标高线准确找平。外墙、外柱的外边根部，根据标高线设置模板承垫木方，与找平砂浆上平交圈，以保证标高准确和不漏浆。

(7) 设置模板(保护层)定位基准，即在墙、柱主筋上距地面5~8cm，根据模板线，按保护层厚度焊接水平支杆，以防模板水平位移。

(8) 柱子、墙、梁模板钢筋绑扎完毕，水电管线、预留洞、预埋件已安装完毕，绑好钢筋保护层垫块，并办完隐预检手续。

(9) 预组拼装模板：

1) 拼装模板的场地应夯实平整，条件允许时应设拼装操作平台。

2) 按模板设计配板图进行拼装，所有卡件连接件应有效的紧固。

3) 柱子、墙体模板在拼装时，应预留清扫口、振捣口。

4) 组装完毕的模板，要按图纸要求检查其对角线、平整度、外形尺寸及紧固件数量是否有效、牢靠。并涂刷隔离剂，分规格堆放。

1.4.4 质量标准

模板工程质量要求及检验方法见《建筑施工技术》(第五版)教材第4.1.9节要求。

【实践活动】

《建筑工程识图实训》教材中"××市地税局办公楼"结构施工图，现浇框架柱、梁和楼板采用组合钢框木胶合板模板，扣件式钢管支撑，学生分小组(3~5人)完成标准层模板配板设计。

【实训考评】

学生自评(40%)：

    模板配板：符合要求□；基本符合要求□；错误□。

    支撑系统：符合要求□；基本符合要求□；错误□。

小组互评(20%)：

    工作认真努力，团队协作：好□；较好□；一般□；还需努力□。

教师评价(40%)：

    模板配板：符合要求□；基本符合要求□；错误□。

    支撑系统：符合要求□；基本符合要求□；错误□。

    工作认真努力，团队协作：好□；较好□；一般□；还需努力□。

任务2　工具式模板和永久性模板

【实训目的】　通过训练，使学生掌握大模板，滑动模板，爬升模板，台模、压型钢板模板和预应力混凝土薄板模板的施工方法，能组织现场模板施工。

实训内容与指导

2.1　大模板

2.1.1　基本规定

(1) 大模板应由面板系统、支撑系统、操作平台系统及连接件等组成，见图6-6。

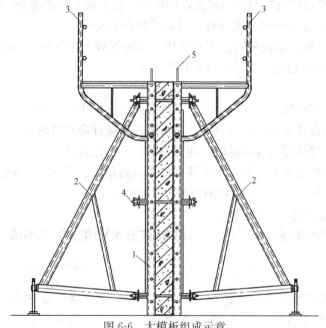

图6-6　大模板组成示意

1—面板系统；2—支撑系统；3—操作平台系统；4—对拉螺栓；5—钢吊环

（2）组成大模板各系统之间的连接必须安全可靠。

（3）大模板的面板应选用厚度不小于 5mm 的钢板制作，材质不应低于 Q235A 的性能要求，模板的肋和背楞宜采用型钢、冷弯薄壁型钢等制作，材质宜与钢面板材质同一牌号，以保证焊接性能和结构性能。

（4）大模板的支撑系统应能保持大模板竖向放置的安全可靠和在风荷载作用下的自身稳定性。地脚调整螺栓长度应满足调节模板安装垂直度和调整自稳角的需要，地脚调整装置应便于调整，转动灵活。

（5）大模板钢吊环应采用 Q235A 材料制作并应具有足够的安全储备，严禁使用冷加工钢筋。焊接式钢吊环应合理选择焊条型号，焊缝长度和焊缝高度应符合设计要求；装配式吊环与大模板采用螺栓连接时必须采用双螺母。

（6）大模板对拉螺栓材质应采用不低于 Q235A 的钢材制作，应有足够的强度承受施工荷载。

（7）整体式电梯井筒模应支拆方便、定位准确，并应设置专用操作平台，保证施工安全。

（8）大模板应能满足现浇混凝土墙体成型和表面质量效果的要求。

（9）大模板结构应构造简单、重量轻、坚固耐用、便于加工制作。

（10）大模板应具有足够的承载力、刚度和稳定性，应能整装整拆，组拼便利，在正常维护下应能重复周转使用。

2.1.2 大模板设计

1. 一般规定：

（1）大模板应根据工程类型、荷载大小、质量要求及施工设备等结合施工工艺进行设计。

（2）大模板设计时板块规格尺寸宜标准化并符合建筑模数。

（3）大模板各组成部分应根据功能要求采用概率极限状态设计方法进行设计计算。

（4）大模板设计时应考虑运输、堆放和装拆过程中对模板变形的影响。

2. 大模板配板设计

（1）配板设计应遵循下列原则：

1）应根据工程结构具体情况按照合理、经济的原则划分施工流水段；

2）模板施工平面布置时，应最大限度地提高模板在各流水段的通用性；

3）大模板的重量必须满足现场起重设备能力的要求；

4）清水混凝土工程及装饰混凝土工程大模板体系的设计应满足工程效果要求。

（2）配板设计应包括下列内容：

1）绘制配板平面布置图；

2）绘制施工节点设计、构造设计和特殊部位模板支、拆设计图；

3）绘制大模板拼板设计图、拼装节点图；

4）编制大模板构、配件明细表，绘制构、配件设计图；

5）编写大模板施工说明书。

（3）配板设计方法应符合下列规定：

1）配板设计应优先采用计算机辅助设计方法；

2）拼装式大模板配板设计时，应优先选用大规格模板为主板；

3）配板设计宜优先选用减少角模规格的设计方法；

4）采取齐缝接高排板设计方法时，应在拼缝外进行刚度补偿；

5）大模板吊环位置应保证大模板吊装时的平衡，宜设置在模板长度的(0.2～0.25)L 处；

6）大模板配板设计高度尺寸可按下列公式计算(图 6-7)：

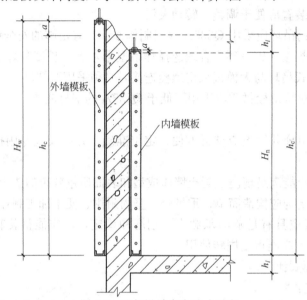

图 6-7 配板设计高度尺寸示意

$$H_n = h_c - h_l + a \tag{6-1}$$

$$H_W = h_c + a \tag{6-2}$$

式中 H_n——内墙模板配板设计高度(mm)；

H_W——外墙模板配板设计高度(mm)；

h_c——建筑结构层高(mm)；

h_l——楼板厚度(mm)；

a——搭接尺寸(mm)；内模设计：取 $a = 10 \sim 30mm$；外模设计：取 $a \geqslant 50mm$。

7）大模板配板设计长度尺寸可按下列公式计算(图 6-8，图 6-9)：

$$L_a = L_z + (a + d) - B_i \tag{6-3}$$

$$L_b = L_z - (b + c) - B_i - \Delta \tag{6-4}$$

$$L_c = L_z - c + a - B_i - 0.5\Delta \tag{6-5}$$

$$L_d = L_z - b + d - B_i - 0.5\Delta \tag{6-6}$$

式中 L_a、L_b、L_c、L_d——模板配板设计长度(mm)；

L_z——轴线尺寸(mm)；

B_i——每一模位角模尺寸总和(mm)；

Δ——每一模位阴角模预留支拆余量总和，取 $\Delta = 3 \sim 5$(mm)；

a、b、c、d——墙体轴线定位尺寸(mm)。

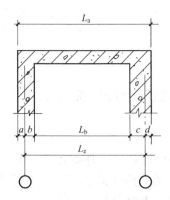

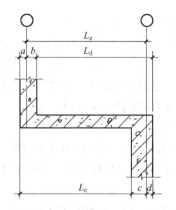

图 6-8 配板设计长度尺寸示意(一)　　图 6-9 配板设计长度尺寸示意(二)

2.1.3 大模板施工与验收

1. 一般规定

(1) 大模板施工前必须制定合理的施工方案。

(2) 大模板安装必须保证工程结构各部分形状、尺寸和预留、预埋位置的正确。

(3) 大模板施工应按照工期要求,并根据建筑物的工程量、平面尺寸、机械设备条件等组织均衡的流水作业。

(4) 浇筑混凝土前必须对大模板的安装进行专项检查,并做检验记录。

(5) 浇筑混凝土时应设专人监控大模板的使用情况,发现问题及时处理。

(6) 吊装大模板时应设专人指挥,模板起吊应平稳,不得偏斜和大幅度摆动。操作人员必须站在安全可靠处。严禁人员随大模板一同起吊。

(7) 吊装大模板必须采用带卡环吊钩。当风力超过 5 级时应停止吊装作业。

2. 施工工艺流程

大模板施工工艺可按下列流程进行:

施工准备→定位放线→安装模板的定位装置→安装门窗洞口模板→安装模板→调整模板、紧固对拉螺栓→验收→分层对称浇混凝土→拆模→模板清理。

3. 大模板安装

(1) 安装前准备工作应符合下列规定:

1) 大模板安装前应进行施工技术交底;

2) 模板进现场后,应依据配板设计要求清点数量,核对型号;

3) 组拼式大模板现场组拼时,应用醒目字体按模位对模板重新编号;

4) 大模板应进行样板间的试安装,经验证模板几何尺寸、接缝处理、零部件等准确后方可正式安装;

5) 大模板安装前应放出模板内侧及外侧控制线作为安装基准;

6) 合模前必须将模板内部杂物清理干净;

7) 合模前必须通过隐蔽工程验收;

8) 模板与混凝土接触面应清理干净、涂刷隔离剂,刷过隔离剂的模板遇雨淋或其他因素失效后必须补刷;使用的隔离剂不得影响结构工程及装修工程质量;

9) 已浇筑的混凝土强度未达到 $1.2N/mm^2$ 以前不得踩踏和进行下道工序作业;

173

10）使用外挂架时，墙体混凝土强度必须达到 7.5N/mm² 以上方可安装，挂架之间的水平连接必须牢靠、稳定。

（2）大模板的安装应符合下列规定：

1）大模板安装应符合模板配板设计要求；

2）模板安装时应按模板编号顺序遵循先内侧、后外侧，先横墙、后纵墙的原则安装就位；

3）大模板安装时根部和顶部要有固定措施；

4）门窗洞口模板的安装应按定位基准调整固定，保证混凝土浇筑时不移位；

5）大模板支撑必须牢固、稳定，支撑点应设在坚固可靠处，不得与脚手架拉结；

6）紧固对拉螺栓时应用力得当，不得使模板表面产生局部变形；

7）大模板安装就位后，对缝隙及连接部位可采取堵缝措施，防止漏浆、错台现象。

4. 大模板安装质量验收标准

（1）大模板安装质量应符合下列要求：

1）大模板安装后应保证整体的稳定性，确保施工中模板不变形、不错位、不胀模；

2）模板间的拼缝要平整、严密，不得漏浆；

3）模板板面应清理干净，隔离剂涂刷应均匀，不得漏刷。

（2）大模板安装允许偏差及检验方法应符合表 6-3 的规定。

大模板安装允许偏差及检验方法　　　　　　　　表 6-3

项　　目		允许偏差(mm)	检 验 方 法
轴线位置		4	尺量检查
截面内部尺寸		±2	尺量检查
层高垂直度	全高≤5m	3	线坠及尺量检查
	全高＞5m	5	线坠及尺量检查
相邻模板板面高低差		2	平尺及塞尺量检查
表面平整度		＜4	20m 内上口拉直线尺量检查，下口按模板定位线为基准检查

5. 大模板的拆除

大模板的拆除应符合下列规定：

（1）大模板拆除时的混凝土结构强度应达到设计要求；当设计无具体要求时，应能保证混凝土表面及棱角不受损坏；

（2）大模板的拆除顺序应遵循先支后拆、后支先拆的原则；

（3）拆除有支撑架的大模板时，应先拆除模板与混凝土结构之间的对拉螺栓及其他连接件，松动地脚螺栓，使模板后倾与墙体脱离开；拆除无固定支撑架的大模板时，应对模板采取临时固定措施；

（4）任何情况下，严禁操作人员站在模板上口采用晃动、撬动或用大锤砸模板的方法拆除模板；

（5）拆除的对拉螺栓、连接件及拆模用工具必须妥善保管和放置，不得随意散放在操作平台上，以免吊装时坠落伤人；

（6）起吊大模板前应先检查模板与混凝土结构之间所有对拉螺栓、连接件是否全部拆除。必须在确认模板和混凝土结构之间无任何连接后方可起吊大模板。移动模板时不得碰撞墙体；

（7）大模板及配件拆除后，应及时清理干净，对变形和损坏的部位应及时进行维修。

2.2　滑动模板

滑动模板（简称滑模）施工，是现浇混凝土工程的一项施工工艺，与常规施工方法相比，这种施工工艺具有施工速度快、机械化程度高，可节省支模和搭设脚手架所需的工料，能较方便地将模板进行拆散和灵活组装并可重复使用。滑模和其他施工工艺相结合（如预制装配、砌筑或其他支模方法等），可为简化施工工艺创造条件，取得更好地综合经济效益。

2.2.1　滑模的组成

滑模装置主要由模板系统、操作平台系统、液压系统以及施工精度控制系统和水、电配套系统等部分组成（图6-10）。

1. 模板系统

（1）模板

模板又称作围板，依赖围圈带动其沿混凝土的表面向上滑动。模板的主要作用是承受混凝土的侧压力、冲击力和滑升时的摩阻力，并使混凝土按设计要求的截面形状成型。

模板按其所在部位及作用不同，可分为内模板、外模板、堵头模板以及变截面工程的收分模板等。

（2）围圈

围圈又称作围檩。其主要作用是使模板保持组装的平面形状，并将模板与提升架连接成一个整体。围圈在工作时，承受由模板传递来的混凝土

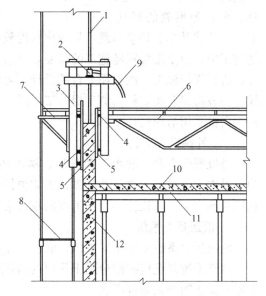

图6-10　液压滑动模板装置
1—支承杆；2—千斤顶；3—提升架；4—围圈；
5—模板；6—操作平台及桁架；7—外挑架；
8—吊脚手架；9—油管；10—现浇楼板；
11—楼板模板；12—墙体

侧压力、冲击力和风荷载等水平荷载以及滑升时的摩阻力、作用于操作平台上的静荷载和施工荷载等竖向荷载，并将其传递到提升架、千斤顶和支承杆上。

（3）提升架

提升架又称作千斤顶架。它是安装千斤顶并与围圈、模板连接成整体的主要

构件。提升架的主要作用是控制模板、围圈由于混凝土的侧压力和冲击力而产生的向外变形；同时承受作用于整个模板上的竖向荷载，并将上述荷载传递给千斤顶和支承杆。当提升机具工作时，通过它带动围圈、模板及操作平台等一起向上滑动。

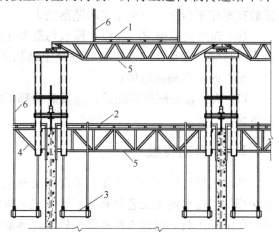

2. 操作平台系统

操作平台系统，主要包括主操作平台、外挑操作平台、吊脚手架等，在施工需要时，还可设置上辅助平台(图 6-11)，它是供材料、工具、设备堆放和施工人员进行操作的场所。

(1) 主操作平台

主操作平台既是施工人员进行绑扎钢筋、浇筑混凝土、提升模板的操作场所，也是材料、工具、设备等堆放的场所。因此，

图 6-11　操作平台系统示意
1—上辅助平台；2—主操作平台；3—吊脚手架；
4—三角挑架；5—承重桁架；6—防护栏杆

承受的荷载基本上是动荷载，且变化幅度较大，应安放平稳牢靠。但是，在建筑物施工中，由于楼板跟随施工的需要，要求操作平台板采用活动式，便于反复揭开，进行楼板施工。故操作平台的设计，要考虑既要揭盖方便，又要结构牢稳可靠。一般将提升架立柱内侧、提升架之间的平台板采用固定式，提升架立柱外侧的平台板采用活动式。

(2) 外挑操作平台

外挑操作平台一般由三角挑架、楞木和铺板组成。外挑宽度为 0.8～1.0m。为了操作安全起见，在其外侧需设置防护栏杆。防护栏杆立柱可采用承插式固定在三角挑架上，该栏杆亦可作为夜间施工架设照明的灯杆。

3. 液压提升系统

液压提升系统主要由支承杆、液压千斤顶、液压控制台和油路等部分组成。

油路系统是连接控制台到千斤顶的液压通路，主要由油管、管接头、液压分配器和截止阀等元器件组成。

4. 施工精度控制系统

施工精度控制系统主要包括：提升设备本身的限位调平装置、滑模装置在施工中的水平度和垂直度的观测和调整控制设施等。

5. 水、电配套系统

水、电配套系统包括动力、照明、信号、广播、通信、电视监控以及水泵、管路设施等。

2.2.2　滑模施工

1. 滑模装置的组装

(1) 滑模装置组装前，应做好各组装部件编号、操作平台水平标记，弹出组

装线，做好墙与柱钢筋保护层标准垫块及有关的预埋铁件等工作。

（2）滑模装置的组装宜按下列程序进行，并根据现场实际情况及时完善滑模装置系统。

1）安装提升架，应使所有提升架的标高满足操作平台水平度的要求，对带有辐射梁或辐射桁架的操作平台，应同时安装辐射梁或辐射桁架及其环梁；

2）安装内外围圈，调整其位置，使其满足模板倾斜度的要求；

3）绑扎竖向钢筋和提升架横梁以下钢筋，安设预埋件及预留孔洞的胎模，对体内工具式支承杆套管下端进行包扎；

4）当采用滑框倒模工艺时，安装框架式滑轨，并调整倾斜度；

5）安装模板，宜先安装角模后再安装其他模板；

6）安装操作平台的桁架、支撑和平台铺板；

7）安装外操作平台的支架、铺板和安全栏杆等；

8）安装液压提升系统，安装竖直运输系统及水、电、通信、信号精度控制和观测装置，并分别进行编号、检查和试验；

9）在液压系统试验合格后，插入支承杆；

10）安装内外吊脚手架及挂安全网，当在地面或横向结构面上组装滑模装置时，应待模板滑至适当高度后，再安装内外吊脚手架，挂安全网。

2. 模板的安装的规定

1）安装好的模板应上口小、下口大，单面倾斜度宜为模板高度的 $0.1\%\sim 0.3\%$；对带坡度的筒体结构如烟囱等，其模板倾斜度应根据结构坡度情况适当调整；

2）模板上口以下 2/3 模板高度处的净间距应与结构设计截面等宽；

3）圆形连续变截面结构的收分模板必须沿圆周对称布置，每对模板的收分方向应相反，收分模板的搭接处不得漏浆。

3. 液压系统组装的规定

液压系统组装完毕，应在插入支承杆前进行试验和检查，并符合下列规定：

（1）对千斤顶逐一进行排气，并做到排气彻底；

（2）液压系统在试验油压下持压 5min，不得渗油和漏油；

（3）空载、持压、往复次数、排气等整体试验指标应调整适宜，记录准确；

（4）液压系统试验合格后方可插入支承杆，支承杆轴线应与千斤顶轴线保持一致，其偏斜度允许偏差为 $2\%_0$。

4. 滑模施工技术

滑模施工技术设计应包括下列主要内容：

（1）滑模装置的设计；

（2）确定竖直与水平运输方式及能力，选配相适应的运输设备；

（3）进行混凝土配合比设计，确定浇筑顺序、浇筑速度、入模时限，混凝土的供应能力应满足单位时间所需混凝土量的 $1.3\sim 1.5$ 倍；

（4）确定施工精度的控制方案，选配观测仪器及设置可靠的观测点；

（5）制定初滑程序、滑升制度、滑升速度和停滑措施；

（6）制定滑模施工过程中结构物和施工操作平台稳定及纠偏、纠扭等技术措施；

（7）制定滑模装置的组装与拆除方案及有关安全技术措施；

（8）制定施工工程某些特殊部位的处理方法和安全措施，以及特殊气候（低温、雷雨、大风、高温等）条件下施工的技术措施；

（9）绘制所有预留孔洞及预埋件在结构物上的位置和标高的展开图；

（10）确定滑模平台与地面管理点、混凝土等材料供应点及竖直运输设备操纵室之间的通信联络方式和设备，并应有多重系统保障；

（11）制定滑模设备在正常使用条件下的更换、保养与检验制度；

（12）烟囱、水塔、竖井等滑模施工，采用柔性滑道、罐笼及其他设备器材运送人员上下时，应按现行相关标准做详细的安全及防坠落设计。

5．特种滑模施工

（1）大体积混凝土施工：水工建筑物中的混凝土坝、闸门井、闸墩及桥墩、挡土墙等无筋和配有少量钢筋的大体积混凝土工程，可采用滑模施工。

（2）混凝土面板施工：溢流面、泄水槽和渠道护面、隧洞底拱衬砌及堆石坝的混凝土面板等工程，可采用滑模施工。

（3）竖井井壁施工：竖井井筒的混凝土或钢筋混凝土井壁，可采用滑模施工。采用滑模施工的竖井，除遵守本规范的规定外，还应遵守国家现行有关标准的规定。

（4）复合壁施工：复合壁滑模施工适用于保温复合壁储仓、节能型高层建筑、双层墙壁的冷库、冻结法施工的矿井复合井壁及保温、隔声等工程。

（5）抽孔滑模施工：滑模施工的墙、柱在设计中允许留设或要求连续留设竖向孔道的工程，可采用抽孔工艺施工，孔的形状应为圆形。

（6）滑架提模施工：滑架提模施工适用于双曲线冷却塔或锥度较大的筒体结构的施工。

（7）滑模托带施工：整体空间结构等重大结构物，其支承结构采用滑模工艺施工时，可采用滑模托带方法进行整体就位安装。

2.3　爬升模板

爬升模板是综合大模板与滑动模板工艺和特点的一种模板工艺，具有大模板和滑动模板共同的优点。尤其适用于超高层建筑施工。爬升模板（即爬模），是一种适用于现浇钢筋混凝土竖向（或倾斜）结构的模板工艺，如墙体、电梯井、桥梁、塔柱等。可分为"有架爬模"（即模板爬架子、架子爬模）和"无架爬模"（即模板爬模板）两种。

2.3.1　模板与爬架互爬

1．工艺原理

是以建筑物的钢筋混凝土墙体为支承主体，通过附着于已完成的钢筋混凝土墙体上的爬升支架或大模板。利用连接爬升支架与大模板的爬升设备，使一方固定，另一方作相对运动，交替向上爬升，以完成模板的爬升、下降、就位和校正等工作。其施工程序见图 6-12。该技术是最早采用并应用较广泛的一种爬模工艺。

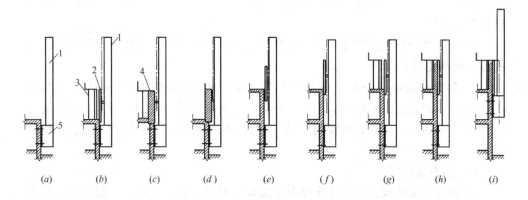

图 6-12 爬升模板施工程序图

(a)头层墙完成后安装爬升支架；(b)安装外模板悬挂于爬架上，绑扎钢筋，悬挂内模；
(c)浇筑第二层墙体混凝土；(d)拆除内模板；(e)第三层楼板施工；
(f)爬升外模板并校正，固定于上一层；(g)绑扎第三层墙体钢筋，安装内模板；
(h)浇筑第三层墙体混凝土；(i)爬升底座，将底座固定于第二层墙体
1—爬升支架；2—外模板；3—内模板；4—墙体混凝土；5—底座

2. 组成与构造

爬升模板由大模板、爬升支架和爬升设备三部分组成(图 6-13)。

(1)模板：与一般大模板相同，由面板、横肋、竖向大肋、对销螺栓等组成。模板高度一般为建筑标准层高加 100～300mm。模板的宽度可根据一片墙的宽度和施工段的划分确定。模板应设置两套吊点，一套用于分块制作和吊运，另一套用于模板爬升。

(2)爬升支架：由立柱和底座组成。立柱用作悬挂和提升模板，底座承受整个爬升模板荷载。

(3)爬升动力设备：常用的爬升设备有电动捯链、导链、单向液压千斤顶等。

(4)油路和电路。

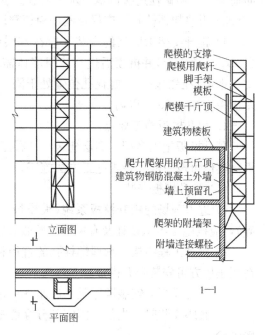

图 6-13 爬升模板构造

3. 模板配置

(1) 模板配置原则

1) 根据制作、运输和吊装的条件，尽量做到内、外墙均做成每间一整块大模板，以便于一次安装、脱模、爬升。

2) 内墙大模板可按建筑物施工流水段用量配置，外墙内、外侧模板应配足一层的全部用量。

3) 外墙外侧模板的穿墙螺栓孔和爬升支架的附墙连接螺栓孔，应与外墙内侧模板的螺栓孔对齐。

4) 爬升模板施工一般从标准层开始。如果首层(或地下室)墙体尺寸与标准层相同，则首层(或地下室)先按一般大模板施工方法施工，待墙体混凝土达到要求强度后，再安装爬升支架，从二层(或首层)开始进行爬升模板施工。

(2) 爬升支架配置原则

1) 爬升支架的设置间距要根据其承载能力和模板重量而定，一般一块大模板设置2个或1个。每个爬升支架装有2只液压千斤顶(或2只导链)，每只爬升设备的起重能力为10~15kN，故每个爬升支架的承载能力为20~30kN。而模板连同悬挂脚手的重力为3.5~4.5kN/m，所以爬升支架间距为4~5m。

2) 爬升支架的附墙架宜避开窗口固定在无洞口的墙体上。如必需设在窗口位置，最好在附墙架上安装活动牛腿搁在窗台上，由窗台承受从爬升支架传来的竖向荷载，再用螺栓连接以承受水平荷载。

3) 附墙架螺栓孔，应尽量利用模板穿墙螺栓孔。

4) 爬升支架附墙架的安装，应在首层(或地下室)墙体混凝土达到一定强度($10N/mm^2$ 以上)并拆模后进行，但墙体需预留安装附墙架的螺栓孔，且其位置要与上面各层的附墙架螺栓孔位置处于同一竖直线上。爬升支架安装后的竖直偏差应控制在 $h/1000$ 以内。

4. 爬升模板施工要点

爬升模板施工多用于高层建筑，这种工艺主要用于外墙外模板和电梯井内模板，其他可按一般大模板施工方法施工。

(1) 爬升模板安装

1) 进入现场的爬升模板系统(大模板、爬升支架、爬升设备、脚手架、附件等)，应按施工组织设计及有关图纸验收合格后方可使用。

2) 检查工程结构上预埋螺栓孔的直径和位置是否符合图纸要求。有偏差时应在纠正后方可安装爬升模板。

3) 爬升模板的安装顺序是：底座→立柱→爬升设备→大模板。

4) 底座安装时，先临时固定部分穿墙螺栓，待校正标高后，方可固定全部穿墙螺栓。

5) 立柱宜采取在地面组装成整体。在校正垂直度后再固定全部与底座相连接的螺栓。

6) 模板安装时，先加以临时固定，待就位校正后，方可正式固定。

7）安装模板的起重设备，可使用工程施工的起重设备。

8）模板安装完毕后，应对所有连接螺栓和穿墙螺栓进行紧固检查。并经试爬升验收合格后，方可投入使用。

9）所有穿墙螺栓均应由外向内穿入，在内侧紧固。

10）爬模的制作和安装质量要求，见表6-4。

爬升模板的质量要求   表 6-4

项目		质量标准	检测工具与方法
大模板制作	外形尺寸	−3mm	钢尺测量
	对角线	±3mm	钢尺测量
	板面平接度	<2mm	2m靠尺，塞尺检测
	直边平直度	±2mm	2m靠尺，塞尺检测
	螺孔位置	±2mm	钢尺测量
	螺孔直径	+1mm	量规检测
	焊缝	按图纸要求检查	
爬升支架制作	截面尺寸	±3mm	钢尺测量
	全高弯曲	±5mm	钢丝拉绳测量
	立柱对底座的垂直度	1‰	挂线测量
	螺孔位置	±2mm	钢尺测量
	螺孔直径	+1mm	量规检查
	焊缝	按图纸要求检查	
墙面留穿墙螺栓孔安装位置		±5mm	钢尺测量
穿墙螺栓孔直径		±2mm	钢尺测量
模板安装	拼缝缝隙	<3mm	塞尺测量
	拼缝处平整度	<2mm	靠尺测量
	垂直度	<3mm 或 1‰h	用2m靠尺测量
	标高	±5mm	钢尺测量
爬升支架安装	标高	±5mm	与水平线用钢尺测量
	垂直度	5mm 或 1‰H	挂线坠
穿墙螺栓安装	紧固扭矩	40~50N·m	0~150N·m扭力扳手测量

注：h 和 H 分别为模板和爬升支架高度。

（2）爬升

1）爬升前首先要仔细检查爬升设备，在确认符合要求后方可正式爬升。

2）正式爬升前，应先拆除与相邻大模板及脚手架间的连接杆件，使爬升模板各个单元体分开。

3）在爬升大模板时，先拆卸大模板的穿墙螺栓；在爬升支架时，先拆卸底座的穿墙螺栓。同时还要检查卡环和安全钩。调整好大模板或爬升支架的重心，使保持竖直，防止晃动与扭转。

4）爬升时操作人员不准站在爬升件上爬升。

5）爬升时要稳起、稳落和平稳地就位，防止大幅度摆动和碰撞。要注意不要使爬升模板与其他构件卡住，若发现此现象，应立即停止爬升，待故障排除后，方可继续爬升。

6）每个单元的爬升，应在一个工作台班内完成，不宜中途交接班。爬升完毕应及时固定。

7）遇六级以上大风，一般应停止作业。

8）爬升完毕后，应将小型机具和螺栓收拾干净，不可遗留在操作架上。

（3）拆除

1）拆除爬升模板应有拆除方案，并应由技术负责人签署意见，并向有关人员交底后，方可实施。

2）拆除时要设置警戒区。要有专人统一指挥，专人监护，严禁交叉作业。拆下的配件，要及时清理运走。

3）拆除时要先清除脚手架上的垃圾杂物，拆除连接杆件。经检查安全可靠后，方可大面积拆除。

4）拆除爬升模板的顺序是：拆爬升设备→拆大模板→拆爬升支架。

5）拆除爬升模板的设备，可利用施工用的起重机。

6）拆下的爬升模板要及时清理、整修和保养，以便重复利用。

5. 其他

（1）组合并安装好的爬升模板，金属件要涂刷防锈漆，模板面要涂脱模剂。以后每爬升一次，均要同样清理一次。尤其要检查下端防止漏浆的橡皮压条是否完好。

（2）所有穿墙螺栓孔都应安装螺栓。如因特殊情况个别螺栓无法安装时，必须采取有效处理措施。所有螺栓都必须以 $40 \sim 50 \mathrm{N} \cdot \mathrm{m}$ 紧固。

（3）绑扎钢筋时，要注意穿墙螺栓的位置及其固定要求。

（4）内模安装就位并拧紧穿墙螺栓后，应及时调整内、外模的垂直度，使其符合要求。

（5）每层大模板应按位置线安装就位，并注意标高，层层调整。

（6）爬升时，要求穿墙螺栓受力处的混凝土强度在 $10 \mathrm{N/mm^2}$ 以上。

6. 安全要求

（1）爬模施工中所有的设备必须按照施工组织设计的要求配置。施工中要统一指挥，并要设置警戒区与通信设施，要作好原始记录。

（2）穿墙螺栓与建筑结构的紧固，是保证爬升模板安全的重要条件。一般每爬升一次应全面检查一次，用扭力扳手测其扭矩，保证符合 $40 \sim 50 \mathrm{N} \cdot \mathrm{m}$。

（3）爬模的特点是：爬升时分块进行，爬升完毕固定后又连成整体。因此在爬升前必须拆尽相互间的连接件，使爬升时各单元能独立爬升。爬升完毕应及时安装好连接件，保证爬升模板固定后的整体性。

（4）大模板爬升或支架爬升时，拆除穿墙螺栓的工作都是在脚手架上或爬架上进行的，因此必须设置围护设施。拆下的穿墙螺栓要及时放入专用箱，严禁随手乱放。

（5）爬升中吊点的位置和固定爬升设备的位置不得随意更动。固定必须安全可靠，操作方便。

（6）在安装、爬升和拆除过程中，不得进行交叉作业，且每一单元不得任意中断作业。不允许爬升模板在不安全状态下过夜。

（7）作业中出现障碍时应立即查清原因，在排除障碍后方可继续作业。

（8）脚手架上不应堆放材料、垃圾。

（9）倒链的链轮盘、倒卡和链条等，如有扭曲或变形，应停止使用。操作时不准站在倒链正下方。

（10）不同组合和不同功能的爬升模板，其安全要求也不相同，因此应分别制定安全措施。

2.3.2 模板与模板互爬

1. 外墙外侧模板互爬

这种方法是取消了爬升支架，采用甲、乙两种大模板互为依托，用提升设备和爬杠使两种相邻模板互相交替爬升。这种施工方式，模板的爬升可以安排在楼板支模、绑钢筋的同时进行，所以这种爬升方式不占用施工工期，有利于加快工程进度。典型的施工案例有：北京的新万寿宾馆的外墙施工。

2. 电梯井筒内模互爬

典型的施工案例有：北京津华大酒店电梯井筒施工。

另还有爬架与爬架互爬、外墙外侧模板随同爬架提升和外墙内外模随同爬架提升。

2.3.3 国内超高层建筑爬模施工实例

1. 深圳帝王大厦

深圳帝王大厦办公楼地上78层，顶层屋面高325m，塔尖高384m，已于1996年建成。

标准层平面尺寸约70m×37m，层高3.75m，有68层。采用钢与钢筋混凝土混合结构，核心筒为型钢混凝土结构，四周梁、柱为钢结构。平面见图6-14。

混凝土核心筒采用液压爬模施工，爬模设备由香港VSL公司提供，由中建二局南方公司施工。爬模系统由提升架、模板和液压爬升设备三部分组成，见图6-15。

提升架系统由1套外提升架和5套内提升架组成。

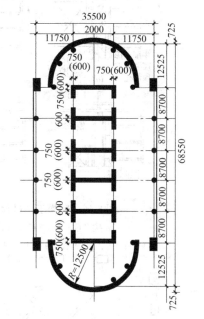

图6-14 帝王大厦办公楼标准层平面

内、外模板均采用厚18mm酚醛覆面胶合板材。外模板上端与可在提升架顶层钢弦杆上平移的活动臂连接，将模板荷载传到外架上。可以合模或脱模。内模板与内架通过滑轮、螺杆及连接件悬挂在内提升架上层平台工字钢梁上，通过滑轮实现内模板的水平推拉，通过调节螺丝进行竖直方向的微调。

爬模工艺过程见图6-16。爬模施工进度开始时为每层5～6d，以后逐步缩短至3d左右。

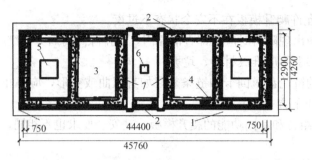

图 6-15　爬模系统平面

1—外提升架；2—外模板；3—内提升架；4—内模板；5—塔吊；6—布料机；7—钢梁

2. 广州中信广场

广州中信广场办公楼楼层共 80 层，顶层高 322m，塔尖高 390m，1996 年结构封顶。主楼采用现浇混凝土框架-筒体结构。标准层平面为正方形，尺寸 46.3m×46.3m，见图 6-17。

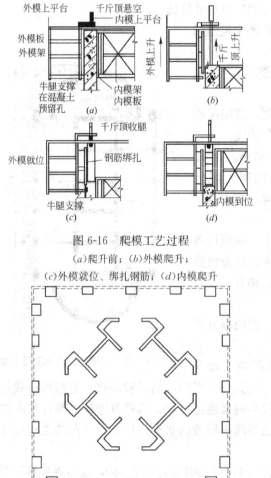

图 6-16　爬模工艺过程

(a)爬升前；(b)外模爬升；
(c)外模就位、绑扎钢筋；(d)内模爬升

图 6-17　广州中信广场标准层平面

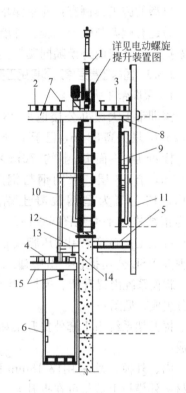

图 6-18　核心筒墙体爬模示意

1—电动螺旋提升机；2—顶层内工作平台；
3—顶层外工作平台；4—中层内平台；
5—中层外平台；6—底层简易平台；
7—上部结构；8—模板吊钩；9—钢模板；
10—立柱；11—安全栏网；12—穿墙螺栓；
13—高度调节螺栓；14—钢支腿；15—下部结构

核心筒墙体和外梁、外柱分别采用爬模施工，楼面模板采用台模，均由澳大利亚永达模板公司提供设备。由广州市第二建筑工程公司施工。

（1）核心筒爬模

核心筒剪力墙墙厚有1.1m和0.6m两种，同一肢剪力墙沿高度厚度不变，但长度由低层到高层逐步缩小，模板从每层72块减少到32块。

核心筒爬模设备由密肋钢模板、承载架、爬升动力设备、带脚手架工作平台等组成。承载架由型钢用螺栓连接而成，包括上横梁、立柱、下横梁等，钢模板悬挂在上横梁上。爬升设备为电动螺旋提升机，共16台。工作平台有三层，分层作绑扎钢筋、支拆模板、爬升模板用，见图6-18。核心筒墙体爬模施工包括钢筋和混凝土作业，平均每层4天。

（2）外梁外柱爬模

4个大角的8根大柱截面尺寸为2.5m×2.5m（下层）和2m×2m（上层），其他12根上、下层均为1.5m×1.5m。外梁的截面尺寸为0.80m×1.05m（下层）、0.60m×1.05m（中层）和0.60m×0.85m（上层）。

爬模按方位分成4部分，平面布置见图6-19。各部分可独立操作，竖向施工缝设在外梁，水平施工缝设在梁底标高处。

爬模设备由密肋钢模板、爬升机构、承载架及工作平台等组成。模板组件通过螺栓、滑轮悬挂于导轨上。

工作平台分3层，上平台用于柱钢筋安装、搁置配电箱和材料临时堆放，中平台作梁柱钢筋安装及合模、脱模操作，下平台用于爬升工作。

爬模就位后，先安装梁、柱钢筋，再合模，浇筑新的一层外梁、外柱混凝土。

3. 上海金茂大厦

上海金茂大厦地上88层，顶层高340m，塔顶高420m。采用钢与钢筋混凝土混合结构，标准层平面尺寸为52.7m×52.7m，外框架为钢结构，内筒平面为27m×27m，为现浇混凝土结构。由上海建工集团负责施工总承包，1995年开工，上海市第一建筑工程公司负责主体混凝土结构施工。金茂大厦标准层平面图及剖面见图6-20。

内筒由间距9m的纵、横内墙分成9块，外墙厚度由底层的85cm递减至上层45cm，内墙厚度均为45cm。混凝土强度墙体为C60和C50，楼板为C30。

爬升模板由承载平台、大模板和提升动力设备3部分组成。承载平台有9个内平台和1个外平台。大模板用手动导链悬吊在平台横梁上。

提升动力设备充分利用上海市现有的电动升板机。每套设备以一台3kW电动机作为动力，通过一对链轮带动两台穿心式提升机，固定在槽钢焊成的底座上。底座用承重销悬挂在劲性钢骨架的缀板上，钢骨架固定于混凝土墙内。

穿过两台提升机的螺杆上端用螺母与挑架锁定，利用升板机提升原理即可将承载平台连同大模板沿着螺杆上升到上一个承重销孔并固定，再提升螺杆。完成本层钢筋混凝土的全部工程后，再进行新的交替提升。

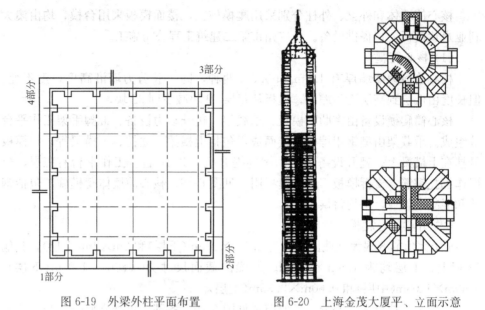

图 6-19 外梁外柱平面布置 　　　图 6-20 上海金茂大厦平、立面示意

2.4 台模

台模是一种大型工具式模板，由于它可以借助起重机械从已浇筑完混凝土的楼板下吊运转移到上层重复使用。

台模主要由平台板、支撑系统（包括梁、支架、支撑、支腿等）和其他配件（如升降和行走机构等）组成。适用于大开间、大柱网、大进深的现浇钢筋混凝土楼盖施工，尤其适用于现浇板柱结构（无柱帽）楼盖的施工。

台模的规格尺寸，主要根据建筑物结构的开间（柱网）和进深尺寸以及起重机械的吊运能力来确定，一般按开间（柱网）乘以进深尺寸设置一台或多台。

台模按其支承方式分以下两类：无支腿（悬架式）台模、有支腿台模。有支腿式又分为分离式支腿、伸缩式支腿和折叠式支腿。

我国目前采用较多的是伸缩支腿式，无支腿式只在个别工程中采用。

采用台模用于现浇钢筋混凝土楼盖的施工，具有以下特点：

（1）楼盖模板一次组装重复使用，从而减少了逐层组装、支拆模板的工序，简化了模板支拆工艺，节约了模板支拆用工，加快了施工进度。

（2）由于模板在施工过程中不再落地，从而可以减少临时堆放模板的场地。可在施工用地紧张的闹市区施工。

2.4.1 常用台模的类型

1. 钢管组合式台模

是我国自行研制的一种立柱式台模，一般可以根据工程结构的具体情况和起重设备的能力进行设计，做到即定型又可变换，见图 6-21。

钢管组合式台模的面板，一般可以采用组合钢模板，亦可采用钢框覆面胶合板模板、木（竹）胶合板；主、次梁一般采用型钢，立柱多采用普通钢管，并做成

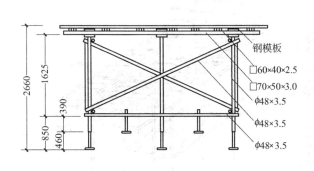
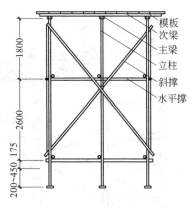

图 6-21　钢管组合式台模

可伸缩式，其调节幅度最大约 800mm。

钢管组合式台模具有以下特点：

1）不受开间（柱网）、进深平面尺寸的限制，可以任意进行组合，故有较强的独立性，适用范围较广。

2）结构构造简单，部件来源容易，加工制作简便，一般建筑施工企业均具备制作条件。

3）组拼台模的部件，除升降机构和行走机构需要一定的加工或外购外，其他部件拆卸后还可当其他工具、材料使用，故这种台模制作的投资较少且上马快。

4）重量较大，约为 80～90kg/m²。

5）由于组装的台模杆件相交节点不在一个平面上，属于随机性较大的空间力系，故在设计时要考虑这一点。

2. 立柱式台模

立柱式台模是台模中最基本的一种类型，由于它构造比较简单，制作和施工也比较简便，故首先得到广泛应用。立柱式台模主要由面板、主次（纵横）梁和立柱（构架）三大部分组成，另外辅助配备有斜支撑、调节螺旋等。立柱常做成可以伸缩形式。承受的荷载由立柱直接支承在楼面上。

双肢柱管架式台模构造见图 6-22。

双肢柱管架式台模具有以下特点：

1）构件连接简单，安装方便，对操作技术要求不高；

2）重量轻，承载力大（每个支架约可承载 90kN 左右），结构稳定；

3）胶合板拼缝少，表面平整光滑，混凝土外观质量好；

4）通用性强，可适用于各种结构尺寸。

3. 构架式台模

构架式台模主要由构架、主梁、格栅（次梁）、面板及可调螺栓组成（图6-23）。为确保构架的刚度，每榀构架的宽度在 1～1.4m，构架的高度与建筑物层高接近。

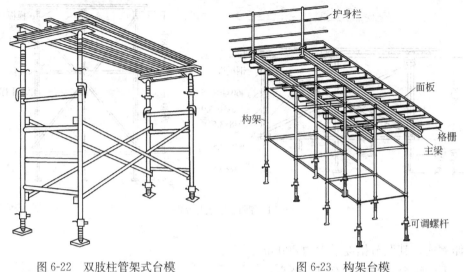

图 6-22　双肢柱管架式台模　　　　　　　图 6-23　构架台模

4. 门式架台模

门式架台模，是利用多功能门式脚手架作支承架，根据建筑物的开间(柱网)、进深尺寸拼装成的台模(图 6-24)。

门式架台模的特点：

1) 选用门式架作为台模的竖向受力构件，不但避免了桁架式台模的大量金属加工，也可消除如钢管组成的台模所存在的繁杂连接。

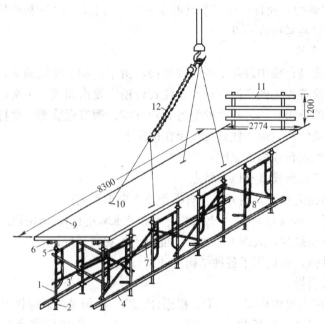

图 6-24　门式架台模

1—门式脚手架(下部安装连接件)；2—底托(插入门式架)；3—交叉拉杆；
4—通长角钢；5—顶托；6—大龙骨；7—人字支撑；8—水平拉杆；
9—面板；10—吊环；11—护身栏；12—电动环链

2）由于门式架本身受力比较合理，能最大程度的减少杆件与材料的应用，所以在保证整体刚度的情况下，台模比较轻巧坚固。

3）门式架为工具式脚手架定型产品，用它组成的台模在工程应用后，仍可解体作为脚手架使用，所以具有较大的经济效益。

5. 桁架式台模

桁架式台模是由桁架、龙骨、面板、支腿和操作平台组成，它是将台模的板面和龙骨放置于两榀或多榀上下弦平行的桁架上，以桁架作为台模的竖向承重构件。桁架材料可以采用铝合金型材，也可以采用型钢制作，前者轻巧并不易腐蚀，但价格较贵，一次投资大；后者自重较大，但投资费用较低（图 6-25，图 6-26）。

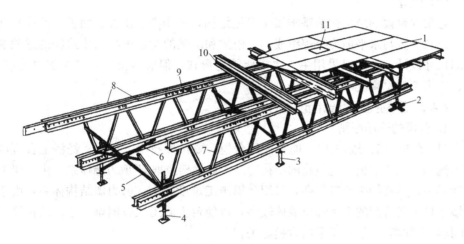

图 6-25 木铝桁架式台模

1—面板；2—阔底脚顶；3—高脚顶；4—可调脚顶；5—剪刀撑；6—脚顶撑；
7—铝合金腹杆；8—槽型铝合金桁架；9—螺栓连接点；10—铝合金梁；11—预留吊环洞

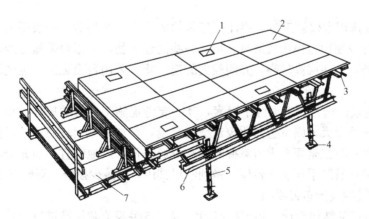

图 6-26 竹铝桁架式台模

1—吊点；2—面板；3—铝合金龙骨（格栅）；4—底座；
5—可调钢支腿；6—铝合金桁架；7—操作平台

6. 悬架式台模

(1) 特点

1) 与立柱式台模和桁架式台模相比，不设立柱，台模支承在钢筋混凝土建筑结构的柱子或墙体所设置的托架上。这样，模板的支设不需要考虑楼面的承载能力或混凝土结构强度发展的因素，可以减少模板的配置量。

2) 由于台模无支撑，台模的设计可以不受建筑物层高的影响，从而能适应层高变化较多的建筑物施工。并且台模下部有较大空旷的空间，有利于立体交叉施工。

3) 台模的体积较小，下弦平整，适应于多层叠放，从而可以减少施工现场的堆放场地。采用这种台模时，托架与柱子(或墙体)的连接要通过计算确定。并且要复核施工中支承台模的结构在最不利荷载情况下的强度和稳定性。

(2) 构造

悬架式台模的结构构造基本属于梁板结构，由桁架、次梁、面板、活动翻转翼板以及竖直与水平剪刀撑等组成。主桁架和次梁的构造可根据建筑物的进深和开间尺寸设计，也可以采用主、次桁架结构形式，但应对桁架的高度加以控制，主、次桁架的总高度以不大于1m为宜。

2.4.2 台模的选用和设计布置原则

1. 台模的选用原则

(1) 在建筑工程施工中，能否使用台模，要按照技术上可行、经济上合理的原则选用，主要取决于建筑物的结构特点。如框架或框架-剪力墙体系，由于梁的高度不一，梁柱接头比较复杂，采用台模施工难度较大；剪力墙结构体系，由于外墙窗口小或者窗的上下部位墙体较多，也使台模施工比较困难；板柱结构体系(尤其是无柱帽)，最适于采用台模施工。

(2) 板柱剪力墙结构体系，也可以使用台模施工，但要注意剪力墙的多少和位置，以及台模能否顺利出模。重要的是要看楼板有无边梁，以及边梁的具体高度。因为台模的升降量必须大于边梁高度才能出模，所以这是影响台模施工的关键因素。

(3) 在选用台模施工时，要注意建筑物的总高度和层数。一般说来，十层左右的民用建筑使用台模比较适宜，再高一些的建筑物，采用台模施工经济上比较合理。另外，一些层高较高，开间较大的建筑物，采用台模施工，也能取得一定的效果。

(4) 台模的选型要考虑两个因素，其一要考虑施工项目的规模大小，如果相类似的建筑物量大，则可选择比较定型的台模，增加模板周转使用，以获得较好的经济效果；其二是要考虑所掌握的现有资源条件，因地制宜，如充分利用已有的门式架或钢管脚手架组成台模，做到物尽其用，以减少投资，降低施工成本。

2. 台模的设计布置原则

(1) 台模的结构设计，必须按照国家现行有关规范和标准进行设计计算。引进的定型台模或以前使用过的台模，也需对关键部位和改动部分进行结构性能校核。另外，各种临时支撑、附设操作平台等亦需通过设计计算。在台模组装后，应作荷载试验。

（2）台模的布置应遵循以下原则：

1）台模的自重和尺寸，应能适应吊装机械的起重能力。

2）为了便于台模直接从楼层中运出，尽量减少台模的侧向运行。

2.4.3　台模施工工艺

1. 施工准备

（1）施工场地准备

1）台模宜在施工现场组装，以减少台模的运输。组装台模的场地应平整，可利用混凝土地坪或钢板平台组拼。

2）台模座落的楼（地）面应平整、坚实，无障碍物，孔洞必须盖好，并弹出台模位置线。

3）根据施工需要，搭设好出模操作平台，并检查平台的完整情况，要求位置准确，搭设牢固。

（2）材料准备

1）台模的部件和零配件，应按设计图纸和设计说明书所规定的数量和质量进行验收。凡发现变形、断裂、漏焊、脱焊等质量问题，应经修整后方可使用。

2）凡属利用组合钢模板、门式脚手架、钢管脚手架组装的台模，所用的材料、部件应符合《组合钢模板技术规范》GBJ 50214、《冷弯薄壁型钢结构技术规范》GBJ 50018 以及其他专业技术规范的要求。

3）凡属采用铝合金型材、木（竹）胶合板组装的台模，所用材料及部件，应符合有关专业规范的要求。

4）面板使用木（竹）多层板时，要准备好面板封边剂及模板隔离剂等。

（3）机具准备

1）台模升降机构所需的各种机具，如各种台模升降器、螺栓起重器等。

2）吊装台模出模和升空所用的电动环链等机具。

3）台模移动所需的各类地滚轮、行走车轮等。

4）台模施工必需的量具，如钢卷尺、水平尺等。

5）吊装所用的钢丝绳、安全卡环等。

6）其他手工用具，如扳手、锤子、螺钉旋具等。

2. 施工工艺流程

台模组装→台模的吊装就位→台模脱模→台模的转移。

2.4.4　台模施工质量要求

1. 质量要求

（1）采用台模施工，除应遵照现行的《混凝土结构工程施工质量验收规范》GB 50204 等国家标准外，尚需对台模的部位进行设计计算，并进行试压试验，以保证台模各部件有足够的强度和刚度。

（2）台模组装应严密，几何尺寸要准确，防止跑模和漏浆，其允许偏差如下：

1）面板标高与设计标高偏差±5mm；

2）面板方正≤3mm（量对角线）；

3）面板平整≤5mm（用 2m 直尺检查）；

4）相邻面板高差≤2mm。

2. 质量保证措施

（1）组装时要对照图纸设计检查零部件是否合格，安装位置是否正确，各部位的紧固件是否拧紧。

（2）竹铝桁架式台模组装时应注意：

1）组成上下弦时，中间的连接板不得超出上下弦的翼缘，以保证上弦与工字铝梁的安装和下弦与地滚轮接触的平稳。

2）要注意可调支腿安装时位置的准确，以保证支腿收入弦架时，可以用销钉销牢。

3）工字铝梁上开口嵌入的木方，不得高出梁面，以防止台模面板安装不平。

4）面板的拼接接头要放在工字铝梁上。工字铝梁位置应避开吊装盒和可调支腿的上方，以避免吊装时碰动铝梁和降模时支腿收不到底。

5）台模的钢制零部件应镀锌或涂防锈漆及银粉。

6）要保证桁架不得扭转。桁架的竖直偏差应≤6mm，侧向弯曲应≤5mm，两榀桁架之间要相互平行，并垂直于楼面。工字铝梁的间距应≤500mm。剪力撑必须安装牢固。

（3）各类台模面板要求拼接严密。竹木类面板的边缘和孔洞的边缘，要涂刷模板的封边剂。

（4）立柱式台模组装前，要逐件检查门式架、构架和钢管是否完整无缺陷，所用紧固件、扣件等是否工作正常，必要时要作荷载试验。

（5）所用木材应无劈裂、槽朽等缺陷。

（6）面板使用多层板类材料时，要及时检查有无破损，必要时要翻面使用。使用组合钢模板作面板时，要按有关标准进行检查。

（7）台模模板之间、模板与柱及墙之间的缝隙一定要堵严，并要注意防止堵缝物嵌入混凝土中，造成脱模时卡住模板。

（8）各类面板在绑钢筋之前，都要涂刷有效的隔离剂。

（9）浇筑混凝土前要对模板进行整体验收，质量符合要求后方能使用。

（10）台模上的弹线，要用两种颜色隔层使用，以免两层线混淆不清。

2.4.5 台模施工安全要求

采用台模施工时，除应遵照现行的《建筑安装工程安全技术规程》等规定外，尚需采取以下一些安全措施：

（1）组装好的台模，在使用前最好进行一次试压试吊，以检验各部件有无隐患。

（2）台模就位后，台模外侧应立即设置护身栏，高度可根据需要确定，但不得小于1.2m，其外侧须加设安全网。同时设置好楼层的护身栏。

（3）施工上料前，所有支撑都应支设好（包括临时支撑或支腿），同时要严格控制施工荷载。上料不得太多或过于集中，必要时应进行核算。

（4）升降台模时，应统一指挥，步调一致，信号明确，最好采用步话机联络。所有操作人员需经专门培训持证上岗操作。

（5）上下信号工应分工明确。如下面的信号工可负责台模推出、控制地滚轮、挂安全绳和挂钩、拆除安全绳和起吊；上面的信号工可负责平衡吊具的调整，指挥台模就位和摘钩。

（6）台模采用地滚轮推出时，前面的滚轮应高于后面的滚轮 $1\sim2$cm，防止台模向外滑移。可采取将台模的重心标画于台模旁边的办法。严禁外侧吊点未挂钩前将台模向外倾斜。

（7）台模外推时，必需挂好安全绳，由专人掌握。安全绳要慢慢松放，其一端要固定在建筑物的可靠部位上。

（8）挂钩工人在台模上操作时，必须系好安全带，并挂在上层的预埋铁环上。挂钩工人操作时，不得穿塑料鞋或硬底鞋，以防滑倒摔伤。

（9）台模起吊时，任何人不准站在台模上，操作电动平衡吊具的人员应站在楼面上操作。要等台模完全平衡后再起吊，塔吊转臂要慢，不允许斜吊台模。

（10）五级以上的大风或大雨时，应停止台模吊装工作。

（11）台模吊装时，必须使用安全卡环，不得使用吊钩。起吊时，所有台模的附件应事先固定好，不准在台模上存放自由物料，以防高空物体坠落伤人。

（12）台模出模时，下层需设安全网。尤其使用滚杠出模时，更应注意防止滚杠坠落。

（13）在竹木板面上使用电气焊时，要在焊点四周放置石棉布，焊后消灭火种。

（14）台模在施工一定阶段后，应仔细检查各部件有无损坏现象，同时对所有的紧固件进行一次加固。

2.5　永久性模板

永久性模板，亦称一次性消耗模板，是在结构构件混凝土浇筑后模板不拆除，并构成构件受力或非受力的组成部分。

目前，我国用在现浇楼板工程中作永久性模板的材料，一般有压型钢板模板和钢筋混凝土薄板模板两种，后者又分为预应力和非预应力混凝土薄板模板。永久性模板的采用，要结合工程任务情况、结构特点和施工条件合理选用。

2.5.1　压型钢板模板

压型钢板模板，是采用镀锌或经防腐处理的薄钢板，经成型机冷轧成具有梯波形截面的槽型钢板或开口式方盒状钢壳的一种工程模板材料。

1. 压型钢板模板的特点

压型钢板一般应用在现浇密肋楼板工程。压型钢板安装后，在肋底内面铺设受拉钢筋，在肋的顶面焊接横向钢筋或在其上部受压区铺设网状钢筋，楼板混凝土浇筑后，压型钢板不再拆除，并成为密肋楼板结构的组成部分。如无吊顶顶棚设置要求时，压型钢板下表面便可直接喷、刷装饰涂层，可获得具有较好装饰效果的密肋式顶棚。压型钢板组合楼板系统如图 6-27 所示。压型钢板可做成开敞式和封闭式截面(图 6-28、图 6-29)。

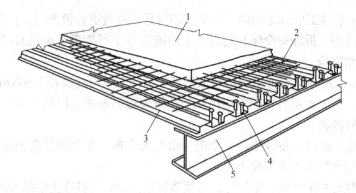

图 6-27　压型钢板组合楼板系统图

1—现浇混凝土层；2—楼板配筋；3—压型钢板；4—锚固栓钉；5—钢梁

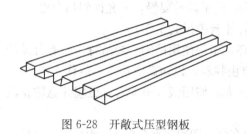

图 6-28　开敞式压型钢板　　　　　　　图 6-29　封闭式压型钢板

1—开敞式压型钢板；2—附加钢板

封闭式压型钢板，是在开敞式压型钢板下表面连接一层附加钢板。这样可提高模板的刚度，提供平整的顶棚面，空格内可用以布置电器设备线路。

压型钢板模板具有加工容易，重量轻，安装速度快，操作简便和取消支、拆模板的繁琐工序等优点。

2. 压型钢板模板的种类及适用范围

压型钢板模板，主要从其结构功能分为组合板的压型钢板和非组合板的压型钢板。

（1）组合板的压型钢板

既是模板又是用作现浇楼板底面受拉钢筋。压型钢板不但在施工阶段承受施工荷载和现浇层钢筋和混凝土的自重，而且在楼板使用阶段还承受使用荷载，从而构成楼板结构受力的组成部分。主要用在钢结构房屋的现浇钢筋混凝土有梁式密肋楼板工程。

（2）非组合板的压型钢板

只作模板使用。即压型钢板在施工阶段，只承受施工荷载和现浇层的钢筋混凝土自重，而在楼板使用阶段不承受使用荷载，只构成楼板结构非受力的组成部分。一般用在钢结构或钢筋混凝土结构房屋的有梁式或无梁式的现浇密肋楼板工程。

3. 压型钢板模板的应用

（1）组合板或非组合板的压型钢板，在施工阶段均须进行强度和变形验算。

压型钢板跨中变形应控制在 $\delta = L/200 \leqslant 20mm$（$L$ 为板的跨度），如超出变形控制量，应在铺设后于板底采取加设临时支撑措施。

组合板的压型钢板，在施工阶段要有足够的强度和刚度，以防止压型钢板产生"蓄聚"现象，保证其组合效应产生后的抗弯能力。

（2）在进行压型钢板的强度和变形验算时，应考虑以下荷载。

1）永久荷载：包括压型钢板、楼板钢筋和混凝土自重；

2）可变荷载：包括施工荷载和附加荷载。施工荷载系指施工操作人员和施工机具设备，并考虑到施工时可能产生的冲击与振动。此外尚应以工地实际荷载为依据，若有过量冲击、混凝土堆放、管线、泵荷等，尚应增加附加荷载。

4. 压型钢板安装

（1）压型钢板模板安装顺序

1）钢结构房屋的楼板压型钢板模板安装顺序

钢梁上分划出钢板安装位置线→压型钢板成捆吊运并搁置在钢梁上→钢板拆捆、人工铺设→安装偏差调整和校正→板端与钢梁电焊（点焊）固定→钢板底面支撑加固→将钢板纵向搭接边点焊成整体→栓钉焊接锚固（如为组合楼板压型钢板时）→钢板表面清理。

2）钢筋混凝土结构房屋的楼板压型钢板安装

钢筋混凝土梁上或支承钢板的龙骨上放出钢板安装位置线→由吊车把成捆的压型钢板吊运和搁置在支承龙骨上→人工拆捆、抬运、铺放钢板→调整、校正钢板位置→将钢板与支承龙骨钉牢→将钢板的顺边搭接用电焊点焊连接→钢板清理。

（2）压型钢板模板安装安全技术要求

1）压型钢板安装后需要开设较大孔洞时，开洞前必须于板底采取相应的支撑加固措施，然后方可进行切割开洞。开洞后板面洞口四周应加设防护措施。

2）遇有降雨、下雪、大雾及六级以上大风等恶劣天气情况，应停止压型钢板高空作业。雨雪停后复工前，要及时清除作业场地和钢板上的冰雪和积水。

3）安装压型钢板用的施工照明、动力设备的电线应采用绝缘线，并用绝缘支撑物使电线与压型钢板分隔开。要经常检查线路的完好，防止绝缘损坏发生漏电。

4）施工用临时照明灯的电压，一般不得超过 36V，在潮湿环境不得超过 12V。

5）多人协同铺设压型钢板时，要相互呼应，操作要协调一致。钢板应随铺设随调整、校正，其两端随与钢梁焊牢固定或与支承木龙骨钉牢，以防止发生钢板滑落及人身坠落事故。

6）安装工作如遇中途停歇，对已拆捆未安装完的钢板，不得架空搁置，要与结构物或支撑系统临时绑牢。每个开间的钢板，必须待全部连接固定好并经检查后，方可进入下道工序。

7）在已支撑加固好的压型钢板上，堆放的材料、机具及操作人员等施工荷载，如无设计规定时，一般每平方米不得超过 2500N。施工中，要避免压型钢板承受冲击荷载。

8）压型钢板吊运，应多块叠置、绑扎成捆后采用扁担式的专用平衡吊具，吊挂压型钢板的吊索与压型钢板应呈 90°夹角。

9）压型钢板楼板各层间连续施工时，上、下层钢板的支柱，应安装在一条竖向直线上，或采取措施使上层支柱荷载传递到工程的竖向结构上。

2.5.2　预应力混凝土薄板模板

1. 预应力混凝土薄板模板的特点

预应力混凝土薄板模板，一般是在构件预制工厂的台座上生产，通过施加预应力配筋制作成的一种预应力混凝土薄板构件。这种薄板主要应用于现浇钢筋混凝土楼板工程，薄板本身既是现浇楼板的永久性模板，当与楼板的现浇混凝土叠合后，又是构成楼板的受力结构部分，与楼板组成组合板（图 6-30），或构成楼板的非受力结构部分，而只作永久性模板使用（图 6-31 ）。

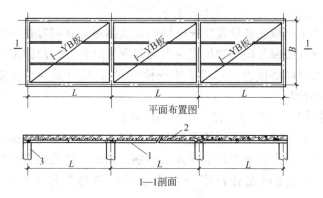

图 6-30　预应力混凝土组合板模板

1—预应力混凝土薄板；2—现浇混凝土叠合层；3—墙体

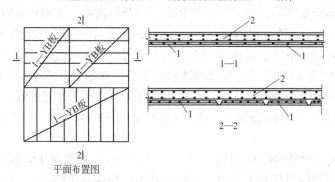

平面布置图

图 6-31　预应力混凝土非组合板模板

1—预应力混凝土薄板；2—现浇钢筋混凝土楼板

2. 预应力混凝土薄板模板的适用范围

预应力混凝土薄板，适用于抗震设防烈度为 7～9 度地震区和非地震区，跨度在 8m 以内的多层和高层房屋建筑的现浇楼板或屋面板工程。尤其适合于不设置吊顶的、顶棚为一般装修标准的工程，可以大量减少顶棚抹灰作业。用于房屋的小跨间时，可做成整间式的双向预应力混凝土薄板。对大跨间平面的楼板，目前只能做成一定宽度的单向预应力配筋薄板，与现浇混凝土层叠合后组成单向受力楼板。

作为组合板的薄板，不适用于承受动力荷载；当应用于结构表面温度高于60℃或工作环境有酸、碱等侵蚀性介质时，应采取有效可靠的措施。

此外，也可以根据结构平面尺寸的特点，制作成小尺寸的预应力薄板，应用于现浇钢筋混凝土无梁楼板工程。这种薄板与现浇混凝土层叠合后，不承受楼板的使用荷载，而只作为楼板的永久性模板使用。

3. 安装工艺

在墙或梁上弹出薄板安装水平线并分别划出安装位置线→薄板硬架支撑安装→检查和调整硬架支承龙骨上口水平标高→薄板吊运、就位→板底平整度检查及偏差纠正处理→整理板端伸出钢筋→板缝模板安装→薄板上表面清理→绑扎叠合层钢筋→叠合层混凝土浇筑并达到要求强度后拆除硬架支撑。

4. 薄板安装安全技术要求

（1）支承薄板的硬架支撑设计，要符合《混凝土结构工程施工质量验收规范》GB 50204 中关于模板工程的有关规定。

（2）当楼层层间连续施工时，其上、下层硬架的立柱要保持在一条竖线上，同时还必须考虑共同承受上层传来的荷载所需要连续设置硬架支柱的层数。

（3）硬架支撑，未经允许不得任意拆除其立柱和拉杆。

（4）薄板起吊和就位要平稳、缓慢，要避免板受冲击造成板面开裂或损坏。板就位后，采用撬棍拨动调整板的位置时，操作人员的动作要协调一致。

（5）采用钢丝绳（不小于 ϕ12.5）通过兜挂方法吊运薄板时，兜挂的钢丝绳必须加设胶皮套管，以防止钢丝绳被板棱磨损、切断而造成坠落事故。吊装单块板时，严禁钩挂在板面上的剪力钢筋或骨架上进行吊装。

【实践活动】

《建筑工程识图实训》教材中"××市地税局办公楼"结构施工图，框架现浇楼板采用台模，学生写出台模施工安全要点。

【实训考评】

学生自评(50%)：

　　施工安全要点内容：符合要求□；基本符合要求□；错误□。

　　施工安全要点：完整□；基本完整□；不完整□。

教师评价(50%)：

　　施工安全要点内容：符合要求□；基本符合要求□；错误□。

　　施工安全要点：完整□；基本完整□；不完整□。

任务 3　模板工程施工技术交底实训

【实训目的】　使学生掌握模板工程施工技术交底的内容，技术交底单的填写方法。具有模板工程施工技术交底的编写能力。

实训内容与指导

3.1　模板工程施工技术交底

模板类型较多，不同类型的模板，施工技术交底的重点不同。但模板工程施工技术交底的主要内容及形式基本相似，主要包括工程施工的范围、施工准备、操作工艺、质量标准、成品保护、应注意的质量问题和质量记录等。

3.1.1　模板施工准备技术交底的内容及要点

组合钢模板的施工要点在建筑施工技术教材中已做了介绍，现已竹胶板模板为例介绍施工介绍交底的内容及要点。

1. 材料准备及要求

（1）模板的类型、规格、数量及要求。

（2）支撑系统、对拉螺栓的类型、规格、数量及要求。含柱箍，钢管支柱，钢管脚手架或碗扣脚手架等。

（3）隔离剂的类型、规格、数量及要求；严禁使用油性隔离剂，必须使用水性隔离剂。

2. 工具、设备

木工圆锯、木工平刨、压刨、手提电锯、手提压刨、打眼电钻、线坠、靠尺板、方尺、铁水平、撬棍等。

3. 作业条件

（1）模板设计已经完成。根据工程结构型式和特点及现场施工条件，对模板进行设计，确定模板平面布置，纵横龙骨规格、数量、排列尺寸，柱箍选用的型式和间距，梁板支撑间距，梁柱节点、主次梁节点大样。验算模板和支撑的强度、刚度及稳定性。绘制全套模板设计图（模板平面布置图、分块图、组装图、加固大样图、节点大样图、零件加工图和非定型零件的拼接加工图）。模板的数量应在模板设计时按流水段划分进行综合研究，确定模板的合理配制数量。

（2）模板拼装

1）拼装场地夯实平整，条件许可时可设拼装操作平台。

2）按模板设计图尺寸，采用沉头自攻螺钉将竹胶板与方木拼成整片模板，接缝处要求附加小龙骨。

3）竹胶板模板开的边及时用防水油漆封边两道，防止竹胶板模板使用过程中开裂、起皮。

（3）模板加工好后，应有专人按照配模图编号检查模板规格尺寸，并均匀涂刷隔离剂，分规格码放，并有防雨，防潮、防砸措施。

（4）放好轴线、模板边线、水平控制标高，模板底口应平整、坚实，若达不到要求的应做水泥砂浆找平层，柱子加固用的地锚已预埋好且可以使用。

（5）柱子、墙钢筋绑扎完毕，水电管线及预埋件已安装，绑好钢筋保护层垫块，并办理好隐蔽验收手续。

3.1.2 模板施工操作工艺技术交底内容及要点

根据结构构件形状、尺寸、受力状况、模板类型、施工方案不同，模板施工工艺流程及操作工艺要求不同，现对一般框架结构施工工艺说明如下：

1. 工艺流程

（1）柱子模板

1）柱子模板安装施工工艺流程

搭设安装脚手架→沿模板边线贴密封条→立柱子片模→安装柱箍→校正柱子方正、垂直和位置→检查校正→群体固定。

2）柱子模板拆除施工工艺流程

拆除拉杆或斜撑→自上而下拆除柱箍→拆除部分竖肋→模板及配件运输维护。

（2）梁、楼板模板

1）梁模板安装施工工艺流程

弹出梁轴线及水平线并进行复核→搭设梁模板支架→安装梁底楞→安装梁底模板→梁底起拱→绑扎钢筋→安装梁侧模板→安装上下锁品楞、斜撑楞及腰楞和对拉螺栓→复核梁模尺寸、位置→与相邻模板连接牢固。

2）楼板模板安装施工工艺流程

搭设支架→安装横纵大小龙骨→调整板下皮标高及起拱→铺设板模板→检查模板上皮标高、平整度。

3）梁、楼板模板拆除施工工艺流程

拆除支架部分水平拉杆和剪刀撑→拆除侧模板→下调楼板支柱，使模板下降→分段分片拆除楼板模板→拆除木龙骨及支柱→拆除梁底模板及支撑系统。

2. 模板安装施工操作工艺技术交底

（1）柱子模板安装施工操作工艺技术交底内容及要点

1）模板组片完毕后，按照模板设计图纸的要求留设清扫口，检查模板的对角线，平整度和外形尺寸。

2）吊装第一片模板，并临时支撑或用钢丝与柱子主筋临时绑扎固定。

3）随即吊装第二、三、四片模板，做好临时支撑或固定。

4）先安装上下两个柱箍，并用脚手管和架子临时固定。

5）逐步安装其余的柱箍，校正柱模板的轴线位移、垂直偏差、截面、对角线尺寸等。并做好支撑。

6）按照上述方法安装一定流水段柱子模板后，在纵横两个方向挂通线检查模板安装质量，并做好群体的水平拉（支）杆及剪力支杆的固定。

（2）梁模板安装施工操作工艺技术交底内容及要点

1）在混凝土柱子上弹出梁的轴线及水平线，并复核。

2）安装梁模板支架前，首层为土壤地面时应平整夯实，无论是首层土壤地面或楼板地面，在专用支柱下脚要铺设通长脚手板，楼层间的上下支柱应在同一条直线上。

3）搭设梁底小横木，间距符合模板设计要求。

4）拉线安装梁底模板，梁底的起拱高度应符合模板设计要求。梁底模板经过验收无误后，用钢管扣件将其固定好。

5）在底模上绑扎钢筋，经验收合格后，清除杂物，安装梁侧模板，将两侧模板与底模用脚手管和扣件固定好。梁侧模板上口要拉线找直，用梁内支撑固定。

6）复核梁模板的截面尺寸，与相邻梁柱模板连接固定。

（3）楼板模板安装施工操作工艺技术交底内容及要点：

1）支架搭设前，楼地面及支柱托脚的处理同梁模板工艺要点中的相关内容。

2）脚手架按照模板设计要求搭设完毕后，根据给定的水平线调整上支托的标高及起拱的高度。

3）按照模板设计的要求支搭板下的大小龙骨，其间距必须符合模板设计的要求。

4）铺设竹胶板模板，用电钻打眼，螺栓与龙骨拧紧。必须保证模板拼缝的严密。

5）在相邻两块竹胶板的端部挤好密封条，突出的部分用小刀刮净。

6）模板铺设完毕后，用靠尺、塞尺和水平仪检查平整度与楼板标高，并进行校正。

3．模板拆除施工操作工艺技术交底内容及要点

（1）模板拆除的一般要点：

1）侧模应在混凝土强度能保证其表面及棱角不因拆除模板而受损方可拆除。

2）底模及冬期施工模板的拆除，必须执行《混凝土结构工程施工及验收规范》GB 50204 及《建筑工程冬期施工规程》JGJ 104 的有关条款。作业班组必须递交拆模申请并经技术部门批准后方可拆除。

3）预应力混凝土结构构件模板的拆除，除执行 GB50204 中的相关规定外，侧模应在预应力张拉前拆除；底模应在结构构件建立预应力后拆除。

4）已拆除模板及支架的结构，在混凝土达到设计强度等级后方允许承受全部使用荷载；当施工荷载所产生的效应比使用荷载的效应更不利时，必须经核算，必要时加设临时支撑。

5）拆除模板的顺序和方法，应按照配板设计的规定进行。若无设计规定时，应遵循先支后拆，后支先拆；先拆不承重的模板，后拆承重部分的模板；自上而下，支架先拆侧向支撑，后拆竖向支撑等原则。

6）模板工程作业组织，应遵循支模与拆模由同一个作业班组作业。这样在支模时就考虑拆模的方便与安全，对拆模进度、安全、模板及配件的保护都有利。

（2）柱子模板拆除工艺施工要点：

柱模板拆除时，要从上口向外侧轻击和轻撬，使模板松动，要适当加设临时支撑。以防柱子模板倾倒伤人。

（3）梁、楼板模板拆除工艺施工要点

1）拆除支架部分水平拉杆和剪刀撑，以便作业。而后拆除梁侧模板上的水平钢管及斜支撑，轻撬梁侧模板，使之与混凝土表面脱离。

2) 下调支柱顶翼托螺杆后，轻撬模板下的龙骨，使龙骨与模板分离，或用木锤轻击，拆下第一块，然后逐块逐段拆除。切不可用钢棍或铁锤猛击乱撬。每块竹胶板拆下时，或用人工托扶放于地上，或将支柱顶翼托螺杆下调一定高度，以托住拆下的模板。严禁模板自由坠落于地面。

3) 拆除梁底模板的方法大致与楼板模板相同。但拆除跨度较大的梁底模板时，应从跨中开始下调支柱顶翼托螺杆，然后向两端逐根下调；拆除梁底模支柱时，从跨中向两端作业。

3.1.3 质量标准交底的内容及要点

质量标准交底应按施工技术规范要求，将模板工程施工的质量标准和要求对操作人员进行交底。模板工程施工的质量标准和检验方法见《建筑施工技术》（第五版）教材第 4.1.9 节的相关要求。

3.1.4 成品保护交底内容及要点

1. 预组拼的模板要有存放场地，场地要平整夯实。模板平放时，要有木方支垫。立放时，要搭设分类模板架，模板触地处要垫木方，以保证模板不扭曲不变形。不可乱堆乱放或在组拼的模板上堆放分散模板和配件。

2. 工作面已安装完毕的墙、柱模板，不准在吊运其他模板时碰撞，不准在预拼装模板就位前作临时椅靠，以防止模板变形或产生垂直偏差。工作面已安装完毕的平面模板，不可作临时堆料和作业平台，以保证支架的稳定，防止平面模板标高和平整产生偏差。

3. 拆除模板时，不得用大锤、撬棍硬砸猛撬，以免混凝土的外形和内部受到损伤。

3.1.5 应注意的质量问题交底

框架结构模板工程施工应注意的质量问题交底主要内容有：

1. 梁、楼板模板施工质量技术交底内容及要点

梁、板底不平、下挠，梁侧模板不平直的防治方法：梁、板底模板的龙骨、支柱的截面尺寸及间距应通过设计计算决定，使模板的支撑系统有足够的强度和刚度。作业中应认真执行设计要求，以防止混凝土浇筑时模板变形。模板支柱应立在垫有通长木板的坚实的地面上，防止支柱下沉，使梁、板产生下挠。梁、板模板应按设计或规范起拱。梁模板上下口应设销口楞，再进行侧向支撑，以保证上下口模板不变形。

2. 柱模板施工质量技术交底内容及要点

（1）胀模、断面尺寸超标的防治方法：根据柱高和断面尺寸设计核算柱箍自身的截面尺寸和间距，以及对大断面柱使用穿柱螺栓和竖向钢楞，以保证柱模的强度、刚度足以抵抗混凝土的侧压力。施工应认真按设计要求作业。

（2）柱身扭向的防治方法：支模前先校正柱筋，使其不扭向。安装斜撑（或拉锚），吊线找垂直时，相邻两片柱模从上端每面吊两点，使线坠到地面，线坠所示两点到柱位置线距离均相等，防止柱模板不扭向。

（3）轴线位移或一排柱不在同一直线上的防治方法：成排的柱子，支模前要在地面上弹出柱轴线及轴边通线，然后分别弹出柱的另一个方向轴线，再确定柱

的另两条边线。支模时,先立两端柱模,校正垂直与位置无误后,柱模顶拉通线,再支中间各柱模板。柱距不大时,通排支设水平拉杆及剪刀撑,柱距较大时,柱模板应四面支撑,保证施工工程中不变形。

3.1.6 质量记录交底

应具备的质量记录有:轴线验收记录、模板验收记录、施工交底记录等。

3.1.7 模板工程施工安全技术交底

模板工程施工安全技术交底内容及要点见《建筑施工技术》(第五版)教材第4.5 节的相关规定。

3.2 模板工程施工技术交底案例

某钢筋混凝土框架结构工程住宅楼工程,柱子、梁、板均采用竹胶大模板。在标准层框架柱、梁施工前,对框架模板安装操作工人进行技术交底,技术交底记录见表 6-5。

技术交底记录 表 6-5

工程名称	×××住宅楼	建设单位	××××××
监理单位	×××建设监理公司	施工单位	×××建筑工程公司
交底部位	模板施工技术交底	交底日期	××××××
交底人签字	×××	接收人签字	××

交底内容:

一、施工准备

1. 施工机具:圆盘锯、刨木机、手提电锯、斧子、扳手、打眼电钻、吊线坠、靠尺板、方尺、墨斗、撬棍等。

2. 材料准备:根据施工图设计的要求确定各类构件的数量和规格,模板主要采用 24000×12400×18mm、1830mm×915mm×15mm 光滑坚硬的双面覆膜清水胶合板配制,500×1000×40000 木方作龙骨,ϕ48.3×3.6mm 空心钢管支架支撑,墙体及柱对拉螺杆采用 A12 高强度对拉螺杆,模板拼接缝采用双面胶;柱墙边模紧固采用钩头螺栓;后浇带、施工缝采用密目钢丝网。

3. 劳动力准备:木工人数应保证 100 人以上。木工应持有木工操作证。

4. 技术准备:熟悉施工图及设计变更,图纸会审所提的问题已解决。

二、作业条件

1. 投测的楼层控制线经闭合复核无误后,根据控制线已弹好楼层柱墙边线、模板控制线及门窗洞口位置线,弹好楼层标高控制线。

2. 混凝土接槎处水平施工缝处的浮浆已凿毛,混凝土松动石子已剔除并用水冲洗干净,钢筋电渣压力焊渣已清理干净。

3. 模板表面已清理干净,并涂刷好隔离剂。

4. 柱墙钢筋已绑扎完毕,卡好钢筋保护层塑料卡,水电管线及预埋件已安装完毕,并通过监理检查验收。

三、模板的设计及安装要求

1. 柱模板

(1) 柱模设计

柱模配模:侧模:柱尺寸为 $b×h$,其中 b 方向采用同柱宽胶合板,h 方向采用 $h+2×15mm$ 宽的胶合板。

竖档:采用 50mm×100mm 方木,间距 250mm。

柱箍:对于单边截面≥800mm 的方形柱模采用钢管为柱箍,钢管围楞固定。

(2) 柱模板安装工艺

弹线定位→模板成型→搭设安装脚手架→立柱子片模→安装柱箍→校正柱子方正、垂直和位置→检查校正→加固固定。

(3) 柱模板安装要求:拼柱模时,以梁底标高为准,由上向下配模,不符合模数部分放到柱根部位处理(或放到节点部位处理)。柱模下端必须设置清扫口。

工程名称	×××住宅楼	建设单位	××××××
监理单位	×××建设监理公司	施工单位	×××建筑工程公司
交底部位	模板施工技术交底	交底日期	××××××
交底人签字	×××	接收人签字	××

模板制作完成后，刷水溶性隔离剂。柱模安装时，应先在基础面（或楼面）上弹主轴线及边线，同一柱列的应先弹两端主轴线及边线，然后拉通线弹出中间部分柱的轴线及边线。柱模在模板全部加固完毕后，应在浇筑混凝土前对其垂直度尺寸、形状、轴线、标高等进行复核，并保证每根柱在两边挂有垂线，便于随时检查柱模的垂直度。

支模时，其中的一片初步校正稳定，然后依序安装，合围后，先加固上、下两道箍后进行全面校正、加固。相邻两柱的模板安装，待校正完毕后，及时架设柱间支撑以满足纵向、横向稳定性的需要，每根柱的斜向支撑必须独立。柱模根部须封堵严密防止跑浆。梁柱接头处尽量采用预拼整体安装和整体拆除模板。

2. 梁、楼板模板

（1）梁模采用钢管架支撑体系。

梁模：采用18mm双面覆膜清水胶合木模板。

托木：托木使用50mm×100mm的方木。

（2）梁模板安装施工工艺流程

弹出梁轴线、支撑位置线及水平线并复核→搭设梁模板支架→安装梁底楞→安装梁底模板→梁底起拱→绑扎钢筋→安装梁侧模板→安装上下锁品楞、斜撑楞及腰楞和对拉螺栓→复核梁模尺寸、位置→与相邻模板连接牢固。

（3）梁模板安装要求

板支撑体系的架设同梁支撑体系。模板安装时，应调整支撑系统的顶托标高，经复查无误后，安装纵向格栅，再在纵向格栅上铺设横向格栅，调整横向格栅的位置及间距，最后铺设模板。楼板模板的安装，有四周向中心铺设，模板垂直于隔栅方向铺齐，对于模板间的缝隙，用胶合板补齐，当跨度≥4m时，按规范或设计要求起拱。板缝要求拼接严密，拼缝整齐。固定在模板上的预埋件和预留洞须安装牢固，位置准确。相邻梁板表面高低差控制在2mm以内，表面平整度控制在5mm以内。浇筑混凝土时，设置一组混凝土试块与已浇筑的混凝土同条件养护，作为拆模的依据。考虑到悬挑结构拆模时间要推迟，又不能同时拆模，因此要提前在悬挑结构两端加设钢管顶杆，顶住梁底模，拆时梁底模不能拆除，直到悬挑构件强度达到100%时同顶杆一起拆除。

3. 楼板模板

（1）楼板模板设计

采用钢管式满堂脚手架支撑体系。

板模：尽量采用整块胶合木模板，施工前必须经过计算配模。

（2）楼板模板安装工艺

在混凝土楼板上放线，弹出支撑位置→搭设支架→安装横纵大小龙骨→调整板下皮标高及起拱→铺设板模板→检查模板上皮标高、平整度→调整加固。

4. 后浇带模板施工

后浇带的封堵不严，往往造成漏浆及混凝土流进后浇带，造成二次灌注混凝土时后浇带内清理困难或清理不干净的情况，给混凝土的浇筑质量带来问题。

后浇带两侧混凝土强度应达到设计要求后方能进行混凝土浇筑施工，施工时应注意以下问题：

（1）凿除后浇带侧壁上的浮浆至密实混凝土层，清除施工后浇带时作模板用的钢丝网；在凿除后浇带的浮浆时，要对流入后浇带处梁、板模板内的浮浆彻底清除，在清除时严禁在未做可靠支撑情况下，拆除原支撑及底模。

（2）对后浇带钢筋采用涂刷水泥浆的方式防锈。浇混凝土前利用钢丝刷对钢筋进行除锈。

（3）在浮浆清理、钢筋除锈及钢筋修整完成后，报监理验收合格后才能浇混凝土。

四、模板施工要点

1. 根据图纸，放出建筑物的轴线并弹出模板安装位置，将标高引测到模板安装位置。

2. 模板及其支撑体系具有足够的强度、刚度、稳定性，支模架（模板支柱和斜撑下）的支撑面应平整垫实，并有足够的承压面积。

3. 门、窗、预留洞口位置、尺寸、标高必须准确，洞口必须方正、垂直，加固必须牢固，绝不允许有移位、倾斜等现象。

4. 梁高度超过700mm时，支模架的立杆与大楞间设抗滑扣件。

5. 梁底模板安装时拉通线，控制模板顺直度。

工程名称	×××住宅楼	建设单位	××××××
监理单位	×××建设监理公司	施工单位	×××建筑工程公司
交底部位	模板施工技术交底	交底日期	××××××
交底人签字	×××	接收人签字	××

6. 在短肢剪力墙及薄壁柱模板下方角落预留垃圾清扫口。

7. 在现场施工时要严格按照平面布置图指定的位置支设模板，不得随意变更。为了便于识别，每块模板上均应设置醒目的标记，并且由现场工长统一管理。

8. 模板安装时外墙安装顺序是先内后外，利用φ12穿墙螺杆对拉。对拉螺杆分布水平、竖向间距均为500～600mm，转角处增加一道。

9. 模板安装前要及时对模板表面再作一次清理，涂刷隔离剂，然后按照模板平面布置图和墙位线将模板吊正就位。

10. 为防止模板下部漏浆，特别是外墙接头质量，支模时外墙外模下口低100mm，利用下层穿墙螺杆孔用螺杆将下口模板拉紧，使其紧贴墙面。内模下口应待模板就位吊正后，在内墙周边钉一圈木压脚板，辅以用水泥砂浆补缝。

11. 模板拼缝处，如旧模板边破损，用电锯切平后使用，对局部出现较大缝处使用粘贴海绵条塞缝，对不能粘贴海绵条的，用小木板封住。

12. 外墙模板施工及楼板施工时，待外架搭设完毕且通过安全员验收合格方可施工。

13. 梁的底模板标高控制在梁底支撑两端及立杆上抄设控制标高点，再根据控制点搭设底板支撑横杆。

14. 平台板的尺寸必须准确，拼缝必须严密。拼缝时，必须用木工手刨将模板边刨直，绝不能允许胡填乱补，模板与模板相邻处必须平整，下面必须有一根木方，以便连接。

15. 平台板、梁的支撑搭设必须保证其牢固，其立杆间距不得大于800mm，标准层的柱子周边必须搭设扫地杆。架子的纵横方向一定要顺直，绝不允许随心所欲乱搭设，平台板及梁的水平杆必须加设保险卡，以保证其不下沉。

16. 墙、柱的阴、阳角必须密实，决不允许漏浆。阴、阳角每道加固钢管必须用扣件连接，阳角处一定要追加保险卡和木楔。

17. 楼梯支设前，必须先在墙（或板）上分好斜板、休息平台、踏步线，在进行架子搭设、找标高等工序，踏步板吊装位置一定要准确，加固要牢固，决不允许出现踏步倾斜、斜板下踏等毛病。

18. 墙、柱、梁模板在开始脱落时，以及木背楞有损伤时必须更换。

19. 楼层上部边梁全部用对拉丝杆，严禁用钢丝加固。

20. 外墙一圈，电梯井道，楼梯间混凝土墙上必须预埋丝杆，便于模板加固。

五、模板拆除

1. 柱、墙等竖向结构模板拆除：

1）柱、墙混凝土浇筑完毕在混凝土强度达到1.2MPa方可进行柱、墙模板拆除。

2）先拆除穿墙螺栓螺帽及蝴蝶卡，松开钢管扣件，用撬棍轻轻撬动模板，使模板与混凝土脱离，拆下的模板应及时吊运至模板堆放场地并清除模板表面混凝土、钉子等杂物。损坏的模板要及时修补，并按原号码编号。穿墙螺杆、螺母要经常用机油润滑。

3）模板拆除时必须保证混凝土表面及棱角不因拆除而缺棱掉角，当发现拆模较早会导致拉伤混凝土表面时，需立即停止模板拆除。

4）模板拆除的顺序，应遵循先支后拆，后支先拆，先非承重部位后承重部位以及自上而下的原则。拆模时严禁用大锤和撬棍硬砸硬撬。

5）后浇带整跨模板及支撑架，须待后浇带混凝土浇筑完成并养护达到设计强度后方可拆除。

6）标准层施工必须保证相邻两层楼梁楼板模板及支撑不得拆除，由上至下第三层进行周转使用。

六、常见质量问题及防治措施

1. 模板板块之间不平，拼接缝错台的防治措施：在进行模板拼装时，应考虑对拉螺杆间距，即螺杆孔距模板接缝边距离不得大于300mm；在背楞之间、模板拼接缝处应用木块钉缝；对拉螺杆内撑套管应采用同一标准专用硬塑料套管，套管应与模板保持垂直不歪斜，在进行模板螺杆紧固时一定注意紧固到位，不得遗漏，在拼接缝处支撑混凝土内撑。

2. 模板拼接缝不严造成漏浆的防治措施：在进行模板加工时，应保证切割尺寸准确，切割边直，必要时应进行刨平处理，在模板接缝处应用双面胶对压紧密。

3. 柱墙模板根部亮缝造成混凝土漏浆烂根的防治措施：首先控制柱墙周边混凝土表面平整；在柱墙模板安装时，根部压条距模板边退后20mm安装，压条与模板之间采用砂浆灌缝。

续表

工程名称	×××住宅楼	建设单位	××××××
监理单位	×××建设监理公司	施工单位	×××建筑工程公司
交底部位	模板施工技术交底	交底日期	××××××
交底人签字	×××	接收人签字	××

4. 拆模时混凝土表面拉伤的防治措施：模板安装前必须进行模板表面清理，并满刷隔离剂；模板拆除前应进行试拆，混凝土未达到拆除要求时应及时停止拆除工作。

5. 结构梁板下挠的防治措施：支撑立杆底必须平整牢时，特别时进行地面模板支撑搭设前应对地面进行平整夯实并支垫木枋，不得出现立杆悬空虚设；梁底必须按要求进行起拱，起拱高度足够；梁底台杆应加设保险卡防止扣件滑移下沉。

七、成品保护措施

1. 不得在配好的模板上随意践踏、重物冲击。

2. 木背楞分类堆放，不得随意切断或锯、割，模板拆除时不得抛扔，以免损坏板面或造成模板变形。

3. 不准在模板上任意拖拉钢筋。在支好的顶板上焊接钢筋(固定线盒)时，必须在模板上加垫薄钢板或其他阻燃材料，以及在顶板上进行预埋管弯走线时不得直接以模板为支点，须用木方作垫板。

4. 根据图纸精心排板，尽少切割、拼缝。

5. 振捣混凝土时不得用振捣棒触动模板；焊接钢筋时不得烧坏胶合板。

6. 拆除模板按标识吊运模板堆放场地，由保养人员及时对模板进行清理、维修、刷隔离剂，以延长使用期限。

7. 模板的连接件应经常清理检查，对损坏、断裂的部件要及时挑出，螺杆、螺帽、扣件等整修后要涂油。

参加单位及人员		项目经理：(签字)

注：本表一式四份，建设单位、监理单位、施工单位、城建档案馆各一份。

【实践活动】

由教师在《建筑工程识图实训》教材中选定框架结构施工图，按照构件设计要求，给定施工条件和施工方法，学生分小组(3~5人)编写所选结构模板工程施工技术交底单。

【实训考评】

学生自评(20%)：

施工工艺：符合要求□；基本符合要求□；错误□。

交底内容：完整□；基本完整□；不完整□。

小组互评(30%)：

工作认真努力，团队协作：好□；较好□；一般□；还需努力□。

教师评价(50%)：

施工工艺：符合要求□；基本符合要求□；错误□。

交底内容：完整□；基本完整□；不完整□。

项目7　钢筋工程施工实训

【实训目标】　通过训练，使学生能进行异形构件钢筋的配料计算，能正确填写钢筋配料单及料牌；能进行异形构件钢筋放样，能编制钢筋工程施工技术交底。

任务1　异形构件钢筋配料及放样

【实训目的】　通过训练，使学生能进行异形构件钢筋的配料计算，能正确填写钢筋配料单及料牌；能进行异形构件钢筋放样。

实训内容与指导

外形比较复杂的构件用简单的数学方法计算钢筋长度有一定困难。在这种情况下可用放大样(按1∶1比例放样)或放小样(按1∶5或1∶10比例放样)的方法，求出构件中各根钢筋的尺寸。

1.1　异形构件钢筋放样时应注意的事项

(1) 设计图中对钢筋配置无明确要求的，一般可按规范中构造的规定配置，必要时应询问设计人员确定。

(2) 在钢筋的形状、尺寸符合设计要求的前提下，应满足加工安装要求。

(3) 对形状复杂的钢筋可用放大样的方法配筋。

(4) 除设计图配筋外，还应考虑因施工需要而增设的有关附加筋。

1.2　梯形构件中缩尺配筋长度计算

平面或立面为梯形的构件(如图7-1所示)，设纵(横)筋最长筋与最短筋之间或最高箍筋与最低箍筋之间的距离为S，纵(横)筋或箍筋的间距为d_0。其平面纵横向钢筋长度或立面箍筋高度，在一组钢筋中存在多种不同长度，其下料长度或高度，可用数学方法根据比例关系进行计算，每根钢筋的长短差Δ可按式7-1计算：

$$\Delta = (l_1 - l_2)/(n-1) \tag{7-1}$$

式中　Δ——每根钢筋长短差或箍筋高低差；

l_1、l_2——分别为平面梯形构件纵(横)向配筋最大和最小长度；

n——纵(横)筋根数或箍筋个数。

【案例7-1】　薄腹梁尺寸及箍筋如图7-2所示，混凝土保护层厚为25mm，试计算每个箍筋的高度。

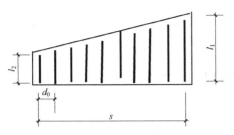

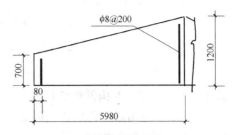

图 7-1 变截面梯形构件钢筋长度计算简图   图 7-2 薄腹梁箍筋布置图

【解】 由已知条件知：$s=5900\text{mm}$，$a=25\text{mm}$，$d_0=200\text{mm}$。

梁上部斜面坡度为：$(1200-700)/5980=5/59.8$；根据比例关系，最低箍筋所在位置的梁外形高度为：

$$700+80\times 5/59.8=707\text{mm}$$

故箍筋的最大高度：

$$l_1=1200-2\times 25=1150\text{mm}$$

箍筋的最小高度：

$$l_2=707-25\times 2=657\text{mm}$$

箍筋根数：

$$n=s/d_0+1=(5980-80)/200+1=30.5 \text{ 根}$$

箍筋根数取 31，于是有：

$$\Delta=(l_1-l_2)/(n-1)=(1150-657)/(31-1)=16.4\text{mm}$$

故各个箍筋的高度分别为：657mm、673mm、690mm……1150mm。

1.3 三角形构件配筋长度计算

三角形构件(见图 7-3)配筋长度计算问题可以采用放样法来确定钢筋长度，也可通过数学方法推导出计算公式，套用公式计算得到钢筋长度。

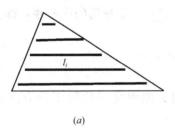
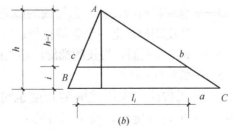

(a)   (b)

图 7-3 三角形构件配筋

(a)配筋示意图；(b)计算示意图

构件钢筋长度 l_i 的计算公式如下：

(1) 对于任意三角形：

$$l_i=l_i-2a_0=a(h-i)/h-2a_0 \tag{7-2}$$

（2）对于等边三角形：

$$l_i = l_i - 2a_0 = a - 1.155i - 2a_0 \tag{7-3}$$

$$h = 2\sqrt{s(s-a)(s-b)(s-c)}/c \tag{7-4}$$

$$s = 1/2(a+b+c) \tag{7-5}$$

式中　l_i——三角形构件钢筋长度；

　　　h——三角形构件底边上的高；

a、b、c——三角形构件边长；

　　　i——计算钢筋到底边的距离；

　　　a_0——构件混凝土保护层厚度；

　　　l_i——钢筋所在位置三角形的弦长，$l_i = l_i' - 2a_0$。

【案例 7-2】　某钢筋混凝土三角形构件（图 7-3），$l_i' = 2000\text{mm}$，$h = 1500\text{mm}$，混凝土保护层厚度为 25mm，钢筋间距 150mm，求混凝土三角形构件的下料长度。

【解】　钢筋混凝土三角形构件的比值为：$2000/1500 = 4/3$

钢筋的最大长度为：$l_1 = 2000 - 25 \times 2 - 25 \times 4/3 = 1917\text{mm}$

钢筋的根数为：$1 + (1500 - 25 \times 2)/150 = 10.7$ 根（取 11 根）

钢筋的间距为：$(1500 - 25 \times 2)/10 = 145\text{mm}$

相邻两根钢筋长度差为：$145 \times 4/3 = 193\text{mm}$

第二根钢筋长度为：$l_2 = 1917 - 193 = 1723\text{mm}$

第三根钢筋长度为：$l_3 = 1723 - 193 = 1530\text{mm}$

同理，可计算得各根长度。

1.4　螺旋箍筋长度计算

（1）螺旋箍筋简易计算方法

螺旋箍筋长度可按以下简化公式计算：

$$l = (1000/p) \times [(\pi D)^2 + p^2]^{1/2} + \pi D/2 \tag{7-6}$$

式中　D——螺旋箍筋的直径；螺旋线的缠绕直径，采用箍筋的中心距，即主筋外皮距离加上一个箍筋直径；

　　　l——每 1m 钢筋骨架长的螺旋箍筋长度（mm）；

　　　p——螺距（mm）。

（2）缠绕纸带法：螺旋箍筋的长度也可用类似缠绕三角形纸带方法计算（图 7-4），根据勾股定理，按下式计算：

$$L = [H^2 + (n\pi D)^2]^{1/2} \tag{7-7}$$

式中　L——螺旋箍筋的长度；

　　　H——螺旋线起点到终点的竖直高度；

　　　n——螺旋线的缠绕圈数。

【案例 7-3】　钢筋混凝土圆柱截面直径 $D' = 600\text{mm}$，保护层厚 25mm，采用螺旋形箍筋，钢筋直径 $d = 10\text{mm}$，箍筋螺距 $P = 150\text{mm}$，试求每 1m 钢筋骨架螺

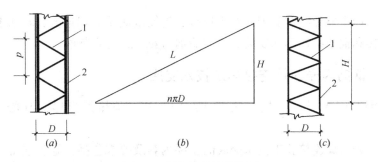

图 7-4 螺旋箍筋计算简图

(a)螺旋箍筋长度计算简图；(b)三角报纸带；(c)纸带缠绕圆柱体

1—螺旋形箍筋；2—受力主筋

旋箍筋的下料长度。

【解】 螺旋形箍筋直径 $D=600-25\times2+10=560$mm

螺旋箍筋长度可按以下简化公式计算：

$$l=(1000/p)\times[(\pi D)^2+p^2]^{1/2}+\pi D/2$$
$$=(1000/150)\times[(3.142\times560)^2+150^2]^{1/2}+$$
$$3.142\times560/2=12.653\text{m}$$

螺旋箍筋长度为 12.653m

【实践活动】

由教师在《建筑工程识图实训》教材中选定异形结构构件施工图(圆形、梯形、三角形板或圆形柱)，学生完成所选构件钢筋配料单编制。

【实训考评】

学生自评(40%)：

配料单填写：完整、正确□；基本完整、正确□；不完整、不正确□。

钢筋长度、数量计算：正确□；基本正确□；不正确□。

教师评价(60%)：

配料单填写：完整、正确□；基本完整、正确□；不完整、不正确□。

钢筋长度、数量计算：正确□；基本正确□；不正确□。

计算方法、公式应用：正确□；基本正确□；不正确□。

任务2　钢筋工程施工技术交底实训

【实训目的】 通过实训，使学生掌握钢筋工程施工技术交底的内容和方法，具有钢筋工程施工技术交底的能力。

实训内容与指导

钢筋工程施工技术交底的主要内容包括钢筋的制作和安装两大部分，交底内容较多，我们主要介绍钢筋闪光对焊连接、钢筋电渣压力焊连接、剥肋滚压直螺纹钢筋连接和框架结构钢筋安装、剪力墙钢筋安装的技术交底。

2.1 钢筋闪光对焊连接施工技术交底

热轧钢筋闪光对焊连接方法有连续闪光焊、预热闪光焊、闪光—预热闪光焊。

钢筋闪光对焊连接施工技术交底的主要内容及要求包括：施工准备、操作工艺、质量标准、成品保护、应注意的质量问题和质量记录等。

2.1.1 施工准备技术交底的内容及要点

1. 材料准备及要求

钢筋：钢筋的级别、直径必须符合设计要求，有出厂证明书及复试报告单。进口钢筋还应有化学复试单，其化学成分应满足焊接要求，并应有可焊性试验。

2. 主要机具及防护用品：对焊机具及配套的对焊平台、钢筋切断机、空压机、除锈机或钢丝刷、冷拉调直作业线、防护眼镜、电焊手套、绝缘鞋等。

常用对焊机主要技术性能见表 7-1。

常用的钢筋对焊机主要性能表   表 7-1

项目 \ 型号			UN₁-25	UN₁-75	UN₁-100
传动方式			杠杆加压式	杠杆加压式	杠杆加压式
额定容量（kVA）			25	75	100
初级电压（V）			220/380	220/380	380
负载持续率（%）			20	20	20
次级电压调节范围（V）			1.75～3.52	3.52～7.04	4.5～7.6
次级电压调节级数（级）			8	8	8
最大顶锻力(N)	弹簧加压		1500		
	杠杆加压		10000	3000	40000
钳口最大距离(mm)			50	80	80
最大送料行程(mm)	弹簧加压		15	30～40	40～50
	杠杆加压		20		
焊件最大截面(mm²)	低碳钢	弹簧加压	120	600	1000
		杠杆加压	320		
焊接生产率（次/h）			110	75	20～30
冷却水消耗量（L/h）			120	200	200
整机重量（kg）			275	445	465
外形尺寸　长×宽×高（mm）			1335×480×1300	152×550×1080	1580×550×1150

3. 作业条件

（1）焊工必须持有有效的岗位合格证。

（2）对焊机的配套装置、冷却水、压缩空气等应符合要求。

（3）电源应符合要求，当电源电压下降大于 5%，小于 8% 时，应采取适当提高焊接变压器级数的措施；大于 8% 时，不得进行焊接。

（4）作业场地应有安全防护设施，防火和必要的通风措施，防止发生烧伤、触电及火灾等事故。

（5）熟悉料单，弄清接头位置，做好技术交底。

2.1.2　操作工艺交底内容及要点

操作工艺交底的内容和要点有：

1. 工艺流程

检查设备→选择焊接工艺及参数→试焊、作试件→送试→确定焊接参数→焊接→质量检验。

采用不同的闪光对焊方法时，其施工工艺不同。

（1）连续闪光对焊工艺过程

闭合电路→闪光（两钢筋端面轻微接触）→连续闪光加热到将近熔点（两钢筋端面徐徐移动接触）→带电顶锻→无电顶锻。

（2）预热闪光对焊工艺流程

闭合电路→断续闪光预热（两钢筋端面交替接触和分开）→连续闪光加热到将近熔点（两钢筋端面徐徐移动接触）→带电顶锻→无电顶锻。

（3）闪光—预热闪光对焊工艺过程

闭合电路→一次闪光闪平端面（两钢筋端面轻微徐徐接触）→断续闪光预热（两钢筋端面交替接触和分开）→二次连续闪光加热到将近熔点（两钢筋端面徐徐移动接触）→带电顶锻→无电顶锻。

2. 焊接工艺方法选择

当钢筋直径较小（≤22mm），钢筋级别较低，可采用连续闪光焊。当钢筋直径较大，端面较平整，宜采用预热闪光焊；当端面不够平整，则应采用闪光—预热闪光焊。RRB400 级钢筋焊接时，无论直径大小，均应采取预热闪光焊或闪光—预热闪光焊工艺。

3. 焊接参数选择

闪光对焊时，应合理选择调伸长度、烧化留量、顶锻留量以及变压器级数等焊接参数。

4. 检查电源

对焊机及对焊平台、地下铺放的绝缘橡胶垫、冷却水、压缩空气等，一切必须处于安全可靠的状态。

5. 试焊、做班前试件

在每班正式焊接前，应按选择的焊接参数焊接 6 个试件，其中 3 个做拉力试验，3 个做冷弯试验。经试验合格后，方可按确定的焊接参数成批生产。

6. 对焊焊接操作

(1) 连续闪光焊：通电后，应借助操作杆使两钢筋端面轻微接触，使其产生电阻热，并使钢筋端面的凸出部分互相熔化，并将熔化的金属微粒向外喷射形成火光闪光，再徐徐不断地移动钢筋形成连续闪光，待预定的烧化量消失后，以适当压力迅速进行顶锻，即完成整个连续闪光焊接。

(2) 预热闪光焊：通电后，应使两根钢筋端面交替接触和分开，使钢筋端面之间发生断续闪光，形成烧化预热过程。当预热过程完成，应立即转入连续闪光和顶锻。

(3) 闪光—预热闪光焊：通电后，应首先进行闪光，当钢筋端面已平整时，应立即进行预热、闪光及顶锻过程。

(4) 保证焊接接头位置和操作要求：

1) 焊接前和施焊过程中，应检查和调整电极位置，拧紧夹具丝杆。钢筋在电极内必须夹紧、电极钳口变形应立即调换和修理。

2) 钢筋端头如起弯或呈"马蹄"形则不得焊接，必须搣直或切除。

3) 钢筋端头 120mm 范围内的铁锈、油污，必须清除干净。

4) 焊接过程中，粘附在电极上的氧化铁要随时清除干净。

5) 接近焊接接头区段应有适当均匀的镦粗塑性变形，端面不应氧化。

6) 焊接后稍冷却才能松开电极钳口，取出钢筋时必须平稳，以免接头弯折。

7) 质量检查：在钢筋对焊生产中，焊工应认真进行自检，若发现偏心、弯折、烧伤、裂缝等缺陷，应切除接头重焊，并查找原因，及时消除。

2.1.3　质量标准交底的内容及要点

质量标准交底应按施工技术规范要求，按主控项目、一般项目对操作人员进行交底。

1. 主控项目

(1) 钢筋的品种和质量必须符合设计要求和有关标准的规定。进口钢筋需先经过化学成分检验和焊接试验，符合有关规定后方可焊接。

检验方法：检查出厂证明书和试验报告单。

(2) 钢筋的规格、焊接接头的位置、同一截面内接头的百分比，必须符合设计要求和施工规范的规定。

检验方法：观察或尺量检查。

(3) 对焊接头的力学性能检验必须合格。力学性能检验时，应从每批接头中随机切取 6 个试件，其中 6 个做拉伸试验，6 个做弯曲试验。在同一台班内，由同一焊工完成的 300 个同级别、同直径钢筋焊接接头作为一批。若同一台班内焊接的接头数量较少，可在一周之内累计计算。若累计仍不足 300 个接头，则应按一批计算。

检验方法：检查焊接试件试验报告单。

2. 一般项目

钢筋闪光对焊接头外观检查结果，应符合下列要求：

(1) 接头部位不得有横向裂纹。

（2）与电极接触处的钢筋表面不得有明显烧伤，HRB 500 级钢筋焊接时不得有烧伤。

检验方法：观察检查。

（3）允许偏差项目：

1）接头处的弯折角不大于 4°。

2）接头处的轴线偏移，不大于 0.1 倍钢筋直径，同时不大于 2mm。

检验方法：目测或量测。

2.1.4   成品保护交底内容及要点

焊接后稍冷却才能松开电极钳口，取出钢筋时必须平稳，以免接头弯折。

2.1.5   应注意的质量问题交底

1. 在钢筋对焊生产中，应重视焊接过程中的每一个环节，以确保焊接质量，若出现异常现象，应查找原因，及时消除。

2. 冷拉钢筋的焊接应在冷拉之前进行。冷拉过程中，若在接头部位发生断裂时，可在切除热影响区（离焊缝中心约 0.7 倍钢筋直径）后再焊再拉，但不得超过两次。同时，其冷拉工艺与要求应符合《混凝土结构工程施工质量验收规范》（GB 50204—2002）（2011 版）的规定。

2.1.6   质量记录

应具备的质量记录有：

1. 钢筋出厂质量证明书或试验报告单。

2. 钢筋机械性能复试报告。

3. 进口钢筋应有化学成分检验报告和可焊性试验报告，国产钢筋在加工过程中发生脆断、焊接性能不良和机械性能明显不正常的，应有化学成分检验报告。

4. 钢筋接头的拉伸试验报告、弯曲试验报告。

2.2   钢筋电渣压力焊施工技术交底

钢筋电渣压力焊连接分手工电渣压力焊和自动电渣压力焊设备。

钢筋电渣压力焊连接施工技术交底的主要内容及要求包括：施工准备、操作工艺、质量标准、成品保护、应注意的质量问题和质量记录等。

2.2.1   施工准备技术交底的内容及要点

1. 材料准备及要求

（1）钢筋：钢筋的级别、直径必须符合设计要求，有出厂证明书及复试报告单。进口钢筋还应有化学复试单，其化学成分应满足焊接要求，并应有可焊性试验。

（2）焊剂：焊剂的性能应符合 GB/T 5293 碳素钢埋弧焊用焊剂的规定。焊剂型号为 HJ401，常用的为熔炼型高锰高硅低氟焊剂或中锰高硅低氟焊剂。

焊剂应存放在干燥的库房内，防止受潮。如受潮，使用前须经 250～300℃烘焙 2h。使用中回收的焊剂，应除去熔渣和杂物，并应与新焊剂混合均匀后使用。

焊剂应有出厂合格证。

2. 主要机具

（1）手工电渣压力焊设备包括：焊接电源、控制箱、焊接夹具、焊剂罐等。

（2）自动电渣压力焊设备（应优先采用）包括：焊接电源、控制箱、操作箱、焊接机头等。

（3）焊接电源。钢筋电渣压力焊宜采用次级空载电压较高（TSV以上）的交流或直流焊接电源。（一般32mm直径及以下的钢筋焊接时，可采用容量为600A的焊接电源；32mm直径及以上的钢筋焊接时，应采用容量为1000A的焊接电源）。当焊机容量较小时，也可以采用较小容量的同型号，同性能的两台焊机并联使用。

3. 作业条件

（1）焊工必须持有有效的焊工岗位合格证。

（2）设备应符合要求。焊接夹具应有足够的刚度，在最大允许荷载下应移动灵活，操作方便。

（3）焊剂罐的直径与所焊钢筋直径相适应，不致在焊接过程中烧坏。电压表、时间显示器应配备齐全，以便操作者准确掌握各项焊接参数。

（4）电源应符合要求，当电源电压下降大于5％，则不宜进行焊接。

（5）作业场地应有安全防护措施，制定和执行安全技术措施，加强焊工的劳动保护，防止发生烧伤、触电、火灾、爆炸以及烧坏机器等事故。

（6）注意接头位置，注意同一区段内有接头钢筋截面面积的百分比，不符合《混凝土结构工程施工质量及验收规范》的规定时，需调整接头位置后才能施焊。

2.2.2 操作工艺技术交底的内容及要点

1. 工艺流程

检查设备、电源→钢筋端头制备→选择焊接参数→安装焊接夹具和钢筋→安放铁丝球→安放焊剂罐、填装焊剂→试焊、作试件→确定焊接参数→施焊→回收焊剂→卸下夹具→质量检查。

2. 检查设备、电源

确保随时处于正常状态，严禁超负荷工作。

3. 钢筋端头制备

钢筋安装之前，焊接部位和电极钳口接触的（150mm区段内）钢筋表面上的锈斑、油污、杂物等，应清除干净，钢筋端部若有弯折、扭曲，应予以矫直或切除，但不得用锤击矫直。

4. 选择焊接参数

电渣压力焊的焊接参数主要有焊接电流、电压和施焊的时间，各焊接参数可参考表7-2选用。不同直径钢筋焊接时，按较小直径钢筋选择参数，焊接通电时间延长约10％。

钢筋电渣压力焊焊接参数　　　　　　　　　　表 7-2

钢筋直径 (mm)	焊接电流(A)	焊接电压(V)		焊接通电时间(s)		钢筋熔化量 (mm)
		电弧过程 U_{2-1}	电渣过程 U_{2-1}	电弧过程 t_1	电渣过程 t_2	
16	200~250	40~45	22~27	14	4	20~25
18	250~300	40~45	22~27	15	5	
20	300~350	40~45	22~27	17	5	
22	350~400	40~45	22~27	18	6	
25	400~450	40~45	22~27	21	6	
28	500~550	40~45	22~27	24	6	
32	600~650	40~45	22~27	27	7	25~30
36	700~750	40~45	22~27	30	8	
40	850~900	40~45	22~27	33	9	

5. 安装焊接夹具和钢筋

夹具的下钳口应夹紧于下钢筋端部的适当位置，一般为 1/2 焊剂罐高度偏下 5~10mm，以确保焊接处有足够的掩埋深度。上钢筋放入夹具钳口后，调准动夹头的起始点，使上下钢筋的焊接部位位于同轴状态，方可夹紧钢筋。钢筋一经夹紧，严防晃动，以免上下钢筋错位和夹具变形。

6. 安放引弧用的铁丝球，并安放焊剂罐，填装焊剂。

7. 试焊、作试件、确定焊接参数

在正式进行钢筋电渣压力焊之前，必须按照选择的焊接参数进行试焊并作试件送试，以便确定合理的焊接参数。合格后，方可正式生产。当采用半自动、自动控制焊接设备时，应按照确定的参数设定好设备的各项控制数据，以确保焊接接头质量可靠。

8. 电渣压力焊施焊操作要点

（1）闭合回路、引弧：通过操纵杆或操纵盒上的开关，先后接通焊机的焊接电流回路和电源的输入回路，在钢筋端面之间引燃电弧，开始焊接。

（2）电弧过程：引燃电弧后，应控制电压值。借助操纵杆使上下钢筋端面之间保持一定的间距，进行电弧过程的延时，使焊剂不断熔化而形成必要深度的渣池。

（3）电渣过程：随后逐渐下送钢筋，使上钢筋端部插入渣池，电弧熄灭，进入电渣过程的延时，使钢筋全断面加速熔化。

（4）挤压断电：电渣过程结束，迅速下送上钢筋，使其端面与下钢筋端面相互接触，趁热排除熔渣和熔化金属。同时切断焊接电源。

（5）回收焊剂和卸下焊接夹具：接头焊毕，应停歇 20~30s 后（在寒冷地区施焊时，停歇时间应适当延长），才可回收焊剂和卸下焊接夹具。

（6）质量检查：在钢筋电渣压力焊的焊接生产中，焊工应认真进行自检，若发现偏心、弯折、烧伤、焊包不饱满等焊接缺陷，应切除接头重焊，并查找原因，及时消除。切除接头时，应切除热影响区的钢筋，即离焊缝中心约为 1.1 倍钢筋直径的长度范围内的部分应切除。

2.2.3 质量标准交底的内容及要点

质量标准交底应按施工技术规范要求，按主控项目、一般项目对操作人员进行交底。

1. 主控项目

（1）钢筋的品种和质量必须符合设计要求和有关标准的规定。进口钢筋需先经过化学成分检验和焊接试验，符合有关规定后方可焊接。

检验方法：检查出厂证明书和试验报告单。

（2）钢筋的规格、焊接接头的位置、同一截面内接头的百分比，必须符合设计要求和施工规范的规定。

检验方法：观察或尺量检查。

（3）电渣压力焊接头的力学性能检验必须合格。

1）力学性能检验时，从每批接头中随机切取 3 个接头作拉伸试验。

2）在一般构筑物中，以 300 个同钢筋级别接头作为一批。

3）在现浇钢筋混凝土多层结构中，以每一楼层或施工区段的同级别钢筋接头作为一批，不足 300 个接头仍作为一批。

检验方法：检查焊接试件试验报告单。

2. 一般项目

钢筋电渣压力焊接头应逐个进行外观检查，结果应符合下列要求：

（1）焊包较均匀，突出部分最少高出钢筋表面 4mm。

（2）电极与钢筋接触处，无明显的烧伤缺陷。

（3）接头处的弯折角不大于 4°。

（4）接头处的轴线位移应不超过 0.1 倍钢筋直径，同时不大于 2mm。

外观检查不合格的接头应切除重焊或采取补救措施。

检验方法：目测或量测。

2.2.4 成品保护交底的内容及要点

接头焊毕，应停歇 20～30s 后才能卸下夹具，以免接头弯折。

2.2.5 应注意的质量问题交底的内容及要点

1. 在钢筋电渣压力焊生产中，应重视焊接全过程中的任何一个环节。接头部位应清理干净；钢筋安装应上下同心；夹具紧固，严防晃动；引弧过程，力求可靠；电弧过程，延时充分；电渣过程，短而稳定；挤压过程，压力适当。若出现异常现象，应查找原因，及时清除。

2. 电渣压力焊可在负温条件下进行，但当环境温度低于−20℃时，则不宜进行施焊。

3. 雨天、雪天不宜施焊，必须施焊时，应采取有效的遮蔽措施。焊后未冷却的接头，应避免碰到冰雪。

2.2.6 质量记录

应具备的质量记录有：

1. 钢筋出厂质量证明书或试验报告单。

2. 钢筋机械性能复试报告。

3. 焊剂合格证。

4. 进口钢筋应有化学成分检验报告和可焊性试验报告，国产钢筋在加工过程中发生脆断、焊接性能不良和机械性能明显不正常的，应有化学成分检验报告。

5. 钢筋接头的拉伸试验报告。

2.3 剥肋滚压直螺纹钢筋连接施工技术交底

钢筋电渣压力焊连接分手工电渣压力焊和自动电渣压力焊设备。

钢筋电渣压力焊连接施工技术交底的主要内容及要求包括：施工准备、操作工艺、质量标准、成品保护、应注意的质量问题和质量记录等。

2.3.1 施工准备技术交底的内容及要点

1. 参加滚压直螺纹接头施工的人员必须进行技术培训，经考核合格后方可持证上岗操作。

2. 钢筋应先调直再加工，切口端面要与钢筋轴线垂直，端头弯曲、马蹄严重的要切去，但不得用气割下料。

3. 主要机具：钢筋剥肋滚压直螺纹机、限位挡铁、螺纹环规、力矩扳手及普通扳手等。

2.3.2 施工工艺技术交底的内容及要点

1. 工艺流程

（1）预接工艺流程

钢筋端面平头→剥肋滚压螺纹→丝头质量检验→套筒连接→接头检验。

（2）现场连接工艺流程

钢筋就位→拧下钢筋保护帽和套筒保护帽→接头拧紧→作标记→连接质量检验。

2. 钢筋丝头加工

（1）按钢筋规格所需的调整试棒调整好滚丝头内孔最小尺寸。

（2）按钢筋规格更换涨刀环，并按规定的丝头加工尺寸调整好剥肋直径尺寸。

（3）调整剥肋挡块及滚压行程开关位置，保证剥肋及滚压螺纹的长度符合丝头加工尺寸的规定，丝头加工尺寸要求见表7-3。

丝头加工尺寸（mm）   表7-3

规格	剥肋直径	螺纹尺寸	丝头长度	完整丝扣圈数
16	15.1±0.2	M16.5×2	20～22.5	≥8
18	16.9±0.2	M19×2.5	25～27.5	≥7
20	18.8±0.2	M21×2.5	27～30	≥8
22	20.8±0.2	M23×2.5	29.5～32.5	≥9
25	23.7±0.2	M26×3	32～35	≥9
28	26.6±0.2	M29×3	37～40	≥10
32	30.5±0.2	M33×3	42～45	≥11
36	34.5±0.2	M41×3.5	46～49	≥9
40	38.1±0.2	M41×3.5	49～52.5	≥10

3. 钢筋丝头保护：钢筋丝头加工完成、检验合格后，要用专用的钢筋丝头保护帽或连接套筒对钢筋丝头进行保护，以防螺纹在钢筋搬动或运输过程中被损坏或污染。

4. 钢筋接头拧紧：使用扳手或管钳对钢筋接头拧紧时，只要达到力矩扳手调定的力矩值即可。

5. 钢筋端部平头切割：钢筋端部平头最好使用台式砂轮片切割机进行切割。

6. 连接钢筋注意事项：

(1) 钢筋丝头经检验合格后应保持干净无损伤。

(2) 所连钢筋规格必须与连接套规格一致。

(3) 连接水平钢筋时，必须从一头往另一头依次连接，不得从两头往中间或中间往两端连接。

(4) 钢筋连接时，先将待连接钢筋丝头拧入同规格的连接套之后，再用力矩扳手拧紧钢筋接头；连接成型后用红油漆作出标记，以防遗漏。

(5) 力矩扳手不使用时，将其力矩值调为零，以保证其精度。

7. 检查钢筋连接质量：

(1) 检查接头外观质量应无完整丝扣外露，钢筋与连接套之间无间隙。如发现有一个完整丝扣外露，应重新拧紧，然后用检查用的扭矩扳手对接头质量进行抽检。

(2) 用质检力矩扳手检查接头拧紧程度。

8. 直螺纹接头试验

(1) 同一施工条件下，采用同一批材料的同等级、同型式、同规格接头，以500 个为一验收批进行检验和验收，不足 500 个也为一验收批。每一批取 3 个试件作单向拉伸试验。

(2) 当三个试件抗拉强度均不小于该级别钢筋抗拉强度的标准值时，该验收批定为合格。如有一个试件的抗拉强度不符合要求，应取六个试件进行复检。复检中仍有一个试件不符合要求，则该验收批判定为不合格。

2.3.3 成品保护技术交底的内容及要点

1. 成型钢筋应按总平面布置图指定地点摆放，用垫木垫放整齐，防止钢筋变形、锈蚀、油污。

2. 安装电线管、给水排水管线、供暖管线或其他设施时不得任意切断和移动钢筋。如有相碰，则与土建技术人员现场协商解决。

3. 浇筑楼板混凝土时，混凝土输送泵管要用铁马凳架高 300mm，防止由于过重的泵管压塌板上部筋。操作面的主要通道也需设铁马凳，上铺钢跳板，边浇边撤。

2.4 钢筋加工安全措施和环保措施技术交底

2.4.1 钢筋加工安全措施交底的内容及要点

1. 进入现场的钢筋机械在使用前，必须经项目工程部、安全部检查验收，合格后方可使用。操作人员需持证上岗作业，并在机械旁挂牌注明安全操作规定。

2. 钢筋机械必须设置在平整、坚实的场地上，设置机棚和排水沟，防雨雪、防砸、防水浸泡。机械必须接地，操作工必须穿戴防护衣具，以保证操作人员安全。

3. 钢筋加工机械要设专人维护维修，定期检查各种机械的零部件，特别是易损部件，出现有磨损的必须更换。现场加工的成品、半成品堆放整齐。

4. 钢筋加工机械处必须设置足够的照明，保证操作人员在光线较好的环境下操作。在进行加工材料时，弯曲机、切断机等严禁一次超量上机作业。

5. 打磨钢筋的砂轮机在使用前应经安全部门检验合格后方可投入使用。开机前检查砂轮罩、砂轮片是否完好，旋转方向是否正确。对有裂纹的砂轮严禁使用。

6. 操作人员必须站在砂轮片运转切线方向的旁侧。

2.4.2 钢筋加工环保措施交底的内容及要点

1. 现场在进行钢筋加工及成型时，要控制各种机械的噪声。将机械安放在平整度较高的平台上，下垫木板。并定期检查各种零部件，如发现零部件有松动、磨损，及时紧固或更换，以降低噪声。浇筑混凝土时不要振动钢筋，降低噪声排放强度。

2. 钢筋原材、加工后的产品或半产品堆放时要注意遮盖(用苫布或塑料)，防止因雨雪造成钢筋的锈蚀。如果钢筋已生片状老锈，钢筋在使用前必须用钢丝刷或砂盘进行除锈。为了减少除锈时灰尘飞扬，现场要设置苫布遮挡，并及时将锈屑清理起来，待统一清运到规定的垃圾集中地。

3. 直螺纹套丝的铁屑装入尼龙口袋送废品回收站回收再利用。

2.5 框架结构钢筋绑扎施工技术交底

2.5.1 施工准备技术交底的内容及要点

1. 材料要求

(1) 钢筋原材：应有钢筋出厂质量证明书、按规定作力学性能复试和见证取样试验。当加工过程中发生脆断等特殊情况，还需作化学成分检验。钢筋应无老锈及油污。

(2) 成型钢筋：必须符合配料单的规格、型号、尺寸、形状、数量，并应进行标识。成型钢筋必须进行覆盖，防止雨淋生锈。

(3) 扎丝：采用 20~22 号扎丝(火烧丝)或镀锌钢丝(铅丝)。钢丝切断长度要满足使用要求。

(4) 垫块：用水泥砂浆制成 50mm 见方，厚度同保护层，垫块内预埋 20~22 号钢丝。或用塑料卡、拉筋、支撑筋。

2. 工具

钢筋钩子、撬棍、扳子、绑扎架、钢丝刷子、手推车、粉笔、尺子等。

3. 工作条件

(1) 钢筋进场后应检查是否有出厂材质证明，是否做完复试，并按施工平面图中指定的位置，按规格、使用部位、编号分别加垫木堆放。

（2）钢筋绑扎前，应检查有无锈蚀，除锈之后再运至绑扎部位。

（3）熟悉图纸、按设计要求检查已加工好的钢筋规格、形状、数量是否正确。

（4）做好抄平放线工作，弹好水平标高线，柱、墙外皮尺寸线。

（5）根据弹好的外皮尺寸线，检查下层预留搭接钢筋的位置、数量、长度，如不符合要求时，应进行处理。绑扎前先按 1：6 整理调直下层伸出的搭接筋，并将锈蚀、水泥砂浆等污垢清除干净。

（6）根据标高检查下层伸出搭接筋处的混凝土表面标高（柱顶、墙顶）是否符合图纸要求，混凝土施工缝处要剔凿到露石子并清理干净。

（7）按要求搭好脚手架。

2.5.2 框架结构钢筋绑扎工艺流程技术交底的内容及要点

1. 柱钢筋绑扎技术交底

（1）框架柱钢筋绑扎工艺流程：

套柱箍筋→搭接绑扎竖向钢筋→画箍筋间距线→绑箍筋。

（2）框架柱钢筋绑扎技术交底的内容及要点。

1）套柱箍筋：按图纸要求间距，计算好每根柱箍筋数量，先将箍筋套在下层伸出的搭接筋上，然后立柱子钢筋，在搭接长度内绑扣不少于 3 个，绑扣要向柱子中心。如果柱子主筋采用光圆钢筋搭接时，角部弯钩应与模板成 45°，中间钢筋的弯钩应与模板成 90°。

2）搭接绑扎竖向受力筋：柱子主筋立起之后，接头的搭接长度应符合设计要求，如设计无要求时，钢筋绑扎搭接长度应按表 7-4 采用。

纵向受拉钢筋的最小搭接长度　　　　　　　　　表 7-4

钢筋类型		混凝土强度等级			
		C15	C20～C25	C30～C35	≥C40
光圆钢筋	HPB235 级	45d	35d	30d	25d
带肋钢筋	HRB335 级	55d	45d	35d	30d
	HRB400 级、RRB400 级	—	55d	40d	35d

注：两根直径不同钢筋的搭接长度，以较细钢筋的直径计算。

① 纵向受力钢筋绑扎搭接接头面积百分率不大于 25% 时，其最小搭接长度应符合表 7-4 的规定。

② 当纵向受拉钢筋搭接接头面积百分率大于 25%，但不大于 50% 时，其最小搭接长度应按表 7-4 中的数值乘以系数 1.2 取用；当接头面积百分率大于 50% 时，应按表 4-17 中的数值乘以系数 1.35 取用。

③ 纵向受拉钢筋的最小搭接长度根据前述 1、2 条确定后，在下列情况时还应进行修正：带肋钢筋的直径大于 25mm 时，其最小搭接长度应按相应数值乘以系数 1.1 取用；对环氧树脂涂层的带肋钢筋，其最小搭接长度应按相应数值乘以系数 1.25 取用；当在混凝土凝固过程中受力钢筋易受扰动时（如滑模施工），其最小搭接长度应按相应数值乘以系数 1.1 取用；对末端采用机械锚固措施的带肋钢筋，其最小搭接长度可按相应数值乘以系数 0.7 取用；当带肋钢筋的混凝土保

护层厚度大于搭接钢筋直径的 3 倍且配有箍筋时，其最小搭接长度可按相应数值乘以系数 0.8 取用；对有抗震设防要求的结构构件，其受力钢筋的最小搭接长度对一、二级抗震等级应按相应数值乘以系数 1.15 采用；对三级抗震等级应按相应数值乘以系数 1.05 采用。

④ 纵向受压钢筋搭接时，其最小搭接长度应根据 1～3 条的规定确定相应数值后，乘以系数 0.7 取用。

⑤ 在任何情况下，受拉钢筋的搭接长度不应小于 300mm，受压钢筋的搭接长度不应小于 200mm。

在梁、柱类构件的纵向受力钢筋搭接长度范围内，应按设计要求配置箍筋。

3）柱竖向筋采用机械或焊接连接时，按规范要求错开 50% 接头位置，上下层接头间距大于 $35d$。第一步接头距楼板面大于 500mm 且大于 $H/6$，不在箍筋加密区。

4）画箍筋间距线：在立好的柱子竖向钢筋上，按图纸要求用粉笔划箍筋间距线。

（3）柱箍筋绑扎

1）按已划好的箍筋位置线，将已套好的箍筋往上移动，由上往下绑扎，宜采用缠扣绑扎，如图 7-5。

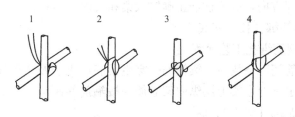

图 7-5　缠扣绑扎法

2）箍筋与主筋要垂直，箍筋转角处与主筋交点均要绑扎，主筋与箍筋非转角部分的相交点成梅花交错绑扎。

3）箍筋的弯钩叠合处应沿柱子竖筋交错布置，并绑扎牢固，见图 7-6。

4）有抗震要求的地区，柱箍筋端头应弯成 135°，平直部分长度不小于 $10d$（d 为箍筋直径），见图 7-7。

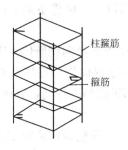

图 7-6　箍筋的弯钩布置

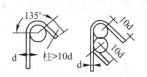

图 7-7　有抗震要求柱箍筋

5) 如箍筋采用 90°搭接，搭接处应焊接，焊缝长度单面焊缝不小于 $5d$。

6) 柱上下两端箍筋应加密，加密区长度及加密区内箍筋距应符合设计图纸及施工规范不大于 100mm 且不大于 $5d$ 的要求。如设计要求箍筋设拉筋时，拉筋应钩住箍筋，见图 7-8。

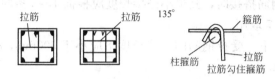

图 7-8　箍筋拉筋设置

7) 柱筋保护层厚度应符合规范要求，主筋外皮为 25mm，垫块应绑在柱竖筋外皮上，间距一般为 1000mm，（或用塑料卡卡在外竖筋上）以保证主筋保护层厚度准确。同时，可采用钢筋定距框来保证钢筋位置的正确性。

当柱截面尺寸有变化时，柱钢筋应在板内弯折，弯后的尺寸要符合设计要求。

8) 墙体拉接筋或埋件，根据墙体所用材料，按有关图集留置。

9) 柱筋到结构封顶时，边柱外侧柱筋的锚固长度应符合要求。在钢筋连接时要注意柱筋的锚固方向，保证柱筋正确锚入梁和板内。

2. 框架梁钢筋绑扎技术交底

(1) 框架梁钢筋绑扎工艺流程

画主次梁箍筋间距→放主次梁箍筋→穿主梁底层纵筋及弯起筋→穿次梁底层纵筋并与箍筋固定→穿主梁上层纵向架立筋→按箍筋间距绑扎→穿次梁上层纵筋钢筋→按箍筋间距绑扎梁钢筋绑扎

(2) 框架梁钢筋绑扎技术交底的内容及要点

1) 在梁侧模板上画出箍筋间距，摆放箍筋。

2) 先穿主梁的下部纵向受力钢筋及弯起钢筋，将箍筋按已画好的间距逐个分开；穿次梁的下部纵向受力钢筋及弯起钢筋，并套好箍筋；放主次梁的架立筋；隔一定间距将架立筋与箍筋绑扎牢固；调整箍筋间距使间距符合设计要求，绑架立筋，再绑主筋，主次同时配合进行。次梁上部纵向钢筋应放在主梁上部纵向钢筋之上，为了保证次梁钢筋的保护层厚度和板筋位置，可将主梁上部钢筋降低一个次梁上部主筋直径位置加以解决。

3) 框架梁上部纵向钢筋应贯穿中间节点，梁下部纵向钢筋伸入中间节点锚固长度及伸过中心线的长度要符合设计要求。框架梁纵向钢筋在端节点内的锚固长度也要符合设计要求，一般大于 $45d$。绑梁上部纵向筋的箍筋，宜用套扣法绑扎，如图 7-9。

4) 箍筋在叠合处的弯钩，在梁中应交错布置，箍筋弯钩采用 135°，平直部分长度为 $10d$，如做成封闭箍时，单面焊缝长度为 $5d$。

5) 梁端第一个箍筋应设置在距离柱节点边缘 50mm 处。梁与柱交接处箍筋应加密，其间距与加密区长度均要符合设计要求。梁柱节点处，由于梁筋穿在柱筋

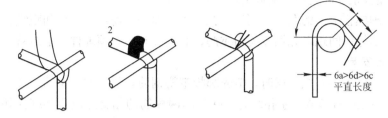

图 7-9　梁上部纵向筋箍筋的套扣法绑扎

内侧，导致梁筋保护层加大，应采用渐变箍筋，渐变长度一般为 600mm 以保证箍筋与梁筋紧密绑扎到位。

6）在主、次梁受力筋下均应垫垫块（或塑料卡），保证保护层的厚度。受力筋为双排时，可用短钢筋垫在两层钢筋之间，钢筋排距应符合设计规范要求。

7）梁筋的搭接：梁的受力钢筋直径≥22mm 时，宜采用焊接接头或机械连接接头；<22mm 时，可采用绑扎接头，搭接长度要符合规范的规定。搭接长度末端与钢筋弯折处的距离，不得小于钢筋直径的 10 倍。接头不宜位于构件最大弯矩处，受拉区域内 HPB300 级钢筋绑扎接头的末端应做 180°弯钩。

3. 剪力墙钢筋绑扎施工技术交底

（1）剪力墙钢筋绑扎工艺流程：

立 2～4 根竖筋→画水平筋间距→绑定位横筋→绑其余横竖筋。

（2）剪力墙钢筋绑扎技术交底的内容及要点。

1）立 2～4 根竖筋：将竖筋与下层伸出的搭接筋绑扎，在竖筋上画好水平筋分档标志，在下部及齐胸处两根横筋定位，并在横筋上画好竖筋分档标志，接着绑其余竖筋，最后再绑其余横筋。横筋在竖筋里面或外面应符合设计要求。

2）竖筋与伸出搭接筋的搭接处需绑 3 根水平筋，其搭接长度及位置均符合设计要求，设计无要求时，应符合表 7-4 的要求。

3）剪力墙筋应逐点绑扎，双排钢筋之间应绑拉筋或支撑筋，其纵横间距不大于 600mm，钢筋外皮绑扎垫块或用塑料卡。

4）剪力墙与框架柱连接处，剪力墙的水平横筋应锚固到框架柱内，其锚固长度要符合设计要求。如先浇筑柱混凝土后绑剪力墙筋时，柱内要预留连接筋或柱内预埋铁件，待柱拆模绑墙筋时作为连接用。其预留长度应符合设计或规范的规定。

5）剪力墙水平筋在两端头、转角、十字节点、连梁等部位的锚固长度以及洞口周围加固筋等，均应符合设计、抗震要求。

6）剪力墙合模后对伸出的竖向钢筋应进行修整，在模板上口加角钢或用梯子筋将伸出的竖向钢筋加以固定，浇筑混凝土时应有专人看管，浇筑后再次调整以保证钢筋位置的准确。

4. 楼板钢筋绑扎技术交底

（1）楼板钢筋绑扎工艺流程：

清理模板→模板上画线→绑板下受力筋→绑负弯矩钢筋。

（2）楼板钢筋绑扎技术交底的内容及要点。

1）清理模板上面的杂物，用墨斗在模板上弹好主筋，分布筋间距线。

2）按划好的间距，先摆放受力主筋、后放分布筋。预埋件、电线管、预留孔等及时配合安装。

3）在现浇板中有板带梁时，应先绑板带梁钢筋，再摆放板钢筋。楼板钢筋一般用顺扣（见图 7-10）或 8 字扣绑扎。除外围两根筋的相交点应全部绑扎外，其余各点可交错绑扎（双向板相交点须全部绑扎）。

4）如板为双层钢筋，两层筋之间须加钢筋马凳，以确保上部钢筋的位置。

图 7-10　楼板钢筋顺扣绑扎

2.5.3　质量标准交底的内容及要点

质量标准交底应按施工技术规范要求，将钢筋制作安装施工的质量标准和要求对操作人员进行交底。钢筋制作安装工程施工的质量标准和检验方法见《建筑施工技术》教材有关章节的规定。

2.5.4　成品保护技术交底的内容及要点

1. 楼板的弯起钢筋、负弯矩钢筋绑好后，不准在上面踩踏行走。浇筑混凝土时派钢筋工专门负责修理，保证负弯矩筋位置的正确性。

2. 绑扎钢筋时禁止碰动预埋件及洞口模板。

3. 钢模板内面涂隔离剂时不要污染钢筋。

4. 安装电线管、暖卫管线或其他设施时，不得任意切断和移动钢筋。

2.5.5　应注意的质量问题

1. 浇筑混凝土前检查钢筋位置是否正确，振捣混凝土时防止碰动钢筋，即修整甩筋的位置，防止柱筋、墙筋位移。

2. 梁钢筋骨架尺寸小于设计尺寸：配制箍筋时应按内皮尺寸计算。

3. 梁、柱核心区箍筋应加密，熟悉图纸按要求施工。

4. 箍筋末端应弯成 $135°$，平直部分长度为 $10d$。

5. 梁主筋进支座长度要符合设计要求，弯起钢筋位置准确。

6. 板的弯起钢筋和负弯矩钢筋位置应准确，施工时不应踩倒。

7. 绑板的上层钢筋应拉通线，绑扎时随时找正调直，防止板筋不顺直，位置不准，观感不好。

8. 绑竖向受力筋时要吊正，搭接部位绑 3 个扣，绑扣不能用同一方向的顺扣。层高超过 4m 时，搭架子进行绑扎，并采取措施固定钢筋，防止柱、墙钢筋骨架不垂直。

9. 在钢筋配料加工时要注意，端头有对焊接头时，要避免搭接范围，防止绑扎接头内混入对焊接头。

2.6　技术交底单的编写案例

2.6.1　钢筋闪光对焊施工技术交底案例

某钢筋混凝土框架结构工程，$\phi 14\sim\phi 25$ 直径钢筋水平接长拟采用闪光对焊。加工前，请对钢筋闪光对焊操作工人进行技术交底，技术交底记录见表7-5。

技术交底记录　　　　　　　　　　　　　　　表 7-5

工程名称	××写字楼	建设单位	×××有限公司
交底部位	钢筋闪光对焊	施工单位	×××建筑工程公司
监理单位	×××建设监理公司	交底日期	×××××
交底人	×××	接收人	×××

一、施工准备
1. 材料　钢筋的级别、直径符合设计要求，有出厂证明书及复试报告单。
2. 主要机具及防护用品　采用额定容量为100kVA对焊机、钢筋切断机各一台；防护深色眼镜、电焊手套、绝缘鞋。
3. 作业条件
(1) 焊工必须持有有效的岗位合格证。
(2) 对焊机及配套装置、冷却水、压缩空气等符合要求。
(3) 电源应符合要求，当电源电压下降大于5％，小于8％时，应采取适当提高焊接变压器级数的措施；大于8％时，不得进行焊接。
(4) 作业场地应有安全防护设施，防火和必要的通风措施，防止发生烧伤、触电及火灾等事故。
二、操作工艺
1. 工艺流程：根据钢筋直径，采用连续闪光对焊，施工工艺为：
检查设备→选择焊接工艺及参数→试焊、作模拟试件→送试→确定焊接参数→焊接→质量检验。
焊接施工工艺为：闭合电路→闪光→连续闪光加热到将近熔点→带电顶锻→无电顶锻。
2. 连续闪光和顶锻过程　施焊时，先闭合一次电路，使两钢筋端面轻微接触，此时端面的间隙中即喷射出火花般融化的金属微粒开始闪光，接着徐徐移动钢筋使两端面仍保持轻微接触，形成连续闪光。当闪光到预定的长度，使钢筋端头加热到将近熔点时，就以一定的压力迅速进行顶锻。先带电顶锻，自无电顶锻到一定长度，焊接接头即告完成。
3. 焊接参数选择　为获得良好对焊接头，应合理选择焊接参数。包括调伸长度：HRB335级钢筋为1.0～1.5d；闪光留量：两钢筋切割的严重压伤部分之和另加8mm；闪光速度由慢到快，开始时近于零，而后约1mm/s，终止时达1.5～2mm/s；顶锻留量：宜取4～6.5mm，级别高或直径大的钢筋取大值。顶锻速度越快越好。顶锻压力：将全部熔化金属从接头内挤出，使临近接头处金属产生适当塑性变形。
三、质量检查
1. 外观检查
钢筋闪光对焊接头外观检查，每批抽取10％接头，并不少于10个，其外观质量应符合下列要求：
(1) 接头处不得有横向裂纹。
(2) 与电极接触处的钢筋表面，对于HRB335级钢筋，不能有明显烧伤。
(3) 接头处的弯折不得大于4％。
(4) 接头处钢筋轴线偏移不大于钢筋直径0.1倍，且不得大于2mm。外观检查中当有一个接头不符合要求时，应对全部接头进行检查，剔出不合格接头，切除热影响区后重新焊接，并做2次试验。
2. 拉伸和弯曲试验
在同一班组、由同一焊工按同一焊接参数完成的300个同类型接头作为一批，不足者亦按一批计算进行试验。如有一个试件未达到规定指标，则进行双倍取样复试。复试中仍有一个试样达不到规定指标则该批接头即为不合格品。
四、注意事项
1. 对焊前应清除钢筋端头约150mm范围内的铁锈、污泥等，如钢筋端头有弯曲，应予调直或切除。
2. 当调换焊工或更换焊接钢筋的规格和品种时，应先制作对焊试件(不少于2个)进行冷弯试验。合格后，才能成批焊接。

续表

工程名称	××写字楼	建设单位	×××有限公司
交底部位	钢筋闪光对焊	施工单位	×××建筑工程公司
监理单位	×××建设监理公司	交底日期	×××××
交底人	×××	接收人	×××

3. 夹紧钢筋时应使两钢筋端面突出部分相接触,以利均匀加热和保证焊缝与钢筋轴线垂直。焊接完毕后,应待接头处由白红色变为黑红色才能松开夹具,平稳地取出钢筋。

4. 焊接场地应有防风、防雨措施,以免接头区骤然冷却发生脆裂,当气温较低接头部位可适当用保温材料覆盖。

五、安全注意事项

1. 施工现场必须戴好安全帽,严禁酒后作业。

2. 严格遵守操作规程,防止机械伤人。

3. 现场钢筋加工机械的操作人员,应经过一定的机械操作技术培训,掌握机械性能和操作规程后,才能上岗。

4. 现场钢筋加工机械的电气设备,应有良好的绝缘并接地,每台机械必须一机一闸,并设漏电保护开关。机械转动的外漏部分必须设有安全保护罩,在停止工作时应断开电源。

5. 在焊机操作棚周围,不得放易燃物品,在室内进行焊接时,应保持良好环境。

6. 搬运钢筋时,要注意前后方向有无碰撞危险或被钩挂物体,特别要避免碰挂周围和上下方向的电线。

7. 安全用电,禁止私拉乱设,非专业电工禁止接线,配电箱应先检查电线绝缘是否良好,接地线、开关应符合要求,严禁振击电线。

注:本表一式四份,建设单位、监理单位、施工单位、城建档案馆各一份。

2.6.2 框架柱、梁钢筋绑扎施工技术交底实例

某钢筋混凝土框架结构住宅楼工程,在标准层框架柱、梁、板施工前,对钢筋绑扎安装操作工人进行技术交底,技术交底记录见表 7-6。

技术交底记录 表 7-6

工程名称	×××小区住宅楼	建设单位	××××××
监理单位	×××建设监理公司	施工单位	×××建筑工程公司
交底部位	主体结构框架钢筋制作、安装	交底日期	××××××
交底人	×××	接收人	×××

一、钢筋加工制作

1. 钢筋使用前均要进行清除油污和锤打能剥落的浮皮,并通过钢筋冷拉机或调直机进行除锈。如除锈后钢筋表面有严重的麻坑、斑点等应降级使用。所有钢筋专业的操作工人须持证上岗,并做好现场焊接钢筋的随机取样工作。

2. 钢筋冷拉方法调直时,HPB300 级钢筋的冷拉率不宜大于 4%,经计算冷拉调直后,直径 6(6.5)mm、8mm、10mm、12mm 钢筋的直径最大允许偏差为 −0.12(−0.13)mm、−0.16mm、−0.20mm、−0.24mm,超过此偏差值属于不合格品,严禁用于工程项目上。

3. 钢筋弯曲成型前就根据配料单要求长度截断钢筋,采用钢筋切断机进行。切断时将同规格钢筋根据不同长短搭配、统筹排料,要先断长料后断短料,以减少短头和损耗。切断后的钢筋断口无马蹄形或起弯等现象,钢筋长度偏差不小于±10mm。

4. 钢筋的弯曲成型用弯曲机进行,钢筋弯曲时将各弯曲点位置划出,划线尺寸根据不同弯曲角度和钢筋直径扣除钢筋弯曲调整。所有钢筋尺寸一定要满足施工规范要求,箍筋做成 135° 弯钩且平直长度不小于 10d,箍筋制作弯心大于主筋直径。

5. 剪力墙、柱竖向钢筋下料长度以每层层高为准,层层下料,在楼层面上分两次接头,第一次接头距施工楼层面 45d,且大于 500mm,第二次接头与第一次接头位置错开 45d 以上。

6. 钢筋加工的允许偏差

续表

工程名称	×××小区住宅楼	建设单位	××××××
监理单位	×××建设监理公司	施工单位	×××建筑工程公司
交底部位	主体结构框架钢筋制作、安装	交底日期	××××××
交底人	×××	接收人	×××

项目	允许偏差（mm）
采用钢筋顺长度方向全长的净尺寸	±10
弯起钢筋的弯折位置	±20
箍筋内净尺寸	±5

二、钢筋的锚固

1. 钢筋混凝土现浇板下部钢筋伸入支座的长度不小于 $10d$，且不小于 100mm，并应伸至支座梁中心线，当采用 HPB300 级钢筋时，端部做 180°弯钩，支承于剪力墙的楼板下部钢筋应伸至墙边。

2. 板的边支座上部钢筋伸入支座未注明时，应伸至梁外皮留保护层厚度，锚固长度为 L_a，直钩长度同另一端，如不能满足要求，直钩长度加长至满足锚固要求，次梁、板上部钢筋、地下室侧墙钢筋锚固长度 L_a 应满足 11G101 图集的要求。

钢筋类型	锚固长度（L_a）				
	C20	C25	C30	C35	≥C40
HPB300 级钢筋	$45d$	$39d$	$35d$	$32d$	$29d$
HRB335 级钢筋	$44d$	$38d$	$37d$	$31d$	$29d$
HRB400 级钢筋	$52d$	$46d$	$40d$	$37d$	$33d$

3. 框架柱纵向钢筋最小锚固长度 L_{aE} 详 11G101-1 中二级及三级有关规定。当框架与柱外皮齐平时，梁外侧纵向钢筋应稍作弯折，置于柱主筋内侧，并在弯折长度范围增加箍筋的固定纵筋，此筋直径宜大于箍筋 2mm，如图 7-11 所示。

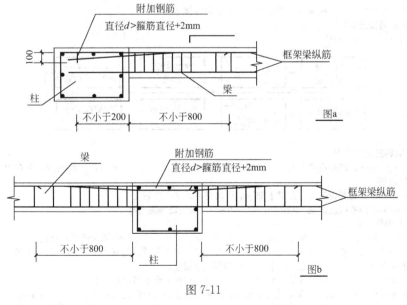

图 7-11

框架梁纵筋锚固必须严格满足 11G101-1 中二级抗震等级的相关要求。

4. 次梁上部钢筋最小锚固长度 L_a，次梁下部钢筋伸入支座长度应不小于：带肋钢筋 $12d$，光圆钢筋 $15d$，且应伸过支座梁中心线 $5d$。

续表

工程名称	×××小区住宅楼	建设单位	××××××
监理单位	×××建设监理公司	施工单位	×××建筑工程公司
交底部位	主体结构框架钢筋制作、安装	交底日期	××××××
交底人	×××	接收人	×××

三、墙、柱钢筋绑扎

1. 墙体钢筋施工顺序

先绑扎墙体竖向筋，再绑扎墙体水平筋，并将"S"钢筋内外网筋固定起来。

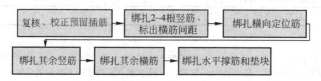

2. 柱钢筋施工顺序

3. 墙柱钢筋扎筋要求

(1) 剪力墙(柱)扎筋要求从下层伸出的预留筋，应经复核并准确标出其位置后才与上层竖筋连接。

(2) 墙内钢筋及绑扎钢丝不得接触模板。

(3) 墙内双排钢筋应采用拉筋连接，其间距满足设计要求。

(4) 墙内预留孔洞的套管芯模与钢筋发生冲突时，不得随意移动，以防预留位置不准而影响其他工序操作。

(5) 浇筑混凝土时设专人看管，发现钢筋位移应及时调整。

(6) 剪力墙、柱与现浇梁相交处应预埋插筋，埋入墙内长度应满足锚固长度要求。

(7) 楼板施工时在水电管道井位置处钢筋不得切断，待管道安装完毕后再用提高一个等级微膨胀混凝土浇筑。

(8) 绑扎框架柱预留插筋时应配合电施图作好防雷接地施工。

四、梁板钢筋安装绑扎

1. 梁板钢筋施工顺序

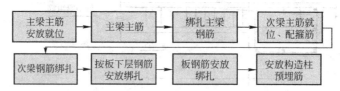

2. 梁钢筋扎筋要求

(1) 当梁与柱、墙外皮齐平时，梁外侧的纵向钢筋应稍作弯折，置于柱墙主筋内侧，并在弯折处增加两个梁箍筋。

(2) 当主次梁高度相等时，次梁下部纵筋应放在主梁下部纵筋之上。

(3) 框架梁钢筋构造详见11G101-1图集中一～三级抗震等级大样。

3. 板钢筋扎筋要求

(1) 楼板钢筋绑扎与模板班组紧密配合，梁筋在就位绑扎后，才能安装侧模板和板模。

(2) 板的底部钢筋短向筋放下排，长向钢筋放上排，尽可能连跨通长布置，断点设在框架梁处。板面钢筋在角部相交时短向钢筋放在上排，长向钢筋放下排。

(3) 当板底与梁底平时，板的下部钢筋伸入梁内，并置于梁下部钢筋之上。

(4) 现浇板上有墙体时，应在板内设置附加钢筋，此筋锚入墙体长度延伸至端头梁内30d。

(5) 板上孔洞除结施图已标注的大洞外，尚应配合各专业图预留，当孔洞尺寸不大于250mm时，钢筋绕过洞口。

(6) 绑扎地下室筏板、墙体、柱钢筋时，应先按施工图用钢尺分线，标出间距、范围，经校对正确后再摆放钢筋进行绑扎。

工程名称	×××小区住宅楼	建设单位	××××××
监理单位	×××建设监理公司	施工单位	×××建筑工程公司
交底部位	主体结构框架钢筋制作、安装	交底日期	××××××
交底人	×××	接收人	×××

五、剪力墙、柱的竖向钢筋连接

剪力墙、柱的竖向钢筋，当钢筋直径不小于14mm时采用电渣压焊，其余采用绑扎搭接。其检查结果应符合《混凝土结构工程施工质量验收规范》的有关规定。

六、梁的水平主筋连接

现浇框架梁水平主筋钢筋类别为HRB400级钢筋时，梁主筋主要采用对焊，部分采用搭接，通长钢筋则采用搭接与闪光对焊相结合。钢筋闪光对焊按《焊接施工及结构工程质量验收规范》要求进行质量验收，并按规范取样进行力学试验。梁钢筋接头上部钢筋在跨中1/3范围内，下部筋在支座附近，且同一断面（35d）范围内钢筋接头不得超过受力筋的50%。

七、钢筋滚轧直螺纹接头施工

1. 钢筋端头螺纹的施工顺序

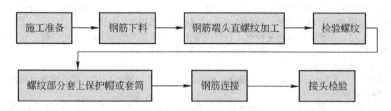

2. 施工准备

(1) 钢筋材料的准备。钢筋有出厂合格证和力学性能检验报告，所有检验结果均符合现行国家标准的规定和设计要求。

(2) 连接套筒的尺寸见下表：

钢筋滚轧直螺纹连接套筒尺寸及钢筋螺纹长度(mm)

钢筋直径	套筒长度	套筒外径	螺纹长度
Φ28	70	42	33
Φ32	75	47	36

3. 钢筋下料

钢筋应在端部不直的钢筋调直后再下料，下料采用砂轮切割机按配料长度逐根进行切割，切口端面与钢筋轴线垂直，不得成马蹄形或挠曲。

4. 钢筋端头直螺纹的加工

在加工螺纹前，将滚丝机调试后，进行试加工，对试加工件用螺纹量规进行检验，用直尺检验有效螺纹长度，螺纹长度通过限位挡块之间的距离进行调整和控制，从而保证接头质量。检验合格后，即在待连接的钢筋端头加工螺纹，用配套的套筒每10根检验1次，合格后即由专职质检员以1个工作班，按10%的比例随机抽样检验，当发现有不合格的螺纹时，逐根检验，不合格螺纹头重新加工，合格后及时用塑料保护帽加以保护。

5. 钢筋连接

直螺纹接头的抗拉强度应达到二级性能等级，钢筋连接是指将加工好螺纹的钢筋与套筒通过拧紧螺纹连接在一起。连接套与钢筋规格一致，《钢筋机械连接通用技术规程》JGJ 107-2010中规定，受拉区钢筋接头百分率不宜超过50%，对于钢筋能转动的部位，连接时套筒用普通型，对不能转动的部位，可采用正反螺纹进行连接，套筒两端做成正反螺纹，钢筋端头也根据具体情况做成正反螺纹。

6. 接头检验

(1) 现场检验：按验收批进行，同一施工条件采用同一批材料的同等级、同规格接头，以100个为一个验收批进行验收，不足100个也作为一个验收批。每一批验收，在工程中随机抽取三个试件，做单向拉伸试验，当三个试件强度均不符合要求时，再做六个试件进行复检，复检还有一个试件不合要求，则该验收批不合格。

(2) 根据外露的丝扣进行检验：外露的完整丝扣不能超过一牙，接头逐个检查，不合格的接头按要求重新连接。

续表

工程名称	×××小区住宅楼	建设单位	××××××
监理单位	×××建设监理公司	施工单位	×××建筑工程公司
交底部位	主体结构框架钢筋制作、安装	交底日期	××××××
交底人	×××	接收人	×××

7. 直螺纹连接质量安全保证措施

(1) 接头在同一截面内钢筋接头面积不超过全部受力钢筋 50%。

(2) 钢筋弯折点与接头距离不小于 20mm。

(3) 钢筋混凝土保护层厚度：接头套筒处不得小于 15mm，连接之间的横向净距离不宜小于 25mm。

八、钢筋的定位和保护层控制

1. 梁底钢筋、板底钢筋的下部均采用花岗石碎块做保护层垫块，垫块间距 800mm×800mm。

2. 厚度为 400mm 的抗水板两层钢筋网之间应设置梅花型布置的支撑马凳，间距 800mm×800mm 布置，马凳处增加 2 根直径 22mmHRB400 级钢筋的定位通长钢筋以增加马凳的整体稳定性。

3. 厚度不小于 1000mm 的筏板两层钢筋网之间应设置梅花型布置的支撑马凳，间距 800mm×800mm 布置，马凳处增加 2 根直径 25mmHRB400 级钢筋的定位通长钢筋以增加马凳的整体稳定性。筏板钢筋两排筋的定位，沿两排钢筋横向垫 25mm 的 HRB400 级钢筋，间距 800mm，不少于两根。

4. 楼板双层钢筋之间设铁马凳，间距 800mm，以确保上部钢筋的位置。

5. 柱筋的定位：柱定位采用定位框，在柱主筋上部距楼板 400mm 处安放定位框，在楼板上部板筋上方设置一道柱箍筋定位，以此来固定主筋位置及间距，绑扎牢固。

6. 梁、板、柱保护层厚度的控制

梁板柱保护层厚度控制采用水泥砂浆垫块，垫块分规格存放，做好标识，注明规格及使用部位，绑扎时要逐一检查，确保绑扎牢固。

7. 所有结构竖向钢筋自板面上 500mm 范围内采用塑料套管进行保护，以防下部结构混凝土浇筑时对上部钢筋污染。在浇筑完下部结构混凝土后将塑料套管取掉。

九、安全要求

1. 所有操作者必须经过三级安全教育培训并持有安全操作上岗证，进入施工现场必须戴安全帽。

2. 作业前对操作工人进行有针对性的书面安全交底

3. 进入现场的钢筋机械在使用前，必须经项目工程部、安全部检查验收，合格后方可使用。操作人员需持证上岗作业，并在机械旁挂牌注明安全操作规定。同时明确责任人。

4. 塔吊在吊运钢筋时，必须将两根钢丝绳吊索在钢筋材料上缠绕两圈，缠绕必须紧密，两个吊点长度必须均匀，钢筋吊起时，保证钢筋水平，预防材料在吊运中发生滑移坠落。在吊运钢筋时，要派责任心强的有证信号工指挥，不得无人指挥或乱指挥。

5. 打磨钢筋的砂轮机在使用前经项目经理部责任工程师、安全监督部门检验合格后方可投入使用。开机前检查砂轮罩、砂轮片是否完好，旋转方向是否正确。对有裂纹的砂轮严禁使用。

6. 操作人员必须站在砂轮片运转切线方向的旁侧。用砂轮片切割时压力不宜过大，切割件固定必须牢固。切忌使用劣质砂轮片。使用手持砂轮机时，要佩带绝缘手套及防护墨镜。

十、文明施工及环保措施

1. 夜间照明灯光不得照向附近的居民楼。

2. 现场禁止吸烟、乱丢垃圾。

参加单位及人员		项目经理：(签字)

注：本表一式四份，建设单位、监理单位、施工单位、城建档案馆各一份。

【实践活动】

由教师在《建筑工程识图实训》教材中选定框架结构施工图(梁、板、柱或剪力墙选其一)，按照钢筋配制，给定施工条件和施工方法，学生分小组(3～5人)编制所选构件钢筋安装施工技术交底单。

【实训考评】

学生自评(20%)：

　　施工工艺：符合要求□；基本符合要求□；错误□。

　　交底内容：完整□；基本完整□；不完整□。

小组互评(30%)：

　　工作认真努力，团队协作：好□；较好□；一般□；还需努力□。

教师评价(50%)：

　　施工工艺：符合要求□；基本符合要求□；错误□。

　　交底内容：完整□；基本完整□；不完整□。

项目 8　混凝土工程施工实训

【实训目标】　通过训练，使学生掌握混凝土结构施工方案的内容和要求；掌握混凝土浇筑施工技术交底的内容。能编制混凝土施工专项方案；具有混凝土浇筑施工技术交底的编写能力。

任务 1　混凝土结构施工方案

【实训目的】　通过训练，使学生掌握混凝土结构施工机械的选择方法，混凝土结构施工方法的确定，混凝土结构施工的主要技术措施、质量措施、安全措施制定。能编制混凝土结构施工方案。

实训内容与指导

1.1　混凝土结构的主要施工机械的选择

混凝土结构施工时机械选择是制定施工方案的主要任务之一，主要包括钢筋加工机械、混凝土施工机械及运输机械的选择。

各分项工程可采用各种不同施工机械进行施工，而每一种施工机械又有其优缺点。因此，我们必须从先进、经济、合理的角度出发，选择适宜的施工机械，以达到提高工程质量、降低工程成本、提高劳动生产率和加快工程进度的预期效果。

1.1.1　影响施工机械选择的因素

在单位工程施工中，施工机械的选择主要根据工程建筑结构特点、工程量大小、工期长短、资源供应条件、现场施工条件、施工单位的技术装备水平和管理水平等因素综合考虑。

（1）考虑施工组织总设计的要求

如本工程是整个建设项目中的一个项目，在选择施工机械时应兼顾其他项目的需要，并符合施工组织总设计中的相关要求。

（2）工程建筑结构特点及工程量大小

在单位工程施工中，混凝土结构施工机械的选择应从单位工程施工全局出发，着重考虑影响整个工程施工的主要分部分项工程的建筑结构特点及工程量大小来选择施工机械。

（3）应满足工程进度的要求

混凝土结构施工选择施工机械时必须考虑工程进度要求。

（4）应考虑符合施工机械化的要求

单位工程施工，原则上应尽可能提高施工机械化的程度。这是建筑施工发展的需要，也是提高工程质量、降低工程成本、提高劳动生产率、加快工程进度的需要。选择施工机械时，还要充分发挥机械设备的效率，减轻繁重的体力劳动。

（5）应符合先进、合理、可行、经济的要求

选择施工方法和施工机械，除要求先进、合理之外，还要考虑对施工单位是可行的、经济的。必要时，要进行分析比较，从施工技术水平和实际情况出发，选择先进、合理、可行、经济的施工方法和施工机械。

1.1.2 混凝土结构施工机械的选择

1. 钢筋加工机械的选择

钢筋机械主要包括钢筋焊接机械、钢筋下料机械和钢筋弯曲成型机械。

（1）钢筋焊接机械选择：一般情况下，焊接少量、零星钢筋时，可选用电弧焊。当钢筋加工数量较大，在下料前进行连接时，一般选用对焊机，框架结构进行竖向连接时，可选用气压焊或电渣压力焊。进行大直径钢筋现场连接时，可采用钢筋挤压连接或螺纹套管连接，这两种连接方法，适用于竖向、横向及其他方向的较大直径变形钢筋的连接。与焊接相比，它具有节省电能、不受钢筋可焊性能的影响、不受气候影响、无明火、施工简便和接头可靠度高等特点，是钢筋连接的未来发展方向。

（2）钢筋下料机械和钢筋弯曲成型机械选择：当加工少量、小直径钢筋时，可采用人工下料和弯曲成型。当钢筋加工数量较大时，应选择钢筋下料机和钢筋成型机进行钢筋下料成型。

2. 混凝土施工机械的选择

混凝土施工机械主要包括混凝土搅拌机械、混凝土运输机械和混凝土振捣机械。

（1）混凝土搅拌机械的选择：混凝土搅拌机械主要根据混凝土的坍落度大小选择搅拌机的类型，按工程量的大小及工期的要求选择混凝土搅拌机的型号。干硬性混凝土宜选用强制式搅拌机，塑性混凝土宜选用自落式搅拌机；工程量较大、工期紧的工程宜选用大容量的混凝土搅拌机或选用多台搅拌机；当工程量较小时可选用小容量的混凝土搅拌机。搅拌机的性能见本项目训练1。

（2）混凝土运输机械的选择

混凝土运输机械应根据工程量的大小，施工条件及施工单位设备条件选择混凝土运输机械的类型、型号、数量。当主体结构施工竖直运输机械选择塔吊且工作场地均在塔吊的覆盖范围时，可采用混凝土罐与塔吊配合进行竖直和水平运输；当塔吊不能覆盖全部工作场地时，应在楼面配斗车作水平运输。竖直运输机械选择井架或龙门架作竖直运输时，应配斗车作混凝土的水平运输。当采用集中搅拌混凝土时，可采用机动自卸汽车作水平运输；如采用商品混凝土时，可采用混凝土搅拌运输车作水平运输；竖直运输可选用混凝土罐与塔吊运输，或选用混凝土泵。运输机具的型号、数量按工程量的大小或运输距离选择。

（3）混凝土振捣机械的选择

混凝土振捣机械类型主要根据建筑结构选择，薄型平面结构可选用平板振捣

器，现浇混凝土墙可采用外部振捣器，混凝土梁、柱、基础及其他混凝土结构可选用插入式振捣器。振捣器的型号、数量按工程量的大小或工期要求选择。

1.2　现浇混凝土结构的施工方案

现浇混凝土结构的施工方案主要内容包括：施工顺序、施工方法的确定及技术措施的拟订。

混凝土结构的类型、施工部位不同，其施工方案也不同。

1.2.1　现浇混凝土基础施工

现浇混凝土基础的施工顺序为：基坑（槽）挖土→浇混凝土垫层→弹线→绑扎钢筋→支模板→浇混凝土基础→养护→拆模→回填土。

基坑（槽）土方开挖方法有人工开挖和机械开挖。当工程量不大时可采用人工开挖。工程量较大，工期较紧时应选用机械开挖和人工清理相结合，机械挖至基底设计标高上 300mm，余下 300mm 由人工进行清理。机械开挖主要应选定开挖机械和运输机械的类型、型号和数量，确定开挖顺序。

在基坑（槽）土方开挖完成经验槽合格并办好验槽资料后应立即浇筑混凝土垫层，防止雨水浸泡基坑（槽）及基坑（槽）土方长期暴露在空气中产生风化。

混凝土垫层浇完后按建筑轴线引桩放出基础轴线，并弹出基础边线，在验线合格后才能按设计图绑扎钢筋。基础模板可采用木模板或组合钢模板，不管采用哪种模板，必须保证模板水平位置及标高准确，尺寸误差在允许误差范围内，模板拼缝应严密不漏浆，支撑方法正确、牢固、不位移变形。在完成钢筋隐蔽检查验收及模板检查验收并办完检验资料后方可进行基础混凝土浇筑。基础混凝土浇筑前，应选择并安装好混凝土搅拌机械，选择混凝土的运输方法及运输机械的类型及数量，选择混凝土的振捣机械的类型及数量，确定混凝土基础的浇筑顺序及入模方法。基础混凝土的浇筑应连续浇筑，不允许留置施工缝。浇筑完后应对混凝土基础表面进行修整，无模板处的台阶混凝土应在混凝土浇筑完毕后应及时拍打出浆，原浆压光；局部因砂浆不足，无法抹光的，应随时补浆收光；斜坡面应从高处向低处进行修整。对拆除模板后的混凝土部分，对其外观出现的蜂窝、麻面、孔洞、露筋和露石等缺陷，应按修补方案及时进行修补压光。混凝土基础一般采用自然养护，在基础混凝土的表面覆盖草帘、草袋后洒水湿润，养护时间应不少于 7 昼夜。浇水要适当，不能让基础浸泡在水中。在混凝土基础隐蔽验收并办理检验资料后即可进行土方回填。

1.2.2　现浇混凝土主体构件的施工

现浇混凝土主体结构构件主要有柱子、墙体、梁、楼板、楼梯及悬挑构件等。

现浇混凝土主体结构构件的施工顺序为：浇筑前的准备工作→弹线→绑扎钢筋、支模板→浇筑混凝土→混凝土的养护→模板拆除。

现浇混凝土主体结构构件类型不同，构件位置不同，其施工方法也有所差异。

1. 现浇混凝土柱的施工

底层混凝土柱施工在基础回填土完成后进行，楼层混凝土柱在下层楼板施工完成后进行。

先放出建筑轴线并弹出柱的模板安装边线，在验线合格后按设计图绑扎柱的钢筋。柱模板可采用木模板或组合钢模板，不管采用哪种模板，必须保证模板水平位置及标高准确，尺寸误差在允许误差范围内，拼缝严密不漏浆，保证钢筋保护层的厚度，柱模板支撑系统的支撑方法应正确、牢固、不位移变形。支模完成后，应打开清扫口，对残留在柱底的泥、浮砂、浮石、木屑、废弃绑扎丝等杂物清理干净，并用清水冲洗干净。模板应浇水润湿。在完成柱的钢筋隐蔽检查验收、模板检查验收、预埋管线的检查验收并办理检验资料后，方可进行柱混凝土浇筑。柱混凝土浇筑前应确定柱的混凝土浇筑顺序及入模方法。一排柱子的浇筑顺序应从两端开始同时向中间推进；柱混凝土浇筑入模方法，柱高不超过 3m，柱断面大于 400mm×400mm、且无交叉箍筋时，混凝土可由柱模顶部直接入模；柱高超过 3m 必须分段浇筑，但每段的浇筑高度不得超过 3m；断面在 400mm×400mm 以内或有交叉箍筋的混凝土柱，应在柱模侧面的门子洞口上装置斜溜槽，分段浇筑混凝土，每段的高度不得大于 2m。如果柱子的箍筋妨碍斜溜槽的装置，可将该处箍筋解开向上提起，待混凝土浇筑后、门子板封闭前将箍筋重新按原位置绑扎，并将门子板封上，用柱箍夹紧。柱混凝土应连续浇筑，必须留置施工缝时，应按规定留置。柱混凝土应采用插入式振捣器振捣；混凝土养护一般采用浇水养护。

2. 现浇混凝土墙的施工

底层混凝土墙施工在基础回填土完成后进行，楼层混凝土墙在下层楼板施工完成后进行。

施工时先放出建筑轴线并弹出墙的模板安装边线，在验线合格后按设计图绑扎墙的钢筋。墙模板可采用组合钢模板或大模板，墙体的厚度较小，而长度、高度较大，支模时必须保证模板水平位置及标高准确，尺寸误差在允许误差范围内，拼缝严密不漏浆，保证钢筋保护层的厚度，保证模板支撑系统的支撑方法应正确、牢固，不产生位移变形。

在完成柱的钢筋、预埋铁件的隐蔽检查验收、模板检查验收及预埋管线的检查验收并办理检验资料后，方可进行墙混凝土浇筑。墙混凝土浇筑前应确定浇筑顺序及入模方法。墙体混凝土浇筑时应遵循先边角后中部，先外部后内部的顺序，以保证外部墙体的垂直度。高度在 3m 以内，且截面尺寸较大的外墙与隔墙，可从墙顶向模板内卸料。卸料时须安装料斗缓冲，以防混凝土离析。对于截面尺寸狭小且钢筋较密集的墙体，以及高度大于 3m 的墙体混凝土的浇筑，应沿墙高度每 2m 开设门子洞口、装上斜溜槽卸料。浇筑截面较狭且深的墙体混凝土时，为避免混凝土浇筑至一定高度后，由于积聚大量的浆水，而可能造成混凝土强度不匀的现象，在浇至适当高度时，应适量减少混凝土用水量。墙上有门、窗及工艺孔洞时，宜在门、窗及工艺孔洞两侧同时对称下料，以防将孔洞模板挤扁。墙体混凝土应分层浇筑，分层振捣。上层混凝土的振捣需在下层混凝土初凝前进行，同一层段的混凝土应连续浇筑，不宜停歇。

对于截面尺寸厚大的混凝土墙，可使用插入式振动器振捣。而一般钢筋较密集的墙体，可采用附着式振动器振捣，其振捣深度约为 250mm 左右。当墙体截面尺寸较厚时，也可在两侧悬挂附着式振动器振捣。使用插入式振动器，如遇门、窗洞口时，应两边同时对称振捣，避免将门、窗洞口挤偏。同时不得用振动器的棒头猛击预留孔洞、预埋件和闸盒等。对于设计有方形孔洞的整体，为防止孔洞底模下出现空隙，通常浇至孔洞底标高后，再安装模板，继续向上浇筑混凝土。

墙体混凝土在常温下宜采用浇水养护。墙体混凝土的强度达到 1MPa 以上时（以等条件养护试件强度为准），方可拆模。

3. 现浇混凝土肋梁楼盖的施工

肋梁楼板是由主梁、次梁和楼板组成的典型的梁板结构。其主梁设置在柱（或墙）之间，断面尺寸较大，次梁设置在主梁之间，断面尺寸较小，楼板设置在主梁和次梁上。

现浇混凝土肋梁楼盖的施工程序为：支梁底模→绑扎梁钢筋→支梁的侧模、楼板底模→绑扎楼板钢筋→浇混凝土→养护→拆模。

施工时先放出梁的轴线并测量抄平，确定模板类型及支模方法，进行模板支撑设计；模板宜采用组合钢模板，支撑可采用工具式支撑或立杆式钢管扣件式脚手架。模板支撑系统应进行设计计算。对跨度不小于 4m 的现浇钢筋混凝土梁、板，其模板应按设计要求起拱；当设计无具体要求时，起拱高度宜为跨度的 1/1000～3/1000。支模时必须保证模板水平位置及标高准确，尺寸误差在允许误差范围内，拼缝严密不漏浆，保证钢筋保护层的厚度，保证模板支撑系统的支撑方法正确、牢固，不产生位移变形。

在完成现浇混凝土肋梁楼盖的钢筋、预埋件的隐蔽检查验收，模板检查验收及预埋管线的检查验收并办理检验资料后，方可进行混凝土浇筑。混凝土浇筑前应确定肋梁楼盖的混凝土浇筑顺序及方法。有主次梁的肋形楼板，混凝土的浇筑方向应顺次梁方向，主次梁同时浇筑。在保证主梁浇筑的前提下，将施工缝留置在次梁跨中 1/3 梁跨的范围内。采用小车或料斗运料时，宜将混凝土料先卸在铁拌盘上，再用铁锹往梁内下料。下料高度应符合分层厚度要求。浇筑楼板混凝土时，可直接将混凝土料卸在楼板上。但须注意，不可集中卸在楼板边角或有上层构造钢筋的楼板处。当梁高度大于 1m 时，可先浇筑主、次梁混凝土，后浇筑楼板混凝土，水平施工缝留置在板底以下 20～30mm 处。当梁高度大于 0.4m 小于 1m 时，应先分层浇筑梁混凝土，待梁混凝土浇筑至楼板底时，梁与板再同时浇筑。梁捣实一般采用插入式振动器，对于主次梁与柱结合部位，由于梁上部钢筋特别密集振动棒无法插入时，可将振动棒从上部钢筋较稀疏的部位斜插入梁端进行振捣，或采用刀片插入式振动器振捣时，由于插入式振动器振捣效率较低，其刀片不宜过长。浇筑楼板混凝土可采用平板振动器振捣。

肋形楼盖养护在常温下可用草帘、草袋覆盖后浇水养护，浇水次数以保证覆盖物经常湿润为准。养护时间：用硅酸盐水泥、普通水泥、矿渣水泥拌制的混凝土，在常温下不少于 7d，其他水泥拌制的混凝土，其养护时间视水泥特性而定。

肋形楼盖模板拆除时混凝土强度应符合设计或相关规范的要求。

4. 现浇混凝土框架结构的施工

现浇混凝土框架结构是多层和高层建筑的主要结构形式。现浇框架施工时，由模板工、钢筋工、混凝土工等多个工种相互配合完成。因此，施工前要做好充分的准备工作，施工中要合理组织，加强管理，使各工种密切协作，以保证混凝土结构工程施工的顺利进行。

现浇框架结构在一个施工段内混凝土的浇筑，木模板应尽量采用从两端向中间推进；竖向浇筑顺序：先浇柱、墙竖向构件，后浇梁、板等水平构件。

现浇混凝土框架结构施工是柱、梁施工的组合，对相同部分的施工方法，就不再赘述，对不同点叙述如下。框架梁、柱节点处混凝土的浇筑是框架施工的一个难点，由于其受力的特殊性，在框架梁、柱节点处钢筋连接接头和钢筋的加强，箍筋的加密，使该处钢筋密集，采用一般的浇筑施工方法，混凝土难以保证其密实度。在该处应采用强度等级相同或高一级的细石混凝土浇筑；为了防止混凝土初凝阶段在自重作用下以及模板横向变形等因素在高度方向的收缩，柱子浇捣至箍筋加密区后，可以停 1～1.5h(不能超过 2h)，再浇筑节点混凝土。节点混凝土必须一次性浇捣完成，不得留设施工缝。节点混凝土的振捣应用小直径的插入式振动器进行振捣，必要时可以人工振捣辅助，以保证其密实性。浇筑框架梁、板混凝土时，为了避免捣实后的混凝土受到扰动，浇筑时应从最远端开始，先低后高，即先将梁混凝土浇至梁上口，在浇捣梁、板，浇筑过程中尽量使混凝土面保持水平状态。对截面高于 1m 的梁，可先浇梁至板下 50～100mm 时，梁的上部混凝土再与板的混凝土一起浇捣。

施工缝一般留设在结构受剪力较小且便于施工的部位。框架结构的施工缝通常留在以下几个部位：

(1) 柱：柱的施工缝宜留设在梁底标高以下 20～30mm 或梁、板面标高处。

(2) 梁：框架肋形楼盖混凝土的浇筑方向大多与框架主梁垂直，与次梁平行，施工缝宜留在次梁中间部位跨度的 1/3 范围内；主梁不宜留设施工缝；悬臂梁应与其相连接的结构整体浇筑，一般不宜留施工缝，必须留施工缝时，应取得设计单位同意，并采取有效措施。

(3) 板：单向板施工缝可留设在与主筋平行的任何位置或受力主筋垂直方向的中部跨度的 1/3 的范围内；双向板施工缝位置应按设计要求留设。

(4) 大截面梁、厚板和高度超过 6m 的柱，应按设计要求留设施工缝。

在施工缝处继续浇混凝土时，已浇筑的混凝土的抗压强度应大于 1.2N/mm²；对已硬化的混凝土表面，要清除混凝土浮渣和松散石子、软弱混凝土层，并洒水湿润；浇筑前接头处要先用同混凝土配合比的水泥砂浆铺垫；该处振捣要细致、密实，使结合牢固。

浇筑框架梁、板混凝土的养护，在常温下宜采用洒水养护，养护时间在 7d 以上。

框架梁、板模板拆除时间，梁、柱侧模，应待混凝土强度达到 1N/mm² 以上时(以同条件养护试块强度确定)方可拆除，底模拆除时混凝土强度应符合设计或相关规范的要求。

1.3　混凝土结构的质量、安全保证措施

1.3.1　混凝土结构施工的质量保证措施

1. 混凝土基础施工的质量保证措施

（1）混凝土基础垫层施工的质量保证措施

1）浇筑混凝土垫层前，应在地基上洒水润湿表层土，以防混凝土拌合物被土层吸水影响混凝土强度。

2）浇筑大面积混凝土垫层时，应纵横每隔 6~10m 设中间水平桩，控制混凝土垫层厚度的准确性。

3）当垫层面积较大时，浇筑混凝土宜采用分仓浇筑的方法进行。要根据变形缝位置、不同材料面层连接部位或设备基础位置等情况进行分仓，分仓距离一般为 3~6m。

4）分仓接缝的构造形式和方法有平口分仓缝、企口分仓缝。

（2）基础混凝土施工的质量保证措施

1）基坑（槽）周围应做好排水沟，防止施工用水、雨水流入基坑或冲刷新浇混凝土。

2）基础混凝土浇筑前应清除模板内的各种杂物；混凝土垫层表面要清洗干净，不留积水；对木模板还应浇水充分润湿以防吸水膨胀变形。

3）混凝土进入模板的自由倾落高度应控制在 2m 内，对于深度大于 2m 的基坑，应采用串筒或溜槽下料，以避免混凝土拌合物因入模自由倾落高度过高产生离析。混凝土拌合物入模时应从基础的中心进入模板，使模板均匀受力，同时可以防止和减少混凝土翻出模板。

4）混凝土基础的台阶高度超过了混凝土振捣的允许作用深度时，应按规定分层浇筑。

5）基础混凝土的振捣一般采用插入式振动器，插点应按梅花形或方格形布置，点距应控制在两振动点中间能出浆。振动时间应控制在气泡出完，刚好泛浆为好。振动中振动棒不得碰钢筋、模板和漏振。在浇筑振捣完成每一阶混凝土后，浇筑上一阶混凝土时，应用木板在下一台阶面上封钉并加砖压稳后，方可浇筑上一层混凝土。

6）混凝土基础的台阶面和台体面应在混凝土浇筑完成后即时进行修整，基础的侧壁修整在模板拆除之后进行，使其符合设计尺寸。

7）原槽浇筑条形混凝土基础时，要在槽壁上钉水平控制桩，保证基础混凝土浇筑的厚度和水平度。水平控制桩用 100mm 长的竹片（或小木桩）制成，统一抄平，在槽壁上每隔 3m 左右（转角处必须设）设一根水平控制桩，水平控制桩露出基槽壁 20~30mm。

2. 混凝土主体结构构件施工的质量保证措施

（1）现浇混凝土柱、墙施工的质量保证措施

1）混凝土搅拌前，应检查水泥、砂、石、外加剂等原材料的品种、规格是否

符合要求。混凝土配合比计量应准确，应根据施工现场砂、石含水量变化及时调整施工配合比。

2）柱（墙）混凝土浇筑前，柱（墙）基表面应先填以 50～100mm 厚与混凝土成分相同的水泥砂浆，然后再浇筑混凝土。

3）柱（墙）应分层浇筑，柱子（墙）混凝土一般用插入式振动器振捣；振捣时振动器插入下一层混凝土中的深度不少于 50mm，以保证上下混凝土结合处的密实性；当振动器的软轴短于柱（墙）高时，应从柱（墙）模侧面的门子洞进行振捣。

4）柱（墙）高小于 3m 时，混凝土可用斗车由柱（墙）模顶直接倒入柱（墙）模。当柱（墙）高大于 3m 时，必须用串筒送料，或在柱（墙）每隔 2m 开门子洞，装斜溜槽投料。

（2）现浇混凝土梁、板施工的质量保证措施

1）在浇筑混凝土梁、板时，应先在施工缝结合处铺一层厚度约 50mm 的与混凝土成分相同的水泥砂浆，再分层浇筑混凝土，分层的厚度应符合有关规定的要求。

2）混凝土应采用反铲下料入模，这样可以避免混凝土产生离析。当梁内混凝土下料有 300～400mm 厚时，即应进行振捣，振捣时应保证混凝土的密实性。

1.3.2 混凝土结构施工的安全保证措施

1. 建立健全施工现场的安全生产管理机构及制度

（1）安全生产管理机构：施工现场应成立以项目经理为组长、项目技术负责人、安检员为副组长，专业施工工长和班组长为成员的项目安全生产领导小组。

（2）建立健全施工现场的安全生产管理制度：在工程施工过程中项目应建立三级交底的安全生产管理制度，即公司向项目技术负责人交底，项目负责人向施工工长交底，施工工长向施工班组交底。

（3）建立落实安全生产教育制度和检查制度

1）新工人进场前必须接受三级安全生产教育和现场防火安全教育，即：公司组织的安全生产基本知识、法规、法制教育；项目进行的现场规章制度遵章守纪教育；班组进行的本工种岗位安全操作规程及班组安全制度、纪律教育；施工现场防火救火的基本知识。

2）安全检查：各工种、各班组每天进行班前安全检查；项目经理每月应组织安全生产大检查；分公司每月、公司每季度对项目进行一次安全大检查。公司各部门随时到项目进行生产抽查，发现的问题，由项目经理监督落实整改。

2. 混凝土结构施工的安全措施

（1）"四口"、"五临边"安全防护措施

"四口"、"五临边"安全防护严格按照《施工现场安全防护管理办法》执行。

1）楼板孔洞在 1.5m×1.5m 以下的孔洞加固定盖板。1.5m×1.5m 以上的孔洞，四周必须设两道防护栏杆，中间设水平安全网。

2）楼梯口必须设两道牢固防护栏杆，施工期内不使用的楼梯应封闭处理。

3）楼层周边：临边四周如无围护结构时，必须设两道防护栏杆，防护栏杆上挂安全标示和挡脚板。

（2）机械设备施工安全管理措施

1）所有机械操作人员必须持证上岗，坚持班前班后检查机械设备，并经常进行维修保养。

2）工程设置专职机械管理员，对机械设备坚持三定制度，定期维护保养，安全装置齐全有效，杜绝安全事故的发生，一经发现机械故障，及时更换零配件，保持机械使用的正常运转，机操工必须持证上岗，按时准确填写台班记录、维修保养记录、交接班记录，掌握机械磨损规律。

3）塔吊和龙门架（井架）必须有安装、拆卸方案，验收合格证书。不准机械设备带病作业。

4）塔吊基础必须牢固，架体必须按设备说明预埋拉接件，设防雷装置。设备应配件齐全，型号相符，其防冲、防坠联锁装置要灵敏可靠，钢丝绳、制动设备要完整无缺，设备安装完后要进行试运行，必须待指标达到要求后才能进行验收签证，挂合格牌使用。

5）钢筋加工机械、移动式机械，除机械本身护罩完好、电机无病外，还要求机械有接零和重复接地装置，接地电阻值不大于 10Ω。

6）施工现场各种机械要挂安全技术操作规程牌。

7）振动器应安放在牢靠的脚手板上，移动时应关好电门，发生故障时应立即切断电源。

8）泵送混凝土输送管道接头、安全阀必须完好，管道的架子必须牢固，输送前必须试送，检修时必须卸压。

（3）现场用电安全措施

施工临时用电必须严格遵照建设环保部颁发的《施工现场临时用电安全技术规范》JGJ 46—2012 和《现场临时用电管理办法》Q/CJL/O—ZY04 的规定执行。

1）现场各用电安装及维修必须由专业电气人员操作，非专业人员不得擅自从事有关操作。

2）现场用电应按各用电器实行分级配电，各种电气设备必须实行"一机一闸一漏电"，配电箱应设门上锁，注明责任人。

3）所有接至各用电设备的支线由各施工单位自理，但必须受现场经理部的用电负荷量调配及用电安全检查，所有手持电动工具的电源必须加装漏电保护开关。漏电开关必须定期检查，试验其动作可靠性。

4）在总配电箱、分配电箱及塔吊处均作重复接地，且接地电阻小于 10Ω。采用焊接或压接的方式连接；在所有电路末端均采用重复接地。

5）施工期间值班电工不得离开岗位，应经常巡视各处的线路及设施，发现问题及时解决。

6）电箱内所配置的电闸漏电熔丝荷载必须与设备额定电流相等。不使用大于或小于额定电流的电熔丝，严禁使用金属丝代替电熔丝。

7）配电房、重要电气设备及库房等均应配备灭火器及砂箱等，配电房房门向外开启，户外箱要设置有防雨措施。

（4）施工中的安全防护措施

1）电焊机的闪光区域严禁其他人员停留，预防火花烧伤，火道的上面应设防护罩。室内进行手工电弧焊时焊工操作地点相互之间设置挡板，以防弧光伤害眼睛。

2）起吊钢筋时下方严禁站人，必须待骨架降到离地1m以内始准靠近，待就位支撑后方可摘钩。

3）模板在支撑系统未固定牢固前不得上人，在未安装好的梁底模板不得放重物，在安装好的模板上不得堆放超载的材料和设备。

4）模板拆除的顺序应采取先支的后拆、后支的先拆，先拆除非承重模后再拆除承重模，先拆侧模后拆底模和自上而下的顺序进行。当现浇构件同时有横向和竖向相连接的模板时应先拆除竖向结构的模板，再拆除横向结构的模板。

5）拆除楼层板的底模时，应设临时支撑，防止大片模板坠落，尤其是拆支柱时，操作人员应站在门窗洞口外拉拆，更应严防模板突然全部掉落伤人。在拆除模板的过程中如发现混凝土有影响结构安全的质量问题时不得继续拆除，应经研究处理后方可再拆。

（5）施工人员安全防护

1）进场的施工人员，必须经过安全培训教育，考核合格，持证上岗。

2）施工现场应悬挂安全标语，无关人员不准进入施工现场，进场人员要遵守"十不准规定"。施工人员必须戴安全帽，管理人员、安全员要佩戴标志，其佩戴方法要正确。

3）施工人员高空作业禁止打赤脚，穿拖鞋、硬底鞋施工。进入2m以上架体或施工层作业必须佩挂安全带。

4）施工人员不得随意拆除现场一切安全防护设施，如机械护壳、安全网、安全围栏、外架拉接点、警示信号等，不得动用不属于本职工作范围内的机电设备。

5）施工人员工作前不许饮酒，进入施工现场不准嬉笑打闹。

6）夜间施工时应有足够的照明灯具，确保夜间施工和施工人员上下安全。

1.4 混凝土结构施工方案案例：

"××高层公寓楼"现浇混凝土剪力墙施工方案

一、工程概况

"××高层公寓楼"为现浇混凝土剪力墙结构；墙体厚180mm，采用C35混凝土，现浇楼板厚120mm。地下一层，地上十九层，建筑总高度57.7m。设2部电梯、1座疏散楼梯，每层共六户，户型为三室一厅二卫一厨，每户建筑面积135m²，总建筑面积20852m²。

公寓楼基础为人工挖孔灌注桩，桩径为800mm和1200mm两种，桩持力层为中等风化细砂岩，桩嵌入持力层的深度不小于1m，地基承载力标准值为500kPa，桩上设箱形基础。整个基础设800mm宽后浇带并由底到顶层。

二、施工部署

（一）施工段的划分及任务安排

1. 施工段划分：根据总平面图和结构形式，在施工水平方向上不宜划分施工段，在竖直方向向上以楼层划分施工段。

2. 施工任务安排：基础工程 80 天完成，主体 180 天完成，装饰装修 130 天完成。

（二）施工总体部署

1. 主要机械选择：主体施工时设 1 台臂长为 40m 的 TQZ4012 塔吊用于竖直运输。设 2 台搅拌机用于混凝土和砂浆搅拌。

2. 主体结构模板体系选择：有地下室的人工挖孔桩护壁采用组合钢模板，人工挖孔桩承台梁、板采用组合钢模拼装成吊模，地下室墙板模板、剪力墙模板均采用由钢模板拼装成大模板，现浇板采用高强度复合胶合板，支撑采用钢管脚手架支撑。

3. 主体施工安全围护体系：主体施工时外围护采用全封闭式施工，即沿结构外围搭设悬挑钢管架，悬挑臂采用工字钢。钢管架上设 2000 目的安全密网，外围护架随主体上升而上升。

三、主体分部分项工程施工方法

（一）脚手架工程

1. 脚手架选择

（1）现浇剪力墙、梁板及楼梯采用满堂脚手架。

（2）主体施工时的外防护架采用每三层悬挑一道的整体封闭式外架。

（3）室内抹灰采用内脚手架，外墙装饰采用吊篮。

2. 脚手架材料

整体封闭式外架的悬挑臂，采用 14 号工字钢，工字钢上设钢管架底座。

脚手架管采用 $\phi48\times3.5$ 钢管，架板采用 300mm×50mm 的木脚手板，安全网采用平网，外防护网采用 2000 目的尼龙网。

3. 满堂脚手架的搭拆

（1）脚手架搭设必须坚固、稳定、安全，严格按施工操作要求的立杆、横杆距离搭设，立杆底部设置 50mm 厚垫木，并按规定设扫地杆、剪刀撑或斜撑。

（2）在搭设过程中，各种材料、机具不能集中堆放在脚手架上。

（3）脚手架搭设完后必须验收合格后方可使用。

（4）脚手架在使用过程中要进行检查、维护、发现问题及时整改。

（5）拆除时必须待混凝土强度达到规范要求时，才可拆除架子。拆除架子应先搭的后拆、后搭的先拆，拆下的管件、跳板等物体要逐层下传，并清理归类堆放。

4. 外悬挑封闭防护架

（1）悬挑外防护架用 $\phi48\times3.5$ 钢管和扣件搭设，由悬挑臂和脚手架组成。

（2）悬挑臂采用 14 号工字钢，固定在楼板施工时预埋的 $\phi20$ 的钢筋内，悬挑臂上设钢管架底座。悬挑防护架搭设宽度 600mm，悬挑臂和立杆间距 1000mm，悬挑架步距 1.8m，搭设高度供三层防护。防护架拉连杆水平间距 3m，竖向间距

3.6m。防护架底部满铺脚手板和挡脚板并用安全密网封底。

（3）悬挑外防护架沿建筑物四周通长搭设，剪刀撑净距不大于 15m，并设拉连杆，将主体结构的满堂脚手架与防护架连接。

（4）悬挑外防护架不承受施工荷载，仅作为安全防护，承受自重和封氏跳板的重量，但仍考虑 $0.6kN/m^2$ 的荷载。

（5）每段防护架高度为三个层高，二个楼层一转升，确保防护架与主体结构满堂架的拉结，使防护架整体稳定。防护架拆除需待上段防护架搭设好后，才能拆除下段防护架，按搭设的相反顺序将防护架拆除。

（二）基础工程施工（略）

（三）剪力墙结构施工

1. 剪力墙结构施工顺序

测量定位放线→一层剪力墙钢筋绑扎→一层剪力墙钢筋验收→剪力墙模板安装→一层剪力墙混凝土浇筑→二层现浇板模板安装→二层测量定位放线。

2. 钢筋工程

钢筋工程是结构工程质量的关键，进场材料必须有产品合格证和出厂检验报告，并经复检合格后方可使用。

（1）钢筋加工

1）本工程钢筋进场后应检查是否有出厂合格证，并经复试合格后才能进行加工。

2）所有钢筋堆放及加工均在现场进行。

3）钢筋加工严格按照钢筋翻样单进行加工，加工的钢筋半成品堆放在指定的范围内，并按公司程序文件规定挂单，防止使用时发生混乱。

4）钢筋工长应对加工的钢筋验收后才能绑扎。

5）钢筋加工的形状，尺寸必须符合设计要求，钢筋的表面确保洁净、无损伤、无麻孔斑点，不得使用带有颗粒状或片状老锈的钢筋；钢筋的弯钩应按施工图纸中的规定执行，同时也应满足有关规范的规定。

（2）钢筋连接

1）除剪力墙中的暗柱钢筋采用电渣压力焊连接，暗梁钢筋采用闪光对焊连接外，其他钢筋均采用搭接连接。

2）钢筋焊接的接头形式，焊接工艺和质量验收，应符合国家现行标准《钢筋焊接及验收规程》的有关规定。

3）钢筋焊接接头的试验应符合国家现行标准《钢筋焊接接头试验方法》的有关规定。

4）钢筋焊接前，必须根据施工条件进行试焊合格后方可焊接。

5）钢筋搭接接头在同一构件时应相互错开，同一断面钢筋搭接接头的百分率符合设计和规范要求。

（3）剪力墙钢筋绑扎

1）工艺流程

弹墙体位置线→修整预留搭接筋→绑竖筋→绑横筋→绑墙体拉接筋→保护

层→垫块→检验并办理隐检手续。

2）施工要点

A. 墙板钢筋采用搭接接长，搭接长度不少于 $42d$。

B. 采用梅花式绑扎牢固（中部），四周两排钢筋交叉均须绑扎牢固。

C. 墙板双层钢筋外侧绑设 25mm 厚的水泥砂浆垫块，间距 1m×1m。

D. 墙板钢筋绑扎重点在于控制好内外层钢筋之间的净尺寸。

E. 墙板双层筋之间设 $\phi8@600\times600$ 的拉筋，拉筋呈梅花点式布设。

F. 墙板钢筋绑扎时，先绑扎纵筋，下部与预插钢筋相连，上部与水平定位筋绑扎，使钢筋顺直，水平钢筋绑扎时，两端与暗柱筋绑扎使水平筋间距一致。

G. 墙板钢筋绑扎时，预埋好各种套管及埋件，安装好各种预留洞口的模板。

（4）现浇板钢筋绑扎

1）工艺流程

板筋布设→绑扎→安装垫块→隐检验收合格→下一道工序。

2）施工要点

A. 根据设计要求，对板筋的大小、规格、间距进行摆放。

B. 按先绑扎底层筋和底层分布筋、绑扎上层筋和上层分布筋顺序进行施工。

C. 板筋绑扎时，四周周边的钢筋交叉点必须每点绑扎，中间部位的钢筋交叉点可呈梅花点进行绑扎。

D. 板内下筋在支座搭接，且伸入支座的远边，板内上筋不能在支座搭接。

E. 板双层筋之间设 $\phi10@1000\times1000$ 的铁马立筋，以保证板上层筋位置准确，特别是保证板的上部负弯矩筋位置准确。

3. 模板工程

（1）模板材料选用

剪力墙模板采用钢模板拼装成大模板，现浇板采用 12mm 厚高强度复合胶合板配 50mm×10mm 木方。

（2）模板安拆基本要求

1）模板及支架必须安装牢固，保证工程结构和构件各部分尺寸及相互位置正确。

2）模板及支架应有足够的承载能力，刚度和稳定性能可靠地承受新浇混凝土的自重和侧压力，以及在施工过程中所产生的荷载。

3）构造简单，装拆方便，并便于钢筋绑扎和混凝土浇筑等。

4）模板的接缝应严密，不漏浆。

5）模板与混凝土的接触面刷成品隔离剂。

6）模板拆除时要轻轻撬动，使模板脱离混凝土表面，禁止猛砸狠敲，碰坏混凝土。

（3）剪力墙模板安拆

1）剪力墙模板采用钢模板拼装成定型大模板。根据内墙、外墙、窗间墙等尺寸，拼装成定型大模板。模板用同样材料进行配制以保证模板拼接处严密。

2）模板竖肋采用ϕ48钢管，每组两根，成对设置，间距控制在900mm以内；横向水平背楞仍用ϕ48钢管，设置在大模板的上、中、下三处，支模时，位于墙板底部的模板在下部设L 60×6角钢封底。

3）模板与纵横ϕ48钢管背楞，均用ϕ12钩头螺栓和3字形扣件配合使用，成为整体大模板。

4）模板支撑采用多排钢管脚手架及扣件支撑，以保证模板不移位。

5）封模前应仔细检查外墙钢筋、预埋件、预埋套管等是否符合设计要求等。

6）大模板拆除时，先用塔吊钢丝绳吊住大模板，再拆除钢管支撑，然后将大模板吊到地面堆放处。

（4）现浇楼板模板安拆

1）工艺流程

搭设满堂脚手架（支模架）→板底模安装→板侧模安装→混凝土浇筑→模板拆除。

2）施工要点

A. 按房间尺寸，搭设满堂脚手架，脚手架立杆间距纵向800mm，横向600mm，水平杆步距1500mm。

B. 楼板底模设50mm×100mm木方上配12mm厚高强度复合板。

C. 现浇楼板跨中按3/1000跨长起拱支模。

D. 现浇楼板混凝土强度达到设计强度的75％时即可拆除楼板的模板。

E. 现浇板模板拆除时，先拆除板底模，再拆满堂脚手架，顺序是从上至下逐根拆除。

4. 混凝土工程

（1）混凝土原材料要求

1）水泥：采用32.5普通硅酸盐水泥。

2）细骨料：中砂或中粗砂，含泥量小于3％。

3）粗骨料：5～40mm卵石，含泥量小于1％。

4）混凝土拌合用水采用自来水。

（2）混凝土施工缝留设与处理

1）现浇板不留设施工缝，按设计仅留后浇带800mm宽。

2）剪力墙的施工缝设在板下口150～300mm高的位置。

3）施工缝接缝处采用高压水龙头冲洗。

（3）混凝土浇筑

1）基本要求

A. 混凝土浇筑前应对模板、钢筋、预埋件、预留洞的位置、标高、轴线等进行细致的检查，并做好检查记录。

B. 清除模板、钢筋上的垃圾、泥土等杂物，并提前湿润模板。

C. 混凝土浇筑过程中，设专人对模板、钢筋进行看护，发现模板、钢筋有松动、移位现象应立即停止浇筑，并在已浇筑的混凝土凝结前修整完好，才能继续浇筑。

D. 施工缝处浇筑混凝土前应严格按规范要求进行清理。

2）现浇剪力墙混凝土浇筑

A. 剪力墙采用现场搅拌混凝土，由塔吊运送到位，下料用串筒或漏斗。

B. 浇筑墙体混凝土时先铺 50～100mm 厚的减石子的同配合比的砂浆结合层，混凝土必须分层振捣，每层浇筑高度不超过 500mm，混凝土振捣棒点位间距 400mm，快插慢拔，待混凝土表面泛浆无气泡且混凝土不再下沉时，将振捣棒缓慢拔出，振捣上一层时插入下一层混凝土 50mm，墙体上口标高一致，混凝土上表面用木抹子搓平、压实。

C. 剪力墙混凝土振捣时，振动棒不得碰动钢筋。

D. 剪力墙混凝土一次浇筑完毕。

3）现浇板混凝土浇筑

A. 现浇板采用现场搅拌混凝土，塔吊运输到位进行施工。

B. 板混凝土浇筑时按从一端到另一端的顺序进行浇筑。

C. 板混凝土浇筑时用平板振动器进行振捣，振捣时根据水平标高控制线，控制好现浇板的表面平整度。

D. 板混凝土浇筑完毕后，用木抹子进行首次表面抹压，在混凝土初凝前用木抹子进行再次表面抹压，为施工楼地面做好准备。

E. 混凝土浇筑完应在 12h 内进行养护，采用浇水或浇水覆盖的方法进行养护。

【实践活动】

由教师在《建筑工程识图实训》教材中选定混凝土结构施工图，并结合地方情况给定施工条件和施工方法，学生分小组(3～5 人)完成所选结构混凝土浇筑的专项施工方案的编制。

【实训考评】

学生自评(20%)：

　　施工方案：符合要求□；基本符合要求□；错误□。

　　方案内容：完整□；基本完整□；不完整□。

小组互评(20%)：

　　工作认真努力，团队协作：好□；较好□；一般□；还需努力□。

教师评价(60%)：

　　施工方案：符合要求□；基本符合要求□；错误□。

　　方案内容：完整□；基本完整□；不完整□。

　　工作认真努力，团队协作：好□；较好□；一般□；还需努力□。

任务 2 混凝土浇筑施工技术交底

【实训目的】 通过训练，使学生掌握混凝土浇筑施工技术交底的内容，学会技术交底单的编制方法。具有混凝土浇筑施工技术交底的编制能力。

实训内容与指导

2.1 混凝土浇筑施工技术交底的内容及要点

混凝土工程施工技术交底的主要内容包括：工程施工的范围、施工准备、操作工艺、质量标准、成品保护、应注意的质量问题和质量记录等。

2.1.1 施工准备技术交底的内容及要点

1. 材料准备及要求

(1) 水泥：水泥品种、强度等级应根据设计要求确定。质量符合现行国家标准。

(2) 砂、石子：根据结构尺寸、钢筋密度、混凝土施工工艺、混凝土强度等级的要求确定石子粒径及砂的细度。

砂、石质量符合现行标准。必要时做骨料碱活性试验。

(3) 水：自来水或不含有害物质的洁净水。

(4) 外加剂：根据施工组织设计要求，确定是否采用外加剂。外加剂须经试验合格后方可使用。

(5) 掺合料：根据施工组织设计要求，确定是否采用掺合料。掺合料质量必须符合现行标准。

2. 主要机具

混凝土搅拌机、磅秤（或自动上料设备系统）、双轮手推车、小翻斗车、尖锹、平锹、混凝土吊斗、插入式振动器、木抹子、铁插尺、胶皮水管、铁板、串桶、塔式起重机、混凝土标尺杆等。

3. 作业条件

(1) 浇筑混凝土层（段）的模板、钢筋、预埋件及管线等全部安装完毕，经检查符合设计要求，并办完隐检、预检手续。

(2) 浇筑混凝土用的平台及运输通道已支搭完毕，并经检查合格。

(3) 水泥、砂、石及外加剂等经检查符合有关标准要求，试验室已下达混凝土配合比通知单。

(4) 磅秤（或自动上料系统）经检查核定计量准确，振动器（棒）经检验试运转合格。

(5) 工长根据施工方案对操作班组已进行全面施工技术交底，混凝土浇筑申请书已被批准。

2.1.2 操作工艺交底内容及要点

1. 工艺流程

混凝土搅拌 → 混凝土运输 → 混凝土浇筑与振捣 → 养护。

2. 浇筑前准备要点

(1) 浇筑前应将模板内的垃圾、泥土等杂物及钢筋上的油污清除干净，并检查钢筋的保护层垫块是否符合要求。

(2) 如使用木模板时应浇水使模板湿润，在清除柱子模板的杂物及积水后封闭清扫口。

(3) 将施工缝处的松散混凝土及水泥浮浆剔掉并冲洗干净，且无明显积水。

(4) 梁、柱钢筋的钢筋定距框已安装完毕，并经过隐检、预检验收。

(5) 自拌混凝土应在开盘前 1h 左右，测定砂石含水率，调整施工配合比。

3. 混凝土搅拌操作交底的要点

(1) 每次浇筑混凝土前 1.5h 左右，由土建工长或混凝土工长填写"混凝土浇筑申请书"，施工技术负责人签字后交土建工长、试验员、资料员各一份。

(2) 试验员依据混凝土浇筑申请书填写有关资料，做砂石含水率，计算施工混凝土配合比中的材料用量，换算每盘的材料用量，并将配合比写在配合比板上，经施工技术负责人校核后，挂在搅拌机旁醒目处。调定磅秤(或电子秤)及水泵继电器。

(3) 材料用量计量误差：水、水泥、外加剂、掺合料的计量误差为 ±2%，砂石料的计量误差为 ±3%。

(4) 投料顺序：采用一次投料法，当采用外加剂粉时，投料顺序为：

石子→水泥→外加剂粉剂→掺合料→砂子→水。

当采用外加剂液时，投料顺序为：石子→水泥→掺合料→砂子→水→外加剂。液剂。

(5) 搅拌时间：强制式搅拌机不掺外加剂时不少于 90s；掺外加剂时不少于 120s。自落式搅拌机在强制式搅拌机搅拌时间的基础上增加 30s。

(6) 对第一次使用的混凝土配合比，应由施工技术负责人主持，做混凝土开盘鉴定。如果混凝土和易性不好，可以在维持水灰比不变的前提下，适当调整砂率、水及水泥量，至和易性良好为止。

4. 混凝土运输交底的要点

混凝土自搅拌机卸出后，应及时运输到浇筑地点。在运输过程中，要防止混凝土离析、水泥浆流失。如混凝土运到浇筑地点有离析现象时，必须在浇筑前进行二次拌合。

混凝土从搅拌机中卸出后到浇筑完毕的延续时间，不宜超过表 8-1 的规定。

混凝土从搅拌机中卸出后到浇筑完毕的延续时间(min)　　　　表 8-1

条件	气温	
	≤25℃	>25℃
不掺外加剂	180	150
掺外加剂	240	210

采用泵送混凝土时必须保证混凝土泵连续工作，如果发生故障，停歇时间超过 45min 或混凝土出现离析现象时，应立即用压力水或其他方法冲洗管内残留的

混凝土。用水冲出的混凝土严禁用在永久建筑结构上。

5. 混凝土浇筑与振捣的一般要求交底

(1) 混凝土自吊斗口下落的自由倾落高度不得超过 2m，小截面竖向结构不得超过 3m，否则必须采取措施，防止混凝土离析。

(2) 浇筑混凝土时应分段、分层连续进行，浇筑层厚度应根据混凝土供应能力、一次浇筑数量、混凝土初凝时间、结构特点、钢筋疏密综合考虑，一般为振捣器作用部分长度的 1.25 倍。

(3) 使用插入式振捣器应快插慢拔，插点要均匀排列，逐点移动，顺序进行，不得遗漏，做到振实均匀。移动间距不大于振捣作用半径的 1.5 倍(一般为 300～400mm)。振捣上一层时应插入下层 50～100mm，以使两层混凝土结合牢固。表面振动器的移动间距，应保证振动器的平板覆盖已振实部分的边缘。

(4) 混凝土浇筑应连续进行。如必须间歇，其间歇时间应尽量缩短，并应在前层混凝土初凝之前，将次层混凝土浇筑完毕。间歇的最长时间应按所用水泥品种、气温及混凝土凝结条件确定，一般超过 2h 应按施工缝处理。

(5) 浇筑混凝土时应注意观察模板、钢筋、预留孔洞、预埋件和插筋等有无移动、变形或堵塞情况，发现问题应立即处理，并应在已浇筑的混凝土初凝前修正完好。

6. 柱的混凝土浇筑

(1) 柱浇筑前底部应先浇 30～50mm 厚与混凝土配合比相同的减石子砂浆，柱混凝土应分层浇筑振捣，使用插入式振捣器时每层厚度不大于 500mm，振动棒不得触动钢筋和预埋件。

(2) 柱高在 3m 之内，可在柱顶直接下料浇筑，超过 3m 时，应采取措施(用串桶)或在模板侧面开洞口安装斜溜槽分段浇筑。每段高度不得超过 2m，每段混凝土浇筑后将模板洞封闭严实，并用柱箍箍牢。

(3) 柱子混凝土的分层厚度应经计算后确定，并且应计算每层混凝土的浇筑量，用专制料斗容器计量，保证混凝土的分层准确，并用混凝土标尺杆计量每层混凝土的浇筑高度，夜间施工混凝土振捣人员必须配备充足的照明设备，保证振捣人员能够看清混凝土的振捣情况。

(4) 柱子混凝土应一次浇筑完毕，如需留施工缝时应留在主梁下面；无梁楼板应留在柱帽下面；柱与梁、板整体浇筑时，应在柱浇筑完毕后停歇 1～1.5h，在初步沉实后再继续浇筑梁、板。

(5) 混凝土浇筑完后，应及时将伸出的搭接钢筋整理到位。

7. 梁、板混凝土浇筑

(1) 梁、板一般应同时浇筑，浇筑方法应由一端开始用"赶浆法"，即先浇筑梁，根据梁高分层浇筑成阶梯形，当达到板底位置时再与板的混凝土一起浇筑，随着阶梯形不断延伸，梁板混凝土浇筑连续向前进行。

(2) 和板连成整体高度大于 1m 的梁，允许单独浇筑，其施工缝应留在板底以下 20～30mm 处。浇捣时，浇筑与振捣必须紧密配合，第一层下料速度不宜过快，梁底充分振实后再下二层料，用"赶浆法"保持水泥浆沿梁底包裹石子向前推进，每层均应振实后再下料，梁底及梁帮部位要注意振实，振捣时不得触动钢筋及预埋件。

（3）梁柱节点钢筋较密时，浇筑此处混凝土宜用小粒径石子同强度等级的混凝土浇筑，并用小直径振动棒振捣。

（4）浇筑板混凝土的虚铺厚度应略大于板厚，用平板振动器垂直浇筑方向来回振捣，厚板可用插入式振捣器顺浇筑方向振捣，并用铁插尺检查混凝土厚度，振捣完毕后用长木抹子抹平，施工缝处或有预埋件及插筋处用木抹子找平。浇筑板混凝土时不允许用振动棒铺摊混凝土。

（5）施工缝位置宜沿次梁方向浇筑楼板，施工缝应留置在次梁跨度的中间 1/3 范围内。施工缝的表面应与梁轴线或板面垂直，不得留斜槎，施工缝宜用木板或钢丝网挡牢。

（6）施工缝处须待已浇筑混凝土的抗压强度不小于 1.2MPa 时，才允许继续浇筑。在继续浇筑混凝土前，施工缝混凝土表面应凿毛，剔除浮动石子和混凝土软弱层，并用水冲洗干净后，先浇一层同配合比去石子砂浆，然后继续浇筑混凝土，使新旧混凝土紧密结合。

8. 混凝土养护

混凝土浇筑完毕后，应在 12h 以内加以覆盖和浇水，浇水次数应能保持混凝土有足够的润湿状态，养护期一般不少于 7d。

9. 混凝土试块留置

（1）按照规范规定的试块取样要求做标养试块的取样。

（2）同条件试块的取样数量要分情况确定。

2.1.3　质量标准交底的内容及要点

质量标准交底应按施工技术规范要求，将混凝土浇筑施工的质量标准和要求对操作人员进行交底。混凝土浇筑施工的质量标准和检验方法见《建筑施工技术》（第五版）教材第 4.3.7 节的相关规定。

2.1.4　成品保护交底内容及要点

1. 要保证钢筋和垫块的位置正确，不得踩楼板、楼梯的分布筋、弯起钢筋，不碰动预埋件和插筋。

2. 不用重物冲击模板，不在梁或楼梯踏步侧模板上踩，应搭设跳板，保护模板的牢固和严密。

3. 已浇筑楼板、楼梯踏步的上表面混凝土要加以保护，必须在混凝土强度达到 1.2MPa 以后，方准在上面进行操作及安装结构用的支架和模板。

4. 在浇筑混凝土时，要对已经完成的成品进行保护，则浇筑上层混凝土时流下的水泥浆要有专人及时的清理干净，洒落的混凝土也要随时清理干净。

5. 对阳角等易碰坏的地方，应当有保护措施。

2.1.5　应注意的质量问题交底内容及要点

1. 蜂窝：产生原因是混凝土一次下料过厚，振捣不实或漏振；模板有缝隙使水泥浆流失；钢筋较密而混凝土坍落度过小或石子过大；柱、墙根部模板有缝隙，以致混凝土中的砂浆从下部涌出而造成。

2. 露筋：产生原因是钢筋垫缺位移、间距过大、漏放、钢筋紧贴模板、造成露筋，或梁、板底部振捣不实，也可能出现露筋。

3. 孔洞：产生原因是钢筋较密的部位混凝土被卡，未经振捣就继续浇筑上层混凝土。

4. 缝隙与夹渣层：施工缝处杂物清理不净或未浇底浆振捣不实等原因，易造成缝隙、夹渣层。

5. 梁、柱连接处断面尺寸偏差过大：主要原因是柱接头模板刚度差或支此部位模板时未认真控制断面尺寸。

6. 现浇楼板面和楼梯踏步上表面平整度偏差太大：主要原因是混凝土浇筑后，表面未用抹子认真抹平。

2.1.6 质量记录交底

应具备的质量记录有：混凝土配合比记录、混凝土浇筑申请书、开盘鉴定报告、施工交底记录等。

2.2 混凝土浇筑施工技术交底案例

2.2.1 混凝土浇筑施工技术交底案例 1

某高层框架结构住宅楼，采用泵送商品混凝土浇筑，现场技术人员对混凝土浇筑作业班组进行框架结构混凝土浇筑技术交底如下（见表 8-2）。

技术交底记录　　　　　　　　　　　　　表 8-2

工程名称	×××住宅楼	建设单位	××××××
交底部位	主体结构框架混凝土浇筑	施工单位	×××建筑工程公司
监理单位	×××建设监理公司	交底日期	××××××
交底人	×××	接收人	×××

交底内容：
一、施工准备
　1. 为保证楼层混凝土的连续浇筑，劳动人员保证每班 30 人以上，浇筑时每台布料机配备两个浇筑小组，两班循环，确保混凝土浇筑一气呵成。施工过程中不允许出现间歇时间，以防止混凝土施工冷缝出现。
　2. 施工工具应备齐。其中：ZN-70 型高频振动插入式振动棒 12 根，功率 1.5kW，振幅 1.2m，振动频率 200Hz 振动器 8 台，抹光机两台，布料机两台
　3. 楼层钢筋隐检合格，预留洞、预埋管、线、加强筋复核无误，墙柱插筋位置正确，固定牢靠。
　4. 在施工作业面铺置人员外脚手架马道。
　5. 备好振动棒机连接电源箱及夜间施工电源并留好作业面。
　6. 泵车停机点及主要行车通道提前清理干净，保证无障碍物。
　7. 将养护覆盖材料（薄膜）在施工现场准备充足。
　8. 备好通信联系的无线对讲机 8 只。
　9. 提前检查电路情况，保证施工期间正常用电。如停电，则及时与公司联系，随时调发电车开进现场发电。
　10. 项目管理人员保证在规定时间内到达现场。
　11. 浇筑混凝土强度等级、用量、使用部位及供应时间已由混凝土工长提前一天与搅拌站联系好。
　12. 做好防雨水等材料的准备工作。
二、施工工艺
　1. 混凝土泵送工艺
　（1）泵管应尽可能直线铺设，少弯曲，管道与管道连接必须紧固可靠。
　（2）泵管铺设时，其水平方向应倾斜布设。

续表

工程名称	×××住宅楼	建设单位	××××××
交底部位	主体结构框架混凝土浇筑	施工单位	×××建筑工程公司
监理单位	×××建设监理公司	交底日期	××××××
交底人	×××	接收人	×××

（3）泵管架设应用短钢管搭设支架，每节泵管两端用短钢管将泵管与支架夹紧，混凝土浇筑完后及时拔出。

（4）布料机安放时，在安放位置的支模架已经加固完成并验收合格。

（5）混凝土泵送前应先用适量与混凝土内成分相同的水泥砂浆润滑泵管内壁，混凝土泵送应连续进行，当因故暂停时，应每隔5～10min开泵一次，或逆向运转一至二行程，然后再顺向泵送。泵送时料斗内应保持一定量的混凝土，不得吸空，当预计泵送间歇时间超过45min时应立即用压力水冲洗管内存留混凝土。混凝土输送泵应专人操作、专人布置、接管、移管、专人指挥，严格按操作规程操作。

（6）混凝土浇筑完毕后，应及时冲洗管道。

2. 框架柱、剪力墙浇筑

（1）浇筑前准备工作：浇筑混凝土前，应清除模板内的垃圾、木片、刨花、锯末、焊渣等杂物，确保模板内干净，钢筋上的污物清理干净，模板缝隙用海绵双面胶塞严，以防漏浆，隔离剂涂刷均匀。

（2）柱墙中钢筋定位：采用定位钢筋套将柱墙中每根钢筋绑扎牢固，柱墙筋与模板间加设保护层定位钢筋，确保柱筋保护层及柱位置。

（3）混凝土浇筑高度确定：因柱墙与梁板混凝土强度等级不一样，采用钢丝网在梁中绑扎隔离。

（4）施工缝润水：混凝土浇筑前应将柱墙底面喷水湿润，但不应有积水。

（5）柱墙混凝土浇筑前，先浇筑50mm厚的水泥砂浆，其配合比与混凝土的砂浆成分相同，并用铁锹入模，以避免烂根现象。

（6）柱墙中混凝土采取分层下料分层振捣的浇筑方法，分层高度500mm，采用标杆进行控制。剪力墙要要四周交圈上升，转角处及门洞间应设置下料点，墙体门洞两边混凝土应同时对称下料，为避免因混凝土高差太大，混凝土侧压力引起门洞模板移位。

（7）混凝土振捣采用插入式振捣棒进行，四角及柱边必须振捣，振动棒移动间距为500mm，呈梅花型布置。

（8）混凝土振捣时间确定：混凝土振捣时，以混凝土不再下沉，表面泛出灰浆，且不再冒气泡为止，然后再进行第二层混凝土浇筑，直至规定标高。

（9）为消除混凝土层间接缝，在对上层混凝土振动时，振动棒应插入下层深度不小于50mm。

（10）混凝土振捣过程中，振动棒应快插慢拔，以确保振捣棒所在位置混凝土的密实度。

（11）当柱浇筑高度超过3m时，用泵送软管伸入柱内下料，但不应碰及钢筋和模板。

（12）浇筑时，应设专人看护模板、钢筋有无位移、变形，发现问题及时处理。

（13）待浇筑完毕后，对墙上口甩出的钢筋加以整理。

（14）柱模拆除后，应及时采取覆盖塑料薄膜方法对柱混凝土进行养护，确保混凝土处于潮湿状态，养护时间不少于7d。

3. 梁板及楼梯混凝土

（1）浇筑前的准备工作：浇筑混凝土前，应清除模板内的垃圾、木片、刨花、锯末、焊渣等杂物，确保模板内干净，钢筋上的污物应清理干净，模板缝隙用海绵双面胶塞严，以防漏浆，隔离剂涂刷均匀。

（2）梁板钢筋及模板已通过验收。

（3）混凝土泵管或布料杆已安装到位。

（4）控制楼面混凝土标高的50线已标记在竖向钢筋上。

（5）混凝土浇筑前，搭设操作马道，马道间距1.2～1.5m，严防负弯矩筋被踩下。

（6）梁板混凝土浇筑应由远到近，其浇筑方向应顺着次梁方向推进。浇筑楼板混凝土的虚铺厚度应略大于板厚。

（7）梁中混凝土采用分层斜面浇筑，用插入式振捣棒振动，振动棒的移动间距为500mm，板中混凝土振捣采用插入式振动棒振捣方法。在墙根处，要以30型小棒均匀振捣。

（8）楼板混凝土浇筑后，用6m刮杠找平，墙、柱两边应用抹子穿钢筋同时找平，以保证墙体两面顶板高度一致，以利于墙体、柱模板支模。

（9）顶板混凝土振捣完毕，应立即用6m大杠将混凝土刮平，木抹子压两遍，使混凝土表面高低一致，第一遍在大杠刮平后进行，第二遍在上人基本无脚印时进行；顶板混凝土应及时浇水养护，以防止产生裂缝，且混凝土浇水不应过早，应在上人无脚印后为宜。在墙柱边处进行重点找平，确保墙、柱模板底部平整。

续表

工程名称	×××住宅楼	建设单位	××××××
交底部位	主体结构框架混凝土浇筑	施工单位	×××建筑工程公司
监理单位	×××建设监理公司	交底日期	××××××
交底人	×××	接收人	×××

（10）悬挑部位梁板应待其根部内跨梁板混凝土浇筑完毕后进行浇筑。

（11）楼梯混凝土浇筑自下而上，先振实底板混凝土，达到踏步位置后再与踏步混凝土一起浇注，并随浇随用木抹子将踏步上表面抹平。

（12）各层楼面向上第一跑楼梯板施工缝位置见图 8-1。

（13）为避免板混凝土表面裂缝，板混凝土在终凝前，对表面应进行 2～3 遍搓压处理，然后用塑料布覆盖，待混凝土终凝后应立即浇水进行养护，并保持混凝土表面湿润。

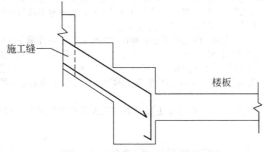

图 8-1　楼梯板施工缝做法

三、工艺要求及措施

1. 混凝土的浇筑厚度

在混凝土墙柱的浇筑过程中要分层浇筑，分层浇筑厚度为振捣器作用部分长度的 1.25 倍，即 400×1.25＝500mm，取混凝土分层浇筑厚度 500mm，并以标尺杆控制。

顶板浇筑时的虚铺厚度要略大于实际厚度，以保证振捣完毕后，楼板的厚度满足设计要求。

2. 混凝土的振捣

振动棒应快插慢拔，插点要均匀排列，逐点移动，点的间距控制在 500mm 为宜，并在墙体模板上口用横向标尺杆控制。

振动棒插入混凝土的深度以进入下一层混凝土 50mm 为宜，做到快插慢拔，振捣密实。

3. 混凝土的浇筑高度大于 2m 时，下料处必须加溜槽，保证混凝土在浇筑过程中不出现离析现象。

4. 在柱混凝土浇筑前，现场预备铁槽，将同配合比砂浆放入槽内，然后用铁锹将砂浆均匀溜入柱模内，随铺随浇筑混凝土，砂浆的厚度以 50mm 为宜。

5. 对于梁柱节点钢筋比较密集，在浇筑混凝土时，要先浇筑梁柱节点处，在节点处混凝土布料完后，再进行框架梁和顶板的混凝土的布料，节点处混凝土的振捣采用 30 系列振动棒，且梁柱节点必须有一插棒点，保证梁柱节点混凝土接缝密实。

6. 顶板标高不一致处，先浇低处混凝土，在混凝土初凝前再浇高处混凝土。

7. 墙柱根处的剔凿：弹双线：墙、柱边线、混凝土剔凿线，沿剔凿线用无齿锯切割 1cm 深，剔凿线距边线 5mm。将 20～25mm 高预留的浮浆层剔除，进行凿毛，清理后必须露出石子。

四、质量保证

1. 混凝土浇筑前，混凝土要有搅拌站物资检测报告及配合比通知单。

2. 检查混凝土在浇筑地点的坍落度，每一工作班至少两次。

3. 严禁在混凝土内任意加水，严格控制水灰比，水灰比过大将影响补偿收缩混凝土的膨胀率，直接影响补偿收缩及减少收缩裂缝的效果。

4. 混凝土运输、浇筑及间歇的时间不得超过混凝土初凝技术要求时间。

5. 为保护钢筋，模板尺寸位置正确，不得踩踏钢筋，并不得碰撞、改动模板和钢筋。

6. 在浇筑过程中注意对预理安装的接地、给水排水线路进行保护。

7. 表面平整度允许范围在 ±10mm 内。

五、成品保护

1. 在浇筑混凝土过程中，为了防止钢筋位置的偏移，在梁、板钢筋上铺设浇灌道，操作工人站立在浇灌道上，避免踩踏梁板、楼梯的钢筋和弯起钢筋，不碰动预埋件和插筋。

续表

工程名称	×××住宅楼	建设单位	××××××
交底部位	主体结构框架混凝土浇筑	施工单位	×××建筑工程公司
监理单位	×××建设监理公司	交底日期	××××××
交底人	×××	接收人	×××

　　2. 在交叉作业时，严禁操作人员用重物冲击模板，不允许在梁或楼梯踏步模板吊帮上蹬踩，保护模板的牢固和严密。

　　3. 拆模时，对各部位模板要轻拿轻放，注意钢管或撬棍不要划伤混凝土表面及棱角，不要使用锤子或其他工具剧烈敲打模面。塔吊吊装模板靠近墙、柱时，要缓慢移动位置，避免模板撞击混凝土墙、柱。

　　4. 冬期施工在拆除墙、柱、梁、板模板时，混凝土强度必须达到受冻临界强度 4MPa 方可拆模。

　　5. 冬期施工在已浇筑的楼板上覆盖塑料薄膜和阻燃草帘时，要注意对楼板混凝土的保护，要从一端随着压光随着覆盖塑料薄膜和阻燃草帘，避免踏出脚印。

　　6. 已拆除模板及其支架的结构，应在混凝土达到设计强度后，才允许承受全部计算荷载。施工中不得超载使用，严禁堆放过量建筑材料。当承受施工荷载大于计算荷载时，必须经过核算加设临时支撑。

　　7. 独立柱及突出墙面的柱角、楼梯踏步、楼梯横梁、处于通道或运输工具所能到达的墙角、门窗洞口等处各个阳角均用竹胶板包起来，利用墙体模板支设时留出的穿墙孔用钢丝绑扎固定，防止各个阳角被碰掉或碰坏。

　　8. 在浇筑完墙、柱等纵向结构构件混凝土后，要派工人及时进行清扫，以保证楼板面的平整与清洁。

六、安全文明施工

　　1. 浇筑结束后，及时清理后台现场，清扫马路，并将积水坑中的水抽出，所沉淀的砂、石清运至指定垃圾站。

　　2. 洗车处所溅落的混凝土及时清理，泵车所溅落的混凝土待浇筑完毕后必须及时清除。

　　3. 现场内设专人打扫卫生、洒水，保持现场干净整洁，无扬尘。

　　4. 振动棒采用低噪声振动棒。

　　5. 混凝土运输车应在沉淀池处清洗干净，方能上路运行。

　　6. 混凝土施工人员浇筑外墙混凝土时，不得将外墙钢筋作为扶手站在外模背楞上。

　　7. 浇筑混凝土的操作工人上班时，应戴好安全帽。

　　8. 高温天气注意防暑：需安排班组轮换，防止疲劳、中暑，准备好防暑药品。

　　9. 在施工过程中若遇到问题，应及时与项目管理人员沟通，服从管理人员的安排。

　　10. 振捣作业人员应带好绝缘手套，工作时两人操作，一人持棒，一人看电机，随时挪电机，严禁拖拉电机，以防止电线破皮漏电。

　　11. 电源箱内要有漏电保护器，电机外壳做好接零保护，随机用的电缆不得捆在架管或钢筋上，以防止破损漏电。

　　12. 用完振动棒先断开电源再盘电缆，电机放在干燥处，防止受潮造成电机烧毁现象。

　　13. 禁止混凝土运输车高速运行。

　　14. 及时用水冲洗模板外漏水泥浆。

参加单位及人员		项目经理：（签字）

　　注：本表一式四份，建设单位、监理单位、施工单位、城建档案馆各一份。

2.2.2　混凝土浇筑施工技术交底案例 2

　　×××框架结构住宅楼，框架结构混凝土浇筑拆模后，发现存在麻面、露筋、蜂窝、孔洞、风化干缩裂缝、混凝土表面颜色不均匀等混凝土结构外观质量一般缺陷。为了保证混凝土结构外观的质量，弥补混凝土结构外观的一般缺陷，特对本混凝土工程质量缺陷修补进行方案指导。

　　现场技术人员对作业班组进行框架结构混凝土浇筑技术交底如下（见表 8-3）。

技术交底记录　　　　　　　　　　　表 8-3

工程名称	×××住宅楼	建设单位	××××××
监理单位	×××建设监理公司	施工单位	×××建筑工程公司
交底部位	混凝土结构施工外观质量 一般缺陷处理	交底日期	××××××
交底人	×××	接收人	×××

交底内容：

混凝土结构表面易产生麻面、露筋、蜂窝、孔洞、干缩裂缝、混凝土表面颜色不均匀等混凝土结构外观质量一般缺陷。为了保证混凝土结构外观的质量，弥补混凝土结构外观的一般缺陷，特对本混凝土工程质量缺陷修补进行方案指导。

一、麻面

1. 产生的原因

麻面是混凝土表面局部出现缺浆粗糙或有小凹坑、麻点、气泡等形成粗糙面，但混凝土表面无钢筋外露现象。产生的主要原因是：

(1) 模板表面粗糙或粘附硬水泥浆垢等杂物未清理干净，拆模时混凝土表面被粘坏。

(2) 模板未浇水湿润或湿润不够，构件表面混凝土的水分被吸去，使混凝土失水过多出现麻面。

(3) 模板拼缝不严，局部漏浆。

(4) 模板隔离剂涂刷不均匀，局部漏刷或失效，混凝土表面与模板粘结造成麻面。

(5) 混凝土振捣不实，气泡未排出，停在模板表面形成麻点。

2. 处理方法

先将麻面处凿除到密实处，用清水清理干净，再用喷壶向混凝土表面喷水直至吸水饱和，将配置好的水泥干浆均匀涂抹在表面，此过程应反复进行，直至有缺陷的地方全部被水泥灰覆盖。待 24h 凝固后用抹子将凸出于衬砌面的水泥灰清除，然后按照涂抹水泥灰方法进行细部的修复，保证混凝土表面平顺、密实。

用水泥灰修复的操作过程如下：

(1) 调配水泥灰。一般情况下，普通水泥：白水泥的配合比采用 5：2 的比例，可掺入适量滑石粉。

(2) 用水把需要修补的部分充分湿润，待两个小时后即可修复。戴好橡胶手套，将水泥灰握于掌心，对着麻面进行涂抹填充。填充时要保证一定的力度，先是顺时针方向，后转换为逆时针方向对同一处麻面进行揉搓，反复进行，直至麻面内填充密实。密实的概念是用手指对着缺陷处按压时，不出现深度的凹陷。

(3) 处理完一处后，用手背(不能用手指)对修复过的混凝土表面进行拂扫，抚平应按从上而下的方向进行，清除粘在混凝土表面多余的水泥灰，消除因涂抹形成的不均匀的痕迹，使颜色和线条一致。

(4) 对于局部凸出混凝土面的湿润水泥灰应该用抹子铲平。

二、蜂窝

1. 产生的原因

蜂窝就是混凝土结构局部疏松，骨料集中而无砂浆，骨料间形成蜂窝状的孔穴。产生的主要原因是：

(1) 混凝土拌合不均，骨料与砂浆分离。

(2) 混凝土配合比不当或砂、石子、水泥材料加水量不准，造成砂浆少、石子多。

(3) 卸料高度偏大，料堆周边骨料集中而少砂浆，未作好平仓。

(4) 模板破损或模板缝隙未堵严，造成漏浆。

(5) 混凝土未分层下料，振捣不充分，或漏振，或振捣时间不够，未达到返浆的程度。

2. 处理方法

(1) 对于小蜂窝：用抹子将调好的砂浆压入蜂窝面，同时刮掉多余的砂浆；注意养护，待修补的砂浆达到一定强度后，使用角磨机打磨一遍；对于要求较高的地方可用砂纸进行打磨。

(2) 对于大一点的蜂窝：先凿去蜂窝处薄弱松散的混凝土和突出的颗粒，用钢丝刷洗刷干净后支模，再用高一强度等级的细石混凝土(粒径 5～10mm)仔细强力填塞捣实，并认真养护。塞填突出部混凝土，再采用石工清除。对较深的蜂窝，影响承载力而又难于清除时，可埋压浆管、排气管，表面抹砂浆或浇筑混凝土封闭后，再放水泥砂浆，把蜂窝的石子包裹起来，填满缝隙结成整体，必要时可进行水泥灌浆处理。

三、露筋

1. 产生的原因

钢筋混凝土结构的主筋、副筋或箍筋等裸露在表面，没有被混凝土包裹。产生的主要原因是：

(1) 浇筑混凝土时，钢筋垫块位移，或垫块漏放，致使钢筋下坠或外移紧贴模板面外露。

(2) 混凝土配合比不当，产生离析，靠模板部位缺浆或模板严重露浆。

工程名称	×××住宅楼	建设单位	××××××
监理单位	×××建设监理公司	施工单位	×××建筑工程公司
交底部位	混凝土结构施工外观质量 一般缺陷处理	交底日期	××××××
交底人	×××	接收人	×××

(3) 混凝土保护层太小或保护层处混凝土漏振，或振捣棒撞击钢筋或踩踏钢筋，使钢筋位移，造成露筋。

(4) 木模板未浇水湿润，吸水粘结或脱模过早，拆模时缺棱，掉角，导致露筋。

(5) 骨料粒径偏大，振捣不充分，混凝土于钢筋处架空造成钢筋与模板间无混凝土。

2. 处理方法

避免表面露筋的有效措施是使用具有高度责任感的操作工人，提高操作人员的质量意识，加强监控力度，保证钢筋布位准确、绑扎牢靠，保护层垫块安置稳固，在混凝土振捣中操作细致。如果出现表面露筋，首先应分析露筋的原因和严重程度，再考虑修补所需要达到的目的，修补后不得影响混凝土结构的强度和正常使用。

露筋的修补一般都是先用锯切槽，划定需要处理的范围，形成整齐而规则的边缘，再用石工或冲击工具对处理范围内的疏松混凝土进行清除。

(1) 对表面露筋，要分析是否为主筋或箍筋等以及漏振点是个别还是局部等，选用合适的处理方式处理完成后，其质量和标高等，要符合设计要求。刷洗干净复位后，用高一强度细石混凝土或 1:2、1:2.5 水泥砂浆将露筋部位抹压平整，并认真养护。

(2) 如露筋较深，应将薄弱混凝土和突出的颗粒凿去，洗刷干净后将外露钢筋调直恢复至设计尺寸后，用比原来高一强度等级的细石混凝土填塞压实，或采用喷射混凝土工艺或压力灌浆技术进行修补，并认真养护。

四、孔洞

1. 产生的原因

钢筋混凝土结构中有较大的孔洞，或蜂窝较大，钢筋局部或全部裸露。

产生的主要原因是：① 振捣不充分或未振捣而使混凝土架空，特别是在仓面的边角和拉模筋、架立筋较多的部位容易发生；② 混凝土中包有水或泥土。

2. 处理方法

(1) 先将孔洞凿去松散部分，使其形成规则形状。

(2) 用钢丝刷将破损处的尘土、碎屑清除。

(3) 用压缩空气吹干净修补面。

(4) 用水冲洗修补面，使修补面周边混凝土充分湿润。

(5) 填上所选择的修补材料，振捣、压实、抹平。推荐可选择的材料有：HGM 高强度无收缩灌浆料、HGM100 无收缩环氧灌浆料等。

(6) 按所用材料的要求进行养护。

五、裂缝

1. 产生的原因

钢筋混凝土结构的裂缝包括干缩裂缝、温度裂缝和外力作用下产生的裂缝。产生的主要原因是：

(1) 混凝土温控措施不力。

(2) 所浇混凝土养护不善。

(3) 有外力作用于混凝土结构，如所浇混凝土过早承荷或受到爆破振动，混凝土结构基础不均匀沉陷等。

2. 处理方法

混凝土表面的裂缝大都是因为收缩而产生的，主要有两大类，一类是刚刚浇筑完成的混凝土表面水分蒸发变干而引起，另一类是因为混凝土硬化时水化热使混凝土产生内外温差而引起。

刚刚浇筑完成的混凝土，往往因为外界气温较高，空气中相对湿度较小，表面蒸发变干，而其内部仍是塑性体，因塑性收缩产生裂缝。这类裂缝通常不连续，且很少发展到边缘，一般呈对角斜线状，长度不超过 30cm，但较严重时，裂缝之间也会相互贯通。对这类裂缝最有效的预防措施是在混凝土浇筑时保护好混凝土浇筑面，避免风吹日晒，混凝土浇筑完毕后要立即将表面加以覆盖，并及时洒水养护。另外，在混凝土中掺加适量的引气剂也有助于减少收缩裂缝。

对于较深层的混凝土，在上层混凝土浇筑的过程中，会在自重作用下不断沉降。当混凝土开始初凝但未终凝前，如果遇到钢筋或者模板的连接螺栓等东西时，这种沉降受到阻挠会立即产生裂缝。特别是当模板表面不平整，或隔离剂涂刷不均匀时，模板的摩擦力阻止这种沉降，会在混凝土的垂直表面产生裂缝。在混凝土初凝前进行第二次振捣是避免出现这种缺陷的最好方法。

续表

工程名称	×××住宅楼	建设单位	××××××
监理单位	×××建设监理公司	施工单位	×××建筑工程公司
交底部位	混凝土结构施工外观质量 一般缺陷处理	交底日期	××××××
交底人	×××	接收人	×××

　　混凝土在硬化过程中，会释放大量的水化热，使混凝土内部温度不断上升，在混凝土表面与内部之间形成温度差。表层混凝土收缩时受到阻碍，混凝土将受拉，一旦超过混凝土的应变能力，将产生裂缝。为了尽可能减少收缩约束以使混凝土能有足够强度抵抗所引起的应力，就必须有效控制混凝土内部升温速率。在混凝土中掺加适量的矿粉煤灰，能使水化热释放速度减缓；控制原材料的温度，在混凝土结构内部采用冷却管通以循环水也能及时释放水化热能。

　　值得特别一提的是不同品牌水泥的混用也会使混凝土产生裂缝。不同品牌的水泥，其细度、强度、初终凝时间、安定性、化学成分等不尽相同，且还存在相容性问题。在混凝土施工时，严禁不同品牌、不同强度等级的水泥混在一起使用。

　　碱骨料反应也会使混凝土产生开裂。由于硅酸盐水泥中含有碱性金属成分(钠和钾)，因此，混凝土内孔隙的液体中氢氧根离子的含量较高，这种高碱溶液能和某些骨料中的活性二氧化硅发生反应，生成碱硅胶，碱硅胶吸水水分膨胀后产生的膨胀力使混凝土开裂。

　　对于浅层裂缝的修补，通常是涂刷水泥浆或低黏度聚合物封堵，以防止水分侵入；对于较深或较宽的裂缝，就必须采用压力灌浆技术进行修补。

参加单位及人员		项目经理：(签字)

注：本表一式四份，建设单位、监理单位、施工单位、城建档案馆各一份。

【实践活动】

　　由教师在《建筑工程识图实训》教材中选定框架结构施工图，并给定施工条件和施工方法，学生分小组(3～5人)编制所选结构混凝土浇筑施工技术交底单。

【实训考评】

学生自评(20%)：

　　施工工艺：符合要求□；基本符合要求□；错误□。

　　交底内容：完整□；基本完整□；不完整□。

小组互评(30%)：

　　工作认真努力，团队协作：好□；较好□；一般□；还需努力□。

教师评价(50%)：

　　施工工艺：符合要求□；基本符合要求□；错误□。

　　交底内容：完整□；基本完整□；不完整□。

项目9　防水工程施工实训

【实训目标】　通过训练，使学生掌握屋面防水、地下防水和卫生间防水施工交底内容和要点，具有编制屋面防水、地下防水和卫生间防水工程施工技术交底的能力。

任务1　屋面防水施工技术交底

【实训目的】　通过训练，使学生掌握屋面防水施工交底内容和要点，具有编制屋面防水工程施工技术交底的能力。

实训内容与指导

屋面防水所用防水材料不同，施工工艺和交底内容也不相同，现以使用较多的高聚物改性沥青防水卷材为例，介绍屋面防水工程施工技术交底的主要内容及要求。

1.1　高聚物改性沥青防水卷材热熔法施工技术交底

防水工程施工技术交底的主要内容及要求包括：工程施工的范围、施工准备、操作工艺、质量标准、成品保护、应注意的质量问题和质量记录等。

1.1.1　施工准备交底的内容及要点

1. 材料准备及要求

（1）高聚物改性沥青防水卷材外观质量

高聚物改性沥青防水卷材外观质量　　　　　　　　　　　　　表9-1

项目	质量要求
孔洞、缺边、裂口	不允许
边缘不整齐	不超过10mm
胎体露白、未浸透	不允许
撒布材料粒度、颜色	均匀
每卷卷材的接头	不超过1处，较短的一段不应小于1000mm，接头处应加长150mm

（2）高聚物改性沥青卷材可选用橡胶或再生橡胶改性沥青的汽油溶液或水乳液作胶粘剂，其粘结剪切强度应大于0.05MPa，粘结剥离强度应大于8N/10mm。

2. 主要用具

（1）清理用具：高压吹风机、小平铲、笤帚。

（2）操作工具：电动搅拌器、油毛刷、铁桶、汽油喷灯或专用火焰喷枪、压子、手持压辊、铁辊、剪刀、量尺、$\Phi30$ 铁（塑料）管（长 1500mm）、划（放）线用品。

　　3. 作业条件

　　(1) 施工前审核图纸，编制防水工程施工方案，并进行技术交底。地下防水工程必须由专业队施工，操作人员持证上岗。

　　(2) 铺贴防水层的基层必须按设计施工完毕，并经养护后干燥，含水率不大于 9%；基层应平整、牢固、不空鼓开裂、不起砂。

　　(3) 防水层施工涂底胶（冷底子油）前，应将基层表面清理干净。

　　(4) 施工用材料均为易燃品，因而应准备好相应的消防器材。

1.1.2　高聚物改性沥青防水卷材热熔法防水操作工艺交底内容及要点

　　1. 工艺流程

　　基层清理→涂刷基层处理剂→铺贴附加层→热熔铺贴卷材→热熔封边→做保护层。

　　2. 操作工艺交底的要点及要求

　　(1) 基层清理：施工前将验收合格的基层清理干净。

　　(2) 涂刷基层处理剂：在基层表面满刷一道用汽油稀释的氯丁橡胶沥青胶粘剂，涂刷应均匀、不透底。

　　(3) 铺贴附加层：管根、阴阳角部位加铺一层卷材。按规范及设计要求将卷材裁成相应的形状进行铺贴。

　　(4) 铺贴卷材：将改性沥青防水卷材按铺贴长度进行裁剪并卷好备用，操作时将已卷好的卷材，用 $\Phi30$ 的管穿入卷心，卷材端头比齐开始铺的起点，点燃汽油喷灯或专用火焰喷枪，加热基层与卷材交接处，喷枪距加热面保持 300mm 左右的距离，往返喷烤，观察当卷材的沥青刚刚熔化时，手扶管心两端向前缓缓滚动铺设，要求用力均匀、不窝气，铺设压边宽度应掌握好，满贴法搭接宽度为80mm，条粘法搭接宽度为 100mm。

　　(5) 热熔封边：高聚物改性沥青卷材搭接缝处用喷枪加热，压合至边缘挤出沥青粘牢。卷材末端收头用沥青嵌缝膏嵌固填实。

　　(6) 保护层施工：平面做水泥砂浆或细石混凝土保护层；立面防水层施工完，应及时稀撒石碴后抹水泥砂浆保护层。

1.1.3　质量标准交底的内容及要点

　　1. 主控项目

　　(1) 高聚物改性沥青防水卷材和胶粘剂的规格、性能、配合比必须按设计和有关标准采用，应有出厂合格证明。

　　(2) 卷材防水层特殊部位的细部作法，必须符合设计要求和施工及验收规范的规定。

　　(3) 防水层严禁有破损和渗漏现象。

　　2. 一般项目

　　(1) 基层应平整，无空鼓、起砂，阴阳角应呈圆弧形或钝角。

　　(2) 改性沥青胶粘剂涂刷应均匀，不得有漏刷、透底和麻点等现象。

（3）卷材防水铺附加层的宽度应符合规范要求；分层的接头搭接宽度应符合规范的规定，收头应嵌牢固。

（4）卷材粘结应牢固，无空鼓、损伤、滑移、翘边、起泡、皱折等缺陷。

1.1.4 成品保护交底内容及要点

1. 卷材防水层铺贴完成后，应及时做好保护层，防止结构施工碰损防水层。

2. 不得在防水层上放置材料及作为施工运输车道。

1.1.5 应注意的质量问题交底

1. 卷材搭接不良：接头搭接形式以及长边、短边的搭接宽度偏小，接头处的粘结不密实，接槎损坏。施工操作中应按程序弹标准线，使与卷材规格相符，操作中齐线铺贴。

2. 空鼓：铺贴卷材的基层潮湿，不平整、不洁净、产生基层与卷材间窝气、空鼓；铺设时排气不彻底，窝住空气，也可使卷材间空鼓。施工时基层应充分干燥，卷材铺设应均匀压实。

3. 管根处防水层粘贴不良：清理不洁净、裁剪卷材与根部形状不符、压边不实等造成粘贴不良。施工时清理应彻底干净，注意操作，将卷材压实，不得有张嘴、翘边、折皱等现象。

4. 渗漏：转角、管根、变形缝处不易操作而渗漏。施工时附加层应仔细操作；保护好接槎卷材，搭接应满足宽度要求，保证特殊部位的质量。

1.1.6 质量记录交底

应具备的质量记录有：防水卷材应有产品合格证，现场取样复试合格资料；胶结材料应有出厂合格证、使用配合比资料；隐蔽工程检查验收资料及质量检验评定资料。

1.2 屋面防水工程施工技术交底案例

×××教学楼屋面防水工程，为了保证工程施工质量，在施工前现场技术人员对作业班组进行屋面防水工程施工技术交底如下（见表9-2）。

技术交底记录 表 9-2

工程名称	×××教学楼	建设单位	×××
监理单位	×××建设监理公司	施工单位	×××建筑工程公司
交底部位	屋面防水层施工	交底日期	××××××
交底人签字	×××	接收人签字	×××

交底内容：
一、基层准备
（1）基层处理：基层应坚实、干燥、平整、无灰尘、无油污，凹凸不平和裂缝处应用聚合物砂浆补平，施工前清理、清扫干净，必要时用吸尘器或高压吹尘机吹净。地下工程平面与立面交接处的阴阳角、管道根等，均应做成半径为50mm的圆弧（如图9-1）。
（2）涂刷基层处理剂：在铺贴卷材之前，涂刷专用基层处理剂，基层处理剂应均匀并完全覆盖所有部位，不得漏涂，尤其是细部。用量约为 0.20kg/m²。
在阴阳角等节点细部选用短柄刷将基层处理剂涂刷在已处理好的基层表面，并且要涂刷均匀，不得漏刷或露底。

续表

工程名称	×××教学楼	建设单位	×××
监理单位	×××建设监理公司	施工单位	×××建筑工程公司
交底部位	屋面防水层施工	交底日期	××××××
交底人签字	×××	接收人签字	×××

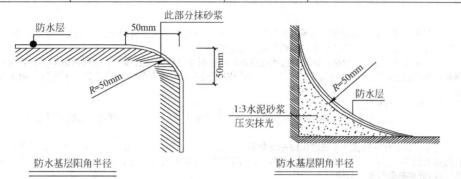

图 9-1　屋面防水阴阳角处理

基层处理剂涂刷完毕，达到干燥程度(一般以不粘手为准)方可施行附加卷材施工。涂刷基层处理剂后的基层应尽快铺贴卷材，以免受到二次灰尘污染。

受到灰尘二次污染的基层必须重新涂刷基层处理剂。

(3)一般细部附加处理：细部如阴阳角、管根部位等用专用附加层自粘卷材及裁剪好的阴阳角自粘卷材在两面转角、三面阴阳角等部位进行附加增强处理，平立面平均展开。方法是先按细部形状将卷材剪好，在细部贴一下，视尺寸、形状合适后，再将自粘卷材粘贴。

可铺以火焰加热器烘烤，待其底面呈熔融状态，即可立即粘贴在已涂刷一道基层处理剂的基层上。

附加层要求无空鼓，并压实铺牢。附加层卷材与基层：一般部位应满粘，应力集中部位只需要轻微压贴即可。

(4)大面防水层自粘卷材铺贴：自粘卷材的粘结是将规划、展布好的卷材底部的隔离膜缓慢、均速地除去，采用压辊在卷材的正面均匀使压，使卷材与基层粘合的过程见图9-2。

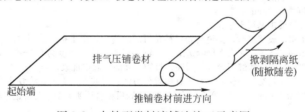

图 9-2　自粘型卷材滚铺法施工示意图

铺设防水层时，卷材应铺设在预先涂布好基层处理剂的基层表面上，确定铺贴的具体位置，先把卷材展开，调整好铺贴位置，将卷材的末端先粘贴固定在基层上，然后从卷材的一边均匀地撕去隔离膜(纸)，边去除隔离膜边向前缓慢地滚压、排除空气、粘结紧密。

1)水平面：基层处理剂干燥后，及时弹线并铺贴卷材。铺贴时先将起端固定后逐渐展开，展开的同时揭开剥离纸，铺设时由低向高。

2)垂直立面：卷材与基层和卷材与卷材必须满粘。

3)卷材搭接和密封：相邻卷材搭接宽度，地下工程一般不小于100mm，接茬处不小于100mm。搭接缝应压实粘牢，边缘用密封膏封闭。

4)卷材收头处理：立面卷材收头，应先用金属压条固定，然后用卷材密封膏封闭。

(5)保护隔离层施工：水平面用刚性保护，卷材铺贴完成并经检查合格后，应将防水层表面清扫干净，对防水层采取保护措施并根据设计要求进行防水保护层施工，卷材防水层与刚性保护之间设隔离保温层，地下工程侧墙在地下室-3.00m标高以上用保温板做软保护。

(6)缺陷修复：自粘卷材的自粘面受到灰尘污染后，会部分失去自粘结性能，会出现搭接封口、收口部位局部翘边、开口等现象。

工程名称	×××教学楼	建设单位	×××
监理单位	×××建设监理公司	施工单位	×××建筑工程公司
交底部位	屋面防水层施工	交底日期	××××××
交底人签字	×××	接收人签字	×××

　　工程中一旦出现上述情况，必须及时进行修复，修复方法为采用热风焊枪、将热风焊嘴伸入翘边、开口内部，利用热风将自粘橡胶沥青加热融化，然后粘合。

　　(7) 检查验收冷自粘卷材：铺贴时边铺边检查，检查时用螺丝刀检查接口，发现粘贴不实之处及时修补，不得留任何隐患，现场施工员、质检员必须跟班检查，检查并经验收合格后方可进行下道工序施工。

二、屋面防水卷材施工

　　1. 屋面防水卷材施工前必须在找平层验收合格，含水率在 30％～50％时即可进行防水层施工。

　　2. 复杂部位处理

　　防水层施工前，应按图纸要求先做好复杂部位(屋面的凸出部位、雨水口、天沟、檐口、檐沟；地下防水的阴角、阳角、穿墙管等)的附加层，复杂部位的附加层用复合卷材、水泥胶(配合比同防水层粘结用胶)或聚氨酯胶处理粘结。

　　3. 改性沥青卷材防水层铺贴

　　(1) 屋面防水卷材粘贴方向按规定确定，卷材铺贴时，先在铺贴部位将卷材预放 3～12m，找正方向后，在中间处固定，将卷材一端卷至固定处粘贴，这端粘贴完毕后，再将预放的卷材另一端卷回至已粘贴好的位置，连续铺贴直至整幅完成。铺贴方法：将水泥胶用毛刷涂到基层(找平层)和卷材对应的表面上厚约 1.0mm，然后粘贴卷材，同时在卷材上表面用刮板将粘结面排气压实，排出多余部分粘结胶。

　　(2) 垂直面卷材粘贴必须纵向粘贴，自上而下对正，自下向上排气压实，要求基层与卷材同时涂胶，厚度均约 1.0mm。

　　(3) 卷材的损伤疵点应做附加层，附加层卷材应宽出疵点周边 120mm，屋面防水附加层用水泥胶(配比同防水层粘结胶)满粘。

　　4. 接缝施工

　　(1) 接缝方式：

　　卷材接缝搭接宽度：长边接缝为 100mm，短边接缝为 120mm。相邻短边接缝应错开 1m 以上，水平转角处(墙面与墙面的夹角)接缝距转角大于 0.3m，附加层接缝必须与防水层接缝错开 0.3m 以上。采用盖条方式，盖条宽度为 100mm。

　　(2) 接缝涂胶部位要求基层干净、干燥。

　　(3) 屋面防水用水泥胶接缝时，接缝与卷材粘贴可同时进行，两个粘结面同时涂胶，接缝满粘，胶层厚度为 1.0～1.6mm，接缝压实后在接缝边缘再涂刷一层水泥胶，厚度为 0.8～1.0mm，涂刷宽度从接缝边缘向两边延伸 30mm，接缝不允许有露底、打皱、翘曲、起空现象。

　　(4) 用胶接缝时应在粘结胶固化后进行，具体操作方法：翻起上层卷材，将胶涂在下层卷材上，涂胶应连续均匀，厚度为 1.0mm 左右，宽度符合规定，涂胶后粘合压实。翻起时防止卷材与基层剥离。

三、施工注意事项

　　1. 防水施工必须由具有防水施工资质的专业公司或施工队施工，施工人员必须经专业培训，施工现场的劳动组织，一般应 5～6 人成为一个小组，分级划铺贴操作、压实和其他辅助岗位。

　　2. 施工前，进行安全教育、技术措施交底，施工中严格遵守安全规章制度。

　　3. 施工人员须戴安全帽、穿工作服、软底鞋，立体交叉作业时须架设安全防护棚。

　　4. 施工人员必须严格遵守各项操作说明，严禁违章作业。

　　5. 施工现场一切用电设施须安装漏电保护装置，施工用电动工具正确使用。

　　6. 立面卷材应由上往下施工。

　　7. 基层处理剂涂刷完毕必须完全干燥后方可铺贴卷材。

　　8. 需要点火时以及在烘烤施工中，火焰严禁对着人。

四、成品保护措施

　　1. 在防水层的施工过程中，施工人员须穿软底鞋，严禁穿带钉子或尖锐突出的鞋进入现场，以免破坏防水层。

　　2. 施工过程中质检员应随时、有序的进行质量检查，如发现有破损、扎坏的地方要及时组织人员进行修补，避免隐患的产生。

　　3. 卷材防水层施工完毕自检合格后，应及时报请总包方、监理方进行验收。

续表

工程名称	×××教学楼	建设单位	×××
监理单位	×××建设监理公司	施工单位	×××建筑工程公司
交底部位	屋面防水层施工	交底日期	××××××
交底人签字	×××	接收人签字	×××

4. 卷材防水层验收合格后，应由总包方及时进行保护层的施工。如不能及时作保护层施工时，应采取临时保护措施；

5. 严禁在未进行保护的防水层上拖运重型器物和运输设备。

6. 不得在已验收合格的防水层上打眼凿洞，所有预埋件均不得后凿、预埋件不得后做，如必须穿透防水层时，必须提前通知防水承包方，以便提供合理的建议并进行及时的修补。

7. 底板、顶板防水保护层细石混凝土浇筑时，尽量采用汽车泵进行浇筑，若用地泵，则需在泵管支架的下方垫设不小于 30cm×30cm 的木垫块或竹胶板；采用手推车进行混凝土运输时，应对防水层进行保护；

8. 在浇筑细石混凝土保护层以前及施工过程中，严禁穿带钉子鞋的人员进入施工现场，以免损坏卷材防水层；如发现防水层损坏，应立即进行修补。

参加单位及人员		（项目经理）：（签字）

注：本表一式四份，建设单位、监理单位、施工单位、城建档案馆各一份。

【实践活动】

由教师在《建筑工程识图实训》教材中选定屋面防水施工图，按照屋面防水设计做法，并结合地方情况给定施工条件和施工方法，学生分小组（3～5人）完成所选屋面防水工程施工技术交底的编制。

【实训考评】

学生自评（20%）：

施工方法：符合要求□；基本符合要求□；错误□。

交底内容：完整□；基本完整□；不完整□。

小组互评（20%）：

工作认真努力，团队协作：好□；较好□；一般□；还需努力□。

教师评价（60%）：

施工方法：符合要求□；基本符合要求□；错误□。

交底内容：完整□；基本完整□；不完整□。

工作认真努力，团队协作：好□；较好□；一般□；还需努力□。

任务2　地下防水施工技术交底

【实训目的】　通过训练，掌握地下防水施工交底内容和要点，具有进行地下防水工程施工技术交底的能力。

实训内容与指导

地下防水工程所用防水材料不同，施工工艺和交底内容也不相同，现以合成高分子防水卷材（三元乙丙橡胶）为例，介绍地下防水工程施工技术交底的主要内容及要求。

2.1 地下防水工程施工技术交底

地下防水工程施工技术交底的主要内容及要求包括：工程施工的范围、施工准备、操作工艺、质量标准、成品保护、应注意的质量问题和质量记录等。

2.1.1 施工准备技术交底的内容及要点

1. 材料准备及要求

（1）三元乙丙橡胶防水卷材规格：厚度 1.2mm，1.5mm；宽度 1.0m；长度 20.0m。

（2）主要技术性能：抗拉断裂强度≥7MPa；断裂伸长率＞450%；低温冷脆温度−40℃以下；不透水性：在＞0.3MPa 压力水作用下 30min 不透水。

（3）聚氨酯底胶：用来做基层处理剂，材料分甲、乙两组份，甲料为黄褐色胶体，乙料为黑色胶体。

（4）CX-404 胶：用于卷材与基层粘贴，为黄色混浊胶体。

（5）丁基胶粘剂：用于卷材接缝，分 A、B 两组份，A 组为黄浊胶体，B 组为黑色胶体。使用时按 1∶1 的比例混合搅拌均匀使用。

（6）聚氨酯涂膜材料：用于处理接缝增补密封，材料分甲、乙两组份，甲组份为褐色胶体，乙组份为黑色胶体。

（7）聚氨酯嵌缝膏：用于卷材收头处密封。

（8）其他材料：

1）二甲苯：用于浸洗刷工具。

2）乙酸乙酯：用于擦洗手。

2. 主要用具

施工用主要工具有：高压吹风机、平铲、钢丝刷、笤帚、大小铁桶、量尺、小线、色粉袋、剪刀、辊刷、油刷、压辊、刮板。

3. 作业条件

（1）在地下水位较高的条件下铺贴防水层前，应先降低地下水位，做好排水处理，使地下水位降至防水层底标高 300mm 以下，并保护到防水层施工完。

（2）铺贴防水层的基层表面应平整光滑，必须将基层表面的异物、砂浆疙瘩和其他尘土杂物清除干净，不得有空鼓、开裂及起砂、脱皮等缺陷。

（3）基层应保持干燥、含水率应不大于 9%；阴阳角处应做成圆弧形。

（4）防水层所用材料多属易燃品，存放和操作应隔绝火源，做好防火工作。

2.1.2 三元乙丙橡胶防水地下防水层操作工艺交底内容及要点

1. 工艺流程

基层清理→聚氨酯底胶配制→涂刷聚氯酯底胶→特殊部位进行增补处理（附

加层)→卷材粘贴面涂胶→基层表面涂胶→铺贴防水卷材→做保护层。

2. 操作工艺交底的要点有

(1) 基层清理：施工前将验收不合格的基层上杂物、尘土清扫干净。

(2) 聚氨酯底胶配制：聚氨酯材料按甲：乙＝1：3(重量比)的比例配合，搅拌均匀即可进行涂刷施工。

(3) 涂刷聚氨酯底胶：在大面积涂刷施工前，先在阴角、管根等复杂部位均匀涂刷一遍；然后用长把辊刷大面积顺序涂刷，涂刷底胶厚度要均匀一致，不得有露底现象。涂刷的底胶经 4h 干燥，手摸不粘时，即可进行下道工序施工。

(4) 特殊部位增补处理施工操作要点。

1) 增补剂涂膜：聚氨酯涂膜防水材料分甲、乙两组分，按甲：乙＝1：1.5 的重量比配合搅拌均匀，即可在地面、墙体的管根、伸缩缝、阴阳角部位均匀涂刷一层聚氨酯涂膜，做为特殊防水薄弱部位的附加层，涂膜固化后即可进行下一工序。

2) 附加层施工：设计要求做附加层的部位(阴阳角、管根等)，可用三元乙丙卷材铺贴一层。

(5) 铺贴三元乙丙卷材防水层施工操作要点。

1) 铺贴前在基层面上排尺弹线，作为掌握铺贴的标准线，使其铺设平直。

2) 卷材粘贴面涂胶：将卷材铺展在干净的基层上，用长把辊刷蘸胶涂匀，应留出搭接部位不涂胶。晾至胶基本干燥不粘手。

3) 基层表面涂胶：底胶干燥后，在清理干净的基层面上，用长把辊刷蘸 CX-404 胶均匀涂刷，涂刷面不宜过大，然后晾胶。

4) 卷材粘贴：在基层面及卷材粘贴面已涂刷好 CX-404 胶的前提下，将卷材用 30mm、长 1.5m 的圆心棒(圆木或塑料管)卷好，由二人抬至铺设端头，注意用线控制，位置要正确，粘结固定端头，然后沿弹好的标准线向另一端铺贴，操作时卷材不要拉太紧，并注意方向沿标准线进行，以保证卷材搭接宽度。

卷材不得在阴阳角处接头，接头处应间隔错开。

5) 操作中排气：每铺完一张卷材，应立即用干净的辊刷从卷材的一端开始横向用力滚压一遍，以便将空气排出。

6) 滚压：排除空气后，为使卷材粘结牢固，应用外包橡皮的铁辊滚压一遍。

7) 接头处理：卷材搭接的长边与端头的短边 100mm 范围，用丁基胶粘剂粘结，将甲、乙组分料按 1：1 重量比配合搅拌均匀，用毛刷蘸丁基胶粘剂，涂于搭接卷材的两个面，待其干燥 15～30min 即可进行压合，挤出空气，不许有皱折，然后用铁辊滚压一遍。凡遇有卷材重叠三层的部位，必须用聚氯酯嵌缝膏填密封严。

8) 收头处理：防水层周边用聚氨酯嵌缝，并在其上涂刷一层聚氨酯涂膜。

(6) 保护层：防水层做完后，应按设计要求做好保护层，一般平面为水泥砂浆或细石混凝土保护层；立面为砌筑保护墙或抹水泥砂浆保护层。

(7) 防水层施工不得在雨、风天气进行，施工的环境温度不得低于 5℃。

2.1.3 质量标准交底的内容及要点

三元乙丙卷材防水层施工质量标准按主控项目和一般项目进行验收。

1. 主控项目

（1）卷材与胶结材料必须符合设计和施工及验收规范的规定。检查产品出厂合格证、试验资料的技术性能指标，现场取样试验。

（2）卷材防水层及变形缝、预埋管根等细部特殊部位做法，必须经工程验收，使其符合设计要求和施工及验收规范的规定。

2. 一般项目

（1）卷材防水层的基层应牢固、平整，阴阳角处呈圆弧形或钝角，表面洁净，底胶涂刷均匀。

（2）卷材防水层的铺贴构造和搭接、收头粘贴牢固严密，无损伤、空鼓等缺陷。

（3）卷材防水层的保护层应符合设计要求的作法。

2.1.4 成品保护交底内容及要点

1. 已铺贴好的卷材防水层，加强保护措施。

2. 穿过墙体的管根，施工中不得碰撞变位。

3. 防水层施工完成后，应及时做好保护层、保护墙。

2.1.5 应注意的质量问题交底

1. 接头处卷材搭接不良：接头搭接形式以及长边、短边的搭接宽度偏小，接头处的粘结不密实、空鼓、接槎损坏。

防治措施：操作应按程序弹标准线，使与卷材规格相符，施工中齐线铺贴，使卷材搭接长边不小于100mm，短边不小于150mm。

2. 空鼓：铺贴卷材的基层潮湿，不平整、不洁净，易产生基层与卷材间空鼓；卷材铺设空气排除不彻底，也可使卷材间空鼓。

防治措施：施工时基层应充分干燥，卷材铺设层间不能窝住空气。刮大风时不宜施工，因在凉胶时易粘上砂尘而造成空鼓。

3. 管根处防水层粘贴不良：该部位施工应仔细操作，清理应干净，铺贴卷材不得有开口、翘边、折皱等问题。

4. 转角处渗漏水：转角处不易操作，面积较大。施工时注意留槎位置，保护好留槎卷材，使搭接满足规定的宽度。

2.1.6 质量记录交底

三元乙丙卷材防水层施工应具备的质量记录有：防水卷材应有产品合格证，现场取样复试资料；胶结材料应有出厂产品合格证、使用配合比资料；隐蔽工程检查验收资料及质量检验评定资料。

2.2 地下防水工程施工技术交底案例

某地下室采用三元乙丙橡胶卷材防水层，采用冷粘法进行粘贴施工，在地下室防水层施工前，对地下室防水施工操作工人进行技术交底，技术交底记录见表9-3。

技术交底记录　　　　　　　　　　　　　表 9-3

工程名称	×××写字楼	建设单位	×××
交底部位	地下室防水层工程施工	施工单位	××建筑工程公司
监理单位	×××建设监理公司	交底日期	
交底人		接收人	

交底内容：

一、施工准备

1. 材料要求：

(1) 三元乙丙橡胶防水卷材其质量和技术性能必须符合国家现行规范、标准的规定，有出厂合格证。进场卷材经过监理工程师进行验收，并根据规范规定外观检验和取样复试合格。

(2) 聚氨酯基层处理剂：材料分甲、乙两组分。

(3) CX-404 胶：用于卷材与基层粘贴为黄色混浊胶体。

(4) 丁基胶粘剂：用于卷材接缝，分 A、B 两组分，使用时按 1：1 的比例混合搅拌均匀使用。

(5) 聚氨酯涂膜材料：用于处理接缝增补密封，材料分甲、乙两组分。

(6) 聚氨酯嵌缝膏：用于卷材收头处密封。

(7) 其他材料：二甲苯、乙酸乙酯。

2. 主要用具：施工用主要工具有：高压吹风机、平铲、钢丝刷、笤帚、大小铁桶、量尺、小线、色粉袋、剪刀、辊刷、油刷、压辊、刮板。

3. 作业条件：

(1) 铺贴防水层的基层表面应平整光滑，必须将基层表面的异物、砂浆疙瘩和其他尘土杂物清除干净，不得有空鼓、开裂及起砂、脱皮等缺陷。

(2) 基层应保持干燥、含水率应不大于 9%；阴阳角处应做成圆弧形。

(3) 防水层所用材料多属易燃品，存放和操作应隔绝火源，做好防火工作。

(4) 防水工人 15 人，防水专业工程师 1 名。

二、施工工艺

1. 工艺流程：

基层清理→聚氨酯底胶配制→涂刷聚氨酯底胶→特殊部位进行增补处理（附加层）→卷材粘贴面涂胶→基层表面涂胶→铺贴防水卷材做保护层。

2. 操作工艺交底的要点

(1) 基层清理：施工前将验收合格的基层上杂物、尘土清扫干净。

(2) 聚氨酯底胶配制：聚氨酯材料按甲：乙=1：3（重量比）的比例配合，搅拌均匀即可进行涂刷施工。

(3) 涂刷聚氨酯底胶：在大面积涂刷施工前，先在阴角、管根等复杂部位均匀涂刷一遍，然后用长把辊刷大面积顺序涂刷，涂刷底胶厚度要均匀一致，不得有露底现象。涂刷的底胶经 4h 干燥，手摸不粘时，即可进行下道工序。

(4) 特殊部位增补处理施工操作要点：

1) 增补剂涂膜：聚氨酯涂膜防水材料分甲、乙两组分，按甲：乙=1：1.5 的重量比配合搅拌均匀，即可在地面、墙体的管根、伸缩缝、阴阳角部位均匀涂刷一层聚氨酯涂膜，作为特殊防水薄弱部位的附加层，涂膜固化后即可进行下一工序。

2) 附加层施工：设计要求的阴阳角、管根等特殊部位，用三元乙丙卷材增铺一层。

(5) 铺贴三元乙丙卷材防水层施工操作要点：

1) 铺贴前在基层面上排尺弹线。

2) 卷材粘贴面涂胶：将卷材铺展在干净的基层上，用长把辊刷蘸 CX-404 胶涂匀，应留出搭接部位不涂胶；晾胶至卷基本干燥不粘手。

3) 基层表面涂胶：底胶干燥后，在清理干净的基层面上，用长把辊刷蘸 CX-404 胶均匀涂刷，涂刷面不宜过大，然后晾胶。

4) 卷材粘贴：在基层面及卷材粘贴面已涂刷好 CX-404 胶的前提下，将卷材用 Φ30mm、长 1.5m 的圆心棒（圆木或塑料管）卷好，由两人抬至铺设端头，注意以线控制，位置要正确，粘结固定端头，然后沿弹好的标准线向另一端铺贴，操作时卷材不要拉太紧，并注意方向沿标准线进行，以保证卷材搭接宽度。卷材不得在阴阳角处接头，接头处应间隔错开。

5) 操作中排气：每铺完一张卷材，应立即用干净的辊刷从卷材的一端开始横向用力滚压一遍，以便将空气排出。

6) 滚压：排除空气后，为使卷材粘结牢固，应用外包橡皮的铁辊滚压一遍。

续表

工程名称	×××写字楼	建设单位	×××
交底部位	地下室防水层工程施工	施工单位	××建筑工程公司
监理单位	×××建设监理公司	交底日期	
交底人		接收人	

　　7) 接头处理：卷材搭接的长边与端头的短边 100mm 范围，用丁基胶粘剂粘结；将甲、乙组分料，按 1∶1 重量比配合搅拌均匀，用毛刷蘸丁基胶粘剂，涂于搭接卷材的两个面，待其干燥 15～30min 即可进行压合，挤出空气，不许有皱折，然后用铁辊滚压一遍。凡遇有卷材重叠三层的部位，必须用聚氯酯嵌缝膏填密封严。

　　8) 收头处理：防水层周边用聚氨酯嵌缝，并在其上涂刷一层聚氨酯涂膜。

　　(6) 保护层：防水层做完后，平面做水泥砂浆保护层；立面为 120mm 砖砌保护墙。

　　(7) 防水层施工不得在雨、风天气进行，施工的环境温度不得低于 5℃。

三、质量标准交底的内容及要点

　　三元乙丙卷材防水层施工按主控项目和一般项目进行验收。

　　1. 主控项目：

　　(1) 卷材与胶结材料必须符合设计和施工及验收规范的规定。检查产品出厂合格证、试验资料的技术性能指标，现场取样试验。

　　(2) 卷材防水层及变形缝、预埋管根等细部特殊部位做法，必须经工程验收，使其符合设计要求和施工及验收规范的规定。

　　2. 一般项目：

　　(1) 卷材防水层的基层应牢固、平整，阴阳角处呈圆弧形或钝角，表面洁净；底胶涂刷。

　　(2) 卷材防水层的铺贴构造和搭接、收头粘贴牢固严密，无损伤、空鼓等缺陷。

　　(3) 卷材防水层的保护层应符合设计要求的做法。

四、成品保护交底内容及要点

　　1. 已铺贴好的卷材防水层，加强保护措施，从管理上保证不受损坏。

　　2. 穿过墙体的管根，施工中不得碰撞变位。

　　3. 防水层施工完成后，应及时做好保护层、保护墙。

五、应注意的质量问题交底

　　1. 接头处卷材搭接不良：接头搭接形式以及长边、短边的搭接宽度偏小，接头处的粘结不密实、空鼓、接槎损坏。操作应按程序弹标准线，使与卷材规格相符，施工中齐线铺贴，使卷材搭接长边不小于 100mm，短边不小于 150mm。

　　2. 空鼓：铺贴卷材的基层潮湿、不平整、不洁净，易产生基层与卷材间空鼓；卷材铺设空气排除不彻底，也可使卷材间空鼓。注意施工时基层应充分干燥，卷材铺设层间不能窝住空气。刮大风时不宜施工，因在凉胶时易粘上砂尘而造成空鼓。

　　3. 管根处防水层粘贴不良：在这种部位施工应仔细操作，清理应干净，铺贴卷材不得有开口、翘边、折皱等问题。

　　4. 转角处渗漏水：转角处不易操作，面积较大。施工时注意留槎位置，保护好留槎卷材，使搭接满足规定的宽度。

六、做好质量记录交底

　　三元乙丙卷材防水层施工应具备的质量记录有：

　　1. 三元乙丙卷材产品合格证，现场取样复试资料。

　　2. 胶结材料(聚氨酯基层处理剂、CX-404 胶、丁基胶粘剂、聚氨酯涂膜材料、聚氨酯嵌缝膏)出厂产品合格证、使用配合比资料；

　　3. 隐蔽工程检查验收资料及质量检验评定资料。

参加单位及人员		(项目经理)：(签字)

　　注：本表一式四份，建设单位、监理单位、施工单位、城建档案馆各一份。

【实践活动】

　　由教师在《建筑工程识图实训》教材中选定地下室防水施工图，按照地下室防水做法，并结合地方情况给定施工条件和施工方法，学生分小组(3～5人)完成所选地下室防水工程施工技术交底的编制。

【实训考评】

学生自评(20%)：

  施工方法：符合要求□；基本符合要求□；错误□。

  交底内容：完整□；基本完整□；不完整□。

小组互评(20%)：

  工作认真努力，团队协作：好□；较好□；一般□；还需努力□。

教师评价(60%)：

  施工方法：符合要求□；基本符合要求□；错误□。

  交底内容：完整□；基本完整□；不完整□。

  工作认真努力，团队协作：好□；较好□；一般□；还需努力□。

任务3 卫生间防水施工技术交底

【实训目的】 通过训练，使学生掌握卫生间防水施工交底内容和要点，具有编制卫生间防水工程施工技术交底的能力。

实训内容与指导

3.1 卫生间防水工程施工技术交底

卫生间由于面积小、各种管道多、孔洞多，施工要求高，其防水层大多采用涂膜防水层。

涂膜防水工程施工技术交底的主要内容及要求包括：工程施工的范围、施工准备、操作工艺、质量标准、成品保护、应注意的质量问题和质量记录等。

3.1.1 卫生间涂膜防水施工准备技术交底的内容及要点

1. 材料准备及要求

(1)聚氨酯涂膜防水材料：由甲组分和乙组分按规定比例配合后，发生化学反应，由液态变为固态，形成较厚的防水涂膜。

聚氨酯涂膜防水材料易燃、有毒，储存时应密封，进场后在阴凉、干燥、无强阳光直晒并通风的库房(或场地)内存放。自生产日期起，甲组料储期不超过6个月，乙组料储期不超过12个月，甲乙料应分别存放。施工时应按厂家说明的比例进行配料，操作场地要防火、通风，操作人员应戴手套、口罩等防护用品，以防溶剂中毒。

(2)主要辅助材料：磷酸或苯磺酰氯(缓凝剂)、二月桂酸二丁基锡(缓凝剂)、二甲苯(稀释剂)等。

2. 主要机具：电动搅拌器、搅拌桶、小漆桶、塑料刮板、小刮板、橡胶刮板、弹簧秤、毛刷、辊刷、小抹子、油工铲刀、笤帚、消防器材、风机等。

3. 作业条件

(1) 厨厕间楼地面垫层已做完，穿过厨厕间地面及楼面的所有立管、套管已做完，并已固定牢固，经验收合格。管周围缝隙用 1∶2∶4 细石混凝土填塞密实(楼板底需吊模板)。

(2) 厨厕间楼地面找平层已做完，标高符合要求，表面应抹平压光、坚实、平整，无空鼓、裂缝、起砂等缺陷，含水率不大于 9%。

(3) 找平层的泛水坡度应在 2% 以上(即 1∶50)不得局部积水，与墙交接处及转角处、管根部位，均要抹成半径为 100mm 的均匀一致、平整光滑的小圆角，要用专用抹子抹。凡是靠墙的管根处均要抹出 5%(1∶20)坡度，避免此处积水。

(4) 涂刷防水层的基层表面，应将尘土、杂物清扫干净，表面残留灰浆硬块及高出部分应刮平、扫净。对管根周围不易清扫的部位，应用毛刷将灰尘等清除，如有坑洼不平处或阴阳角末抹成圆弧处，可用众霸胶∶水泥∶砂=1∶1.5∶2.5 将其修补好。

(5) 基层做防水涂料之前，在突出地面和墙面的管根、地漏、排水口、阴阳角等易发生渗漏的部位，应做附加层等增补处理。

(6) 厨厕间墙面应按设计要求做防水，墙面基层抹灰要压光，要求平整、无空鼓、裂缝、起砂等缺陷。穿过防水层的管道及固定卡具应提前安装，并在距管 50mm 范围内凹进表层 5mm，管根做成半径为 10mm 的圆弧。

(7) 根据墙上的 500mm 标高线，弹出墙面防水高度线，标出立管与标准地面的交界线，涂料涂刷时要与此线平齐。

(8) 厨厕间做防水之前必须设置足够的照明设备和通风设备。

(9) 防水材料一般为易燃有毒物品，储存、保管和使用要远离火源，施工现场要备有足够的灭火器材，施工人员要着工作服，软底鞋，并设专业工长监管。

(10) 环境温度保持在 5℃ 以上。

(11) 操作人员应经过专业培训，持证上岗。

3.1.2　操作工艺交底内容及要点

1. 聚氨酯防水涂膜施工工艺流程

基层清理→涂刷底胶→细部附加层施工→第一层涂膜→第二层涂膜→第三层涂膜、撒石碴。

2. 操作工艺交底的要点

(1) 基层清理：涂膜防水层施工前，先将基层表面上的灰皮用铲刀除掉，用笤帚将尘土、砂粒等杂物清扫干净，尤其是管根、地漏和排水口等部位要仔细清理。如有油污应用钢丝刷和砂纸刷掉。基层表面必须平整，凹陷处要用腻子补平。

(2) 涂刷底胶

1) 配料：先将聚氨酯甲、乙两组分和二甲苯按 1∶1.5∶2 的比例(重量比)配合搅拌均匀即可使用，配制时要根据需用量配制，不要过多。

2) 涂刷底胶：先用毛刷将管根、阴阳角等辊刷不宜滚到的地方涂刷底胶，再用辊刷蘸底胶均匀地涂在基层表面上，涂刷量为 0.2kg/m²，不得过薄或过厚，涂后应干燥 4h 以上，手感不粘时，即可做下道工序。

（3）细部附加层施工

1）配料：将聚氨酯甲、乙两组分按使用说明书上要求比例进行配制，使用说明书上无要求时，可按 1∶1.5（重量比）进行配制。其配合比计量要准确，必须用电动搅拌器进行强力搅拌均匀（约 5min）。

2）细部附加层施工：用油漆刷蘸配好的涂料在管根、地漏、阴阳角等容易漏水的薄弱部位均匀涂刷，不得漏涂（地面与墙角交接处，涂膜防水拐墙上 250mm高）。常温 4h 表干后，再刷第二道涂膜防水涂料，24h 实干后，即可进行大面积涂膜防水层施工，每层附加层厚度宜为 0.6mm。

（4）涂膜防水层施工：聚氨酯防水涂膜一般厚度为 1.1mm、1.5mm、2.0mm，根据设计厚度不同，可分成两道或三道进行涂膜施工。

1）配料：同细部附加层配料。

2）第一层涂层：将已配好的聚氨酯涂膜防水涂料用塑料或橡胶刮板均匀涂刮在已涂好底胶的基层表面上，厚度为 0.6mm，要均匀一致，刮涂量以 0.6～0.8kg/m² 为宜，操作时先墙面后地面，从内向外退着操作。

3）第二道涂层：第一层涂膜固化到不粘手时，按第一遍材料配比及施工方法，进行第二道涂膜防水施工。为使涂膜厚度均匀，刮涂方向必须与第一遍刮涂方向垂直，刮涂量比第一遍略少，厚度为 0.5mm 为宜。

4）第三层涂膜：第二层涂膜固化后，按前述两遍的材料配比搅拌好涂膜材料，进行第三遍刮涂，刮涂量以 0.4～0.5kg/m² 为宜（如设计厚度为 1.5mm 以上时，可进行第四次涂刷）。

5）撒石碴结合层：为了保护防水层，地面防水层可不撒石碴结合层，结合层可用 1∶1 的 791 胶。水泥进行扫毛处理，地面防水保护层做完后，在墙面防水层滚涂一遍防水涂料，未固化时，在其表面上撒干净的 2～3mm 砂粒，以增加其与面层的粘结力。

6）涂刷过程中遇到问题的处理：在操作过程中根据当天的操作量配料，不得配制过多。如涂料黏度过大不便涂刮时，可加入少量二甲苯进行稀释，加入量不得大于乙料的 10%。如甲乙料混合后固化过快，影响施工时，可加入少许的磷酸或苯磺酰氯作缓凝剂，加入量不得大于甲料的 0.5%；如涂膜固化太慢，可加入少许二月桂酸二丁基锡作促凝剂，加入量不得大于甲料的 0.3%。

3.1.3 聚氨酯防水涂膜施工质量标准交底的内容及要点

聚氨酯防水涂膜防水层施工质量标准按主控项目和一般项目进行验收。

1. 主控项目

（1）防水材料符合设计要求和现行有关标准的规定。

（2）排水坡度、预埋管道、设备、固定螺栓的密封符合设计要求。

（3）地漏顶应为地面最低处，易于排水，系统畅通。

2. 一般项目

（1）排水坡、地漏排水设备周边节点应密封严密，无渗漏现象。

（2）密封材料应使用柔性材料，嵌填密实，粘结牢固。

（3）防水涂层均匀，不龟裂，不鼓泡。

（4）防水层厚度符合设计要求。

3. 涂膜防水层的验收：根据防水涂膜施工工艺流程，对每道工序进行认真检查验收，做好记录，合格后方可进行下道工序施工。防水层完成并实干后，对涂膜质量进行全面验收，要求满涂，薄厚均匀一致，封闭严密，厚度达到设计要求（做切片检查）。防水层无起鼓、开裂、翘边等缺陷，并且表面光滑。

涂膜防水层在检查验收合格后还应做蓄水试验（水面高出标准地面 20mm），24h 无渗漏，做好记录，可进行保护层施工。

3.1.4 成品保护交底内容及要点

1. 涂膜防水层操作过程中，操作人员要穿平底鞋作业，穿过地面及墙面等处的管件和套管、地漏、固定卡子等，不得碰损、变位。涂防水涂料时，不得污染其他部位的墙地面、门窗、电气线盒、设备管道、卫生器具等。

2. 涂膜防水层每层做完后，要严格加以保护，在厨卫间门口要设醒目的禁入标志，在保护层做完之前，任何人不得进入，也不得在上面堆放杂物，以免损坏防水层。

3. 地漏或排水口在做防水之前，应采取保护措施，以防杂物进入，确保排水畅通，蓄水试验合格后，要将地漏内清理干净。

4. 做防水保护层时，不得在防水层上拌砂浆，铺砂浆时铁锹不得碰防水层，要精心细做，不得损坏防水层。

3.1.5 应注意的质量问题交底

1. 涂膜防水层空鼓、有气泡：主要是基层清理不干净，底胶涂刷不匀或者找平层潮湿，含水率高于 9%；涂刷之前未进行含水率检验，造成空鼓，严重时造成大面积起鼓包。因此在涂刷防水层之前，必须将基层清理干净，并保证含水率合适。

2. 地面面层做完后，进行蓄水试验，有渗漏现象：主要原因是穿过地面和墙面的管件、地漏等松动，烟风道下沉，撕裂防水层；其他部位由于管根松动或粘结不牢、接触面清理不干净产生空隙，接槎、封口处搭接长度不够，粘贴不紧密；做防水保护层时可能损坏防水层；第一次蓄水试验蓄水深度不够。因此要求在施工过程中，对相关工序应认真操作，加强责任心，严格按工艺标准和施工规范进行操作。涂膜防水层做完之后，进行第一次蓄水试验。蓄水深度必须高于标准地面 20mm，24h 不渗漏为止，如有渗漏现象，可根据渗漏具体部位进行修补，甚至于全部返工。地面面层做完之后，再进行第二遍蓄水试验，24h 无渗漏为最终合格，填写蓄水检查记录。

3. 地面排水不畅：主要原因是做地面面层及找平层时未按设计要求找坡，造成倒坡或凹凸不平而存水。因此在做涂膜防水层之前，先检查基层坡度是否符合要求，与设计不符时，应进行处理后再做防水，面层施工时也要按设计要求找坡。

4. 地面二次蓄水做完后，已验收合格，但在竣工使用后仍发现渗漏现象：主要原因是卫生器具排水口与管道承插口处未连接严密，连接后未用建筑密封膏封密实，或者是后做卫生器具的固定螺钉穿透防水层而未进行处理。在卫生洁具安装后，必须仔细检查各接口处是否符合要求，再进行下道工序。要求卫生器具安完后，注意成品保护。

3.1.6　做好质量记录交底

应具备的质量记录有：地基钎探记录、地基隐蔽验收记录、回填土的试验报告、施工交底记录等。

3.2　卫生间防水工程施工技术交底案例

某单元式住宅卫生间，采用聚氨酯防水涂膜防水层，在防水层施工前，对防水施工操作工人进行技术交底。技术交底记录见表9-4。

技术交底记录　　　　　　　　　　　　　　　　　表9-4

工程名称	×××单元式住宅楼	建设单位	×××
交底部位	卫生间聚氨酯防水涂膜防水层施工	施工单位	×××建筑工程公司
监理单位	×××建设监理公司	交底日期	××××××
交底人	×××	接收人	×××

交底内容：
一、准备施工
　　1. 材料及要求
　　(1)聚氨酯防水涂料：
　　1)甲组分：异氰酸基含料，以3.5±0.2%为宜。
　　2)乙组分：羟基含料，以0.7±0.1%为宜。
　　(2)主要辅助材料：磷酸或苯磺酰氯(缓凝剂)、二月桂酸二丁基锡(促凝剂)、二甲苯、乙酸乙酯、玻璃丝布(幅宽90cm，14目)或无纺布等。
　　(3)聚氨酯防水涂料，必须经试验合格方能使用，其技术性能应符合规定。
　　2. 主要机具：电动搅拌器、拌料桶、油漆桶、塑料刮板。小刮板、橡胶刮板、弹簧秤、油漆刷(刷底胶用)、滚动刷(刷底胶用)、小抹子、油工铲刀、笤帚、消防器材。
　　3. 作业条件
　　(1)穿过厕浴间楼板的所有立管、套管均已做完并经验收，管周围缝隙用1:2:4豆石混凝土填塞密实(楼板底需支模板)。
　　(2)厕浴间地面垫层已做完，向地漏处找2%坡，厚度小于30mm时用混合砂浆，大于30mm厚用1:6水泥焦渣垫层。
　　(3)厕浴间地面找平层已做完，表面应抹平压光、坚实平整，不起砂，含水率低于9%(简易检测方法：在基层表面上铺一块1m²橡胶板，静置3～4h，覆盖橡胶板部位无明显水印，即视为含水率达到要求)。
　　(4)找平层的泛水坡度应在2%以上，不得局部积水，与墙交接处及转角均要抹成小圆角。凡是靠墙的管根处均抹出5%坡度，避免此处存水。
　　(5)基层做防水涂料之前，在穿过楼板的立管四周、套管与立管交接处、大便器与立管接口处、地漏上口四周等处用建筑密封膏封严。
　　(6)厕浴间做防水之前必须设置足够的照明及通风设备。
　　(7)防水材料施工时要配有防火设施和工作服、软底鞋。
　　(8)操作温度保持5℃以上。
　　(9)操作人员应经过专业培训、持上岗证，先做样板间，经检查验收合格后，方可全面施工。
二、聚氨酯防水涂料施工工艺流程
　　1. 工艺流程
　　清扫基层→涂刷底胶→细部附加层→第一层涂膜→第二层涂膜→第三层涂膜和粘石碴。
　　2. 施工工艺
　　(1)清扫基层：用铲刀将粘在找平层上的灰浆清除掉，用扫帚将尘土清扫干净，尤其是管根、地漏和排水口等部位要仔细清理。如有油污应用钢丝刷和砂纸刷掉。表面必须平整，凹陷处要用1:3水泥砂浆找平。

273

续表

工程名称	×××单元式住宅楼	建设单位	×××
交底部位	卫生间聚氨酯防水涂膜防水层施工	施工单位	×××建筑工程公司
监理单位	×××建设监理公司	交底日期	××××××
交底人	×××	接收人	×××

（2）涂刷底胶：将聚氨酯甲、乙两组分和二甲苯按 1∶1.5∶2 的比例（重量比）配合搅拌均匀，即可使用。用滚动刷或油漆刷蘸底胶均匀地涂刷在基层表面，涂刷应均匀，涂刷量以 0.2kg/m² 左右为宜。涂刷后应干燥 4h 以上，才能进行下一工序的操作。

（3）细部附加层：将聚氨酯涂膜防水材料按甲组分∶乙组分=1∶1.5 的比例混合搅拌均匀，用油漆刷蘸涂料在地漏、管道根、阴阳角和出水口等容易漏水的薄弱部位均匀涂刷，不得漏刷。

（4）第一层涂膜施工：将聚氨酯甲、乙两组分和二甲苯按 1∶1.5∶0.2 的比例（重量比）配合后，倒入拌料桶中，用电动搅拌器搅拌均匀（约 5min），用橡胶刮板或油漆刷刮涂一层涂料，厚度要均匀一致，刮涂量以 0.8～1.0kg/m² 为宜，从内往外退着操作。

（5）第二遍涂膜施工：为使涂膜厚度均匀，刮涂方向必须与第一遍刮涂方向垂直，刮涂量与第一遍同。

（6）第三层涂膜施工：第二层涂膜固化后，仍按前两遍的材料配比搅拌好涂膜材料，进行第三遍刮涂，刮涂量以 0.4～0.5kg/m² 为宜，涂完之后未固化时，可在涂膜表面稀撒干净的 2～3mm 粒径的石碴，以增加与水泥砂浆覆盖层的粘结力。

（7）在操作过程中根据当天操作量配料，不得搅拌过多。如涂料黏度过大不便涂刷时，可加入少量二甲苯进行稀释，加入量不得大于乙料的 10%。如甲、乙料混合后固化过快，影响施工时，可加入少许磷酸或苯磺酚氯化缓凝剂，加入量不得大于甲料的 0.5%；如涂膜固化太慢，可加入少许二月桂酸二丁基锡作促凝剂；但加入量不得大于甲料的 0.3%。

（8）涂膜防水做完，经检查合格后进行蓄水试验，24h 无渗漏，方可进行面层施工。

三、施工质量标准交底的内容及要点

聚氨酯防水层施工按主控项目和一般项目进行验收。

1. 主控项目

（1）所用涂膜防水材料的品种、牌号及配合比，应符合设计要求和国家现行有关标准的规定。对防水涂料技术性能四项指标必须经过试验室进行复验合格后，方可使用。

（2）涂膜防水层与预埋管件、表面坡度等细部做法，应符合设计要求和施工规范的规定，不得有渗漏现象（蓄水 24h 观察无渗漏）。

（3）找平层含水率低于 9%，并经检查合格后，方可进行防水层施工。

2. 一般项目

（1）涂膜层涂刷均匀，厚度满足设计要求，不露底。保护层和防水层粘结牢固，紧密结合，不得有损伤。

（2）底胶和涂料附加层的涂刷方法、搭接收头应符合施工规范要求，粘结牢固、紧密，接缝封严，无空鼓。

（3）表层如发现有不合格之处，应按规范要求重新涂刷搭接，并经有关人员认证。

（4）涂膜层不起泡、不流淌、平整无凹凸，颜色亮度一致，与管件、洁具、地脚螺栓、地漏、排水口等接缝严密，收头圆滑。

3. 蓄水试验：防水涂料按设计要求的涂层涂完后，经质量验收合格，进行蓄水试验，临时将地漏堵塞，门口处抹挡水坎，蓄水 2cm，观察 24h 无渗漏为合格，可进行面层施工。

四、成品保护

1. 涂膜防水层操作过程中，不得污染已做好饰面的墙壁、卫生洁具、门窗等。

2. 涂膜防水层做完之后，要严格加以保护，在保护层未做之前，任何人员不得进入，也不得在卫生间内堆积杂物，以免损坏防水层。

3. 地漏或排水口内防止杂物塞满，确保排水畅通。蓄水合格后，不要忘记要将地漏内清理干净。

4. 面层进行施工操作时，对突出地面的管根、地漏、排水口、卫生洁具等与地面交接处的涂膜不得碰坏。

五、应注意的质量问题

1. 涂膜防水层空鼓、有气泡：主要是基层清理不干净，底胶涂刷不匀或者是由于找平层潮湿，含水率高于 9%，涂刷之前未进行含水率试验，造成空鼓，严重时造成大面积起鼓包。因此在涂刷防水层之前，必须将基层清理干净，并做含水率试验。

续表

工程名称	×××单元式住宅楼	建设单位	×××
交底部位	卫生间聚氨酯防水涂膜防水层施工	施工单位	×××建筑工程公司
监理单位	×××建设监理公司	交底日期	××××××
交底人	×××	接收人	×××

2. 地面面层做完后进行蓄水试验，有渗漏现象：涂膜防水层做完之后，必须进行第一次蓄水试验，如有渗漏现象，可根据渗漏具体部位进行修补，甚至于全部返工，直到蓄水 2cm 高，观察 24h 不渗漏为止。地面面层做完之后，再进行第二遍蓄水试验，观察 24h 无渗漏为最终合格，填写蓄水检查记录。

3. 地面存水排水不畅：主要原因是在做地面垫层时，没有按设计要求找坡，做找平层时也没有进行补救措施，造成倒坡或凹凸不平面存水。因此在做涂膜防水层之前，先检查基层坡度是否符合要求，与设计不符时，应进行处理后再做防水。

4. 地面二次蓄水做完之后，已验收合格，但在竣工使用后，蹲坑处仍出现渗漏现象：主要是蹲坑排水口与污水承插接口处未连接严密，连接后未用建筑密封膏封密实，造成使用后渗漏。在卫生洁具安装后，必须仔细检查各接口处是否符合要求，再进行下道工序。

六、本工艺标准应具备以下质量记录

1. 聚氨酯防水涂料，必须有生产厂家合格证，防水材料使用认证书，施工单位的技术性能复试试验记录。

2. 防水涂层隐检记录，蓄水试验检查记录。

3. 防水涂层分项工程质量检验评定记录。

七、安全技术交底

1. 聚氨酯甲、乙料易燃、有毒、均用铁桶包装，贮存时应密封，进场后放在阴凉、干燥、无强日光直晒的库房(或场地)存放。

2. 施工操作时应按厂家说明的比例进行配合。

3. 操作场地要防火、通风，操作人员应戴手套、口罩、眼镜等，以防溶剂中毒。

参加单位及人员		(项目经理)：(签字)

注：本表一式四份，建设单位、监理单位、施工单位、城建档案馆各一份。

【实践活动】

由教师在《建筑工程识图实训》教材中选定建筑施工图，按照卫生间防水设计做法，并结合地方情况给定施工条件和施工方法，学生分小组(3～5 人)完成所选建筑卫生间防水工程施工技术交底的编制。

【实训考评】

学生自评(20%)：

施工方法：符合要求□；基本符合要求□；错误□。

交底内容：完整□；基本完整□；不完整□。

小组互评(20%)：

工作认真努力，团队协作：好□；较好□；一般□；还需努力□。

教师评价(60%)：

施工方法：符合要求□；基本符合要求□；错误□。

交底内容：完整□；基本完整□；不完整□。

工作认真努力，团队协作：好□；较好□；一般□；还需努力□。

项目 10　装饰工程施工技术交底实训

【实训目标】　通过训练，使学生掌握墙面抹灰工程、饰面工程、楼(地)面工程等施工技术交底内容和方法，具有编制装饰工程施工技术交底的能力。

任务 1　墙面抹灰工程施工技术交底

【实训目的】　通过训练，使学生掌握墙面抹灰工程施工技术交底的内容和方法，具有编制墙面抹灰工程施工技术交底的能力。

实训内容与指导

1.1　混凝土墙面抹灰工程施工技术交底

混凝土墙面工程施工技术交底的主要内容包括：施工准备、操作工艺、质量标准、成品保护、应注意的质量问题和质量记录等。

1.1.1　混凝土墙面抹灰施工准备技术交底的内容及要点

1. 材料准备及要求

(1) 水泥：32.5 级及以上的普通硅酸盐水泥或矿渣硅酸盐水泥。

(2) 中砂：平均粒径为 0.35～5mm，使用前过 5mm 孔径的筛子，不得含有草根等杂物。

(3) 石灰膏：用块状生石灰淋制，淋制时必须用孔径不大于 3mm×3mm 的筛过滤，并贮存在沉淀池中，熟化时间常温下一般不少于 15d；磨细生石灰其细度应通过 4900 孔/cm² 的筛，使用前熟化时间不少于 3d。使用时，石灰膏内不得含有未熟化的颗粒和其他杂质。

2. 工具、器具：包括砂浆搅拌机、纸筋灰搅拌机、磅秤、孔径 5mm 筛子、手推车、钢板、铁锹、平锹、大桶、灰槽、胶皮管、水勺、灰勺、小水桶、喷壶、托灰板、木抹子、铁抹子、阴(阳)角抹子、塑料抹子、大杠、中杠、2m 靠尺板、托线板、方尺、水平尺、卷尺、钢丝刷、长毛刷、笤帚、粉线包、小白线、錾子、锤子、钳子、钉子、钢筋卡子、线坠等。

3. 作业条件

(1) 主体结构已检查合格，门窗框及需要预埋的管道已安装完毕，并经检查合格。

(2) 抹灰前，应检查门窗框位置是否正确，与墙连接是否牢固。连接处缝隙应用 1：3 水泥砂浆分层嵌塞密实，若缝隙较大时，应在砂浆中掺入少量麻刀嵌塞密实。门口钉设板条或薄钢板保护。铝合金门窗框边缝所用嵌缝材料应符合设计要求，且堵塞密实，并事先粘贴好保护膜。

（3）将混凝土墙表面凸出部分凿平，对蜂窝、麻面、露筋、疏松部分等凿到实处，用 1∶2.5 水泥砂浆分层补平，把外露钢筋头和铅丝头等清除掉。

（4）管道穿越的墙洞和楼板洞，应及时安放套管，并用 1∶3 水泥砂浆或细石混凝土填塞密实；电线管、消火栓箱、配电箱安装完毕，并将背后露明部分钉好钢丝网；接线盒用纸堵严。

（5）壁柜、门框及其他预埋铁件位置和标高应准确无误，并做好防腐、防锈处理。

（6）根据室内高度和抹灰现场的具体情况，提前搭好抹灰操作用的高凳和架子，架子要离开墙面和墙角 200～250mm，以方便操作。

（7）抹灰前用笤帚将顶棚、墙面清扫干净。

1.1.2　质量标准交底

1. 主控项目

（1）室内混凝土顶棚、墙面抹灰所用的材料品种、质量必须符合设计要求和现行材料标准的规定。

（2）各抹灰层之间及抹灰层与基体之间必须粘结牢固，无脱层、空鼓，面层无爆灰和裂缝等缺陷。

2. 一般项目：

（1）表面要求：

普通抹灰：表面光滑、洁净，接槎平整，线角顺直清晰。

高级抹灰：表面光滑、洁净，颜色均匀，无抹纹，线角和灰线平直方正，清晰美观。

（2）护角、门窗框与墙体之间缝隙：护角符合施工规范的规定，表面光滑、平顺；门窗框与墙体间缝隙填塞密实，表面平整。

（3）孔洞、槽、盒和管道后面的抹灰表面：尺寸正确，边缘整齐、光滑；管道后面平整。

（4）分格条（缝）：宽度、深度均匀一致，平整光滑，楞角整齐，横平竖直、通顺。

3. 允许偏差项目，见表 10-1。

一般抹灰质量的允许偏差　　　　　　　　　　　　　表 10-1

项次	项目	允许偏差（mm）		检验方法
		普通抹灰	高级抹灰	
1	立面垂直度	4	3	用 2m 垂直检测尺检查
2	表面平整度	4	3	用 2m 靠尺和楔形塞尺检查
3	阴、阳角方正	4	3	用直角检测尺检查
4	分格条（缝）直线度	4	3	拉 5m 线，不足 5m 拉通线，用钢直尺检查
5	墙裙、勒脚上口直线度	4	3	拉 5m 线，不足 5m 拉通线，用钢直尺检查

注：1. 普通抹灰，本表第 3 项阴角方正可不检查。
　　2. 顶棚抹灰，本表第 2 项表面平整度可不检查，但应顺平。

1.1.3　操作工艺交底内容及要点

1. 混凝土墙面抹灰工艺流程

基层处理→吊直、套方、找规矩、贴灰饼→墙面冲筋→做护角→抹水泥窗台板→抹底灰→抹中层灰→抹面灰→抹罩面灰→养护。

2. 混凝土墙面抹灰操作工艺及要点

(1) 基层处理：抹灰前应对混凝土表面做处理，清除灰尘、污垢、油渍和碱膜等，并洒水湿润。表面凹凸明显的部位，应事先剔平或用 1∶3 水泥砂浆补平，对于平整光滑的混凝土表面拆模时随即作凿毛处理，或用铁抹子满刮水灰比为 0.37~0.4(内掺水重 3%~5% 的 108 胶)的水泥浆一道，或用混凝土界面处理剂处理。

(2) 吊直、套方、找规矩、贴灰饼：根据基层表面平整、垂直情况，经检查后确定抹灰层厚度，最少不应小于 7mm。墙面凹度较大时要分层操作。用线坠、方尺、拉通线等方法贴灰饼，用托线板找好垂直，下灰饼也作为踢脚板依据。灰饼宜用 1∶3 水泥砂浆做成 50mm 见方，水平距离约为 1.2~1.5m 左右。

(3) 墙面冲筋(设置标筋)：灰饼用与抹灰层相同的水泥砂浆抹标筋，冲筋的根数应根据房间的高度或宽度来决定，筋宽约为 50mm 左右。

(4) 做护角：抹灰工程施工前，对室内墙面、柱面和门洞的阳角，宜用 1∶2 水泥砂浆做护角，其高度不低于 2m，每侧宽度不少于 50mm。对外墙窗台、窗楣、雨篷、阳台、压顶和突出腰线等，上面应做成流水坡度，下面应做滴水线或滴水槽，滴水槽的深度和宽度均不应小于 10mm，要求整齐一致。

(5) 抹底灰：待标筋砂浆有七至八成干后，就可以进行底层砂浆抹灰。

抹底层灰可用托灰板(大板)盛砂浆，用力将砂浆推抹到墙面上，一般应从上而下进行，在两标筋之间的墙面砂浆抹满后，即用长刮尺两头靠着标筋，从下而上进行刮灰，使抹上的底层灰与标筋面相平。再用木抹来回抹压，去高补低，最后再用铁抹子压平一遍。

底灰厚度宜在 5~7mm，应分层分遍抹。

(6) 抹中层：中层砂浆抹灰应待水泥砂浆(或水泥混合砂浆)底层凝结后或石灰砂浆底层灰七、八成干后，方可进行。

中层砂浆抹灰时，应先在底层灰上洒水，待其收水后，即可将中层砂浆抹上去，一般应从上而下，自左向右涂抹，不用再做标志及标筋，整个墙面抹满后，用木抹来回搓抹，去高补低，再用铁抹压抹一遍，使抹灰层平整、厚度一致。

(7) 面层灰应待中层灰凝固后才能进行。先在中层灰上洒水湿润，将面层砂浆(或灰浆)均匀地抹上去，一般应从上而下，自左向右涂抹整个墙面，抹满后，即用铁抹分遍压抹，使面层灰平整、光滑，厚度一致。铁抹运行方向应注意：最后一遍抹压宜是垂直方向，各分遍之间应互相垂直抹压。墙面上半部与墙面下半部面层灰接头处应压埋理顺，不留抹印。

(8) 两墙面相交的阴角、阳角抹灰方法，一般按下述步骤进行。

1) 用阴角方尺检查阴角的直角度；用阳角方尺检查阴角的直角度。用线锤检查阴角或阳角的垂直度。根据直角度及垂直度的误差，确定抹灰层厚薄。阴、阳角处洒水湿润。

2）将底层抹于阴角处，用木阴角器压住抹灰层并上下搓动，使阴角的抹灰基本上达到直角。如靠近阴角处有已结硬的标筋，则木阴角器应沿着标筋上下搓动，基本搓平后，再用阴角抹子上下抹压，使阴角线垂直。

3）将底层灰抹于阳角处，用木阳角器压住抹灰层并上下搓动，使阳角处抹灰基本上达到直角。再用阳角抹子上下抹压，使阳角线垂直。

4）在阴角、阳角处底层灰凝结后，洒水湿润，将面层灰抹于阴角、阳角处，分别用阴角抹、阳角抹上下抹压，使中层灰达到平整光滑。

（9）顶棚抹灰：钢筋混凝土楼板下的顶棚抹灰，应待上层楼板地面面层完成后才能进行。板条、金属网顶棚抹灰，应待板条、金属网装钉完成，并经检查合格后，方可进行。

顶棚抹灰不用做标志、做标筋，只要在顶棚周围的墙面弹出顶棚抹灰层的面层高线，此标高线必须从地面量起，不可从顶棚底向下量。

顶棚抹灰宜从房间里面开始，向门口进行，最后从门口退出。

顶棚抹灰应搭设满堂里脚手架。脚手板面至顶棚的距离以操作方便为准。

抹底层灰前，应扫尽钢筋混凝土楼板底的浮灰、砂浆残渣、去除油污及隔离剂剩料。并喷水湿润楼板底。

在钢筋混凝土楼板底抹底层灰，铁抹抹压方向应与模板纹路或预制板拼缝相垂直；在板条、金属网顶棚上抹底层灰，铁抹抹压方向应与板条长度方向相垂直，在板条缝处要用力压抹，使底层灰压入板条缝或网眼内，形成转脚以使结合牢固。底层灰要抹得平整。

抹中层灰时，铁抹抹压方向宜与底层灰抹压方向相垂直。顶棚高级抹灰，应加钉长 350～450mm 的麻束，间距为 400mm，并交错布置，分遍按放射状梳理抹进中层灰内，中层灰应抹得平整、光洁。

抹面层灰时，铁抹抹压方向宜平行于房间进光方向。面层灰应抹得平整、光滑，不见抹印。

顶棚抹灰应待前一层灰凝结后才能抹后一层灰，不可紧接进行。顶棚面积较小时，整个顶棚抹上灰后再进行压平、压光；顶棚面积较大时，可分段分块进行抹灰、压平、压光，但接合处必须理顺；底层灰全部抹压后，才能抹中层灰，中层灰全部抹压后，才能抹面层灰。

1.1.4 成品保护交底内容及要点

1．抹灰前应先把门窗框与墙连接处的缝隙用水泥砂浆嵌塞密实（铝合金门窗框嵌缝材料由设计确定，并事先粘贴好防护膜）。

2．推小车或搬运东西时，要注意不要碰坏口角和墙面。严禁蹬踩窗台板，防止损坏其棱角。

3．拆除脚手架时要轻拆轻放，拆后材料要码放整齐，不要撞坏门窗、墙面和口角等。

4．要保护好墙上的预埋件、窗帘钩、电线槽盒、水暖设备和预留孔洞等。

5．抹灰层凝结硬化前，应防止快干、水冲、撞击、振动和挤压，以保证抹灰层有足够的强度。

6. 要保护好地面、地漏，禁止在地面上拌灰和直接在地面上堆放砂浆等。

1.1.5　常见质量问题交底

1. 门窗洞口、墙面、踢脚板、墙裙上口抹灰空鼓、裂缝

(1) 门窗框两边塞灰不严实，墙体预埋木砖间距过大或木砖松动，门窗开关振动使门窗框周边处产生空鼓、裂缝。应设专人负责门窗框塞缝工序。

(2) 基层清理不干净或处理不当；墙面浇水不透，抹灰后砂浆中的水分很快被基层吸收，影响粘结力。应认真清理和提前浇水，砖墙可提前一天浇水，一般浇二遍，使水入墙深度达到 8～10mm 即为符合要求。

(3) 基层偏差较大，一次抹灰层过厚、干缩较大产生裂缝。应分层赶平，每遍厚度宜为 7～9mm。

(4) 配制的砂浆和原材料质量不符合要求或使用不当，应根据不同的基层配制所需要的砂浆，同时要加强对原材料和抹灰部位配合比的管理。

2. 抹灰面层起泡、有抹纹、爆灰、开花

(1) 抹完罩面灰后，压光工作跟得太紧，灰浆没有收水，压光后产生起泡现象，其中基层为混凝土顶板和墙面较为常见。

(2) 底灰过分干燥，抹罩面灰后，水分很快被底灰吸走，故压光时容易出现抹纹或漏压。

(3) 淋制生石灰时，对欠火灰、过火灰颗粒及杂质过滤不彻底，灰膏熟化时间不够，抹灰后遇水或潮湿空气，抹灰层内的生石灰颗粒会继续熟化，体积膨胀，造成抹灰表面爆灰，出现开花。

3. 抹灰面不平、阴阳角不垂直、不方正。抹灰前要认真挂线、做灰饼和冲筋，使冲筋交圈，阴阳角处亦要冲筋、找规矩。

4. 门窗洞口、墙面、踢脚板、墙裙等抹罩面灰接槎明显或颜色不一致。抹罩面灰时要注意留施工缝，施工缝要尽量留在分格条、阴角处和门窗框边部；室内如遇施工洞口时，可采用甩整面墙的方法。

5. 踢脚板、水泥墙裙和窗台板上口出墙厚度不一致、上口毛刺和口角不方等。操作要加细，按规范吊垂直，拉线找直、找方，抹完灰后，要反尺把上口赶平、压光。

6. 暖气槽两侧上下窗口墙垛抹灰不通顺，应按规范吊直找方。

7. 管道后抹灰不平、不光，管根空裂等。应按规范安放过墙套管，管后抹灰用长抹子抹压。

8. 水泥面层无强度，表面不实是由于水泥早期脱水或使用过夜灰造成，应加强管理。

1.1.6　质量记录交底

应具备的质量记录有：

1. 水泥出厂证明和试验报告。

2. 砂子应该有材质证明及含泥量的控制。

3. 磨细生石灰粉出厂合格证。

4. 108 胶产品合格证。

5. 质量检验评定记录。

1.2 墙面抹灰工程施工技术交底案例

×××住宅楼抹灰工程，在内外墙抹灰施工前，为了保证工程质量，现场技术人员对抹灰操作工人班组进行抹灰施工技术交底，交底内容见表 10-2。

技术交底记录 表 10-2

工程名称	×××住宅楼	建设单位	×××
监理单位	×××建设监理公司	施工单位	×××建筑工程公司
交底部位	标准层墙面抹灰	交底日期	××××××
交底人签字	×××	接收人签字	×××

交底内容：

一、施工准备

1. 材料要求

抹灰专用干粉砂浆。

2. 工具、器具

手推车、铁锹、平锹、灰槽、胶皮管、喷浆机、喷壶、塑料抹子、靠尺板、刮尺、笤帚、粉线、钢筋卡子、线坠、阴阳角抹子等。

二、作业条件

(1) 抹灰部位的主体结构已检查合格，门窗框及需要预理的管道已安装完毕，并经检查合格。

(2) 根据室内高度和抹灰现场的具体情况，提前搭好抹灰操作用的高凳和架子，架子要离开墙面及墙角 200～250mm，以利操作。

(3) 将混凝土墙等表面凸出部分凿平，对蜂窝、麻面、露筋、疏松部分等凿到实处，用 1:2.5 水泥砂浆分层补平，把外露钢筋头和钢丝头等清除掉。

(4) 管道穿越的墙洞和楼板洞，应及时安放套管，并用 1:3 水泥砂浆或豆石混凝土填塞密实；电线管、消火栓箱、配电箱安装完毕，并将背后外露部分钉好钢丝网；接线盒用纸堵严，所有工序完成后经验收合格。

(5) 壁柜、门框及其他预埋铁件位置和标高应准确无误，并做好防腐、防锈处理。

(6) 砌体上抹灰前必须要清除表面杂物、残留灰浆、舌头灰、尘土等。

(7) 在抹灰前一天，用软管或胶皮管将填充墙面自上而下浇水湿润，抹灰时不得有明水。

(8) 抹灰前，必须在墙体表面均匀喷浆并经验收合格，待强度达到一定程度后进行抹灰。

三、工艺流程及要点

1. 墙面抹灰工艺流程

基层处理→吊直、找规矩→贴灰饼、墙面冲筋→喷浆→做护角抹底灰→抹罩面灰→养护。

2. 施工要点

(1) 吊直、套方、找规矩、贴灰饼：根据基层表面平整、垂直情况，经检查后确定抹灰层厚度。

(2) 墙面贴灰饼、冲筋：用线坠、方尺、拉通线等方法贴灰饼，用托线板找好垂直，下灰饼也作为踢脚板依据。灰饼宜用 1:3 水泥砂浆做成 50mm 见方，水平距离约为 1.2～1.5m 左右。根据灰饼用与抹灰层相同的 1:3 水泥砂浆冲筋，冲筋的根数应根据房间的高度或宽度来决定，筋宽约为 5cm 左右。

(3) 做护角：根据灰饼和冲筋，首先应把门窗口角和墙面。柱面阳角抹出水泥护角；用 1:3 水泥砂浆打底，待砂浆稍干后，再用素水泥膏抹成小圆角。也可用 1:2 水泥砂浆或 1:0.3:2.5 水泥混合砂浆做明护角，其高度不应低于 2m，每侧宽度不小于 50mm。

(4) 抹底灰：一般应在抹灰前一天用水把墙面浇透，然后在混凝土墙面湿润的情况下，先刷一道素水泥浆，随刷随抹底灰。

(5) 抹中层砂浆：抹底灰后紧跟抹第二遍 1:3:9 水泥混合砂浆，中层灰厚度为 7mm，接着用大杠刮平找直，用木抹子搓平，抹完灰后进行养护。然后用托线板全面检查中层灰是否垂直、平整，阴阳角是否方正、顺直，管后与阴角交接处、墙面与顶板交接处是否平整、光滑。踢脚板、水泥墙裙上口和散热器及管道背后等应及时清理干净。

(6) 抹面层砂浆：中层砂浆抹好后第二天，用 1:2.5 水泥砂浆或按设计要求的水泥混合浆抹面层，厚度为 5～8mm。操作时先将墙面湿润，然后用砂浆薄刮一道使其与中层灰粘牢，紧跟着抹第二遍，达到要求的厚度，用压尺刮平找直待其收干后，用铁抹子压实压光。

续表

工程名称	×××住宅楼	建设单位	×××
监理单位	×××建设监理公司	施工单位	×××建筑工程公司
交底部位	标准层墙面抹灰	交底日期	××××××
交底人签字	×××	接收人签字	×××

四、注意事项

1. 阴阳角、门窗膀应采用两面敷杆抹灰，保证阴阳角、门窗膀顺直，尺寸一致。操作班组必须保证细部抹灰(阴阳角、踢脚、门套等)与大墙面抹灰同步，一次成活，颜色均匀一致。

2. 所有填充墙抹灰时候要铺耐碱网格布防止开裂，尤其是两种材料交缝处风道与墙体、阴阳角门窗洞口、卫生间、厨房排烟道等要加铺玻纤网格布进行加强。

3. 墙面的管线后剔凿的部位在抹灰前用砂浆抹平，铺300mm宽的钢丝网，防止抹灰部分开裂，在同一面墙上有多出线管或开关箱必须满铺钢丝网。

4. 采用后塞口施工方法所有门窗洞口抹灰成活后的尺寸必须准确统一(如宽900mm的门洞抹灰成活后应为870mm，高度2100mm的门洞抹灰成活后应为2085mm)。

5. 混凝土剪力墙抹灰应根据冲筋确定，误差大于10mm的抹水泥砂浆，大于3mm的用装修石膏找平，小于3mm的可采用腻子找平。

6. 顶棚、板底等需要打磨修补的应在内墙面阴角下弹出10cm交圈水平线，用于拉线控制顶棚平整和梁底水平。

7. 卫生间、楼梯、管井等部位应先抹灰，以便给后续工作倒出作业面。

五、质量要求

(一) 主控项目

1. 抹灰前基层表面的尘土、污垢、油渍等应清除干净，并应洒水润湿。

2. 一般抹灰所用材料的品种和性能应符合设计要求。水泥的凝结时间和安定性复验应合格。砂浆的配合比应符合设计要求。

3. 抹灰层与基层之间及各抹灰层之间必须粘结牢固，抹灰层应无脱层、空鼓、面层应无爆灰和裂缝。

(二) 一般项目

1. 一般抹灰工程的表面质量应符合下列规定：

(1) 普通抹灰工程的表面应光滑、洁净、接槎平整，分格缝应清晰。

(2) 高级抹灰表面应光滑、洁净、颜色均匀、无抹纹，灰线应清晰美观。

2. 护角、孔洞、槽、盒周围的抹灰表面应整齐、光滑；管道后面的抹灰表面应平整。

3. 抹灰层的总厚度应符合要求，表面应光滑，棱角应整齐。

4. 质量允许偏差见下表。

一般抹灰质量的允许偏差

项次	项目	允许偏差(mm)		检验方法
		普通抹灰	高级抹灰	
1	立面垂直度	4	3	用2m垂直检测尺检查
2	表面平整度	4	3	用2m靠尺和楔形塞尺检查
3	阴、阳角方正	4	3	用直角检测尺检查
4	分格条(缝)直线度	4	3	拉5m线，不足5m拉通线，用钢直尺检查
5	墙裙、勒脚上口直线度	4	3	拉5m线，不足5m拉通线，用钢直尺检查

注：普通抹灰，本表第3项阴角方正可不检查。

六、成品保护

1. 抹灰成活后达到强度的部位应派专人浇水养护，防止墙面起砂、空鼓。

2. 小车或搬运物料时，不得碰撞墙角、门框等。压尺等工具不要靠在刚完成抹灰的墙面上。

3. 搬运料具时要注意不要碰撞已完成的设备、管线、埋件及门窗框和已完成粉刷饰面的墙柱面。

4. 严禁在地面上拌制砂浆及直接在地面上堆放砂浆。

续表

工程名称	×××住宅楼	建设单位	×××
监理单位	×××建设监理公司	施工单位	×××建筑工程公司
交底部位	标准层墙面抹灰	交底日期	××××××
交底人签字	×××	接收人签字	×××

七、质量记录交底
　　应具备的质量记录有:
　　1. 水泥出厂证明和试验报告。
　　2. 砂子应该有材质证明及含泥量的控制。
　　3. 磨细生石灰粉出厂合格证。
　　4. 质量检验评定记录。

参加单位及人员		(项目经理):(签字)

　　注:本表一式四份,建设单位、监理单位、施工单位、城建档案馆各一份。

【实践活动】

　　由教师在《建筑工程识图实训》教材中选定建筑施工图,按施工图要求的内外墙抹灰设计做法,并结合地方情况给定施工条件和施工方法,学生分小组(3~5人)完成所选建筑内外墙抹灰工程施工技术交底的编制。

【实训考评】

学生自评(20%):
　　施工方法:符合要求□;基本符合要求□;错误□。
　　交底内容:完整□;基本完整□;不完整□。
小组互评(20%):
　　工作认真努力,团队协作:好□;较好□;一般□;还需努力□。
教师评价(60%):
　　施工方法:符合要求□;基本符合要求□;错误□。
　　交底内容:完整□;基本完整□;不完整□。
　　工作认真努力,团队协作:好□;较好□;一般□;还需努力□。

任务 2　饰面工程施工技术交底

　　【实训目的】　通过训练,使学生掌握饰面工程施工技术交底的内容,具有饰面工程施工技术交底的编写能力。

2.1　饰面工程施工技术交底

　　饰面工程面层材料不同,其施工方法也不同,以饰面砖镶贴施工为例介绍饰面工程施工技术交底的主要内容及方法。

饰面砖镶贴施工技术交底的主要内容及要求包括：施工准备、操作工艺、质量标准、成品保护、应注意的质量问题和质量记录等。

2.1.1 施工准备技术交底的内容及要点

1. 材料准备及要求

（1）水泥：硅酸盐水泥、普通硅酸盐水泥，其强度等级不应低于 32.5，并严禁混用不同品种、不同强度等级的水泥。

（2）砂：应采用中砂或粗砂，用前过筛。

（3）白水泥：32.5 级白水泥。

（4）面砖：面砖的表面应光洁、方正、平整，质地坚固，其品种、规格、尺寸、色泽、图案应均匀一致，必须符合设计规定。不得有缺楞、掉角、暗痕和裂纹等缺陷。其性能指标均应符合现行国家标准的规定，釉面砖的吸水率不得大于 10%。

（5）石灰膏：应用块状生石灰淋制，淋制时必须用孔径不大于 3mm×3mm 的筛过滤，并贮存在沉淀池中。熟化时间，常温下一般不少于 15d。

（6）生石灰粉：抹灰用的石灰膏可用磨细生石灰粉代替，其细度应通过 4900 孔/cm^2 筛。用于罩面时，熟化时间不应小于 3d。

（7）粉煤灰：细度过 0.08mm 方孔筛，筛余量不大于 5%。

（8）108 胶和矿物颜料等。

2. 主要机具

磅秤、铁板、孔径 5mm 筛、窗纱筛、手推车、大桶、小水桶、平锹、木抹子、铁抹子、大杠、中杠、小杠、靠尺、方尺、铁制水平尺、灰槽、灰勺、米厘条、毛刷、钢丝刷、笤帚、錾子、锤子、粉线包、小白线、擦布或棉丝、钢片开刀、小灰铲、手提电动小圆锯、勾缝溜子、勾缝托灰板、托线板、线坠、盒尺、钉子、红铅笔、铅丝、工具袋等。

3. 作业条件

（1）提前搭好脚手架。多层房屋最好用双排脚手架，脚手架应离开墙面和门窗口角 150～200mm。架子的步高和支搭要符合施工要求和安全操作规程。

（2）阳台栏杆、预留孔洞及排水管等应处理完毕，门窗框扇要固定好，并用 1∶3 水泥砂浆将缝隙堵塞严实，铝合金门窗框边缝所用嵌塞材料应符合设计要求。

（3）墙面基层清理干净，脚手眼、窗台、窗套等事先砌堵好。

（4）大面积施工前应先放大样，并做出样板墙，确定施工工艺及操作要点，并向施工人员做好交底工作。样板墙完成后必须经质检部门鉴定合格，并经设计单位、甲方和施工单位共同认定后方可组织班组按照样板墙要求施工。

2.1.2 质量标准交底的内容及要点

1. 主控项目

（1）饰面砖的品种、规格、颜色、图案必须符合设计要求和符合现行标准的规定。

（2）饰面砖镶贴必须牢固，无歪斜、缺楞、掉角和裂缝等缺陷。

2. 一般项目

（1）表面平整、洁净，颜色一致，无变色、起碱、污痕，无显著的光泽受损处，无空鼓。

（2）接缝填嵌密实、平直，宽窄一致，颜色一致，阴阳角处压向正确。

（3）套割：整砖套割吻合，边缘整齐；墙裙、贴脸等突出墙面的厚度一致。

（4）流水坡向正确，滴水线顺直。

3. 允许偏差项目，见表 10-3

饰面工程质量允许偏差   表 10-3

项次	项目	饰面砖粘贴允许偏差（mm）		检查方法
		外墙面砖	内墙面砖	
1	立面垂直度	3	2	用 2m 垂直检测尺检查
2	表面平整度	4	3	用 2m 靠尺和塞尺检查
3	阴阳角方正	3	3	用直角检测尺检查
4	接缝直线度	3	2	拉 5m 线，不足 5m 拉通线，用钢尺检查
5	接缝高低差	1	0.5	用钢直尺和塞尺检查
6	接缝宽度	1	1	用钢直尺检查

2.1.3 操作工艺交底内容及要点

1. 工艺流程

基层处理→吊垂直、套方、找规矩→贴灰饼→抹底层砂浆→弹线分格→排砖→浸砖→镶贴面砖→面砖勾缝与擦缝。

2. 基层材料不同，操作工艺也有所不同。现以基层为混凝土墙面时饰面砖镶贴的操作工艺交底的内容和要点介绍如下：

（1）基层处理：首先将凸出墙面的混凝土剔平、凿毛，并用钢丝刷满刷一遍，再浇水湿润。如果基层混凝土表面很光滑时，亦可对墙面进行毛化处理。

（2）吊垂直、套方、找规矩、贴灰饼：若建筑物为高层时，应在四大角和门窗口边用经纬仪打垂直线找直。如果建筑物为多层时，可从顶层开始用特制的大线坠绷钢丝吊垂直，然后根据面砖的规格尺寸分层设点、做灰饼。横线则以楼层为水平基准线交圈控制，竖向线则以四周大角和通天柱或垛子为基准线控制，应全部是整砖。每层打底时则以此灰饼作为基准点进行冲筋，使其底层灰做到横平竖直。同时要注意找好突出檐口、腰线、窗台、雨篷等饰面的流水坡度和滴水线（槽）。

（3）抹底层砂浆：先刷一道掺水重 10% 的 108 胶水泥素浆，紧跟着分层分遍抹底层砂浆（常温时采用配合比为 1∶3 水泥砂浆），第一遍厚度约为 5mm，抹后用木抹子搓平，隔天浇水养护。待第一遍六七成干时，即可抹第二遍，厚度约 8～12mm，随即用木杠刮平、木抹子搓毛，隔天浇水养护。若需要抹第三遍时，其操作方法同第二遍，直至把底层砂浆抹平为止。

（4）弹线分格：待基层灰六七成干时，即可按图纸要求进行分段分格弹线，同时亦可进行面层贴标准点的工作，以控制面层出墙尺寸及垂直、平整。

（5）排砖：根据大样图及墙面尺寸进行横竖向排砖，以保证面砖缝隙均匀，符合设计图纸要求。大墙面、通天柱子和垛子要排整砖，以及在同一墙面上的横竖排列，均不得有一行以上的非整砖。非整砖行应排在次要部位，如窗间墙或阴角处等，但亦要注意一致和对称。如遇有突出的卡件，应用整砖套割吻合，不得用非整砖随意拼凑镶贴。

（6）浸砖：釉面砖和外墙面砖镶贴前，首先要将面砖清扫干净，放入净水中浸泡 2h 以上，取出待表面晾干或擦干净后方可使用。

（7）镶贴面砖：镶贴应自上而下进行。高层建筑采取措施后可分段进行。在每一分段或分块内的面砖，均为自下而上镶贴。从最下一层砖下皮的位置线先稳好靠尺，以此托住第一皮面砖。在面砖外皮上口拉水平通线，作为镶贴的标准。

面砖背面直采用 1：2 水泥砂浆或 1：0.2：2＝水泥：白灰膏：砂的混合砂浆镶贴，砂浆厚度为 6～10mm，贴上后用灰铲柄轻轻敲打使之附线，再用钢片开刀调整竖缝，并用小杠通过标准点调整平面和垂直度。

另外一种做法是，用 1：1 水泥砂浆加水重 20％的 108 胶在砖背面抹 3～4mm 厚粘贴即可。但此种做法其基层灰必须抹得平整，而且砂子必须经过窗纱筛后才能使用。

另外也可用胶粉来粘贴面砖，其厚度为 2～3mm，用此种做法其基层灰平整度要求更高。

如要求釉面砖拉缝镶贴时，面砖之间的水平缝宽度用米厘条控制，米厘条采用贴砖用砂浆与中层灰临时镶贴，米厘条贴在已镶贴好的面砖上口，为保证其平整，可临时加垫小木楔。

女儿墙压顶、窗台、腰线等部位平面镶贴面砖时，除流水坡度符合设计要求外，应采取平面面砖压立面面砖的做法，预防向内渗水，引起空裂；同时还应采取立面中最低一排面砖必须压底平面面砖，并低出底平面面砖 3～5mm 的做法，让其起滴水线（槽）的作用，防止尿檐而引起空裂。

（8）面砖勾缝与擦缝：面砖铺贴拉缝时，用 1：1 水泥砂浆勾缝，先勾水平缝再勾竖缝，勾好后要求凹进面砖外表面 2～3mm。若横竖缝为干挤缝，或小于3mm，应用白水泥配颜料进行擦缝处理。面砖缝子勾完后，用布或棉丝蘸稀盐酸擦洗干净。

（9）夏季镶贴室外饰面板、饰面砖，应有防止暴晒的可靠措施。

（10）冬期施工：砂浆的使用温度不得低于 5℃，砂浆硬化前，应采取防冻措施。

2.1.4 成品保护交底内容及要点

1. 要及时清擦干净残留在门窗框上的砂浆，特别是铝合金门窗框宜粘贴保护膜，预防污染、锈蚀。

2. 认真贯彻合理的施工顺序，应先做水、电、通风、设备安装，防止损坏面砖。

3. 油漆粉刷不得将油浆喷滴在已完成的饰面砖上，如果面砖上部为外涂料或水刷石墙面，宜先做外涂料或水刷石，然后贴面砖，以免污染墙面。若需先做面砖时，完工后必须采取贴纸或贴塑料薄膜等措施，防止污染。

4. 各抹灰层在凝结前应防止风干、暴晒、水冲和振动，以保证各层有足够的强度。

5. 拆架子时注意不要碰撞墙面。

6. 装饰材料和饰件以及有饰面的构件，在运输、保管和施工过程中，必须采取措施防止损坏和变质。

2.1.5 应注意的质量问题交底

1. 空鼓、脱落

（1）因冬季气温低，砂浆受冻，到次年春天化冻后容易发生脱落。因此在进行室外贴面砖操作时应保持正温，尽量不在冬期施工。

（2）基层表面偏差较大，基层处理或施工不当，如每层抹灰跟得太紧，面砖勾缝不严，又没有洒水养护，各层之间的粘结强度不够，面层容易产生空鼓、脱落。

（3）砂浆配合比不准，稠度控制不好，砂子含泥量过大，在同一施工面上采用几种不同的配合比砂浆，因而产生不同的干缩，亦会空鼓。应在贴面砖砂浆中加适量 108 胶，增强粘结，严格按工艺操作，重视基层处理和自检工作，要逐块检查，发现空鼓的应随即返工重做。

2. 墙面不平：主要是结构施工期间，几何尺寸控制不好，造成外墙面垂直、平整偏差大，而装修前对基层处理又不够认真。应加强对基层打底工作的检查，合格后方可进行下道工序。

3. 分格缝不匀、不直：主要是施工前没有认真按照图纸尺寸核对结构施工的实际情况，加上分段分块弹线、排砖不细，贴灰饼控制点少，以及面砖规格尺寸偏差大，施工中选砖不细，操作不当等造成。

4. 墙面脏：主要原因是勾缝完成后没有及时擦净砂浆以及其他工种污染所致，可用棉丝蘸稀盐酸加 20% 水刷洗，然后用自来水冲净。同时应加强成品保护。

2.1.6 做好质量记录交底

应具备的质量记录有：

1. 面砖等材料的出厂合格证。

2. 本分项工程质量验评表。

3. 室外面砖的拉拔试验报告单等。

2.2 饰面工程施工技术交底案例

某高层住宅楼为全现浇混凝土墙面，在外墙饰面砖镶贴施工前，对操作工人进行饰面砖镶贴施工技术交底如表 10-4。

技术交底记录　　　　　　　　　　　　　　　　　表 10-4

工程名称	×××住宅楼	建设单位	×××
监理单位	×××建设监理公司	施工单位	×××建筑工程公司
交底部位	外墙饰面砖镶贴施工技术交底	交底日期	××××××
交底人	×××	接收人	××

交底内容：
一、施工准备
1. 材料及要求：
(1) 水泥：32.5 级矿渣水泥或普通水泥，有出厂证明、复试单。
(2) 砂子：中砂，用前过筛。
(3) 面砖：表面光洁、方正、平整(有凹凸面花纹要一致)，质地坚硬，品种、规格尺寸、色泽、图案均匀一致，且符合设计要求，不得有缺楞、掉角、暗痕和裂纹等缺陷，除有合格证外，进场还要做吸水率(不大于 10%)、耐急冷、急热性能检验。
(4) 粉煤灰：细度过 0.08mm 方孔筛，筛余量不大于 5%。
(5) 混凝土界面处理剂。
2. 主要机具
砂筛、手推车、大桶、木抹子、铁抹子、靠尺、方尺、灰槽、灰勺、毛刷、小线、钢丝刷、笤帚、錾子、锤、开刀、灰铲、匀石机、棉纱、勾缝溜子、托线板、线坠、卷尺等。
3. 作业条件
(1) 装修外用架子已经搭设并验收合格，横竖杆及拉杆应离开墙面和窗口 150~200mm。
(2) 阳台栏杆、预留孔洞及排水管处理完毕，外门窗安装完毕，并用 1:3 水泥砂浆将缝隙堵塞严实。外墙塑钢窗应事先粘贴好保护膜。
(3) 墙面基层清理干净，脚手眼、窗台、窗套等事先砌堵好。
(4) 按面砖的尺寸、颜色进行选砖，并分类码放。
(5) 大面积施工前应先放大样，并做出样板墙，确定施工工艺及操作要点，并向施工人员做好交底工作。样板墙完成后必须经质检部门鉴定合格，并经设计单位、甲方、监理和施工单位共同认定后，方可组织班组按照样板墙要求施工。
二、质量标准
1. 主控项目
(1) 饰面砖的品种、规格、图案、颜色和性能应符合设计要求。
(2) 饰面砖粘贴工程的找平、防水、粘结和勾缝材料及施工方法应符合设计要求及国家现行产品标准和工程技术标准的规定。
(3) 饰面砖粘贴必须牢固。
(4) 满粘法施工的饰面砖工程应无空鼓、裂缝。
2. 一般项目
(1) 饰面砖表面应平整、洁净、色泽一致，无裂痕和缺损。
(2) 阴阳角处搭接方式与非整砖使用部位应符合设计要求。
(3) 墙面突出物周围的饰面砖应整砖套割吻合，边缘应整齐。墙裙、贴脸突出墙面的厚度应一致。
(4) 有排水要求的部位应做滴水线(槽)。滴水线(槽)应顺直，流水坡向应正确，坡度应符合设计要求。
3. 饰面砖镶贴允许偏差见下表

饰面工程质量允许偏差

项次	项目	饰面砖粘贴允许偏差（mm）		检查方法
		外墙面砖	内墙面砖	
1	立面垂直度	3	2	用 2m 垂直检测尺检查
2	表面平整度	4	3	用 2m 靠尺和塞尺检查
3	阴阳角方正	3	3	用直角检测尺检查
4	接缝直线度	3	2	拉 5m 线，不足 5m 拉通线，用钢尺检查
5	接缝高低差	1	0.5	用钢直尺和塞尺检查
6	接缝宽度	1	1	用钢直尺检查

续表

工程名称	×××住宅楼	建设单位	×××
监理单位	×××建设监理公司	施工单位	×××建筑工程公司
交底部位	外墙饰面砖镶贴施工技术交底	交底日期	××××××
交底人	×××	接收人	××

三、工艺流程及要点

1. 工艺流程

基层处理→吊垂直、套方、找规矩→贴灰饼→抹底层砂浆→弹线分格→排砖→浸砖→镶贴面砖→面砖勾缝与擦缝。

2. 操作工艺要点

(1) 基层处理：首先将凸出墙面的混凝土剔平、凿毛，并用钢丝刷满刷一遍，再浇水湿润。如果基层混凝土表面很光滑时，亦可对墙面进行毛化处理，即先将表面尘土、污垢清扫干净，用10%火碱水将板面的油污刷掉，随之用净水将碱液冲净、晾干，然后用1∶1水泥细砂浆内掺水重20%的108胶喷或用笤帚将砂浆甩到墙上，其甩点要均匀，终凝后浇水养护，直至水泥砂浆疙瘩全部粘到混凝土光面上，并有较高的强度(用手掰不动)为止。

(2) 吊垂直、套方、找规矩、贴灰饼：先从顶层开始用大线坠绷钢丝吊垂直，然后根据面砖的尺寸分层设点、做灰饼。横线则以楼层为水平基准线交圈控制，竖向线则以四周大角和通顶柱或垛子为基准线控制，应全部是整砖。每层打底时则以灰饼作为基准点进行冲筋，使其底层做到横平竖直。同时要注意找好突出檐口、腰线、窗台、雨篷等饰面的流水坡度和滴水线(槽)。

(3) 抹底层砂浆：先刷一道掺水重10%的108胶水泥素浆，紧跟着用1∶3水泥砂浆分层分遍抹底层，第一遍厚度约为5mm，抹后用木抹子搓平，隔天浇水养护。待第一遍六七成干时，即可抹第二遍，厚度约8～12mm，随即用木杠刮平、木抹子搓毛，隔天浇水养护。若需要抹第三遍时，其操作方法同第二遍，直至把底层砂浆抹平为止。

(4) 弹线分格：待基层灰六七成干时，即可按图纸要求进行分段分格弹线，同时亦可进行面层贴标准点的工作，以控制面层出墙尺寸与垂直、平整。

(5) 排砖：根据大样图及墙面尺寸进行横竖向排砖，以保证面砖缝隙均匀，符合设计图纸要求，注意大墙面、通顶柱子和垛子要排整砖，以及在同一墙面上的横竖排列，均不得有一行以上的非整砖。非整砖应排在窗间墙或阴角处，但亦要注意一致和对称。如遇有突出的卡件，应用整砖套割吻合，不得用非整砖随意拼凑镶贴。

(6) 浸砖：釉面砖和外墙面砖镶贴前，首先要将面砖清扫干净，放入净水中浸泡2h以上，取出待表面晾干或擦干净后方可使用。

(7) 镶贴面砖：镶贴应自上而下分段进行，在每一分段或分块内的面砖，均为自下而上镶贴，从最下一层砖下皮的位置线先稳好靠尺，以此托住第一皮面砖，在面砖外皮上口拉水平通线，作为镶贴的标准。

做法：用1∶1水泥砂浆加水重20%的胶，在砖背面抹3～4mm厚粘贴即可。

女儿墙压顶、窗台、腰线等部位平面也要镶贴面砖时，除流水坡度符合设计要求外，应采取顶面面砖压立面面砖的做法，预防向内渗水，引起空裂。

(8) 面砖勾缝与擦缝：面砖铺贴拉缝时，用1∶1水泥砂浆勾缝，先勾水平缝再勾竖缝，勾好后要求凹进面砖外表面2～3mm。若横竖缝为干挤缝，或缝宽小于3mm，应用白水泥配颜料进行擦缝处理。面砖缝子勾完后，用布或棉纱蘸稀盐酸擦洗干净。

(9) 夏季镶贴室外饰面砖，应有防止暴晒的可靠措施。

(10)冬期施工：砂浆的使用温度不得低于5℃，砂浆硬化前，应采取防冻措施。

四、成品保护

1. 要及时清擦干净残留在门窗框上的砂浆，特别是铝合金门窗框粘贴保护膜，预防污染、腐蚀。

2. 认真贯彻合理的施工顺序，水、电、通风、设备安装等的工作做在前面，防止损坏面砖。

3. 油漆粉刷不得将油浆喷滴在已完成的饰面砖上，如果面砖上部为涂料或水刷石墙面，宜先做涂料或水刷石，然后贴面砖，以免污染墙面。若需先做面砖时，完工后必须采取贴纸或塑料薄膜等措施，防止污染。

4. 各抹灰层在凝结前应防止风干、暴晒、水冲和振动，以保证各层有足够的强度。

5. 拆架子时注意不要碰撞墙面。

6. 装饰材料和饰件以及有饰面的构件，在运输、保管和施工过程中，必须采取措施防损坏和变质。

五、应注意的质量问题

1. 空鼓、脱落

(1) 因冬季温度低，砂浆易受冻，到来年春天化冻后容易发生脱落。因此在进行室外贴面砖操作时应保证常温作业，尽量不在冬期施工。

续表

工程名称	×××住宅楼	建设单位	×××
监理单位	×××建设监理公司	施工单位	×××建筑工程公司
交底部位	外墙饰面砖镶贴施工技术交底	交底日期	××××××
交底人	×××	接收人	××

　　(2) 基层表面偏差较大，基层处理或施工不当，如每层抹灰跟得太紧，面砖勾缝不实，又没有洒水养护，各层之间的粘结强度很差，面层就容易产生空鼓、脱落。
　　(3) 砂浆配合比不准，稠度控制不好，砂子含泥量过大，在同一施工面上采用几种不同的配合比砂浆，因而产生不同的干缩，亦会出现空鼓。因此，应严格按工艺操作，重视基层处理和自检工作，要逐块检查，发现空鼓的应随即返工重做。
　　2. 墙面不平：主要是结构施工期间，几何尺寸控制不好，造成外墙面垂直、平整偏差大，而装修前对基层处理又不够认真。应加强对基层打底工作的检查，合格后方可进行下道工序。
　　3. 分格缝不匀、不直：主要是施工前没有认真按照图纸尺寸核对结构施工的实际情况，加上分段分块弹线、排砖不细，贴灰饼控制点少，以及面砖规格尺寸偏差大，施工中选砖不细，分级少，操作不当等造成。
　　4. 墙面脏：主要原因是勾缝完成后没有及时擦净砂浆，以及其他工种污染所致，可用棉丝蘸稀盐酸加20％的水刷洗，然后用自来水冲净，同时应加强成品保护。随拆外架子随清洗外墙面。
六、质量记录交底
　　应具备的质量记录有：
　　1. 面砖等材料的出厂合格证。
　　2. 本分项工程质量验评表。
　　3. 室外面砖的拉拔试验报告单等。

参加单位及人员		(项目经理)：(签字)

　　注：本表一式四份，建设单位、监理单位、施工单位、城建档案馆各一份。

【实践活动】

　　由教师在《建筑工程识图实训》教材中选定建筑施工图，按施工图要求的内外墙饰面做法，并结合地方情况给定施工条件和施工方法，学生分小组(3～5人)完成所选建筑内外墙饰面工程施工技术交底的编制。

【实训考评】

　　学生自评(20％)：
　　施工方法：符合要求□；基本符合要求□；错误□。
　　交底内容：完整□；基本完整□；不完整□。
小组互评(20％)：
　　工作认真努力，团队协作：好□；较好□；一般□；还需努力□。
教师评价(60％)：
　　施工方法：符合要求□；基本符合要求□；错误□。
　　交底内容：完整□；基本完整□；不完整□。
　　工作认真努力，团队协作：好□；较好□；一般□；还需努力□。

任务3 楼(地)面工程施工技术交底

【实训目的】 通过训练，使学生掌握楼(地)面工程施工技术交底的内容，具有楼(地)面工程施工技术交底编写的能力。

3.1 楼(地)面工程施工技术交底

楼(地)面工程面层材料不同，其施工方法也不同，现以细石混凝土地面施工为例介绍技术交底的主要内容及方法。

细石混凝土地面施工技术交底的主要内容及要求包括：施工准备、操作工艺、质量标准、成品保护、应注意的质量问题和质量记录等。

3.1.1 施工准备技术交底的内容及要点

1. 材料准备及要求

(1) 水泥：硅酸盐水泥、普通硅酸盐水泥，其强度等级不应小于32.5级，并严禁混用不同品种、不同强度等级的水泥。

(2) 砂：应采用中砂或粗砂，过5mm孔径筛子。

(3) 石子：要求级配适当，粒径不大于15mm，且不大于面层厚度的2/3。

2. 主要机具：搅拌机、手推车、木刮杠、木抹子、铁抹子、喷壶、铁锹、小水桶、长把刷子、扫帚、钢丝刷、粉线包、錾子、锤子。

3. 作业条件

(1) 地面(或楼面)的垫层以及预埋在地面内各种管线已完工。穿过楼面的竖管已安完，管洞已堵塞密实。有地漏的房间应找好泛水。

(2) 墙面的+50cm水平标高线已弹在四周墙上。

(3) 门框已立好并检查校正，门框内侧做好保护，防止手推车碰坏。

(4) 墙、顶抹灰已完成。屋面防水完成。

3.1.2 质量标准交底的内容及要点

1. 主控项目

(1) 水泥、砂、石的材质必须符合设计要求和施工及验收规范的规定。

(2) 混凝土配合比要准确。

(3) 地面面层与基层的结合必须牢固无空鼓。

2. 一般项目

(1) 表面洁净，无裂纹、脱皮、麻面和起砂等现象。

(2) 地漏和有坡度要求的地面，坡度应符合设计要求，不倒泛水，无积水，不渗漏，与地漏结合处严密平顺。

(3) 踢脚板应高度一致，出墙厚度均匀，与墙面结合牢固。

3. 允许偏差项目：整体面层允许偏差及检验方法见表10-5。

整体面层的允许偏差和检验方法　　　　　　表 10-5

项次	项目	允许偏差(mm)		检验方法
		水泥混凝土面层	水泥砂浆面层	
1	表面平整度	5	4	用 2m 靠尺和塞尺检查
2	踢脚线上口平直	4	4	拉 2m 线和用钢尺检查
3	缝格平直	3	3	

3.1.3　操作工艺交底内容及要点

1. 工艺流程

基层处理→找标高、弹线→洒水湿润→抹灰饼和标筋→搅拌混凝土→铺细石混凝土面层→铁抹子第一遍压光→第二遍压光→第三遍压光→养护。

2. 操作工艺交底的要点有

(1) 基层处理：先将基层上的灰尘扫掉，用钢丝刷和錾子刷净、剔掉灰浆皮和灰渣层，用 10% 的火碱水溶液刷掉基层上的油污，并用清水及时将碱液冲净。

(2) 找标高、弹线：根据墙上的 +50cm 线，往下量测出面层标高，并弹在墙上。

(3) 洒水湿润：用喷壶将地面基层均匀洒水一遍。

(4) 抹灰饼和标筋：根据房间内四周墙上弹的面层标高水平线，确定面层抹灰厚度(不应小于 20mm)，然后拉水平线开始抹灰饼(50mm×50mm)，横竖间距为 1.5~2.00m，灰饼上平面即为地面面层标高。

如果房间较大，为保证整体面层平整度，还须抹标筋。将细石混凝土铺在标筋之间，宽度与灰饼宽相同，用木抹子拍抹成与灰饼上表面相平一致。

(5) 搅拌细石混凝土：细石混凝土配合比严格按照配合比通知单配料，应使用搅拌机搅拌均匀。

(6) 铺细石混凝土面层：铺细石混凝土时，应由里向门口方向铺设，按标志筋厚度刮平拍实后，稍待收水，即用钢抹子预压一遍，待进一步收水，即用铁滚筒交叉滚压 3~5 遍或用表面振动器振捣密实，直到表面泛浆为止，然后进行抹平压光。

(7) 铁抹子压第一遍：在混凝土初凝之前用木抹子抹平后，立即用铁抹子压第一遍，直到出浆为止。

(8) 第二遍压光：混凝土面层初凝后，人踩上去，有脚印但不下陷时，用铁抹子压第二遍，边抹压边把坑凹处填平，要求不漏压，表面压平、压光。有分格的地面压过后，应用溜子溜压，做到缝边光直、缝隙清晰、缝内光滑顺直。

(9) 第三遍压光：在混凝土终凝前进行第三遍压光，铁抹子抹上去不再有抹纹时，用铁抹子把第二遍抹压时留下的全部抹纹压平、压实、压光，要求其表面色泽一致，光滑无抹子印迹。

(10) 养护：地面压光完工 24h 后，铺锯末或其他材料覆盖洒水养护，保持湿润，养护时间不少于 7d，抗压强度达 5MPa 才能上人。

3.1.4　成品保护交底内容及要点

1. 地面操作过程中要注意对其他专业设备的保护，如埋在地面内的管线不得随意移位，地漏内不得堵塞混凝土等。

2. 面层做完之后养护期内严禁进入。

3. 在已完工的地面上进行油漆、电气、暖卫专业工序时，注意不要碰坏面层，油漆不要污染面层。

4. 冬期施工的细石混凝土地面操作环境如低于＋5℃时，应采取必要的防寒保暖措施。严格防止发生冻害，尤其是早期受冻，会使面层强度降低，造成起砂、裂缝等质量事故。

5. 如果先做细石混凝土地面，后进行墙面抹灰时，要特别注意对面层进行覆盖，并严禁在面层上拌合砂浆和储存砂浆。

3.1.5　应注意的质量问题交底

1. 空鼓、裂缝的防治

涂刷水泥浆结合层不符合要求：在已处理洁净的基层上刷一遍水泥浆，目的是要增强面层与基层的粘结力，因此这是一项重要的工序，涂刷水泥浆稠度要适宜(水灰比一般为 0.4∶0.5)，涂刷时要均匀不得漏刷，面积不要过大，铺多少刷多少。

不能采用干撒水泥面再浇水用扫帚来回扫的办法，由于浇水不匀，水泥浆干稀不匀，也影响面层与基层的粘结质量。

2. 有水的房间倒泛水：在铺设面层细石混凝土时先检查垫层的坡度是否符合要求。设有垫层的地面，在铺设细石混凝土前抹灰饼和标筋时，按设计要求抹好坡度。

3. 面层不光、有抹纹：必须认真按前面所述的操作工艺要求用铁抹子抹压的遍数去操作，最后在混凝土终凝前用力抹压不得漏压，直到将前遍的抹纹压平、压光为止。

3.1.6　做好质量记录交底

应具备的质量记录有：

1. 水泥出厂合格证。

2. 水泥地面分项工程质量验收评定表。

3.2　楼(地)面工程施工技术交底案例

某住宅楼工程为全现浇混凝土楼板，设计为细石混凝土地面，在地面施工前，对操作工人进行细石混凝土地面抹灰施工技术交底，如表 10-6。

技术交底记录　　　　　　　　　　　　　表 10-6

工程名称	×××住宅楼	建设单位	×××
监理单位	×××建设监理公司	施工单位	×××建筑工程公司
交底部位	细石混凝土地面抹灰	交底日期	
交底人	×××	接收人	××

交底内容：
一、施工准备
　1. 材料及要求：
　(1)水泥：应采用32.5级以上普通硅酸盐水泥。

工程名称	×××住宅楼	建设单位	×××
监理单位	×××建设监理公司	施工单位	×××建筑工程公司
交底部位	细石混凝土地面抹灰	交底日期	
交底人	×××	接收人	××

(2) 砂：粗砂，含泥量不大于 5%。

(3) 石子：粗骨料用石子最大颗粒粒径不应大于面层厚度的 2/3。细石混凝土面层采用的石子粒径不应大于 15mm。

2. 主要机具

混凝土搅拌机、平板振捣器、运输小车、小水桶、半截桶、笤帚、2m 靠尺、铁辊子、木抹子、平锹、钢丝刷、凿子、锤子、铁抹子。

3. 作业条件

(1) 室内墙面已弹好+50cm 水平线。

(2) 穿过楼板的立管已做完，管洞堵塞密实。埋在地面的电管已做完隐检。

(3) 门框已安装完毕，并做好保护，在门框内侧钉木板或薄钢板。

(4) 基层为预制混凝土板时，板缝嵌实，板端头缝隙应采取防裂措施。

二、质量标准

1. 保证项目

(1) 面层的材质、强度（配合比）和密实度必须符合设计要求和施工规范的规定。

(2) 面层与基层的结合必须牢固，无空鼓。

2. 一般项目

(1) 面层表面洁净，无裂纹、脱皮、麻面和起砂等现象。

(2) 有地漏的面层，坡度符合设计要求，不倒泛水、不渗漏、无积水、与地漏（管道）结合处严密平顺。

(3) 有镶边面层的邻接处的镶边用料及尺寸符合设计要求和施工规范的规定。

3. 允许偏差见下表

细石混凝土面层的允许偏差和检验方法

项次	项目	水泥混凝土面层允许偏差（mm）	检验方法
1	表面平整度	5	用 2m 靠尺和塞尺检查
2	踢脚线上口平直	4	拉 2m 线和用钢尺检查
3	缝格平直	3	

三、工艺流程及操作施工工艺

1. 工艺流程

找标高、弹面层水平线→基层处理→洒水湿润→抹灰饼→抹标筋→刷素水泥浆→浇筑细石混凝土→抹面层压光→养护。

2. 操作施工工艺

(1) 找标高、弹面层水平线：根据墙面上已有的 50cm 线，量测出地面面层的水平线，弹在四周墙面上，并要与房间以外的楼道、楼梯平台、踏步的标高相呼应，贯通一致。

(2) 基层处理：先将灰尘清扫干净，然后将粘在基层上的浆皮铲掉，用碱水将油污刷掉，最后用清水将基层冲洗干净。

(3) 洒水湿润：在抹面层前一天对基层表面进行洒水湿润。

(4) 抹灰饼：根据已弹出的面层水平标高线，双向拉线用与豆石混凝土相同配合比的拌合料抹灰饼，横竖间距 1.5m，灰饼上标高就是面层标高。

(5) 抹标筋：面积较大的房间为保证房间地面平整度，还要做标筋。以做好的灰饼为标准抹条形标筋，用刮尺刮平，作为浇筑细石混凝土面层厚度的标准。

(6) 刷素水泥浆结合层：在铺设细石混凝土面层以前，在已湿润的基层上刷一道水灰比为 0.4～0.5 的素水泥浆，要随刷随铺细石混凝土，避免因时间过长水泥浆风干而导致面层空鼓。

(7) 浇筑细石混凝土：

1) 细石混凝土搅拌：细石混凝土面层的强度等级应按设计要求做配，如设计无要求时，不应低于 C20，应用搅拌机搅拌均匀，坍落度不宜大于 30mm。并按规定制作混凝土试块，每一层建筑地面工程不应少于一组，当每层地面工程建筑面积超过 1000m² 时，每增加 1000m² 各增做一组试块，不足 1000m² 按 1000m² 计算。

工程名称	×××住宅楼	建设单位	×××
监理单位	×××建设监理公司	施工单位	×××建筑工程公司
交底部位	细石混凝土地面抹灰	交底日期	
交底人	×××	接收人	××

  2) 面层细石混凝土铺设:将搅拌好的细石混凝土铺抹到地面基层上(水泥浆结合层要随刷随铺),紧接着用 2m 长刮杠顺着标筋刮平,然后用滚筒往返、纵横滚压,厚度较厚时应用平板振动器,如有凹处用同配合比混凝土填平,直到面层出现泌水现象,撒一层干拌水泥砂(1:1=水泥:砂)拌合料,要撒匀(砂要过 3mm 筛),再用 2m 长刮杠刮平(操作时均要从房间内往外退着走)。

  (8) 抹面层、压光:

  1) 当面层灰面吸水后,用木抹子用力搓打、抹平,将干水泥砂拌合料与细石混凝土的浆混合,使面层达到结合紧密。

  2) 第一遍抹压:用铁抹子轻轻抹压一遍直到出浆为止。

  3) 第二遍抹压:当面层细石混凝土初凝后,地面面层上有脚印但走上去不下陷时,用铁抹子进行第二遍抹压,把凹坑、砂眼填实抹平,注意不得漏压。

  4) 第三遍抹压:当面层细石混凝土终凝前,即人踩上去稍有脚印,用铁抹子压光无抹痕时,可用铁抹子进行第三遍光,此遍要用力抹压,把所有抹纹压平压光,达到面层表面密实光洁。

  (9) 养护:面层抹压完 24h 后(有条件时可覆盖塑料薄膜养护)进行浇水养护,每天不少于 2 次,养护时间一般不少于 7d(养护期间房间应封闭禁止进入)。

  (10) 冬期施工的环境温度不应低于 5℃。

四、成品保护

  1. 在操作过程中,注意运灰双轮车不得碰坏门框及铺设在基层的各种管线。

  2. 面层抹压过程中随时将脚印抹平,并封闭通过操作房间的一切通路。

  3. 面层压光交活后在养护过程中,封闭门口和通道,不得有其他工种人员进入操作,避免造成表面起砂现象。

  4. 面层养护时间符合要求可以上人操作时,防止硬器划伤地面,在油漆刷浆过程中防止污染面层。

五、施工注意事项

  1. 面层起砂、起皮:由于水泥强度等级不够或使用过期水泥、水灰比过大、抹压遍数不够、养护期间过早进行其他工序操作,都易造成起砂现象。

  2. 面层空鼓、有裂缝:由于铺细石混凝土之前基层不干净,如有水泥浆皮及油污,或刷水泥浆结合层时面积过大用扫帚扫、甩浆等都易导致面层空鼓。由于混凝土的坍落度过大,滚压后面层水分过多,撒干拌合料后终凝前尚未完成抹压工序,造成面层结构不紧密易开裂。

  3. 面层抹纹多,不光:主要原因是铁抹子抹压遍数不够或交活太早。最后一遍抹压时应抹压均匀,将抹纹压平压光。

六、质量记录

  应具备以下质量记录:

  1. 水泥出厂合格证及复试记录单。

  2. 现浇混凝土试块试压记录。

  3. 地面面层分项工程质量验评记录表。

参加单位及人员		(项目经理):(签字)

  注:本表一式四份,建设单位、监理单位、施工单位、城建档案馆各一份。

【实践活动】

  由教师在《建筑工程识图实训》教材中选定建筑施工图,按施工图要求的楼(地)面做法,并结合地方情况给定施工条件和施工方法,学生分小组(3~5 人)完成所选建筑楼(地)面工程施工技术交底的编制。

【实训考评】

学生自评(20%)：

　　施工方法：符合要求□；基本符合要求□；错误□。

　　交底内容：完整□；基本完整□；不完整□。

小组互评(20%)：

　　工作认真努力，团队协作：好□；较好□；一般□；还需努力□。

教师评价(60%)：

　　施工方法：符合要求□；基本符合要求□；错误□。

　　交底内容：完整□；基本完整□；不完整□。

　　工作认真努力，团队协作：好□；较好□；一般□；还需努力□。

主 要 参 考 文 献

1　姚谨英主编. 建筑施工技术（第五版）. 北京：中国建筑工业出版社，2014
2　姚谨英主编. 混凝土结构工程施工. 北京：中国建筑工业出版社，2005
3　姚谨英主编. 砌体结构工程施工. 北京：中国建筑工业出版社，2005
4　建筑施工手册编写组编. 建筑施工手册（第五版）. 北京：中国建筑工业出版社，2012
5　汪正容编著. 建筑施工计算手册（第三版）. 北京：中国建筑工业出版社，2013